POLYMERISATIONS-KINETIK

VON

L. KÜCHLER

GÖTTINGEN

MIT 44 ABBILDUNGEN
UND 31 TABELLEN IM TEXT

SPRINGER-VERLAG BERLIN HEIDELBERG GMBH

1951

ISBN 978-3-662-12726-1   ISBN 978-3-662-12725-4 (eBook)
DOI 10.1007/978-3-662-12725-4

BRÜHLSCHE UNIVERSITÄTSDRUCKEREI GIESSEN

DEM ANDENKEN

AN

ARNOLD EUCKEN

Vorwort.

Der Plan, eine Monographie über die Kinetik der Polymerisationsreaktionen zu schreiben, entstand bereits 1943, als ich von Herrn
F. Patat aufgefordert wurde, mit ihm gemeinsam ein entsprechendes
Manuskript auszuarbeiten. Dieses gemeinsame Manuskript kam — bedingt durch die Verhältnisse der letzten Kriegs- und ersten Nachkriegsjahre — über die Disposition und den rohen Entwurf einiger Kapitel
nicht hinaus. Als ich vor etwa einem Jahre unseren Plan allein wieder
aufnahm, konnte von dem ursprünglichen Entwurf nicht einmal die
Disposition vollständig übernommen werden. Das ist leicht zu verstehen,
wenn man die Originalliteratur der letzten Jahre sowohl in bezug auf
die Zahl der Arbeiten, als auch in bezug auf die erzielten Ergebnisse
mit dem Umfang der Literatur bis zum Jahre 1943 vergleicht. Wichtige
Teilgebiete, z. B. die Ermittelung der einzelnen Geschwindigkeitskonstanten, die Redoxkatalyse, die Emulsions- und Ionen-Polymerisation
und vor allem die Mischpolymerisation, sind erst in den letzten acht
Jahren experimentell erschlossen, oder aber doch so stark gefördert worden,
daß sie nun einen erheblich größeren Teil des Buches in Anspruch
nehmen. Um den ursprünglich geplanten Umfang des Buches nicht allzu
sehr zu überschreiten, war daher eine im ganzen gedrängtere Darstellung notwendig. Ich habe deshalb auf die ursprünglich mit vorgesehene
Behandlung der rein technischen Fragen völlig verzichtet und mich
außerdem bei einigen weniger wesentlichen Problemen auf eine kurze
Erwähnung beschränkt, besonders dann, wenn diese Probleme noch
nicht genügend geklärt sind und daher auch kaum ohne breite Diskussion von Einzelheiten mit allem Für und Wider dargestellt werden
können. Dies gilt besonders auch für die Polykondensationsreaktionen,
die — ohne im Titel des Buches eigentlich erwähnt zu sein — im letzten
Teil kurz behandelt sind; eine vollständigere Berücksichtigung der in
der Literatur vorliegenden experimentellen Arbeiten hätte hier mangels
klarer und kinetisch auswertbarer Ergebnisse kaum einen Gewinn bedeutet. Durch diese Einschränkungen war es andererseits möglich, auf
die wichtigeren Teilgebiete und Probleme so ausführlich einzugehen,
daß — wie ich hoffe — auch der mit dem ganzen Gebiet noch nicht vertraute Leser einen klaren Einblick in die gelösten und ungelösten Fragen
der Polymerisationskinetik und in ihre theoretischen und experimentellen
Grundlagen gewinnen kann.

Bei der Ausarbeitung des Manuskriptes war die Literatur bis Anfang 1950 erfaßt; noch nachträglich — zum Teil allerdings erst bei der
Korrektur — wurden auch die bis Ende 1950 erschienenen Arbeiten
berücksichtigt. Patente, Fiatberichte und ähnliche Quellen wurden nicht

zitiert. Sachlich ist dadurch kein Verlust entstanden, denn das darin enthaltene Material konnte auch durch die zitierten Arbeiten belegt werden. Für Prioritätsfragen ist aber deshalb dieses Buch nicht zuständig; vor allem ist der deutschsprachige Anteil prioritätsmäßig dadurch vielfach zu kurz gekommen.

Mein Dank gebührt in erster Linie Herrn F. Patat, der mir in außerordentlich aufschlußreichen Diskussionen viele wertvolle Hinweise gegeben hat. Bei der Korrektur haben mich die Herren K. Dialer und G. Seydel sehr wirkungsvoll unterstützt; durch ihre Kritik wurden verschiedene Ergänzungen und textliche Verbesserungen veranlaßt, wofür ich ihnen zu großem Dank verpflichtet bin. Dankbar muß ich ferner anerkennen, daß vom Springer-Verlag wirklich alles getan wurde, die Zeit zwischen der Ablieferung des Manuskriptes und dem Erscheinen des Buches so kurz als möglich zu halten, so daß schließlich meine Arbeit an der Korrektur „als langsamster Teilvorgang geschwindigkeitsbestimmend" wurde. Schließlich möchte ich nicht verfehlen, auch meiner lieben Mutter zu danken, die mir den größten Teil der zeitraubenden rein technischen Arbeiten bei der Fertigstellung des Manuskriptes mit viel Verständnis und unermüdlichem Eifer abgenommen hat.

Göttingen, Juni 1951. L. Küchler.

Inhaltsverzeichnis.

Einleitung.

Makromolekulare Verbindungen.

Makromolekulare Naturstoffe und Kunststoffe.

Makromolekulare Verbindungen spielen im Bereich der lebenden Organismen eine entscheidende Rolle, sie sind — und das nicht nur von der rein stofflichen Seite her gesehen — überhaupt die Voraussetzung des Lebens. Es gibt nur relativ wenige Bautypen von makromolekularen Stoffen in der Natur, die man in folgende Gruppen zusammenfassen kann:

> Proteine
> Polynucleotide
> Polysaccharide
> Polyprene
> Lignine und Gerbstoffe

Einige dieser Naturstoffe, vor allem *Kautschuk* und *Cellulose*, finden in der Technik eine so ausgedehnte Verwendung, daß die natürlichen Quellen nicht ausreichen, um den immer mehr steigenden Bedarf zu decken. Man ist daher seit langem bemüht, diese Stoffe synthetisch herzustellen. Alle derartigen Versuche sind gescheitert und es besteht vorläufig keine Aussicht, mit den bekannten chemischen Methoden einen makromolekularen *Naturstoff* zu synthetisieren.

Die hochmolekularen Verbindungen bestehen ebenso wie die niedermolekularen aus Molekülen, in denen die einzelnen Atome durch Hauptvalenzen verknüpft sind; die Zahl der Atome, die ein einziges Makromolekül bilden, beträgt aber mehrere Tausend, ja bis zu über eine Million. Auch wenn man berücksichtigt, daß Makromoleküle durch regelmäßige Wiederholung eines oder einiger niedermolekularer Bauelemente aufgebaut sind (Kautschuk aus Isopren, Cellulose aus Glucose, Proteine aus Aminosäuren usw.) ergibt sich für die Verknüpfung mehrerer hundert oder tausend solcher Bauelemente noch immer eine so große Zahl von Kombinationsmöglichkeiten, daß man nicht erwarten kann, bei der Synthese gerade die in dem Naturstoff verwirklichte Konfiguration bzw. Variationsbreite spezieller Strukturelemente zu erhalten. Geringe Abweichungen in der Konstitution können aber schon weitgehenden Einfluß auf die Eigenschaften der Stoffe haben. Man braucht nur an die ungeheuere Mannigfaltigkeit der Proteine zu denken und sie mit der geringen Zahl der Aminosäuren zu vergleichen, die als Bauelemente dienen, um zu verstehen, daß die Versuche EMIL FISCHERs durch peptidartige Verknüpfung von Aminosäuren zum natürlichen Eiweiß zu gelangen, auch dann scheitern mußten, wenn diese Art der Verknüpfung die grundsätzlich richtige war. Auch bei dem in dieser Hinsicht wesentlich einfacheren Kautschuk besteht vorläufig keine Möglichkeit die Synthese so zu lenken, daß die Verknüpfung der 2—3000 Isoprenmoleküle genau dem Aufbau des Naturkautschuk entspricht.

Es ist aber gelungen andere, den Naturstoffen in verschiedener Hinsicht ähnliche makromolekulare Verbindungen zu synthetisieren. Viele dieser Kunststoffe werden heute großtechnisch hergestellt und sind aus unserem täglichen Leben ebensowenig wegzudenken, wie aus der Technik, wenn auch die oft gehörte Bezeichnung unserer Zeit als „Kunststoffzeitalter" noch bei weitem nicht berechtigt erscheint.

Nach dem allgemeinen Sprachgebrauch versteht man unter Kunststoffen ausschließlich makromolekulare Substanzen, die vollsynthetisch oder durch chemische Umwandlung von natürlichen Hochpolymeren gewonnen werden. Wenn auch der Wunsch, Ersatz für einen nicht ausreichend verfügbaren Naturstoff zu schaffen, eine wesentliche Absicht bei der Entwicklung vieler Kunststoffe gewesen sein mag, so kann man doch die Kunststoffe keineswegs als Ersatzstoffe in dem Sinne betrachten, daß ein hochwertiger und seltener, daher auch teuerer Naturstoff durch einen zwar geringerwertigen aber billigen Kunststoff ersetzt wird. Viele Kunststoffe werden in bestimmten Eigenschaften von keinem der bekannten Naturstoffe erreicht, geschweige denn übertroffen.

Die bemerkenswerteste Eigentümlichkeit der makromolekularen Verbindungen sind gewisse mechanische Eigenschaften (Hochelastizität, Zugfestigkeit, Plastizität usw.) auf denen vielfach in erster Linie die Verwendung der Hochpolymeren in der Technik beruht. Bei den Kunststoffen haben ferner von Anfang an gewisse elektrische Eigenschaften (Durchschlagfestigkeit, Dielektrizitätskonstante, dielektrische Verluste usw.) im Mittelpunkt des Interesses gestanden, weil besonders die Bedürfnisse der Elektrotechnik die Entwicklung mancher neuer Kunststoffe angeregt haben. Nicht zuletzt ist auch die Widerstandsfähigkeit der Kunststoffe gegen chemische Einwirkungen (Lösungsmittel, Säuren, Alkalien, Witterungseinflüsse usw.) oft von entscheidender praktischer Bedeutung. Der nicht zu unterschätzende Vorteil, den die Kunststoffe gegenüber ähnlichen Naturstoffen häufig bieten, besteht gerade darin, daß es möglich war, bestimmte Eigenschaften, auf die es für einen speziellen Verwendungszweck ankam, besonders hochzuzüchten.

Alle genannten Eigenschaften der Kunststoffe sind eng verknüpft mit der Größe und Struktur der Makromoleküle, sowie mit der chemischen Natur der monomeren Grundelemente. Nachdem die grundsätzlichen Erkenntnisse von dem Aufbau der makromolekularen Verbindungen gewonnen waren, war es daher das primäre Ziel der makromolekularen Forschung, den Zusammenhang zwischen Struktur und Eigenschaften der Hochpolymeren verstehen zu lernen. Auf die zahlreichen wertvollen Ergebnisse, die auf diesem Gebiet bereits gewonnen werden konnten, einzugehen, ist hier weder möglich noch beabsichtigt. Bei den synthetischen Hochpolymeren kennen wir die monomeren Ausgangsstoffe und die Reaktionsbedingungen, unter denen die makromolekulare Substanz gebildet wurde. Wir können daher das genannte Ziel noch etwas weiter stecken und nach der Abhängigkeit der Struktur des Makromoleküls von seiner Bildungsweise und von der Natur des Monomeren fragen.

Das Studium der *Polymerisationskinetik*, d. h. das Studium der Reaktionen, die zur Bildung hochpolymerer Substanzen aus den monomeren Ausgangsstoffen führen, hat somit in doppelter Hinsicht eine praktische Bedeutung:

1. bildet es den Schlüssel für die Auswahl, Beherrschung und Lenkung der Verfahren zur technischen Herstellung synthetischer Hochpolymerer, sowie zum Auffinden geeigneter monomerer Ausgangsstoffe;

2. vermittelt es ein Verständnis der Struktur der Makromoleküle aus der Konfiguration der monomeren Bauelemente und aus den Reaktionen, die diese Bausteine zu dem großen Gerüst des Makromoleküls verknüpfen.

Darüber hinaus konnten in letzter Zeit bei der Untersuchung der Polymerisationsreaktionen Erkenntnisse gewonnen werden, die von allgemeiner Bedeutung für Reaktionen organischer Moleküle und Radikale sind. Schließlich kann man hoffen, auf diese Weise auch einen Einblick zu gewinnen in die Art der Reaktionen, nach denen im lebenden Organismus der Aufbau der makromolekularen Stoffe erfolgt.

Die Polymerisation von Äthylenderivaten wurde schon in der Mitte des vorigen Jahrhunderts beobachtet. Die Ausnutzung dieser Entdeckung in der Praxis, d. h. die Herstellung hochpolymerer Stoffe durch Polymerisation ungesättigter Verbindungen, begann erst vor etwa 40 Jahren. Wissenschaftliche Arbeiten, die ein quantitatives Verstehen der Kinetik der Polymerisationsreaktionen anbahnten, sind kaum älter als 15—20 Jahre. Erst in den letzten Jahren haben die wissenschaftlichen Untersuchungen der Polymerisationskinetik einen solchen Umfang angenommen, daß man von einer systematischen Bearbeitung wenigstens einiger Teilgebiete sprechen kann.

Polymerisation und Polykondensation.

Die Einteilung der makromolekularen Stoffe in *Polymerisate* und *Polykondensate* gründet sich ursprünglich auf die Art der Reaktionen, die zur Verknüpfung der monomeren Moleküle führen. Polymerisation erfolgt einfach durch Aneinanderlagerung der Moleküle des Monomeren:

$$CH_2{=}CHR \longrightarrow \cdots -CH_2-\underset{\displaystyle R}{CH}-CH_2-\underset{\displaystyle R}{CH}-CH_2-\underset{\displaystyle R}{CH}- \cdots$$

wobei, wie ersichtlich, die verknüpfenden Hauptvalenzbindungen durch Verschwinden von Doppelbindungen verfügbar werden. Die Elementaranalyse eines Polymerisates ergibt daher die gleiche Verhältnisformel wie die des Monomeren. Bei Polykondensationen erfolgt die Verknüpfung zweier monomerer Moleküle unter Austritt eines niedermolekularen Reaktionsproduktes, wie beispielsweise H_2O, HCl, NH_3, $NaCl$ u. ä.:

$$(x{+}2)HO-(CH_2)_9-COOH \longrightarrow$$

$$\longrightarrow HO-(CH_2)_9-\underset{\displaystyle O}{\overset{\displaystyle \|}{C}}- \left[O-(CH_2)_9-\underset{\displaystyle O}{C}- \right]_x -O-(CH_2)_9-COOH + (x+1)H_2O$$

Die Elementaranalyse des Polykondensates ergibt demnach ein anderes Resultat wie die des Monomeren.

Mehr ins Wesentliche geht eine Unterscheidung, die sich auf die *Kinetik* der Polymerisations- und Polykondensations-Reaktionen stützt. Bei Polykondensation entstehen stufenweise Zwischenprodukte, die bei schrittweiser neuer Aktivierung weiterhin kondensationsfähig sind. Bei Beginn der Reaktion werden zuerst dimere, trimere usw. Produkte gebildet und im Verlauf der Reaktion nimmt das Molekulargewicht immer weiter zu. Die einzelnen Zwischenstufen sind isolierbar. Das Molekulargewicht der unter bestimmten Bedingungen schließlich erzielbaren Produkte wird durch ein Kondensationsgleichgewicht bestimmt und hängt daher wesentlich davon ab, wie weit es gelingt, das bei der Kondensation austretende niedermolekulare Reaktionsprodukt aus dem Gemisch zu entfernen, um dadurch die mögliche Rückreaktion zurückzudrängen.

Bei Polymerisationsreaktionen erfolgt dagegen nach der primären Aktivierung eines monomeren Moleküls die Addition weiterer Monomerer sehr rasch. Die Zwischenprodukte sind wesentlich „aktiver" als das Monomere oder das schließlich gebildete Polymerisat. Schon zu Beginn der Reaktion werden Moleküle von hohem Molekulargewicht gebildet. Das Fortschreiten einer Polymerisationsreaktion besteht grob gesprochen darin, daß die *Anzahl* dieser Makromoleküle ständig zunimmt, während bei Polykondensationen der *Polymerisationsgrad* der einzelnen Moleküle allmählich anwächst.

Man hat diese Unterscheidung zu kennzeichnen versucht, indem man kinetisch als Extreme feststellte: 1. die Zwischenprodukte der Polykondensation sind (Makro-)Moleküle, die der Polymerisation sind (Makro-) Radikale oder 2. die Polymerisation ist eine Kettenreaktion, die Polykondensation dagegen eine Stufenreaktion. Präziser ist es für die kinetische Unterscheidung die energetischen Verhältnisse des Wachstums zu unterstreichen, indem man feststellt: bei Polykondensationen benötigen die wachsenden Moleküle von Stufe zu Stufe etwa die gleiche Aktivierungsenergie, bei Polymerisationen ist dagegen für den Primärschritt eine wesentlich höhere Aktivierungsenergie erforderlich als für die folgenden Wachstumsschritte. Mit dieser Unterscheidung vermeidet man Begriffe wie „Makroradikale" oder „Kettenreaktion", die einer — allerdings ziemlich fruchtlosen — Kritik ausgesetzt sind.

Auf Grund des angeführten kinetischen Kriteriums gelingt eine Abgrenzung auch in solchen Fällen, in denen Kondensation ohne Austritt eines niedermolekularen Reaktionsproduktes auftritt wie bei den Polyurethanen, oder in denen Polykondensationen in Polymerisation übergehen, wie beispielsweise bei der Addition von Äthylenoxyd an Phenol.

Es gibt zahlreiche organische und auch anorganische Verbindungen, die polymerisierbar sind. Größeres Interesse haben aus begreiflichen Gründen vor allem solche Verbindungen, durch deren Polymerisation makromolekulare Kunststoffe hergestellt werden. Dementsprechend beschäftigen sich die wissenschaftlichen Untersuchungen über die Kinetik der Polymerisationen fast ausschließlich mit diesen Verbindungen. Analoges gilt für die Polykondensationsreaktionen. Zwangsläufig wird daher auch in diesem Buch in erster Linie von den für die Praxis interessanten Polymerisationen und Polykondensationen die Rede sein. Einen Über-

blick über die in dieser Hinsicht wichtigsten Polymerisate und Polykondensate geben die folgenden Zusammenstellungen. Die als Monomere für die Polymerisation angeführten Verbindungen sind ausschließlich
Vinylverbindungen und Diene. Tatsächlich spielen in der Praxis diese
beiden Verbindungsgruppen auch eine überragende Rolle. Andere ungesättigte polymerisierbare Verbindungen wie z. B. Acetylen und seine
Derivate, Aldehyde u. s. w., sind daneben von viel geringerer praktischer Bedeutung und kinetische Untersuchungen über die Polymerisation dieser Verbindungen sind noch sehr spärlich. Anderseits kann
man mit Recht erwarten, daß die für die Polymerisation von Vinylverbindungen und Dienen gewonnenen Erkenntnisse später auch das Verständnis der Polymerisation anderer Verbindungen erleichtern werden.

Die beiden folgenden Tabellen sind mit der Absicht aufgenommen, für den dem
Kunststoffgebiet fernerstehenden Leser eine Brücke zu schlagen zwischen der
chemischen Natur der monomeren Ausgangstoffe und den bekannteren Handels-
namen, unter denen die daraus gewonnenen polymeren Produkte geführt werden.
Es ist nicht möglich, hier ein vollständiges Verzeichnis der Namen wiederzugeben,
mit denen auch nur die wichtigsten Polymerisate und Polykondensate im Handel
bezeichnet werden, einmal weil ein derartiges Verzeichnis einen viel größeren
Umfang erfordern würde und zweitens weil auch keine einfache Zuordnung zwischen
Monomeren und den Handelsnamen der Kunststoffe besteht; je nach Hersteller-
Firma oder auch Handelsform sind verschiedene Namen für Produkte aus demselben Monomeren, oder auch — vor allem bei Mischpolymerisaten — gleiche Bezeichnungen für Produkte verschiedener Zusammensetzung gebräuchlich.

Tabelle 1. Die wichtigsten Polymerisate.

Monomere.		Handelsnamen der Kunststoffe.
Äthylen	$CH_2{=}CH_2$	Lupolen, Polythene, Alkathene
Isobutylen	$CH_2{=}\overset{\displaystyle CH_3}{\underset{\displaystyle}{C}}{-}CH_3$	Oppanol, Vistanex, Paratone
Styrol	$CH_2{=}CH{-}\langle\ \rangle$	Trolitul, Styroflex, Ronilla, Lustron, Styron, Rhodolene, Boltalith, Loalin
Vinylchlorid	$CH_2{=}CHCl$	PVC, Igelit PCU, Luvitherm, Vinidur, Decelith, Geon, Nyka-lit, Flamenol, Tygon (Misch.-Pol.: Igelit MP, Mipolam, Astralon, Vinylite V, Saran)
Vinylidenchlorid	$CH_2{=}CCl_2$	(Misch.-Pol.: Saran, Diorid, Velon, Geon)
Tetrafluoräthylen	$CF_2{=}CF_2$	Teflon
Trifluorchloräthylen	$CF_2{=}CFCl$	Kel F, Fluorothene
Vinylacetat	$CH_2{=}CHOOCCH_3$	Mowilith, Vinnapas, Mowicoll, Gelva, Vinylite A, Elvacet, Rhodopas, Novyl, Resovyl, Gedolen, Vinylac, Viniavil
Vinylmethylketon	$CH_2{=}CH{-}CO{-}CH_3$	
Vinyläther	$CH_2{=}CH{-}O{-}R$	Igevine, Lutonal, Oppanol C
Acrylnitril	$CH_2{=}CH{-}CN$	Orlon

Acrylsäureester	$CH_2{=}CH{-}COOR$	Acronal, Collacral, Latecoll, Borron (Misch.-Pol.: Plexigum)
Methacrylnitril	$CH_2{=}\overset{\overset{\textstyle CH_3}{\mid}}{C}{-}CN$	
Methacrylsäureester	$CH_2{=}\overset{\overset{\textstyle CH_3}{\mid}}{C}{-}COOR$	Plexiglas, Lucite, Perspex, Drakon, Palladont
Vinylcarbazol	$CH{=}CH_2$ (N-Carbazolyl)	Luvican, Polectron, Trolitul Lu
Inden	(Indene-Ring)	Nevinden
Cumaron	(Cumaron-Ring, O)	Cumar (Misch.-Pol.: Piccou-maron)
Vinylpyrrolidon	$CH_2{=}CH{-}N\big\langle\begin{smallmatrix}CH_2{-}CH_2\\ \mid\\ CO{-}CH_2\end{smallmatrix}$	Kollidon, Periston, Subtosan
Allylchlorid	$CH_2{=}CH{-}CH_2Cl$	
Allylacetat	$CH_2{=}CH{-}CH_2OOCCH_3$	
Butadien	$CH_2{=}CH{-}CH{=}CH_2$	Buna, SKA, SKB, GR-Rubber (Misch.-Pol.: Buna S u. SS, Perbunan, GR.-S, GR-A, Butaprene, Chemigum, Hycar)
Isopren	$CH_2{=}\overset{\overset{\textstyle CH_3}{\mid}}{C}{-}CH{=}CH_2$	(Misch.-Pol.: Butyl, GR 1)
Dimethylbutadien	$CH_2{=}\overset{\overset{\textstyle CH_3}{\mid}}{C}{-}\overset{\overset{\textstyle CH_3}{\mid}}{C}{=}CH_2$	Methylkautschuk
Chloropren	$CH_2{=}\overset{\overset{\textstyle Cl}{\mid}}{C}{-}CH{=}CH_2$	Neopren, Sowpren

Tabelle 2. *Die wichtigsten Polykondensate.*

Polyester	a) ω-Oxycarbonsäuren	
	b) Glykol + Dicarbonsäuren	Terylen
(Alkydharze)	c) Phthalsäureanhydrid + Glycerin	Glyptalharze
	d) Maleinsäureanhydrid + Glycerin	Maleinharze
Polyamide	a) Diamin + Dicarbonsäure (Hexamethylendiamin + Adipinsäure)	Igamid, Nylon
	b) Caprolactam	Perlon

Polyurethane	mehrw. Isocyanate + mehrwert. Alkohole	Desmophen-Desmodur, Moltopren, Vulcollan, Hostamid
Polyäthylenpolysulfid	1-2-Dichloräthylen + Natriumpolysulfid	Thiokol, Perduren, Stamikol, GR-P
Polykieselsäureester	Alkyl(aryl)-Chlorsilane	Silicone, DC Harze, Silastic
Phenolharze	Phenol (Kresol) + Formaldehyd	„Bakelite"; Trolitan, Neoresit, Philite, Alberit, Albertol, Dekalit, Dekorit, Nykalit, Resinox, Trolon, Catalin, Haveg, India, Makalot, Marblette, Hercules, Durex, Resinol
Anilinharze	Anilin + Formaldehyd	Iganil, Cibanit, Dilectene
Carbamidharze	Harnstoff + Formaldehyd	Pollopas, Igecol, Cibanoid, Beetle, Unyte, Kaurit, Plastopal, Plaskon, Uresin, Iporka
Melaminharze	Aminotriazine + Formaldehyd (Melamin)	Melopas, Ultrapas, Melmac, Resimene.

Größe und Struktur der Makromoleküle.

Polymolekularität.

Die Zahl der in einem Makromolekül vereinigten Monomeren nennt man den Polymerisationsgrad (P); diese Bezeichnung wird nicht nur bei Polymerisaten, sondern auch bei Polykondensaten gebraucht.

Die einzelnen Makromoleküle eines synthetischen Hochpolymeren haben keine einheitliche Größe. Bei allen Polymerisationen oder Polykondensationen wird stets ein Gemisch von Makromolekülen erhalten, die (im Prinzip) gleichen Aufbau, aber verschiedenes Molekulargewicht haben *(Polymolekularität)*. Da die physikalischen und chemischen Eigenschaften eines bestimmten Hochpolymeren bei nicht zu großer Änderung des Polymerisationsgrades sich kaum unterscheiden, besteht auch keine Möglichkeit, durch irgendwelche Trennverfahren aus einem polymolekularen Stoff molekulareinheitliche Fraktionen abzutrennen. Man denke nur an die Schwierigkeiten, die z. B. die Trennung eines Gemisches von Paraffin-Kohlenwasserstoffen auch schon bei niedrigem Molekulargewicht der einzelnen Komponenten bereitet. Alle Fraktionen, die man z. B. durch fraktioniertes Fällen oder Lösen eines synthetischen Hochpolymeren gewinnt, sind immer noch polymolekular; allerdings kann die Breite der Streuung des Polymerisationsgrades auf diese Weise erheblich eingeengt werden. Man kann also immer nur von einem mittleren Molekulargewicht ($\overline{M}$) bzw. von einem mittleren Polymerisationsgrad ($\overline{P}$) sprechen.

Die relative Häufigkeit der verschiedenen Molgewichte in einem polymolekularen Stoff wird durch eine Verteilungsfunktion beschrieben, die die Zahl n_P der Moleküle mit einem bestimmten Polymerisationsgrad P in Bruchteilen der Gesamtzahl der Moleküle angibt *(Häufigkeits-Verteilungsfunktion)*:

$$n_P = h\,(P)\ . \tag{1}$$

Rechnet man nicht mit der Zahl der Moleküle, sondern mit ihrem relativen Gewicht, so ergibt sich eine *Massen-Verteilungsfunktion*, die besagt, wieviel Gramm m_P der Moleküle vom Polymerisationsgrad P in einem Gramm des polymolekularen Stoffes vorhanden sind:

$$m_P = P\,h\,(P)\ . \tag{2}$$

Diese Verteilungsfunktionen hängen ab von dem Mechanismus der Reaktionen, die die betreffende makromolekulare Verbindung gebildet haben; sie können daher auch aus reaktionskinetischen Daten berechnet werden.

Ebenso wie die Verteilungsfunktionen, so sind auch die Durchschnittswerte des Molekulargewichtes bzw. des Polymerisationsgrades verschieden, je nachdem ob man die Moleküle gleichen Molgewichts zählt oder wägt. Das heißt, die verschiedenen Methoden der Molgewichtsbestimmung liefern bei einem polymolekularen Stoff verschiedene Durchschnittswerte, je nachdem, ob sie auf einer Zählung der Moleküle beruhen (osmotische Messung, analytische Endgruppenbestimmung) oder vom Gewicht der Moleküle abhängen (Lichtstreuung, Diffusion, Sedimentation). Die verschiedenen Durchschnittswerte können folgendermaßen definiert werden:

Mittleres Molgewicht (Zahlenmittel):

$$\overline{M}_{(n)} = \frac{\sum\limits_i n_i\,M_i}{\sum\limits_i n_i}\ , \tag{3}$$

Gewichtsdurchschnitt: $\qquad \overline{M}_{(w)} = \dfrac{\sum\limits_i n_i\,M_i^2}{\sum\limits_i n_i\,M_i} \tag{4}$

(n_i = Zahl der Moleküle vom Molgewicht M_i).

Ganz allgemein gilt für eine Methode, deren Auswertung auf einer Gleichung von der Form $X = K\,M^a$ (X = Meßgröße, K und a sind Konstante) beruht:

$$\overline{M}_{(a)} = \left[\frac{\sum\limits_i n_i\,M_i^{\,1+a}}{\sum\limits_i n_i\,M_i}\right]^{1/a}\ . \tag{5}$$

Lineare Ketten, Verzweigung und Vernetzung.

Polymerisation von Vinylverbindungen, d. h. allgemein gesprochen von Monomeren, die nur *eine* polymerisationsfähige Doppelbindung enthalten, ergibt eine lineare Anordnung der Moleküle im Makromolekül. Das gleiche gilt von der Kondensation der Glykole oder Diamine mit Dicarbonsäuren. Die Makromoleküle sind dann eine *lineare Kette*, in der die einzelnen Monomeren durch je zwei Hauptvalenzen miteinander verknüpft sind:

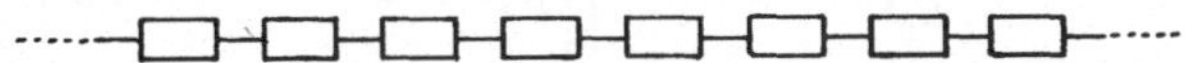

Monomere, die in diesem Sinne nur nach zwei Seiten reagieren, können allgemein als (2)-reaktiv oder als bifunktionell bezeichnet werden. Bei der Polymerisation von Divinylverbindungen oder Dienen entstehen dagegen auch Seitenketten mit polymerisationsfähigen Doppelbindungen. Das Makromolekül ist daher nicht mehr eine einfache lineare Kette, sondern weist noch mehr oder weniger lange Seitenketten auf:

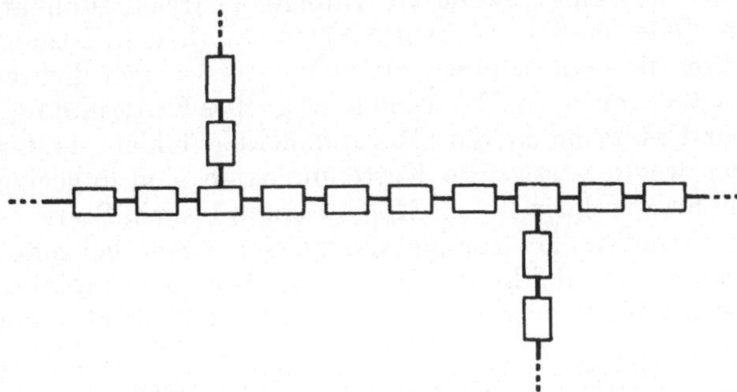

Man bezeichnet solche Makromoleküle als *verzweigt*. Im allgemeinen entstehen verzweigte Makromoleküle nur, wenn Monomere mit mehr als einer Doppelbindung bzw. mit mehr als zwei funktionellen Gruppen am Aufbau beteiligt sind. Durch Nebenreaktionen (z. B. Kettenübertragung) kann Kettenverzweigung aber auch bei der Polymerisation von Monovinylverbindungen entstehen. Ist die Zahl der polymerisationsfähigen Seitenketten verhältnismäßig groß, so können leicht mehrere Makromoleküle durch die Seitenketten miteinander verknüpft werden *(Vernetzung)*:

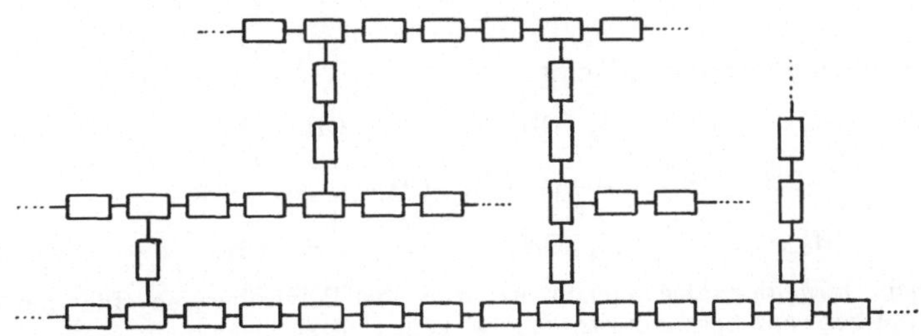

Г Bei der Kondensation von Verbindungen mit drei oder mehr funktionellen Gruppen nimmt dies einen solchen Umfang an, daß man nicht mehr von vernetzten, sondern von dreidimensionalen Molekülen spricht. (die Verknüpfung, die nur zweidimensional gezeichnet werden kann, erfolgt in Wirklichkeit nach allen drei Dimensionen):

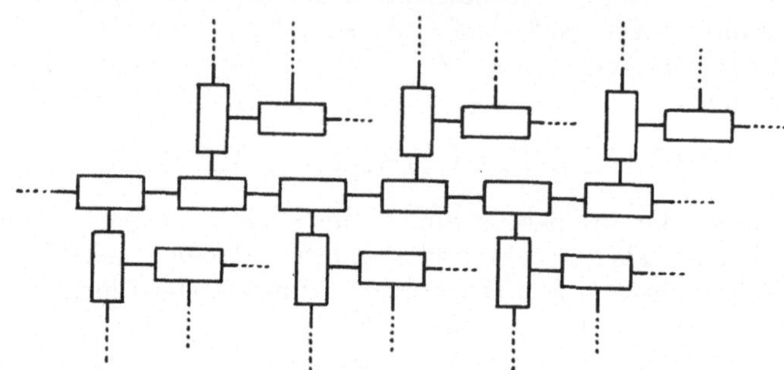

Diese „Strukturformeln" sind selbstverständlich nicht unmittelbar auf die Gestalt der Moleküle anwendbar. Infolge der freien Drehbarkeit wird eine „lineare" oder mäßig verzweigte Kette vor allem in Lösung nicht als langgestrecktes Molekül, sondern als mehr oder weniger dichtes und bewegliches Knäuel vorliegen. Ein wenn auch grobes Kriterium für diese Art der Struktur-Unterschiede der Makromoleküle bildet die Löslichkeit. Lineare oder wenig verzweigte Kettenmoleküle sind in geeigneten Lösungsmitteln bis zu relativ hohen Molgewichten löslich. Stark verzweigte oder mäßig vernetzte Makromoleküle neigen schon bei mäßig hohen Molgewichten zur Gelbildung. Stark vernetzte oder dreidimensionale Makromoleküle sind meist nur noch begrenzt quellbar oder unlöslich.

Art der Verknüpfung in Polymerisaten.

In bezug auf die Art der Verknüpfung können bei polymeren Monovinylverbindungen verschiedene Isomerien auftreten. Zunächst ist bei unsymmetrischen Äthylenderivaten zu unterscheiden zwischen

Kopf-Schwanz-Addition

$$-CH-CH_2-CH-CH_2-CH-CH_2-\cdots$$

(Polystyrol)

und

Kopf-Kopf-Schwanz-Schwanz-Addition

$$-\overset{\overset{\textstyle CH_3}{|}}{\underset{\underset{\textstyle CH_3}{|}}{C}}-CH_2-CH_2-\overset{\overset{\textstyle CH_3}{|}}{\underset{\underset{\textstyle CH_3}{|}}{C}}-\overset{\overset{\textstyle CH_3}{|}}{\underset{\underset{\textstyle CH_3}{|}}{C}}-CH_2-CH_2-\overset{\overset{\textstyle CH_3}{|}}{\underset{\underset{\textstyle CH_3}{|}}{C}}-\overset{\overset{\textstyle CH_3}{|}}{\underset{\underset{\textstyle CH_3}{|}}{C}}-CH_2-\cdots$$

(Entspricht *nicht* der tatsächlichen Struktur von Polyisobutylen; für eine *reine* Kopf-Kopf-Schwanz-Schwanz-Struktur ist kein Beispiel bekannt.)

Bei Dienen kann

1-2-Addition

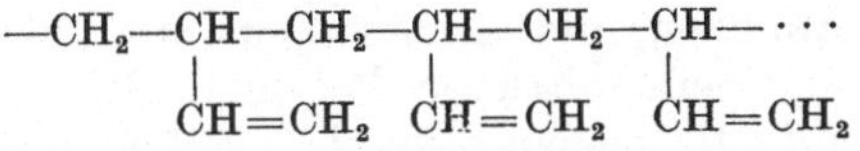

$$-CH_2-CH-CH_2-CH-CH_2-CH-\cdots$$
$$\quad\quad\ \ |\quad\quad\quad |\quad\quad\quad\ |$$
$$\quad\quad CH=CH_2\ \ CH=CH_2\ \ CH=CH_2$$

oder

1-4-Addition

$$-CH_2-CH=CH-CH_2-CH_2-CH=CH-CH_2-\cdots$$

eintreten.

Wenn, wie bei der 1-4-Addition, Doppelbindungen in der Hauptkette bestehen bleiben, ist auch die Möglichkeit einer cis-trans-Isomerie zu berücksichtigen. Ein bekanntes Beispiel dafür bietet Polyisopren, das als Naturstoff in beiden stereomeren Formen vorkommt.

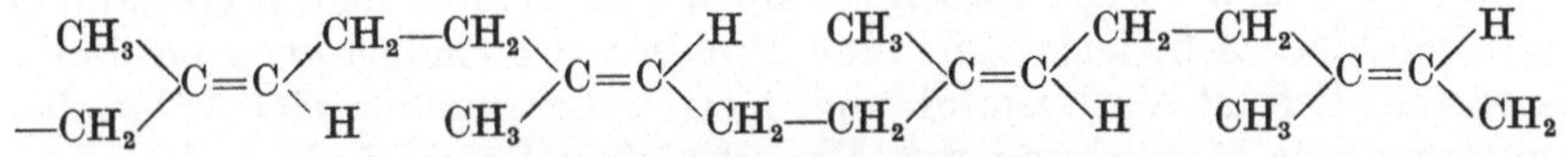

$$\begin{array}{c}
CH_3\diagdown\qquad\diagup CH_2-CH_2\diagdown\qquad\diagup H\qquad CH_3\diagdown\qquad\diagup CH_2-CH_2\diagdown\qquad\diagup H\\
\qquad C=C\qquad\qquad\qquad C=C\qquad\qquad\qquad C=C\qquad\qquad\qquad C=C\\
-CH_2\diagup\qquad\diagdown H\qquad CH_3\diagup\qquad\diagdown CH_2-CH_2\diagup\qquad\diagdown H\qquad CH_3\diagup\qquad\diagdown CH_2
\end{array}$$

Trans-Form (Guttapercha)

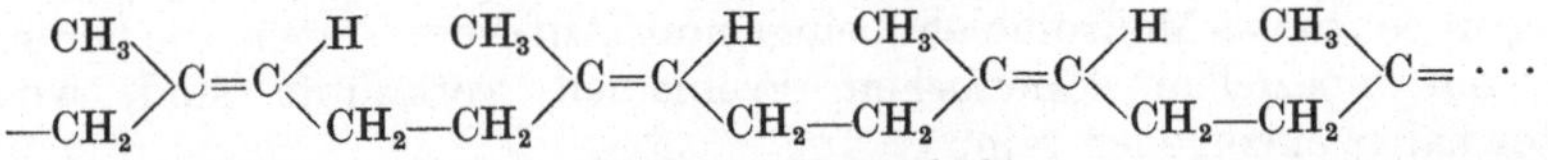

$$\begin{array}{c}
CH_3\diagdown\qquad\diagup H\qquad CH_3\diagdown\qquad\diagup H\qquad CH_3\diagdown\qquad\diagup H\qquad CH_3\diagdown\\
\qquad C=C\qquad\qquad\qquad C=C\qquad\qquad\qquad C=C\qquad\qquad\qquad C=\cdots\\
-CH_2\diagup\qquad\diagdown CH_2-CH_2\diagup\qquad\diagdown CH_2-CH_2\diagup\qquad\diagdown CH_2-CH_2\diagup
\end{array}$$

cis-Form (Kautschuk)

Damit sind die hauptsächlichen Isomerieformen angedeutet, die die „Architektur" eines Makromoleküls bestimmen, soweit sie auf die Art der Verknüpfung der Monomeren zurückzuführen sind. Daneben können noch andere, feinere Unterschiede im geometrischen Aufbau der Makromoleküle bestehen, auf die näher einzugehen hier zu weit führen würde.

Welche Art der Verknüpfung bei einer bestimmten Synthese eines hochmolekularen Stoffes tatsächlich verwirklicht wird, wird durch energetische und sterische Faktoren bestimmt. Bestehen zwischen zwei alternativen Verknüpfungsarten keine größeren Unterschiede in der Aktivierungsenergie und in der sterischen Behinderung durch die in Nachbarschaft kommenden Substituenden, so tritt eine (evtl. rein statistische) Abwechslung der beidenVerknüpfgunsarten ein. Bei der Polymerisation von Dienen führt dies z. B. zu Makromolekülen, in denen sowohl 1-2- als auch 1-4-Addition verwirklicht ist:

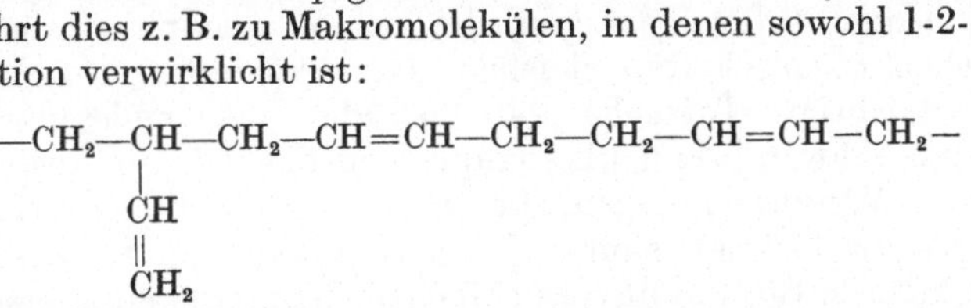

$$-CH_2-CH-CH_2-CH=CH-CH_2-CH_2-CH=CH-CH_2-$$
$$\qquad\quad |$$
$$\qquad\quad CH$$
$$\qquad\quad \|$$
$$\qquad\quad CH_2$$

Bei Mischpolymerisaten, die aus zwei oder mehr Monomeren aufgebaut sind, kommt als weitere Variationsmöglichkeit für den Aufbau der Makromoleküle die Anordnung, bzw. Reihenfolge der verschiedenen Grundbausteine hinzu. Wie an späterer Stelle noch näher ausgeführt werden wird, gibt es Mischpolymerisate, in denen die beiden Monomeren streng abwechselnd eingebaut sind, solche, in denen die Monomeren rein statistisch verteilt sind, und dazwischen alle Übergänge.

Endgruppen.

Bisher wurde in den angegebenen Formulierungen der Makromoleküle absichtlich vermieden, die Endgruppen mit anzuführen. Es ist naheliegend, daß bei einem mittleren Polymerisationsgrad von einigen hundert oder tausend die beiden, oder bei mäßig verzweigten Makromolekülen auch mehrere Endgruppen kaum in Erscheinung treten werden. Trotzdem können sie, besonders bei nicht zu hohem Polymerisationsgrad für gewisse Eigenschaften, z. B. dielektrische Verluste, Wasser-Adsorption, Stabilität der Latices usw., unter Umständen doch eine Rolle spielen. Eine analytische Bestimmung der Endgruppen ermöglicht, sofern sie einigermaßen genau durchgeführt werden kann, eine Bestimmung des mittleren Polymerisationsgrades auf chemischem Wege.

Bei Polykondensation bifunktioneller Monomerer werden die Endgruppen von den funktionellen Gruppen, die im Monomeren vorhanden sind, gebildet. Schwieriger ist das Problem der Endgruppen bei Polymerisaten. Erfolgt die Keimbildung, Kettenübertragung oder Abbruchsreaktion unter Mitwirkung von Fremdstoffen (Beschleuniger, Lösungsmittel, Regler usw.), so werden vielfach Bruchstücke dieser Moleküle als Endgruppen in das Makromolekül eingebaut. Auf diese Fragen, die bereits eng mit speziellen kinetischen Problemen verknüpft sind, wird später näher einzugehen sein.

Als wesentliche Konsequenz der hier angedeuteten Eigentümlichkeiten der synthetischen Hochpolymeren müssen wir folgern, daß die bei niedermolekularen Stoffen üblichen Kriterien für die „Reinheit“ eines Stoffes oder für die „Identität“ zweier Substanzen bei makromolekularen Stoffen nicht anwendbar sind. Synthetische Hochpolymere bestehen niemals aus Molekülen völlig gleicher Größe und Struktur. Polymolekularität, Verzweigung, Art der Verknüpfung der Monomeren und Endgruppen ergeben eine solche Zahl von Variationsmöglichkeiten, daß wir stets ein Gemisch von Molekülen erhalten, die in bezug auf Größe und Struktur verschieden sind. Da die genannten Eigenschaften von den Herstellungsbedingungen und unter Umständen auch von der Art der Isolierung bzw. Reinigung des hochpolymeren Stoffes abhängen, kann man nur unter streng gleichen Bedingungen zu hochpolymeren Stoffen gelangen, die sich in den physikalischen und chemischen Eigenschaften gleichen. Dazu kommt ferner die bisher nicht berücksichtigte Tatsache, daß fast alle makromolekularen Stoffe nur äußerst schwer (wenn überhaupt) von den letzten Resten niedermolekularer Verunreinigungen, die sie vom Herstellungsverfahren her enthalten, zu befreien sind. Unter Berücksichtigung dieser bei makromolekularen Stoffen unvermeidlichen Schwierigkeiten erscheint es richtiger, Bezeichnungen wie „rein“, „identisch“, „gleich“ usw. zu vermeiden und die verschiedenen Präparate bei wissenschaftlichen Untersuchungen besser durch kurze Angaben über Herstellung und Reinigung zu charakterisieren.

Literatur.

STAUDINGER, H.: Die hochmolekularen organischen Verbindungen. Berlin: Julius Springer 1932.

ULMANN, M.: Molekülgrößenbestimmungen hochpolymerer Naturstoffe. Dresden u. Leipzig: Theodor Steinkopff 1936.

RÖHRS, W., H. STAUDINGER u. R. VIEWEG: Fortschritte der Chemie, Physik und Technik der makromolekularen Stoffe. München: J. F. Lehmanns Verlag 1939.

MEYER, K. H., u. H. MARK: Hochpolymere Chemie. Leipzig: Akad. Verlagsges. 1940.

HOUWINK, R.: Chemie und Technologie der Kunststoffe. Leipzig: Akad. Verlagsges. 1942.

SPRINGER, A.: Kunstkautschuk. München: Hanser 1947.

STAUDINGER, H.: Makromolekulare Chemie und Biologie. Basel: Wepf & Co. 1947.

HULTZSCH, K.: Chemie der Phenolharze. Berlin-Göttingen-Heidelberg: Springer-Verlag 1950.

BURK, R. E., H. E. THOMPSON, A. J. WEITH u. I. WILLIAMS: Polymerization. New York: Reinhold 1937.

High Polymers. Interscience, New York. Vol. I: MARK, H., u. G. S. WHITBY: Collected Papers of W. H. Carothers, 1940. — Vol. II: MARK, H., u. A. TOBOLSKY: Physical Chemistry of High Polymers, 2. Auflage, 1950. — Vol. III: MARK, H., u. R. RAFF: High Polymeric Reactions, 1941. — Vol. IV: MEYER, K. H.: Natural and Synthetic High Polymers, 2. Auflage, 1950. — Vol. V: OTT, E.: Cellulose and Cellulose Derivatives, 1943. — Vol. VI: ALFREY, T. jr.: Mechanical Behaviour of High Polymers, 1948. — Vol. VII: CARSWELL, T. S.: Phenoplasts, 1947. — Vol. VIII: NASON, H. K.: The Testing of Organic Plastics. — Vol. IX: DOTY, P. M., u. H. MARK: The High Polymer Molecule, Its Weight and Weight Distribution.

Frontiers in Chemistry. Interscience, New York (Herausgeber R. E. Burk und O. Grummitt). Vol. I: The Chemistry of Large Molecules, 1943. — Vol. VI: High Molecular Weight Organic Compounds, 1949.

Advancing Fronts in Chemistry. Reinhold, New York. Vol. II: (Herausgeber S. B. Twiss) High Polymers, 1945.

Advances in Colloid Science. Reinhold, New York. Vol. II: (Herausgeber H. Mark und G. S. Withby) Scientific Progress in the Field of Rubber and Synthetic Elastomers, 1946.

TALALAY, A., u. M. MAGAT: Synthetic Rubber from Alcohol. Interscience, New York 1945.

FLECK, H. R.: The Theory of Polymerisation. London: Hodder and Stoughton 1947.

BAWN, C. E. H.: The Chemistry of High Polymers. Butterworth Scientific Publications, London 1948.

SCHMIDT, A., und C. A. MARLIES: High Polymer Theory and Practice. New York: McGraw Hill Book Co 1949.

BLOUT, E. R., W. P. HOHENSTEIN u. H. MARK (Herausgeber): Monomeres. Interscience, New York 1949.

HOUWINK, R.: Elastomers and Plastomers. New York-Amsterdam: Elsevier 1950.

Grundlagen der Reaktionskinetik.

Definition und Erläuterung der Grundbegriffe.

Jede chemische Reaktion, die wir als Umsatz makroskopischer Mengen beobachten, ist die Summe einer großen Zahl von *Elementarreaktionen* zwischen einzelnen Molekülen, Atomen oder Radikalen. Nur verhältnismäßig wenige chemische Bruttoreaktionen werden durch *eine einzige Art* von Elementarreaktionen gebildet; ein Beispiel hierfür ist die Bildung und der Zerfall von Jodwasserstoff in der homogenen Gasphase:

$$H_2 + J_2 = 2\,HJ.$$

Die durch die Reaktionsgleichung ausgedrückte Umsetzung spielt sich hier — wie bisher angenommen — auch zwischen den einzelnen Molekülen ab, indem bei einem Zusammenstoß zwischen einem H_2-Molekül und einem J_2-Molekül (unter bestimmten Voraussetzungen) zwei Moleküle Jodwasserstoff gebildet werden. Solche Reaktionen nennen wir *einfache Reaktionen*. Je nachdem, ob sich der Elementarvorgang an einem Molekül oder zwischen zwei oder drei Molekülen (bzw. auch Atomen oder Radikalen) abspielt, nennen wir die einfachen Reaktionen *monomolekular*, *bimolekular* oder *trimolekular*. Ob es trimolekulare Reaktionen stabiler Moleküle gibt, ist immer noch unsicher; trimolekulare Elementarreaktionen, an denen Atome oder Radikale beteiligt sind, spielen jedenfalls eine große Rolle in der Reaktionskinetik. Dagegen sind Elementarreaktionen, für deren Ablauf das gleichzeitige Zusammenwirken von mehr als drei Partikeln erforderlich ist, nicht bekannt und auch äußerst unwahrscheinlich.

Bei der überwiegenden Zahl von chemischen Reaktionen spielen sich verschiedenartige Elementarreaktionen nebeneinander ab, teils unabhängig voneinander *(Nebenreaktionen)*, teils als zusammenhängende *Folge* von Elementarreaktionen. Im letzteren Falle sprechen wir allgemein von *zusammengesetzten Reaktionen*. Die Ursache dafür ist, daß bei den meisten Elementarreaktionen nicht stabile Moleküle als Endprodukte entstehen, sondern Atome, Radikale oder besonders energiereiche (angeregte oder aktivierte) Moleküle, die bald in einer zweiten Elementarreaktion weiterreagieren. Diese nacheinander ablaufenden Elementarreaktionen spiegeln sich in einer entsprechenden Anzahl einfacher Reaktionen, aus denen sich die *Bruttoreaktion* zusammensetzt. (Daher werden diese einfachen Reaktionen auch als Urreaktionen bezeichnet.) Die Gleichungen aller einfachen Reaktionen, aus denen sich die Bruttoreaktion zusammensetzt, und das quantitative Zusammenspiel dieser Reaktionen nennt man den *Reaktionsmechanismus* oder das *Reaktionsschema*, gelegentlich auch den *Chemismus* der Bruttoreaktion. Nach CHRISTIANSEN spricht man von einer *offenen Reaktionsfolge*, wenn sich an eine (primäre) Elementarreaktion eine oder mehrere Elementarreaktionen anschließen, deren letzte schließlich die Endprodukte der Bruttoreaktion liefert, ohne daß gleichzeitig eine neue instabile Partikel entsteht. Dagegen spricht man von einer *geschlossenen Reaktionsfolge* oder *Kettenreaktion*, wenn die Bildung des Endproduktes stets mit der Bildung mindestens einer instabilen Partikel verknüpft ist, die zu weiteren anschließenden Elementarreaktionen Anlaß gibt. Man nennt diese instabilen Partikel, weil sie die Ursache für das Weiterlaufen der Reaktionskette sind, *Kettenträger*. Die Zahl der sich an einen Primärvorgang *(Kettenstart)* anschließenden Elementarreaktionen (die *kinetische Kettenlänge)* kann unter Umständen sehr groß sein (bis über 10^6). Schließlich wird aber einmal der Kettenträger vernichtet, ohne daß ein neuer Kettenträger entsteht *(Kettenabbruch)*. Als klassisches Beispiel für eine Kettenreaktion führen wir die thermische Bildung von Chlorwasserstoff aus den Elementen an:

$$\text{Cl}_2 \text{ (Wand)} \rightarrow \text{Cl} + \text{Cl} \qquad \text{(Kettenstart)}$$

$$\left. \begin{array}{l} \text{Cl} + \text{H}_2 \rightarrow \text{HCl} + \text{H} \\ \text{H} + \text{Cl}_2 \rightarrow \text{HCl} + \text{Cl} \end{array} \right\} \text{(eigentliche Kettenreaktion)}$$

$$\text{H} + \text{O}_2 \rightarrow \cdots \qquad \text{(Abbruch)}$$

Nicht nur das Auftreten instabiler Partikel führt zu Folgereaktionen im weiteren Sinne, sondern das Endprodukt selbst kann unter den herrschenden Versuchsbedingungen weitere (sekundäre) Umsetzungen erfahren. Als eine Folgereaktion, zu der die zunächst entstandenen Reaktionsprodukte selbst Anlaß geben, kann schließlich auch die *Gegenreaktion* angesehen werden. Jeder Elementarvorgang und daher auch jede chemische Reaktion ist grundsätzlich umkehrbar; es bilden sich stets aus den Endprodukten auch wieder die Ausgangsprodukte zurück. Im chemischen Gleichgewicht sind nach dem *Prinzip der mikroskopischen Reversibilität** die Hin- und Rückreaktion gleich groß. Befindet sich das Reaktionsgemisch weit vom Gleichgewicht entfernt (dies ist der Fall, wenn das Gleichgewicht an sich weit auf Seiten der Endprodukte liegt, oder wenn man durch laufende Entfernung der Endprodukte aus dem Reaktionsgemisch deren Konzentration ständig sehr klein hält), dann fällt die Rückreaktion nicht ins Gewicht, die Reaktion verläuft praktisch bis zum völligen Verbrauch der Ausgangsstoffe; man spricht daher von einer *vollständigen Reaktion*. Im anderen Falle muß bei kinetischen Untersuchungen auch die Rückreaktion berücksichtigt werden *(unvollständige Reaktionen)*.

Homogene Reaktionen verlaufen innerhalb *einer* Phase (wobei strenggenommen noch zu fordern ist, daß die Konzentrationen aller Reaktanten innerhalb dieser Phase überall gleich sind; solche homogene Reaktionen gibt es nur in Gasen und in Flüssigkeiten, da bei einer Reaktion innerhalb einer festen Phase stets Konzentrationsunterschiede vorhanden sind). Im Gegensatz dazu spricht man von *heterogenen Reaktionen*, wenn an der Reaktion mindestens zwei verschiedene Phasen beteiligt sind, speziell wenn sich die Reaktion an einer Phasengrenzfläche abspielt.

Als *Reaktionsgeschwindigkeit* einer chemischen Reaktion bezeichnet man die in der Zeiteinheit verbrauchte oder gebildete Menge eines an der Reaktion beteiligten Stoffes. Bei allen einfachen und bei zahlreichen zusammengesetzten Reaktionen ist die (isotherme) Reaktionsgeschwindigkeit proportional bestimmten Potenzen der Konzentrationen der miteinander reagierenden Stoffe; man erhält damit für die (vollständige) Reaktion

$$\nu_A\, A + \nu_B\, B \longrightarrow \nu_E\, E + \cdots$$

die *Geschwindigkeitsgleichung* (oder das *Zeitgesetz*):

$$-\frac{d[A]}{dt}\left(=-\frac{\nu_A\, d[B]}{\nu_B\, dt}=+\frac{\nu_A\, d[E]}{\nu_E\, dt}\right)=k\,[A]^n\,[B]^m \tag{6}$$

Den Proportionalitätsfaktor k nennt man die *Geschwindigkeitskonstante* (oder auch den *Geschwindigkeitskoeffizienten*) der Reaktion. Die

---

* Nach dem Prinzip der mikroskopischen Reversibilität ist in einem System sehr vieler Teilchen im thermodynamischen Gleichgewicht die Zahl der Hin- und Rückprozesse statistisch gleich. Dabei unterscheiden sich die Hin- und Rückprozesse durch Umkehr aller Geschwindigkeiten: einer Aktivierung durch Stöße entspricht eine Desaktivierung durch Stöße zweiter Art, einer Dissoziation entspricht eine Assoziation, einer Anregung durch Lichtabsorption entspricht eine Desaktivierung unter Lichtemission usw., wobei stets Geschwindigkeit und Richtung aller beteiligten Partikel sich genau umkehren.

Exponenten n und m bezeichnen die *Ordnung* der Reaktion. Die Angabe einer Reaktionsordnung bezieht sich zunächst immer auf einen bestimmten Reaktionsteilnehmer. In unserem Beispiel ist die Reaktion bezüglich A von der n-ten, bezüglich B von der m-ten Ordnung. Unter Ordnung einer Reaktion schlechthin versteht man die Gesamtordnung, die gleich der Summe aller in der Geschwindigkeitsgleichung auftretenden Exponenten ist, in unserem Beispiel also n + m. Einfache Reaktionen können nur von der ersten, zweiten oder dritten Ordnung sein, entsprechend den Geschwindigkeitsgleichungen

für die monomolekulare Reaktion:

$$A \rightarrow E + \cdots : -\frac{d\,[A]}{d\,t} = k\,[A] \tag{6a}$$

für die bimolekulare Reaktion:

$$A + B \rightarrow E + \cdots : -\frac{d\,[A]}{d\,t} = k\,[A]\,[B] \tag{6b}$$

für die trimolekulare Reaktion:

$$A + B + C \rightarrow E + \cdots : -\frac{d\,[A]}{d\,t} = k\,[A]\,[B]\,[C] \tag{6c}$$

Bei zusammengesetzten Reaktionen kann die Ordnung der Bruttoreaktion größer als 3, gleich einem Bruch (1/2, 3/2, usw.) oder Null sein und prinzipiell auch negative Werte annehmen. Aber häufig ist bei zusammengesetzten Reaktionen die Reaktionsgeschwindigkeit gar nicht als einfaches Produkt darstellbar (siehe z. B. die Geschwindigkeitsgleichung für die Bromwasserstoffbildung S. 22). In einem solchen Falle hat es keinen Sinn mehr, von einer „Geschwindigkeitskonstanten" oder von einer „Ordnung" der Bruttoreaktion zu sprechen.

Der *Umsatz* einer Reaktion ist die in bestimmten endlichen Zeiten gebildete oder verbrauchte Menge eines an der Reaktion beteiligten Stoffes; man erhält ihn durch Integration der Geschwindigkeitsgleichung. Häufig ist es aber einfacher und zweckmäßiger — und, wenn die Zeitabschnitte kurz genug gewählt werden können, auch durchaus genau genug —, den Umsatz in kurzen Zeitabschnitten zu bestimmen und die Geschwindigkeitsgleichung in der Differenzform, z. B.

$$\frac{\varDelta\,[A]}{\varDelta\,t} = k\,[\overline{A}]\,[\overline{B}] \tag{7}$$

anzuwenden.

Die Änderung der Reaktionsgeschwindigkeit mit der Temperatur kommt in der Temperaturabhängigkeit der Geschwindigkeitskonstanten zum Ausdruck. Wir bezeichnen dk/dT als den *Temperaturkoeffizienten* und den Quotienten der Zahlenwerte von k für zwei um 10° auseinander liegende Temperaturen als den *Temperaturquotienten* einer Reaktion. Erfahrungsgemäß besteht bei sehr vielen Reaktionen eine lineare Beziehung zwischen dem Logarithmus der Geschwindigkeitskonstanten und der reziproken absoluten Temperatur, d. h. es gilt:

$$\ln k = -\frac{E}{R\,T} + \ln A \quad \text{oder} \quad k = A\,e^{-E/RT} \tag{8}$$

In der Literatur wird dieser Zusammenhang als *Arrheniussche Formel*, die im Diagramm ln k gegen 1/T erhaltene Gerade häufig als Arrheniussche Gerade bezeichnet. *E* nennt man die *Arrheniussche* (oder *scheinbare*) *Aktivierungsenergie*, *A* den *Häufigkeitsfaktor* (in der Literatur auch Aktionskonstante, Frequenzfaktor, Häufigkeitszahl). Formel (8) ist zur Wiedergabe der bei verschiedenen Temperaturen gemessenen Geschwindigkeitskonstanten gut geeignet; die beiden in ihr auftretenden Größen *E* und *A* haben jedoch nur bei bestimmten einfachen Reaktionen eine einfache physikalische Bedeutung. Bei zusammengesetzten Reaktionen ist k oft ein Produkt verschiedener Potenzen von Geschwindigkeitskonstanten einfacher Reaktionen, aus denen sich die Bruttoreaktion zusammensetzt; dann ist die scheinbare Aktivierungsenergie als entsprechende Summe der Aktivierungsenergien der einfachen Reaktionen und der Häufigkeitsfaktor als entsprechendes Produkt der Häufigkeitsfaktoren der einfachen Reaktionen darstellbar; ist z. B.

$$k = k_2 \cdot (k_1/k_3)^{1/2}, \text{ dann ist } E = E_2 + \tfrac{1}{2}(E_1 - E_3) \text{ und } A = A_2 (A_1/A_3)^{1/2}.$$

Bei zusammengesetzten Reaktionen kann jedoch auch dann, wenn die Geschwindigkeit als einfaches Produkt nach Gl. (6) darstellbar ist, k ein komplizierterer Ausdruck sein, aus dem nicht in so einfacher Weise auf die Aktivierungsenergie und den Häufigkeitsfaktor der einfachen Reaktionen geschlossen werden kann.

Für das chemische Gleichgewicht folgt aus der Gleichheit der Geschwindigkeiten von Reaktion und Gegenreaktion in Verbindung mit Gl. (6) und dem chemischen Massenwirkungsgesetz, daß die Gleichgewichtskonstante gleich ist dem Verhältnis der Geschwindigkeitskonstanten der Gegenreaktion und der Reaktion

$$K = k'/k, \tag{9}$$

und daraus in Verbindung mit Gl. (8), daß die Differenz der Aktivierungsenergien von Gegenreaktion und Reaktion gleich ist der *Reaktionswärme* der Umsetzung

$$E' - E = W. \tag{10}$$

In die Geschwindigkeitsgleichung homogener Reaktionen können auch die Konzentrationen solcher Stoffe eingehen, die nicht in der Gleichung der Bruttoreaktion erscheinen; man nennt derartige Stoffe homogene Katalysatoren Allgemein spricht man von *homogener Katalyse*, wenn die Geschwindigkeit einer homogenen Reaktion durch einen in derselben Phase vorhandenen Stoff verändert (im allgemeinen beschleunigt) wird, ohne daß dieser Stoff selbst im Verlauf der Reaktion eine *bleibende* Veränderung erfährt*. Sieht man von Beeinflussungen mehr physikalischer Natur (z. B. Erhaltung der Gleichgewichtsverteilung von Geschwindigkeit und Energie der Moleküle durch ein an der Reaktion nicht beteiligtes Fremdgas, Begünstigung der Parawasserstoffumwandlung durch paramagnetische Moleküle usw.) ab, so besteht die

---

* Neben dieser strengen Definition zählt man oft auch alle die Stoffe zu den Katalysatoren, die zwar nicht völlig unverändert aus der Reaktion hervorgehen, aber wenigstens nicht in den Endprodukten der Hauptreaktion erscheinen.

Wirkung eines homogenen Katalysators stets in einer Veränderung des Reaktionsschemas, wobei mindestens zwei neue Urreaktionen auftreten: eine, bei der aus dem Katalysator und einem an der Reaktion beteiligten Ausgangs- oder Zwischenstoff eine Verbindung entsteht, und eine zweite, bei der der Katalysator aus dieser Verbindung wieder zurückgebildet wird. Unter Berücksichtigung des neuen Reaktionsschemas wird die homogene Katalyse vollständig durch die normalen Gesetze homogener Reaktionen beschrieben.

Heterogene Katalyse liegt dann vor, wenn sich Katalysator und Reaktanten in zwei verschiedenen Phasen befinden. Das Wesen der heterogenen Katalyse bei Gas- und Lösungsreaktionen besteht darin, daß die Reaktion (oder eine Teilreaktion) an der Phasengrenzfläche mit größerer Geschwindigkeit verläuft als in der homogenen Phase. Wie bei allen heterogenen Reaktionen handelt es sich um zusammengesetzte Prozesse, bei denen oft auch Diffusions- und Adsorptionsvorgänge eine geschwindigkeitsbestimmende Rolle spielen.

Für das Eintreten einer Elementarreaktion ist in den meisten Fällen eine gewisse Energie erforderlich *(wahre Aktivierungsenergie)*. Wird diese Energie von der thermischen Energie des Systems (Translations-, Schwingungs-, Rotations- und Elektronen-Energie der einzelnen Partikel) geliefert, so spricht man von *thermischen Reaktionen*. Die für die Reaktion erforderliche Energie kann den Partikeln aber auch in Form von Licht, Röntgenstrahlen, α-Strahlen, Elektronenstoß usw. zugeführt werden. Von allen diesen interessieren uns hier nur die unter Einwirkung des Lichtes sich abspielenden *photochemischen Reaktionen*; das eigentlich photochemische an diesen Reaktionen ist der *photochemische Primärprozeß*, bei dem durch die Absorption eines Lichtquants das absorbierende Molekül in einen angeregten Zustand versetzt wird, oder in freie Atome, bzw. Ionen oder Radikale dissoziiert. Ein angeregtes Molekül kann unter Ausstrahlung der Anregungsenergie in den Grundzustand zurückkehren (Fluorescenz) oder es kann seine Anregungsenergie bei einem Zusammenstoß in thermische Energie der Stoßpartner überführen, ohne daß eine chemische Reaktion eintritt (Stöße zweiter Art). In allen anderen Fällen schließen sich an den Primärprozeß Elementarreaktionen an, die in ihrer Gesamtheit eine (meist zusammengesetzte) chemische Reaktion darstellen; der Ablauf dieser Sekundärreaktionen folgt den völlig gleichen Gesetzmäßigkeiten wie die entsprechenden thermischen Reaktionen. Deshalb ist das Studium photochemisch eingeleiteter Reaktionen oft ein geeignetes Mittel, um weitere Einblicke in den Mechanismus dieser Reaktionen zu gewinnen.

Zur Beschreibung des Ablaufs chemischer Reaktionen kann man sich einmal der formalen Gesetzmäßigkeiten (Zeitgesetz, Arrheniussche Formel) bedienen und dann versuchen, die Bruttoreaktion in ein Minimum von Teilreaktionen zu zerlegen, die auf Grund allgemeiner Erfahrung wahrscheinlich und so geartet sind, daß aus ihnen das Zeitgesetz der Bruttoreaktion hervorgeht *(kinetische Analyse)*. Die klassische chemische Kinetik betrachtete dies als ihre erste und wichtigste Aufgabe. Der Mechanismus zusammengesetzter Reaktionen ist aber meist so kom-

pliziert, daß eine eindeutige Aufklärung mit Hilfe der formalen Gesetzmäßigkeiten allein in den seltensten Fällen möglich ist. Außerdem ver-
langt ein tieferes Eindringen in das Wesen der chemischen Reaktion
die Zuhilfenahme vor allem atomphysikalischer, thermodynamisch-
statistischer und auch gaskinetischer Methoden. Ziel eines derartigen
Studiums der chemischen Reaktionen ist die *physikalische Deutung der
formalen Gesetze und die Verknüpfung der in ihnen auftretenden charakteristischen Größen mit Daten, die aus anderen Gebieten der chemischen
Physik gewonnen wurden, und damit letzten Endes eine absolute Berechnung von Reaktionsgeschwindigkeiten.* Obwohl wir bei der Behandlung
der Polymerisationsreaktionen auf diese Zusammenhänge werden Bezug
nehmen müssen, müssen wir uns hier auf wenige Andeutungen beschränken und im übrigen auf die Seite 29 zusammengestellten Lehr-
bücher und Monographien verweisen.

Die wahre Aktivierungsenergie einer einfachen Reaktion ist gegeben
durch die Höhe der Potentialschwelle, die beim Übergang vom Ausgangs-
zustand zum Endzustand überwunden werden muß. Sie ist grundsätzlich mit quantenmechanischen Methoden berechenbar. Sind die Reaktionspartner mehratomige Moleküle, ist man hierfür auf Näherungs-
methoden angewiesen, wobei die Betrachtung des *Übergangszustandes*,
den man grob als Komplex der Reaktionspartner einer Elementarreaktion im Augenblick der größten räumlichen Annäherung verstehen
kann, eine wichtige Rolle spielt.

Der Häufigkeitsfaktor einer bi- oder trimolekularen Reaktion kann
als ein Produkt aus der Zahl der „*Begegnungen*" der Reaktionspartner und
einem „*sterischen Faktor*" gedeutet werden. Dieser sterische Faktor gibt
an, welcher Bruchteil der Begegnungen, bei denen die Reaktionspartner
über die erforderliche Aktivierungsenergie verfügen, tatsächlich zur Reaktion führt. Die Zahl der Begegnungen ist bei Gasreaktionen der gas-
kinetisch berechneten Zahl der Zusammenstöße gleichzusetzen. Für Reaktionen in flüssigen Medien kann man einen entsprechenden Ausdruck
formulieren, in dem die Schwingungen der Gitterpunkte und Platz-
wechselvorgänge (Diffusion) eine Rolle spielen. Die Zahl der Begegnungen,
die eine Partikel mit Molekülen der Flüssigkeit erfährt, ist von der
Größenordnung 10^{11} pro sec. Der sterische Faktor kann grob gesprochen
so verstanden werden, daß für das Zustandekommen der Elementarreaktion bei einer Begegnung außer der erforderlichen Aktivierungsenergie auch eine günstige räumliche Anordnung der Reaktionspartner
notwendig ist; Übergangswahrscheinlichkeiten und andere quanten-
mechanische Effekte spielen hierbei außerdem eine Rolle.

Für die Reaktionsgeschwindigkeit in flüssigen Medien gibt es zwei
wichtige Grenzfälle. Ist die Aktivierungsenergie groß und (oder) der
sterische Faktor sehr klein, so führt nur ein kleiner Bruchteil aller Begegnungen zur Reaktion und die Aktivierungsenergie und der sterische
Faktor sind dann bestimmend für die Geschwindigkeit der Reaktion.
Ist dagegen die Aktivierungsenergie klein ($<$ ca. 8 kcal pro Mol) und
der sterische Faktor von der Größenordnung 1, so führt ein großer
Bruchteil aller Begegnungen zur Reaktion; der geschwindigkeits-

bestimmende Vorgang wird dann die Diffusion der Reaktionspartner zu einander (vorausgesetzt, daß die Konzentration beider Reaktionspartner verhältnismäßig klein ist).

Zusammengesetzte Reaktionen.

Ist das Reaktionsschema einer zusammengesetzten Reaktion bekannt, so ist damit gleichzeitig für jede Urreaktion die zugehörige Geschwindigkeitsgleichung gegeben. Bei einer Folge von n einfachen Reaktionen hat man somit n unabhängige, simultane Differentialgleichungen, durch deren Lösung man das Zeitgesetz der Bruttoreaktion erhält. Als einfachstes Beispiel führen wir die (offene) Folge zweier vollständiger, monomolekularer Reaktionen an:

$$A \xrightarrow{k_1} B; \quad B \xrightarrow{k_2} C + \cdots \qquad (k_1 \neq k_2).$$

Die drei Differentialgleichungen (von denen die dritte allerdings von den beiden anderen abhängig ist) lauten:

$$d\,[A]/dt = -\,k_1\,[A]$$
$$d\,[B]/dt = k_1\,[A] - k_2\,[B]$$
$$d\,[C]/dt = k_2\,[B]$$

die Lösung:

$$[A] = [A]_0\,e^{-k_1 t}$$

$$[B] = \frac{k_1\,[A]_0}{k_1 - k_2}\left\{e^{-k_2 t} - e^{-k_1 t}\right\}$$

$$[C] = [A]_0\left\{1 - \frac{1}{k_1 - k_2}\left[k_1\,e^{-k_2 t} - k_2\,e^{-k_1 t}\right]\right\}$$

und die Geschwindigkeitsgleichung für die Bildung des Endproduktes C

$$\frac{d\,[C]}{d\,t} = \frac{k_1\,k_2\,[A]_0}{k_1 - k_2}\left\{e^{-k_2 t} - e^{-k_1 t}\right\}.$$

Die Konzentration des Zwischenstoffes B ist zu Beginn der Reaktion null, durchläuft ein Maximum, um dann asymptotisch gegen null abzuklingen. Da $d\,[C]/dt \sim [B]$, gilt das gleiche für die Bildungsgeschwindigkeit von C, die nach einer *Induktionsperiode* ein Maximum durchläuft; diese Induktionsperiode ist dann am ausgeprägtesten, wenn k_1 und k_2 von derselben Größenordnung sind.

Ist $k_1 \ll k_2$, bleibt die Konzentration des Zwischenstoffes B ständig sehr klein, die Induktionsperiode unmerklich und

$$\frac{d\,[C]}{d\,t} \approx k_1\,[A]_0\,e^{-k_1 t} = k_1\,[A], \quad [C] \approx [A]_0\,(1 - e^{-k_1 t}) = [A]_0 - [A];$$

geschwindigkeitsbestimmend ist nur die erste (langsamere) Reaktion. Solche (instabile) Zwischenverbindungen nennt man *van 't Hoffsche Zwischenstoffe*. Ist umgekehrt $k_1 \gg k_2$, wird die Reaktion sozusagen bei der (stabilen) Zwischenverbindung B gestaut; bald nach Beginn der Reaktion wird $[B] \approx [A]_0$ und $[A] \approx 0$, die Induktionsperiode ist wiederum unmerklich und

$$\frac{d\,[C]}{d\,t} \approx k_2\,[A]_0\,e^{-k_2 t} = k_2\,[B]; \; [C] \approx [A]_0\,(1 - e^{-k_2 t}) \approx [B]\,(1 - e^{-k_2 t});$$

geschwindigkeitsbestimmend ist nur die zweite (langsamere) Reaktion.

Wir wollen nun noch den Fall berücksichtigen, daß die erste Reaktion unvollständig verläuft

$$A \underset{k_1'}{\overset{k_1}{\rightleftharpoons}} B \overset{k_2}{\longrightarrow} C$$

und daß $k_1 \gg k_2$. Dann steht der (instabile) Zwischenstoff B mit dem Ausgangsstoff A bald nach Beginn der Reaktion (nahezu) im Gleichgewicht, die Induktionsperiode ist unmerklich (unabhängig vom Verhältnis k_1/k_2) und geschwindigkeitsbestimmend die zweite Reaktion

$$\frac{d\,[C]}{d\,t} \approx k_2\,\frac{k_1}{k_1'}\,[A] = k_2\,[B]\,.$$

Man spricht von einem *vorgelagerten Gleichgewicht* und von einem *Arrheniusschen Zwischenstoff*.

Diese an dem einfachsten Beispiel einer offenen Folge entwickelten Verhältnisse spielen auch bei anderen Reaktionsfolgen eine Rolle. Besonders gilt für jede offene Folge, daß die langsamste Reaktion, bzw., da es sich hierbei auch um einen physikalischen Vorgang (z. B. Diffusion) handeln kann, der langsamste Teilvorgang geschwindigkeitsbestimmend ist.

Eine allgemeine Lösung der simultanen Differentialgleichungen ist aber abgesehen von den einfachsten Fällen rechnerisch schwierig, oft unmöglich. Handelt es sich um Folgereaktionen mit relativ stabilen Zwischenstoffen, deren Konzentration analytisch erfaßbar ist, kann man die einzelnen Stufen direkt verfolgen und an Stelle der Differentialgleichungen mit den entsprechenden Differenzengleichungen operieren. Wenn die Zwischenstoffe, wie dies vor allem bei den Kettenreaktionen der Fall ist, aktive kurzlebige Produkte sind (Atome, Radikale, instabile Molekülzustände), deren Konzentration während des ganzen Reaktionsverlaufes sehr klein bleibt, kann die Auswertung auf folgende Weise geschehen:

Da die Konzentration dieser kurzlebigen Zwischenstoffe zu Beginn der Reaktion sehr rasch einen *quasistationären* Wert erreicht, der sich im weiteren Verlauf der Reaktion nur unbedeutend ändert, kann eine wesentliche Vereinfachung der Rechnung dadurch erzielt werden, daß die Änderung der Konzentration aller kurzlebigen Zwischenprodukte gleich null gesetzt wird. Dadurch erhält man an Stelle der Differentialgleichungen einfache algebraische Gleichungen, aus denen man die Konzentration der Zwischenstoffe ausrechnet, um die so erhaltenen Ausdrücke in die Geschwindigkeitsgleichung für die Bildung des Endproduktes einzusetzen. Dieses Verfahren ist von BODENSTEIN in die Reaktionskinetik eingeführt worden und ist, besonders für die Durchrechnung komplizierterer Kettenreaktionen, heute allgemein üblich.

Als Beispiel sei das Reaktionsschema der thermischen Bildung von Bromwasserstoff aus den Elementen durchgerechnet:

Start $Br_2 + X \xrightarrow{k_1} Br + Br + X$ 1

Kette $\left\{ \begin{array}{l} Br + H_2 \underset{k_2'}{\overset{k_2}{\rightleftharpoons}} HBr + H \\[2mm] H + Br_2 \xrightarrow{k_3} HBr + Br \end{array} \right.$ 2,2′ ; 3

Abbruch $Br + Br + X \xrightarrow{k_1'} Br_2 + X$ 1′

Startreaktion ist die Dissoziation des Brommoleküls in zwei Atome und Abbruch erfolgt durch Rekombination zweier Bromatome; die Rückreaktion 3′ verläuft so langsam, daß sie vernachlässigt werden kann (im Gegensatz zu 2′!). Wir setzen:

$$\frac{d[Br]}{dt} = 2\,k_1\,[Br_2] - k_2\,[Br]\,[H_2] +$$
$$+ k_2'\,[H]\,[HBr] + k_3\,[H]\,[Br_2] - k_1'\,[Br]^2 = 0$$

$$\frac{d[H]}{dt} = k_2\,[Br]\,[H_2] - k_2'\,[H]\,[HBr] - k_3\,[H]\,[Br_2] = 0$$

Durch Addition folgt

$$2\,k_1\,[Br_2] - k_1'\,[Br]^2 = 0 \quad \text{und} \quad [Br] = \left(\frac{2\,k_1}{k_1'}\right)^{\frac{1}{2}} [Br_2]^{\frac{1}{2}}.$$

Dieser Wert für [Br] in die zweite obige Gleichung eingesetzt liefert

$$[H] = \frac{k_2\,(2\,k_1/k_1')^{\frac{1}{2}}\,[H_2]\,[Br_2]^{\frac{1}{2}}}{k_2'\,[HBr] + k_3\,[Br_2]}\ .$$

Für die Bildungsgeschwindigkeit von [HBr] gilt

$$\frac{d[HBr]}{dt} = k_2\,[Br]\,[H_2] + k_3\,[H]\,[Br_2] - k_2'\,[H]\,[HBr],$$

woraus man nach Einsetzen der oben stehenden Ausdrücke für [H] und [Br]

$$\frac{d[HBr]}{dt} = \frac{k_2\,(2\,k_1/k_1')^{\frac{1}{2}}\,[H_2]\,[Br_2]^{\frac{1}{2}}}{1 + k_2'\,[HBr]/k_3\,[Br_2]}$$

erhält, in Übereinstimmung mit dem experimentell gefundenen Zeitgesetz.

Nach einer von Schwab angegebenen Regel ist die Geschwindigkeitsgleichung einer offenen oder geschlossenen Folge, bei der die Konzentration der Zwischenprodukte quasistationär angenommen werden kann, auch ohne solche Rechnung zu ermitteln, wie an einem Beispiel gezeigt werden soll.

Die Bruttoreaktion $A_2 + BC \rightarrow AB + AC$

soll als Kettenreaktion nach dem Schema verlaufen:

Start $A_2 \xrightarrow{k_1} 2\,A$

Kette $\left\{ \begin{array}{l} A + BC \xrightarrow{k_2} AC + B \\[2mm] B + A_2 \xrightarrow{k_3} AB + A \end{array} \right.$

Abbruch $\left\{ \begin{array}{l} A + X \xrightarrow{k_4} \cdots \\[2mm] B + Y \xrightarrow{k_5} \cdots \end{array} \right.$

Zur Veranschaulichung zeichnen wir uns außerdem das Bildschema der
Kettenreaktion auf:

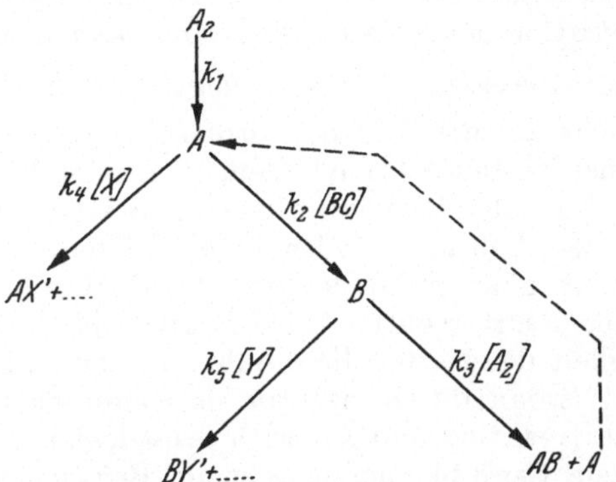

Wie man daraus leicht erkennt, ist die Geschwindigkeit (v_{Br}), mit
der das Endprodukt AB entsteht, gleich der Geschwindigkeit mit der A
entsteht ($v_1 + v_{Br}$) multipliziert mit der Wahrscheinlichkeit, daß ein
A in ein AB übergeht ($w_2 \cdot w_3$)

$$v_{Br} = (v_1 + v_{Br})\, w_2 \cdot w_3 = \frac{v_1 \cdot w_2 \cdot w_3}{1 - w_2 \cdot w_3},$$

woraus man mit

$$v_1 = k_1\,[A_2],\ w_2 = \frac{k_2\,[BC]}{k_2\,[BC] + k_4\,[X]}\ \text{und}\ w_3 = \frac{k_3\,[A_2]}{k_3\,[A_2] + k_5\,[Y]}$$

nach Umformen den Geschwindigkeitsausdruck erhält

$$v_{Br} = \frac{k_1\,[A_2] \cdot k_2\,[BC] \cdot k_3\,[A_2]}{k_2\,[BC] \cdot k_5\,[Y] + k_3\,[A_2]\, k_4\,[X] + k_5\,[Y] \cdot k_4\,[X]}\,.$$

Diesen Ausdruck kann man auch sofort nach folgender Regel hin-
schreiben: „Man setze in den Zähler die Geschwindigkeit der Primärreaktion multipliziert mit der Häufigkeit der zum Endprodukt führenden
Sekundärreaktionen; in den Nenner bei einer Reaktion mit y sekundären
Schritten die Summe aller Produkte von je y Häufigkeiten von Sekundärreaktionen, ausgenommen solche Produkte, die koordinierten Reaktionen, und solche, die Zwischenstoffe zurückliefernden Wegen entsprechen".
Unter Häufigkeit (h) einer Reaktion eines Zwischenproduktes versteht man den Geschwindigkeitsausdruck dieser Reaktion dividiert
durch die Konzentration des Zwischenproduktes, z. B.

$$h_2 = k_2\,[BC], \text{ usw.}$$

In unserem Beispiel ist y = 2, koordiniert sind die Reaktionen 2 und 5,
sowie 3 und 4; A wird auf dem Wege 2—3 zurückgeliefert; demnach
folgt durch Anwendung der Regel

$$v_{Br} = \frac{v_1 \cdot h_2\, h_3}{h_2\, h_5 + h_3\, h_4 + h_4\, h_5}$$

in Übereinstimmung mit dem obigen Ausdruck.

Diese Regel ist, wie man leicht einsieht, beschränkt auf zusammengesetzte Reaktionen, deren Teilreaktionen stets nur von der 1. Ordnung in bezug auf Zwischenstoffe sind, da nur in diesem Falle die Häufigkeiten von der Konzentration der Zwischenstoffe unabhängig sind.

Einige charakteristische Eigenschaften von Kettenreaktionen.

Ohne Rücksicht auf die Zahl der Urreaktionen, die zusammen den Mechanismus einer Kettenreaktion bilden, kann man diesen stets in drei Teilvorgänge gliedern: den Primärakt (oder die Startreaktion), die eigentliche Kette und den Abbruch. Jeder dieser Teilvorgänge kann für sich eine einfache oder eine zusammengesetzte Reaktion sein. Die Geschwindigkeit der Bruttoreaktion wird hauptsächlich bestimmt durch die Geschwindigkeit der Kette; diese selbst ist aber wiederum erst eindeutig bestimmt, wenn die Konzentration eines instabilen Zwischenstoffes durch Startreaktion und Abbruch festgelegt ist. Wir sehen dies am besten an dem Seite 14 angeschriebenen Beispiel der Chlorwasserstoffbildung; die Kette besteht aus den beiden Reaktionen

$$Cl + H_2 \rightarrow HCl + H$$
$$H + Cl_2 \rightarrow HCl + Cl,$$

die zusammen die Bruttoreaktionen

$$H_2 + Cl_2 \rightarrow 2\,HCl$$

darstellen. Zur Berechnung der Reaktionsgeschwindigkeit stehen aber nur zwei simultane Differentialgleichungen zur Verfügung, aus denen die drei Unbekannten (zwei Konzentrationen der Zwischenstoffe H und Cl und die Reaktionsgeschwindigkeit) nicht bestimmt werden können. Es ist vielmehr noch eine weitere, unabhängige Gleichung erforderlich, die dem Kettenstart und Abbruch entspricht. Wesentlich ist nun, daß zwischen den drei Teilvorgängen einer Kettenreaktion keine stöchiometrische Verknüpfung, wie zwischen den Stufen einer offenen Folge besteht. Daher ist auch nicht der langsamste der drei Teilvorgänge geschwindigkeitsbestimmend, sondern die Frage nach dem geschwindigkeitsbestimmenden Teilvorgang verliert hier ihren Sinn.

Eine *Induktionsperiode* tritt bei zusammengesetzten Reaktionen auf, wenn eine Zwischenverbindung in verhältnismäßig langsamer Reaktion entsteht und wieder zerfällt (s. S. 20). Dann wird die Lebensdauer dieser Zwischenverbindung verhältnismäßig groß sein und ihre Konzentration erst spät oder überhaupt nicht einen quasistationären Wert erreichen. Bei Kettenreaktionen mit durchwegs kurzlebigen Zwischenstoffen kann es sich auch darum handeln, daß ein Kettenträger erst durch eine bei der Reaktion selbst gebildete Verbindung entsteht; dann wird die quasistationäre Konzentration der Kettenträger, und damit die Bruttoreaktionsgeschwindigkeit am Anfang der Reaktion ebenfalls allmählich zunehmen*. In diesen Fällen ist die Induktionsperiode durch den Mechanismus bedingt und daher für die Reaktion selbst charakteristisch;

---

* Dies ist z. B. beim thermischen Zerfall von Phosgen der Fall, bei dem die Kettenträger (Cl-Atome) aus Cl_2, das zu Beginn der Reaktion gar nicht in meßbarer Menge vorhanden ist, gebildet werden.

ihre Dauer wird um so besser reproduzierbar sein, je sauberer die Versuchsbedingungen sind. Speziell bei Kettenreaktionen kommt noch eine andere Ursache für eine Art von Induktionsperiode in Frage, nämlich die Hemmung der Reaktion durch eine Fremdsubstanz, die dabei verbraucht wird. In diesem Falle wird die Reaktionsgeschwindigkeit ihren normalen Wert erst erreichen, wenn die Fremdsubstanz völlig aufgebraucht ist. Abgesehen von absichtlich zugesetzten Inhibitoren genügen oft Spuren von hemmenden Verunreinigungen, um diesen Effekt zu erzielen. Diese *Inhibitionsperiode* ist dann aber nicht charakteristisch für die Reaktion, meist schlecht reproduzierbar und verschwindet oft ganz bei sauberem Arbeiten.

Sehr charakteristisch für Kettenreaktionen ist die *leichte Beeinflussung der Reaktionsgeschwindigkeit durch verhältnismäßig geringfügige Zusätze*. Da bei großer Kettenlänge die Zahl der primär gebildeten, bzw. der durch normalen Abbruch vernichteten Kettenträger klein ist im Vergleich zur Zahl der in der Bruttoreaktion umgesetzten Moleküle, kann sich auch eine geringfügige zusätzliche Bildung oder Vernichtung von Kettenträgern erheblich auswirken. Darauf beruht auch die große Empfindlichkeit der Kettenreaktionen gegen Spuren von Verunreinigungen. Besonders die bereits erwähnte verzögernde Wirkung mancher Zusätze wird direkt benutzt, um die Kettennatur einer Reaktion nachzuweisen, bzw. um die Kettenlänge zu bestimmen.

Bei Gasreaktionen wird die Zahl der Kettenträger und damit die Reaktionsgeschwindigkeit auch durch *Wandwirkung* und durch den *Gesamtdruck* beeinflußt. Eine Beschleunigung durch die Wand tritt ein, wenn die Kettenträger bevorzugt oder ausschließlich an der Wand gebildet werden, eine Hemmung, wenn Kettenabbruch an der Wand erfolgt. Die Wandwirkung kann durch Verminderung des Gesamtdruckes, wegen dessen Einfluß auf die Diffusionsgeschwindigkeit der Kettenträger, gesteigert werden. Eine direkte Verzögerung durch Erhöhung des Gesamtdruckes tritt ein, wenn eine Desaktivierung durch Stöße oder eine Rekombination im Dreierstoß kettenabbrechend wirkt. Wenn Kettenstart und Abbruch gleichzeitig an der Wand und im Gasraum erfolgen, können die Verhältnisse außerordentlich kompliziert werden.

Außer durch die normale (thermische) Startreaktion können bei vielen Kettenreaktionen die Kettenträger auch durch Lichtabsorption oder durch den Zerfall einer zugesetzten Fremdsubstanz erzeugt werden. Dadurch hat man eine weitere Variationsmöglichkeit der Versuchsbedingungen in der Hand. Bevor jedoch aus solchen Versuchen Schlüsse auf den Mechanismus der rein thermischen Reaktion gezogen werden, muß man prüfen, ob tatsächlich in beiden Fällen dieselben Urreaktionen und dieselben Kettenträger eine Rolle spielen.

Die Untersuchung einer *photochemisch gestarteten Kettenreaktion* bietet vor allem zwei Vorteile: einmal kann die Quantenausbeute mit gewissen Einschränkungen als Maß für die kinetische Kettenlänge herangezogen werden, zweitens kann dabei die Geschwindigkeit der Primärreaktion durch Änderung der Lichtintensität leicht variiert werden. Aus der Abhängigkeit der Reaktionsgeschwindigkeit von der Intensität des absorbierten Lichtes kann man direkt auf die Art des Abbruchs schließen. Ist nämlich die Abbruchsreaktion in bezug auf den Kettenträger von der ersten Ordnung, so geht, wie man sich leicht überzeugt, die Bruttogeschwindigkeit linear mit der Intensität. Ist dagegen die Abbruchsreaktion eine bimolekulare Vernichtung zweier Kettenträger, so ist die Bruttogeschwindigkeit proportional der Wurzel aus der Intensität. Im letzteren Falle besteht auch eine relativ einfache Möglichkeit, durch intermittierende Belichtung auf dem Wege über die Lebensdauer die quasistationäre Konzentration der Kettenträger zu bestimmen (s. S. 55ff).

Ohne auf die allgemeine formale Theorie der Kettenreaktionen näher einzugehen, seien nur noch einige Beziehungen, von denen auch bei der Behandlung der Polymerisationsreaktionen Gebrauch gemacht wird, angegeben:

Die kinetische Kettenlänge ist gegeben durch das Verhältnis der Bruttogeschwindigkeit (v_{Br}) zur Geschwindigkeit der Startreaktion (v_s):

$$v = v_{Br}/v_s \tag{11}$$

Bezeichnet man mit α die Wahrscheinlichkeit der Kettenfortpflanzung, mit β die des Abbruchs, so gilt bei einer normalen Kettenreaktion:

$$v_{Br} = v_s/\beta = v_s/1 - \alpha \tag{12}$$

oder

$$v = \frac{1}{\beta} = \frac{1}{1 - \alpha}. \tag{13}$$

Wir haben bisher stillschweigend immer vorausgesetzt, daß bei jedem Elementarakt der Kettenfortpflanzung ebensoviele Kettenträger neu entstehen als verbraucht werden; z. B. verschwindet bei der Reaktion

$$H + Br_2 \rightarrow HBr + Br$$

ein H-Atom und es entsteht *ein* Br-Atom. Beim Ablauf mancher Ketten treten aber auch Elementarreaktionen auf, bei denen mehr Kettenträger neu entstehen als verbraucht werden; als Beispiel sei die Reaktion

$$H + O_2 \rightarrow OH + O$$

genannt, die bei der Knallgasverbrennung eine Rolle spielt und bei der ein Kettenträger (H) die Entstehung von *zwei* Kettenträgern (OH und O) bewirkt. Man spricht von einer *Kettenverzweigung*. Da bei jeder solchen Elementarreaktion die Zahl der Kettenträger verdoppelt wird, kann unter Umständen die Erzeugung von Kettenträgern deren Vernichtung überwiegen; die Reaktionsgeschwindigkeit nimmt dann ständig zu und führt schließlich zur Explosion. Formal führt man in Formel (12) und (13) die Wahrscheinlichkeit der Kettenverzweigung δ ein

$$v_{Br} = \frac{v_s}{\beta - \delta} \tag{14}$$

und

$$v = \frac{1}{\beta - \delta}. \tag{15}$$

Man erkennt unmittelbar, daß v_{Br} und v unendlich werden, wenn $\beta = \delta$ d. h. die Kettenverzweigung gleich dem Kettenabbruch wird.

In den bisher betrachteten Beispielen waren die Kettenträger sehr reaktionsfähige Partikel, die durch chemische Reaktion die Kette fortpflanzen *(Stoffketten)*. Daneben spricht man von *Energieketten*, wenn die Endprodukte einer Elementarreaktion die frei werdende Reaktionswärme durch Stöße zweiter Art auf andere Moleküle übertragen (sekundäre Aktivierung) und auf diese Weise ein kettenartiger Zusammenhang von Elementarreaktionen hervorgerufen wird. Energieketten spielen eine Rolle bei hohen Temperaturen und sehr stark exothermen Reaktionen.

Ermittlung des Reaktionsschemas.

Ob eine Reaktion einfach oder zusammengesetzt ist, dafür gibt es nach dem in den beiden vorhergehenden Abschnitten Gesagten eine Reihe von Hinweisen, von denen in einem bestimmten Falle zwar nicht alle, aber doch einige zu beobachten sein werden:

1. Es sind Zwischenverbindungen auf chemischem oder physikalischem Wege nachweisbar.

2. Das Zeitgesetz entspricht nicht der Reaktionsgleichung der Bruttoreaktion*. Von vornherein sind daher alle Reaktionen, bei denen auf der linken Seite der Bruttogleichung mehr als drei Ausgangsmoleküle stehen, auch ohne Kenntnis des Zeitgesetzes als zusammengesetzte Reaktionen anzunehmen.

3. Häufigkeitsfaktor und scheinbare Aktivierungsenergie entsprechen nicht den für eine einfache Reaktion zu erwartenden Werten.

4. Es tritt eine Induktionsperiode auf.

5. Negative und positive Katalyse durch Zusätze in geringer Konzentration.

6. Bei Gasreaktionen starker Einfluß der Gefäßwand und des Gesamtdruckes auf die Reaktionsgeschwindigkeit.

7. Bei photochemischen Reaktionen eine Quantenausbeute größer als 1.

Die Punkte 5—7 weisen speziell auf das Vorliegen einer Kettenreaktion hin.

Ist eine untersuchte Reaktion als zusammengesetzt erkannt und das Zeitgesetz empirisch gefunden, so besteht die Aufgabe, diesem Zeitgesetz einen bestimmten Reaktionsmechanismus zuzuordnen. Sofern nur stabile Zwischenprodukte auftreten, die chemisch identifiziert und analytisch bestimmt werden können, bestehen hierbei keinerlei grundsätzliche Schwierigkeiten. Treten dagegen instabile Zwischenprodukte auf, so stellt man unter Berücksichtigung des gesamten sonstigen Erfahrungsmaterials versuchsweise ein Schema auf und prüft, ob das aus diesem Schema abgeleitete Zeitgesetz mit dem empirisch gefundenen übereinstimmt. Diese Übereinstimmung ist aber noch keineswegs ein

---

* Umgekehrt ist aber ein der Bruttoreaktion entsprechendes Zeitgesetz erster oder zweiter Ordnung kein Beweis, daß eine einfache Reaktion vorliegt, da auch verhältnismäßig komplizierte Mechanismen zusammengesetzter Reaktionen auf ein solches einfaches Zeitgesetz führen können.

eindeutiger Beweis für die Richtigkeit eines speziellen Schemas, erstens weil meist auch noch eine ganze Reihe anderer Mechanismen dasselbe Zeitgesetz liefern und zweitens, weil das formale Resultat an sich nur Aussagen über Konzentrationen von Zwischenprodukten und über die Geschwindigkeitskonstanten der ablaufenden Urreaktionen, aber keine Aussagen über die Natur der Zwischenprodukte gestattet Man ist daher gezwungen, möglichst viele, vor allem quantitative Folgerungen aus dem angenommenen speziellen Schema experimentell zu prüfen. Ein angenommenes Schema wird gestützt:

a) Wenn es naheliegender und einfacher ist, als andere Mechanismen, die zum gleichen Zeitgesetz führen.

b) Wenn die angenommenen Zwischenverbindungen qualitativ nachgewiesen oder durch Analogie zu ähnlichen, bekannten Reaktionen wahrscheinlich gemacht werden können und wenn die auf Grund des Schemas berechneten Konzentrationen der Zwischenverbindungen größenordnungsmäßig plausibel erscheinen.

c) Wenn eine quantitative Auswertung des Schemas Werte für die Geschwindigkeitskonstanten der einzelnen Teilreaktionen und deren Temperaturabhängigkeit liefert, die in bezug auf Aktivierungsenergie, Häufigkeitsfaktor bzw. sterischen Faktor in Einklang stehen mit den Werten, die man für den bestimmten Typ der Teilreaktion auf Grund von Theorie und experimenteller Erfahrung erwarten kann. Hier kann man ebenso wie bei b) oft schon durch grob quantitative Abschätzung entscheidende Argumente gewinnen. Von diesem Gesichtspunkt aus gewinnen theoretische Berechnungen von Reaktionsgeschwindigkeiten, die nicht direkt gemessen werden können, an Bedeutung, auch dann, wenn als Ergebnis dieser Rechnungen nur Größenordnungen zu erwarten sind.

d) Wenn das Schema außer dem formalen Zeitgesetz noch andere qualitative oder quantitative Beziehungen in Übereinstimmung mit der Erfahrung liefert. Hierzu kann bei Kettenreaktionen besonders ein Vergleich der thermischen und photochemischen Reaktionen und die Verknüpfung mehrerer untersuchter Reaktionen, in denen zum Teil dieselben Zwischenprodukte oder Teilreaktionen auftreten, herangezogen werden.

Man wird bestrebt sein, möglichst viele dieser experimentellen Stützen für ein vorgeschlagenes Schema beizubringen.

Wirklich beweisen kann man ein bestimmtes Schema aber eigentlich nur dann, wenn die angenommenen Zwischenverbindungen quantitativ nachgewiesen wurden, wenn die Geschwindigkeiten der Teilreaktionen auch für sich oder als Teilreaktion anderer zusammengesetzter Reaktionen gemessen werden konnten und eine quantitative Auswertung des Schemas mit diesen experimentellen Ergebnissen in Einklang steht. Einem solchen eindeutigen Beweis eines Schemas ist man bisher nur bei wenigen Kettenreaktionen nahegekommen*.

---

* Hier sind an erster Stelle die klassischen Untersuchungen von BODENSTEIN und seiner Schule z. B. über die Chlorwasserstoffbildung, Bromwasserstoffbildung, Bildung und Zerfall von Phosgen u. a. zu nennen.

Literatur.

SCHUMACHER, H. J.: Chemische Gasreaktionen. Dresden-Leipzig: Theodor Steinkopff 1938.

SKRABAL, A.: Homogene Kinetik. Dresden-Leipzig: Theodor Steinkopff 1941.

EUCKEN, A.: Lehrbuch der Chemischen Physik, 2. Bd. Kap. IV/4 und VI/B/3. Dresden-Leipzig: Akad. Verlagsges. 1943/44.

SCHWAB, G.-M. (Herausgeber): Handbuch der Katalyse, Bd. I. Wien: Springer 1941.

HINSHELWOOD, C. N.: The Kinetics of Chemical Change. 3. Auflage, University Press, Oxford 1941.

MOELWYN-HUGHES, E. A.: The Kinetics of Reactions in Solution, 2. Auflage. University Press, Oxford 1947.

GLASSTONE, S., K. Y. LEIDLER u. H. EYRING: The Theory of Rate Processes. New York: McGraw Hill Book Co. 1941.

A. Polymerisationsreaktionen.

I. Experimentelle Methoden.

Allgemeiner Überblick.

Die verschiedenen Polymerisationsverfahren, die in der Praxis zur Herstellung von Kunststoffen angewandt werden, unterscheiden sich nach dem Medium, in dem die Polymerisation stattfindet. Die weitaus größte technische Bedeutung kommt der Emulsionspolymerisation zu. Daneben wird die Polymerisation auch im unverdünnten Monomeren (Substanz- oder Block-Polymerisation), in Lösung, in Suspension (ohne Anwendung oberflächenaktiver Emulgatoren, Perl-Polymerisation) durchgeführt.

Bei der Block-Polymerisation geht das flüssige Monomere in eine zähe, schließlich feste Masse über; deshalb ist die Beherrschung der Reaktionstemperatur und die Gewinnung des Produktes oft schwierig. Dagegen macht die Ableitung der recht erheblichen Polymerisationswärme und die verfahrenstechnische Beherrschung der Produkte in Emulsion und Suspension keine Schwierigkeiten. Außerdem verläuft die Emulsionspolymerisation bei Verwendung geeigneter Beschleuniger sehr rasch und führt trotzdem zu relativ sehr hohen Polymerisationsgraden, so daß die Polymerisation schon bei niedrigen Temperaturen durchgeführt werden kann. Dies sind die Hauptgründe für die überragende Rolle, die die Emulsionspolymerisation in der Praxis spielt. Bei der Lösungspolymerisation ist es praktisch unmöglich, das Lösungsmittel restlos aus dem Polymerisat zu entfernen; dadurch werden hauptsächlich die mechanischen Eigenschaften der Produkte beeinträchtigt; in Lösung gewinnt man daher vor allem Lackrohstoffe.

Zur Beschleunigung der Polymerisation werden verschiedene „*Katalysatoren*" dem Monomeren zugesetzt. Die Art des Katalysators, oder besser ausgedrückt die Art, wie das Monomere zur Polymerisation angeregt wird, bestimmt den Charakter der Polymerisationskeime, die zur Anlagerung des Monomeren befähigt sind. Die technisch wichtigsten

Beschleuniger sind Perverbindungen (Peroxyde, Persulfate u. ä.), die allein oder — unter Steigerung ihrer Wirkung — zusammen mit bestimmten reduzierenden Substanzen zur Anwendung kommen. Diese Verbindungen bilden mit dem Monomeren radikalartige Polymerisationskeime. Das gleiche geschieht bei der Polymerisation unter Einwirkung verschiedener anderer Verbindungen, z. B. Azoverbindungen u. ä., die bekanntermaßen leicht in Radikale zerfallen, ebenso wie bei der reinen Wärme- oder Photopolymerisation. Zwei andere Gruppen von Polymerisationsbeschleunigern sind einerseits bestimmte anorganische Halogenverbindungen (z. B. BF_3, $Sn\ Cl_4$, $Al\ Cl_3$ u. ä.), die auch als Katalysatoren für Friedel-Crafts-Reaktionen bekannt sind, und andererseits Alkalimetalle und verschiedene ihrer organischen Verbindungen. Man ist heute zu der Annahme berechtigt, daß bei Verwendung dieser Katalysatoren die Polymerisation über ionenartige oder wenigstens stark polare Zwischenstoffe verläuft, denen bei Verwendung der zuerst genannten Katalysatoren der Charakter von Carboniumionen und im zweiten Falle der Charakter von Carbanionen zugeschrieben werden kann.

Für die praktische Durchführung der Polymerisationen in der Technik spielen auch Substanzen eine Rolle, die die Reaktion verzögern oder hemmen. Ihre Wirkung ist erwünscht, wenn es sich darum handelt, beim Aufbewahren, Destillieren usw. von Monomeren deren Polymerisation zu verhindern (man nennt die zu diesem Zweck zugesetzten Stoffe daher *Stabilisatoren*), oder auch unerwünscht, wenn der Polymerisationsprozeß durch hemmend wirkende Verunreinigungen nicht in Gang kommt. Hierher gehören auch die Substanzen, die in der Praxis den Monomeren zugesetzt werden, um einen zu stürmischen Verlauf der Polymerisation oder die Bildung sehr hochmolekularer und vernetzter, daher unlöslicher Produkte zu verhindern *(Regler)*.

Es ist weder beabsichtigt, noch im Rahmen dieses Buches möglich, auf die praktische, d. h. technische Seite der Polymerisations- und Polykondensations-Verfahren einzugehen; es soll vielmehr ausschließlich die reine Kinetik dieser Reaktionen behandelt werden*. Deshalb werden im folgenden auch nur diejenigen experimentellen Methoden erwähnt, die bei kinetischen Untersuchungen im Laboratorium Anwendung finden. Bezüglich der Arbeitstechnik im allgemeinen sei auf die Darstellungen [81, 86, 99, 103, 104] verwiesen. Dagegen ist es notwendig, der Reinigung des Monomeren einige Zeilen zu widmen. Anschließend werden die Methoden zur Bestimmung der experimentellen Größen behandelt, die für die Aufklärung der Kinetik wichtig sind: Polymerisationsgeschwindigkeit bzw. Umsatz, Molgewicht und Molgewichtsverteilung des Polymeren und Lebensdauer der Radikale. Auch hierbei müssen wir uns auf eine Darstellung in großen Zügen unter Betonung des Grundsätzlichen

---

* Da aber die wissenschaftlichen Untersuchungen, deren Ergebnisse besprochen werden sollen — auch soweit sie nicht direkt in Industrielaboratorien durchgeführt wurden — durch die in der Industrie meist empirisch entwickelten Verfahren und durch die dabei aufgetretenen Probleme inspiriert wurden, werden überwiegend solche Monomere und solche Reaktionen zu besprechen sein, die auch von technischer Bedeutung sind.

beschränken, denn eine eingehende Besprechung der Molgewichtsbestimmungen bei Hochpolymeren würde allein ein selbständiges, umfangreiches Buch füllen.

Reinheit des Monomeren.

Nähere Angaben über die Herstellungsverfahren der wichtigeren Monomeren sind in den bereits Seite 13 zitierten Büchern, z. B. von HOUWINK, TALALAY-MAGAT, sowie insbesondere in der Sammlung „Monomeres" zu finden. Außerdem sei bezüglich einiger ausgefallener Monomerer auf die neueren Arbeiten [4, 5, 112, 136a, 139b, 159, 160, 173a, 178, 225, 232, 233, 238, 243,] verwiesen.

Polymerisationsreaktionen sind wie alle Kettenreaktionen sehr empfindlich gegen alle möglichen Verunreinigungen. In der Praxis können schon Verunreinigungen in Mengen von weniger als 1 % erhebliche Störungen verursachen; bei reaktionskinetischen Untersuchungen kann aber das quantitative Ergebnis noch verfälscht werden, wenn die Konzentration um mehrere Zehnerpotenzen kleiner ist. Es ist deshalb, besonders bei quantitativen Untersuchungen, *extreme* Reinheit des Monomeren, der Apparaturen und aller Substanzen, die dem Reaktionsgemisch zugesetzt werden, unbedingt erforderlich.

Die Verunreinigungen, die in dem Monomeren enthalten sind, stammen teils aus dem Herstellungsverfahren, teils rühren sie von der Art der Aufbewahrung her. Beispiele für die erstere Art von Verunreinigungen sind Monoolefine im Butadien oder Isopren, Acetaldehyd und Essigsäure im Vinylacetat, Äthylbenzol im Styrol usw. Zur Verhinderung einer Polymerisation des Monomeren bei der Aufbewahrung werden Stabilisatoren zugesetzt, die kurz vor der Verwendung des Monomeren wieder sorgfältig abgetrennt werden müssen. Bei längerem Aufbewahren können auch störende Verunreinigungen durch Oxydation oder Zersetzung des Monomeren gebildet werden; als Beispiel sei die leichte Bildung eines Peroxyds und die Abspaltung von HCl beim Chloropren angeführt. Das Material der Aufbewahrungsgefäße kann ebenfalls eine Quelle von Verunreinigungen sein, z. B. wirken sich Eisenverbindungen, die auf eine solche Weise in das Monomere gelangt sind, besonders bei der Emulsionspolymerisation störend aus. Sauerstoff der Luft hat einen erheblichen Einfluß auf fast alle Polymerisationsreaktionen; deshalb sollten für alle kinetischen Untersuchungen die letzte Reinigung des Monomeren und die Versuche selbst unter peinlichstem Ausschluß von Sauerstoff, also entweder im Hochvakuum oder unter reinstem Stickstoff ausgeführt werden.

Welche Methoden für eine wirkungsvolle Reinigung anzuwenden sind, richtet sich nach der Art des Monomeren und der Verunreinigungen. Filtration, Waschen mit Säuren, Alkalien oder anderen chemischen Reagenzien, sorgfältige Trocknung und schließlich fraktionierte Destillation sind die üblichen Reinigungsmethoden. In manchen Fällen führt fraktionierte Destillation nicht zum Erfolg (z. B. bei der Abtrennung der Butene aus Butadien) und man muß auf Adsorption, Extraktion, azeotropische Destillation oder auch auf chemische Reaktionen zurückgreifen. Bezüglich der in einzelnen Fällen anzuwendenden Reinigungsmethoden muß auf die Seite 13 zitierte Sammlung „Monomeres" und auf die in den späteren Abschnitten zitierten Originalarbeiten verwiesen werden.

In allen Fällen, bei denen es auf extreme Reinheit des Monomeren ankam (z. B. bei der Absolutbestimmung der Geschwindigkeitskonstanten), hat es sich bewährt, das Monomere nach mehrfacher fraktionierter Destillation im Hochvakuum durch Anwärmen oder Bestrahlen mit ultraviolettem Licht zu einer teilweisen Polymerisation zu bringen und es anschließend sofort einer nochmaligen fraktionierten Destillation im Hochvakuum zu unterwerfen, wobei die zu verwendende Mittelfraktion direkt in die Reaktionsgefäße destilliert wird.

Tabelle 3. *Physikalische Konstanten einiger wichtiger Monomerer.*

	Molgewicht	F_p (°C)	K_p (°C)	Dichte d_4^{20}	Brechungsindex n_D^{20}
Acrylnitril	53,03	— 82	77,3	0,8060	1,3911
Acrylsäure	72,06	13	141	1,0511	1,4224
Butadien.	54,088	—108,9	— 4,41	0,6274 a)	1,4293 b)
Chloropren	88,54		59,2	0,9506	1,4577
Isobutylen	56,10	—140,4	— 6,90	0,6002 a)	1,3814 b)
Isopren	68,11	—146,8	34,08	0,6805	1,4216
Methacrylsäure	86,09	16	163	1,0153	1,4314
Methylacrylat	86,09		80,5	0,9558 c)	1,4117 d)
Methylmethacrylat . .	100,11	— 48	100	0,9438	1,4145
Styrol	104,14	— 30,63	145,2	0,9063	1,5462
Vinylacetat	86,05	<— 84	73	0,9359	1,3958
Vinylchlorid	62,50	—159,7	— 13,9	0,9109	

a) $d_{15,56}^{15,56}$ b) n_D^{-25} c) d_4^{18} d) n_D^{18}

Als Kriterium für die Reinheit des Monomeren ist die Messung der in Tab. 3 angegebenen physikalischen Konstanten oft nicht ausreichend. Eine schärfere Prüfung gibt unter Umständen das Absorptionsspektrum. Als bester Test hat sich die Beobachtung der Polymerisation selbst bewährt. Das vollständige Ausbleiben der Polymerisation beim Erwärmen*, das Fehlen einer Induktionsperiode bei der katalysierten oder Photo-Polymerisation und die genau reproduzierbare Polymerisationsgeschwindigkeit unter bestimmten Standardbedingungen hat sich als schärfste Prüfung für die Reinheit des Monomeren erwiesen.

Bestimmung des Umsatzes.

Das zunächst naheliegendste und vielfach geübte Verfahren, den Umsatz im Verlauf eines Polymerisationsvorganges zu bestimmen, besteht in einer *Abtrennung* und anschließenden *Wägung* des Polymeren. Die Polymerisation wird zu einem gewünschten Zeitpunkt durch Einbringen des Reaktionsgefäßes in ein genügend tief temperiertes Bad und

---

* Dies gilt selbstverständlich nicht für Monomere, die rein thermisch polymerisierbar sind (Styrol, Methylmethacrylat).

evtl. auch noch durch Zusatz eines geeigneten Inhibitors gestoppt. Man kann dann entweder das Monomere, Lösungsmittel und alle anderen niedermolekularen Verbindungen im Vakuum bei möglichst niederer Temperatur abdestillieren oder auch das Polymerisat durch Eingießen des Reaktionsgemisches in ein Fällungsmittel ausfällen.

Da das Polymere meist geringe aber immerhin beachtenswerte Mengen des Monomeren oder Lösungsmittels auch bei längerer Trocknung im Vakuum bei erhöhter Temperatur hartnäckig festhält, empfiehlt es sich, das Polymerisat nach nochmaliger, evtl. mehrmaliger Umfällung in einer geringen Menge Benzol zu lösen; diese Lösung wird ausgefroren und dann das Lösungsmittel bei $0°$ C und ca. 1 Torr absublimiert[131]. Auf diese Weise gelang es in einer erträglichen Zeit (50 Stunden) das Lösungsmittel praktisch vollständig zu entfernen, was durch Vakuumtrocknung bei höherer Temperatur auch in viel längerer Zeit (1 Woche) nicht erreicht werden konnte. Bei Polyvinylacetat ließ sich eine befriedigende Trocknung des Polymerisates nur dann erzielen, wenn die letzte Fällung durch tropfenweises Eingießen des in Toluol gelösten Polymeren in heftig gerührtes Hexan vorgenommen wurde[2].

Der Vorzug der gravimetrischen Bestimmung besteht darin, daß man zugleich eine Probe des Polymeren in die Hand bekommt, mit der Molgewichtsbestimmungen oder evtl. auch andere Messungen angestellt werden können. Sie hat aber den großen Nachteil, bei sorgfältiger Ausführung recht mühsam und zeitraubend zu sein und für jeden Ansatz nur einen, bzw. wenn man die Bestimmung an einzelnen aus einem größeren Ansatz entnommenen Proben durchführt (s. hierzu auch [246]), nur eine beschränkte Anzahl von Meßpunkten zu liefern. Der gleiche Nachteil haftet auch allen Umsatzbestimmungen durch eine *chemische Analyse* an.

Meist wird zur Bestimmung des noch vorhandenen Monomeren auf chemischem Wege eine quantitative Jodierung[119] oder Bromierung[13,14,18,247] der Vinyldoppelbindung ausgeführt. Durch Bromierung konnten auch in einem Gemisch von Allylacetat und Maleinsäureanhydrid beide Monomeren in einer Probe quantitativ titriert werden[14]. Styrol in sehr verdünnter wäßriger Emulgatorlösung wurde colorimetrisch mit Kaliumpermanganat bestimmt[80]. Die Analyse von Keten konnte mit Oxalsäure und Messen des gebildeten $CO + CO_2$ ausgeführt werden[174].

Beim Übergang vom Monomeren zum Polymeren ändern sich auch verschiedene physikalische Eigenschaften des Reaktionsgemisches. Die Messung dieser Eigenschaften kann bei entsprechender Versuchsanordnung ohne Eingriff in das Reaktionsgeschehen erfolgen, so daß bei einem einzigen Polymerisationsversuch eine beliebig große Zahl von Meßpunkten der Zeit- und Umsatzkurve aufgenommen werden kann. Das ist ein großer Vorteil gegenüber der gravimetrischen oder chemischen Umsatzbestimmung.

Die Eigenschaft, deren Änderung während der Polymerisation am auffälligsten in Erscheinung tritt, ist die *Viscosität* des Reaktionsgemisches. Viscositätsmessungen sind auch verhältnismäßig leicht während der Polymerisation selbst durchführbar, wenn das Reaktionsgefäß als einfaches Viscosimeter gestaltet wird[12]. Da aber die Viscositätserhöhung von mehr als einer unbekannten Größe, nämlich von der Konzentration, vom Polymerisationsgrad und auch noch von der Struktur des gebildeten Polymeren abhängt, ist die viscosimetrische Umsatzbestimmung überhaupt nur dann auswertbar, wenn die Änderung des Polymerisationsgrades während der Polymerisation und auch die

Abhängigkeit der Viscosität von Konzentration und Polymerisationsgrad des Polymeren feststehen. Dagegen ist die Viscositätserhöhung ein sehr empfindlicher Nachweis dafür, daß überhaupt Polymerisation eingetreten ist, und kann z. B. sehr gut angewandt werden, um das Einsetzen der Polymerisation nach einer Inhibitionsperiode festzustellen (siehe aber auch [102,150]).

Weitaus am besten eignet sich für Umsatzbestimmungen die Beobachtung der *Volumkontraktion*, die infolge des erheblichen Dichteunterschiedes zwischen Monomerem und Polymerem (vgl. Tab. 3 u. 4) bei der Polymerisation auftritt. Die Volumkontraktion entsprechend einem 100%igem Umsatz beträgt z. B. bei 25° C für Styrol 14,14%[144], für Vinylacetat 26,82%[38,216], für Methylmethacrylat 23,06%[200], für Isopren 25%[28] und kann nach allen bisherigen Erfahrungen linear interpoliert werden. Es ist daher ohne weiteres möglich, Umsätze von weniger als 1% dilatometrisch mit ziemlicher Genauigkeit zu messen. Günstig für die Anwendung der dilatometrischen Methode ist neben der großen Empfindlichkeit vor allem die Tatsache, daß die Dichte des Polymeren innerhalb der in Frage kommenden Grenzen nicht vom Polymerisationsgrad und von feineren Strukturunterschieden abhängt.

Tabelle 4.
Dichte und Brechungsindex einiger Polymerisate.

	Dichte	Brechungs-index
Polybutadien	0,906	1,52
Polychloropren	1,25	1,558
Polyisobutylen	0,912	1,509
Polyisopren	0,906	1,519
Polymethylacrylat . .	1,223	1,472
Polymethylmethacrylat	1,213	1,488
Polystyrol	1,059	1,59
Polyvinylacetat	1,191	1,466
Polyvinylchlorid . . .	1,406	1,544

Störung des Meniscus im Dilatometer erfolgt meist erst bei ziemlich hohen Umsätzen. Eine genauere Beschreibung dieser Methode, die schon bei einigen der ersten kinetischen Untersuchungen von Polymerisationsreaktionen angewandt wurde[216,234] und heute am meisten benutzt wird, wurde von Schulz und Harborth[200] gegeben.

Auch der *Brechungsindex* des Polymeren unterscheidet sich von dem des Monomeren so, daß er zu recht genauen Umsatzbestimmungen herangezogen werden kann (vgl. Tab. 3 u. 4). Die Beziehung zwischen dem Brechungsindex des Gemisches und dem Umsatz ist meist nicht streng linear[134] (siehe aber [51,212]). Bei Verwendung einer leicht herzustellenden Eichkurve kann man trotzdem verhältnismäßig rasch und doch recht genau den Umsatz durch Messen des Brechungsindex bestimmen. Bisher bei Polymerisationsreaktionen nicht angewandt, aber zweifellos geeignet zur Messung sehr kleiner Umsätze, ist die interferometrische Methode (siehe z. B. [239]).

Bei der Polymerisation von optisch aktiven Monomeren[135,136] konnte der Umsatz aus der Änderung der optischen Drehung ermittelt werden.

Umsatzbestimmungen durch Messen des Absorptionsspektrums im Ultravioletten[89,165] oder Ultraroten[235,43], des Ramanspektrums[102,123,150], der diamagnetischen Suzeptibilität[20,22,71,72] und magneto-optischen Rotation[20,85] sind wohl vorgeschlagen worden und gelegentlich auch zu einer demonstrativen Anwendung gelangt. Praktische Anwendung bei kinetischen Untersuchungen haben sie bisher nicht gefunden. Es dürfte auch kaum möglich sein, ohne allzugroßen experimentellen Aufwand die erforderliche Eindeutigkeit und Genauigkeit mit diesen Methoden zu erzielen. Wohl aber können besonders die spektroskopischen Methoden Beiträge leisten zur Aufklärung bestimmter Details in der Struktur der Makromoleküle, wodurch oft die rein kinetische Forschung wertvolle Ergänzungen und Unterstützung erfährt (siehe z. B. [15,66,73,92,94,95,128,141,142,156,209,236]).

Molgewichtsbestimmungen.

Das Molgewicht ist neben dem Umsatz die zweite experimentell zugängliche Größe, deren Bestimmung für reaktionskinetische Untersuchungen wichtig ist. Der aus dem Molgewicht unmittelbar folgende Polymerisationsgrad gibt ja gleichzeitig die Zahl der Wachstumsschritte zwischen der Aktivierung und Desaktivierung eines aktiven Polymeren an. Grundsätzlich kann man heute Molgewichte bis zu einer Größe von etwa 10^7 in experimenteller Hinsicht recht gut erfassen. Allerdings erfordert eine genauere Bestimmung von Molgewichten über 10^3 — und um solche handelt es sich bei Polymerisationsprodukten praktisch immer — einen größeren, zum Teil erheblich größeren experimentellen Aufwand als die Bestimmung kleiner Molgewichte. Außerdem treten einige Probleme prinzipieller Natur auf, die kurz erörtert werden müssen.

Die Bestimmung des Molgewichtes makromolekularer Stoffe ist nur im gelösten Zustand möglich. Dabei muß in Kauf genommen werden, daß neben der Kraftwirkung der Moleküle des gelösten Stoffes aufeinander noch zwei weitere Potentiale auftreten, nämlich zwischen den Molekülen des Lösungsmittels und vor allem zwischen Lösungsmittel und Gelöstem. Das Auftreten dieser neuen Potentiale bringt nun alle die Komplikationen mit sich, die unter den Begriffen Assoziation, Solvatation, Adsorption und Immobilisierung des Lösungsmittels zusammengefaßt werden. Der Einfluß dieser Erscheinungen auf die Meßergebnisse kann sich graduell sehr verschieden äußern, angefangen von einer ausgeprägten Konzentrationsabhängigkeit aller zur Molgewichtsbestimmung herangezogenen Phänomene bis zu gemessenen Teilchengrößen, die ein mehrfaches des eigentlichen Molgewichtes betragen. Die Wechselwirkungskräfte fallen für alle Methoden, die auf einer reinen Teilchenzählung beruhen, bei makromolekularen Substanzen wesentlich stärker ins Gewicht als bei niedermolekularen. Während sich nämlich in der Lösung eines Monomeren bei der Polymerisation die Zahl der Moleküle um mehrere Größenordnungen vermindert, tritt in der Summe aller Wechselwirkungskräfte keine wesentliche Änderung ein; die Zahl der einzelnen Kohäsionsinkremente und deren Größe bleibt ja annähernd gleich. Weitere Komplikationen, die teilweise mit der eben besprochenen zusammenhängen, sind durch die besondere Gestalt der Moleküle bedingt. Fast alle Polymerisate und Polykondensate — soweit sie für Molgewichtsbestimmungen überhaupt in Frage kommen, denn stärker vernetzte Produkte scheiden wegen ihrer Unlöslichkeit aus — sind sog. „Ketten"- oder „Faden-Moleküle". Ein unverzweigtes Polystyrol-Molekül, beispielsweise vom Molgewicht 10^5, hat voll ausgestreckt eine Länge von etwa 2000 Å, während der Durchmesser dieses langen Fadens nur 6—7 Å beträgt. Infolge der Drehbarkeit um die C—C-Bindungen der Kette sind diese Fadenmoleküle ziemlich flexibel und nehmen daher in Lösung die ständig wechselnde Gestalt eines Knäuels an. Die energetische oder auch rein sterische Behinderung der freien Drehbarkeit durch Substituenden, die Größe der BROWNschen Bewegung (kT) und die Größe der Wechselwirkungskräfte zwischen den Molekülen des Lösungsmittels und des Gelösten bestimmen den Knäuelungsgrad. Die Grenzfälle bilden einerseits verhältnismäßig steife, nur wenig verwinkelte Fäden und anderseits dicht aufgerollte Knäuel. Dazwischen haben viele Makromoleküle die Gestalt eines sehr lockeren und vom Lösungsmittel durchspülten Knäuels. Die „Reichweite" eines nur locker aufgerollten, leicht beweglichen Fadens ist sehr viel größer als die eines dichtgepackten Moleküls von gleichem Molgewicht, daher machen sich Wechselwirkungen zwischen den Molekülen des gelösten Stoffes in dem ersteren Fall schon bei sehr viel kleineren Konzentrationen bemerkbar.

Rein thermodynamische Methoden der Molgewichtsbestimmung sprechen bei Anwendung auf den Grenzzustand unendlicher Verdünnung nur auf die Teilchenzahl an; ihre Ergebnisse sind nur durch Assoziation gefährdet (siehe z. B. [59]). Bei allen anderen Methoden spielt aber die Struktur und Form der Moleküle eine Rolle. So stehen und fallen sämtliche chemischen Molgewichtsbestimmungen mit der Frage nach der Verzweigung der Moleküle. Solvatation und Gestalt der Moleküle in der Lösung können das Ergebnis der meisten physikalischen Methoden (außer der thermodynamischen) beeinflussen.

Um aus physikalischen Messungen an Lösungen hochpolymerer Substanzen exakte Aussagen über das Molgewicht machen zu können, sind daher ganz allgemein folgende Maßnahmen notwendig:

a) Ausführung aller Messungen bei verschiedenen, möglichst kleinen Konzentrationen und Extrapolation der Ergebnisse auf die Konzentration null.

b) Kontrolle der Konstanz des ermittelten Molgewichtes bei Variation des Lösungsmittels und der Temperatur.

c) Vergleich der nach mehreren Methoden (darunter möglichst einer thermodynamischen) erhaltenen Ergebnisse.

Bei polymolekularen Stoffen liefern die verschiedenen Methoden verschiedene Durchschnittswerte des Molgewichts (s. S. 8). Wie sehr sich diese Durchschnittswerte voneinander unterscheiden, ist abhängig von der Verteilungsfunktion des Molgewichts (s. S. 72). Um die verschiedenen Methoden zur Bestimmung des Molgewichtes in bezug auf Richtigkeit und Genauigkeit der Ergebnisse zu vergleichen, verwendet man daher zweckmäßig Substanzen mit möglichst einheitlichem Molgewicht, die man aus Polymerisaten durch sehr scharfe Fraktionierung erhält. Umgekehrt gestattet das Verhältnis von zwei durchschnittlichen Molgewichten, von denen man auf Grund der angewandten Methoden weiß, daß das eine als Gewichtsdurchschnitt und das andere als Zahlenmittel anzusprechen ist, einen Schluß auf die „Uneinheitlichkeit" der Probe und bietet damit einen ersten qualitativen Anhaltspunkt für die Art der Verteilungsfunktion [98,190].

Dieser kurze Überblick zeigt bereits, daß bei Molgewichtsbestimmungen makromolekularer Substanzen allerlei Komplikationen zu befürchten sind, die erhebliche Fehlerquellen bilden können (siehe auch [58]).

Der Reaktionskinetiker ist aber daran interessiert, eine möglichst *unproblematische* Methode an der Hand zu haben, die es ihm gestattet, das mittlere Molgewicht der erhaltenen Polymerisate mit ausreichender Genauigkeit und ohne allzu großen experimentellen Aufwand zu bestimmen. Er wird sich begreiflicherweise scheuen, zur Gewinnung eines einzigen der vielen für seine Untersuchung notwendigen „Meßpunkte" umfangreiche Messungen anstellen zu müssen, wie sie nach den bisherigen Ausführungen erforderlich scheinen. Das ist wohl der Hauptgrund dafür, daß in früheren kinetischen Arbeiten kaum wirklich zuverlässige Molgewichte angegeben, sondern immer wieder Viscositätsmessungen ohne ausreichende Eichung durch eine absolute Methode verwendet wurden. Inzwischen sind aber durch zahlreiche diesbezügliche Arbeiten die experimentellen und theoretischen Grundlagen soweit gefördert worden, daß die Molgewichtsbestimmung bei Hochpolymeren sich aus einer noch problematischen Kunst zu einer soliden Arbeitstechnik zu entwickeln beginnt.

Von den mehr als 20 grundsätzlich möglichen Methoden werden im folgenden die Grundlagen der wichtigsten und gut ausgearbeiteten kurz beschrieben. Im übrigen muß auf die Seite 13 zitierten Bücher von ULMANN und DOTY-MARK, sowie auf die zitierten Arbeiten verwiesen werden. Die Grenzen der einzelnen Methoden werden bei ihrer Besprechung angegeben; abgesehen von der Endgruppenbestimmung und der viscosimetrischen Methode liegt die untere Grenze in der Gegend von $\overline{M} = 10^4$. Die viscosimetrische Methode ist aber auf eine Eichung durch eine absolute Methode angewiesen und sollte nur mit Interpolationen, nicht mit Extrapolationen angewandt werden. Bis $\overline{M} = 10^3$ sind die für niedermolekulare Verbindungen üblichen Methoden anwendbar. Zwischen den Größenordnungen 10^3 und 10^4 klafft eine Lücke; Molgewichte dieser Größenordnung sind vorläufig noch nicht mit der gleichen Genauigkeit zu bestimmen wie größere oder kleinere. Für sehr große Molgewichte ($> 10^6$) dürfte von einer direkten Zählung und Ausmessung der einzelnen Moleküle mit Hilfe des Elektronenmikroskops noch eine sehr wünschenswerte Ergänzung der bisherigen Methoden zu erwarten sein. Die wenigen bisherigen Versuche in dieser Richtung berechtigen zu einer solchen Hoffnung [31,108,207,248].

Endgruppenbestimmung.

Bei linearen Polykondensaten mit definierten Endgruppen (Carboxyl-, Hydroxyl-, Amino-Gruppen u. ä.) ist es möglich, durch Titration oder eine andere analytische Methode die Zahl dieser Endgruppen und damit die Zahl der Makromoleküle zu bestimmen; aus der Zahl der Moleküle in einer bestimmten Substanzmenge folgt unmittelbar das Molgewicht. Die Genauigkeit dieser Methode nimmt mit steigendem

Molgewicht ab. Die obere Grenze hängt ab von der Empfindlichkeit der zur Verfügung stehenden analytischen Methode und dürfte bei Molgewichten von der Größenordnung 10^5 liegen. Bei polymolekularen Gemischen liefert die Endgruppenbestimmung ein Zahlenmittel des Molgewichts.

Die Anwendung dieser Methode setzt voraus, daß der chemische Charakter der Endgruppe bekannt ist, denn danach richtet sich ja die analytische Methode, und daß alle Makromoleküle die gleiche Anzahl dieser Gruppen enthalten. Bei Polymerisaten werden definierte Endgruppen, deren quantitative Bestimmung zur Ermittelung des Molgewichtes dienen kann, häufig bei der Keimbildung durch Beschleuniger oder bei der Desaktivierung der aktiven Polymeren durch Fremdsubstanzen (Regler, Inhibitoren) eingebaut (s. S. 97 u. 144). Die Bestimmung solcher Endgruppen wurde z. B. an Polystyrolen mit Erfolg durchgeführt[68, 118]. Besondere Erwähnung in diesem Zusammenhang verdient die Verwendung radioaktiver Elemente zur Kennzeichnung der Endgruppen[153, 169, 213].

Bei Vorliegen von Verzweigung unbekannten Ausmaßes werden alle Rückschlüsse auf das Molgewicht aus Endgruppenbestimmungen unzulässig; es ist dann höchstens umgekehrt möglich, im Verein mit sicheren anderen Ergebnissen, Aussagen über den Verzweigungsgrad zu machen.

Bei größeren Molgewichten können Verunreinigungen des Polymerisates durch niedermolekulare Verbindungen, sofern diese auf die analytische Methode ansprechen, leicht zu erheblichen Fehlern führen (z. B. Wasser bei der Bestimmung von Hydroxylgruppen nach ZEREWITINOFF, Lösungsmittel bei der Ermittelung von Endgruppen, die aus diesem Lösungsmittel gebildet sind). Bei der Schwierigkeit der vollständigen Reinigung hochpolymerer Substanzen[132] ist diese Fehlerquelle nicht zu unterschätzen.

Osmotischer Druck.

Der osmotische Druck π einer idealen verdünnten Lösung ist

$$\pi = \frac{R\,T}{M} \cdot c , \qquad (16)$$

wobei M das Molgewicht und c die Konzentration der gelösten Substanz bedeutet. Während dieses VAN T' HOFFsche Gesetz bei niedermolekularen Substanzen normalerweise bis zu Konzentrationen von mehreren Prozent gut erfüllt ist, treten bei makromolekularen Verbindungen (mit Ausnahme einiger Proteine) bereits bei den kleinsten, für eine Messung noch verwendbaren Konzentrationen, Abweichungen von der einfachen Proportionalität zwischen π und c auf. Eine große Zahl diesbezüglicher experimenteller und theoretischer Arbeiten haben gezeigt, daß Gl. (16) durch

$$\pi = \frac{R\,T}{M}\,c + \alpha\,c^2 \qquad (17)$$

ersetzt werden kann, wenn man sich auf genügend verdünnte Lösungen beschränkt ($c < 1\%$).

Zur Bestimmung des Molgewichtes makromolekularer Verbindungen mißt man daher bei mehreren möglichst niedrigen Konzentrationen den osmotischen Druck der Lösung, trägt π/c gegen c auf und erhält aus dem Kehrwert des Ordinatenabschnittes der resultierenden Geraden M durch Multiplikation mit R.T.; die Neigung der Geraden liefert α. Bei polymolekularen Gemischen erhält man das Zahlenmittel des Molgewichtes $\overline{M}_{(n)}$.

Die Konstante α hängt ab von dem System Lösungsmittel-Hochpolymeres und ist bedingt sowohl durch die abnorme Verdünnungsentropie, als auch durch die Verdünnungswärme (Wechselwirkung zwischen Hochpolymeren und Lösungsmittel) hochpolymerer Lösungen.

Auf Grund einer theoretischen Ableitung der Gl. (17) wird an Stelle von α häufig eine Größe μ ausgerechnet und diskutiert; α und μ sind verknüpft durch

$$\alpha = \frac{R\,T}{M_1}\,\frac{d_1}{d_2{}^2}\left(\frac{1}{2} - \mu\right)$$

(wobei M_1 das Molgewicht des Lösungsmittels, d_1 dessen Dichte und d_2 die Dichte der gelösten Substanz bedeutet). Auf die große Zahl von Arbeiten, die sich mit der Theorie hochmolekularer Lösungen speziell in bezug auf den Zusammenhang zwischen π und c beschäftigen, kann nicht einmal zitatweise eingegangen werden. Uns interessiert nur die praktische Anwendung der Gl. (17) zur Bestimmung von Molgewichten. In diesem Zusammenhang sollen einige qualitative Andeutungen über die Größe von α bzw. μ gemacht werden. Die Größe von α hängt vor allem ab von der Größe und dem Vorzeichen der Verdünnungswärme; bei negativer Verdünnungswärme ist α größer als in athermischen Lösungen, bei positiver Verdünnungswärme ist α klein und kann sogar negativ werden. Große negative Verdünnungswärme bedeutet starke Attraktion zwischen den Molekülen des Lösungsmittels und dem Hochpolymeren, also „gutes" Lösungsmittel, in dem auch starke Auflockerung des gekäuelten Fadenmoleküls erfolgt. Positive Verdünnungswärme bedeutet, daß die Attraktion zwischen Lösungsmittelmolekülen und zwischen Molekülen des Polymeren (bei einem beweglichen Fadenmolekül auch zwischen einzelnen Segmenten desselben Moleküls) größer ist, als die zwischen Lösungsmittel und Polymeren. In einem solchen „schlechten" Lösungsmittel sind daher die Fadenmoleküle relativ stark geknäuelt. Da die Extrapolation auf $c = 0$ cet. par. um so genauer wird, je geringer die Neigung der Geraden ($\mu \sim 0{,}5$), sind „schlechte" Lösungsmittel für osmotische Molgewichtsbestimmungen besser geeignet als „sehr gute".

In vielen Fällen wurde gefunden, daß α nicht vom Molgewicht abhängt, also für polymerhomologe Reihen konstant ist. Dieses Ergebnis, das insofern von praktischer Bedeutung ist, als man sich bei Serienmessungen ersparen kann, für jede einzelne Molgewichtsbestimmung Messungen bei vier oder noch mehr Konzentrationen auszuführen, ist aber nicht streng gültig. Bei Messungen, die sich über einen größeren Spielraum des Molgewichts erstreckten, konnte nämlich eine Abnahme von α mit steigendem Molgewicht beobachtet werden (siehe z. B.[8,16,251]). Bei verzweigten (oder vernetzten) Molekülen ist α etwas größer als bei im übrigen gleichen unverzweigten[1,32] (siehe auch[157]).

Der osmotische Druck kann nach einer statischen oder nach einer dynamischen Methode gemessen werden. Im ersteren Falle wird die Höhe der Flüssigkeitssäule in Gleichgewichtseinstellung gemessen, im zweiten Falle dagegen wird ein äußerer Druck vorgegeben, der einmal etwas oberhalb und einmal etwas unterhalb des Gleichgewichtsdruckes liegt; aus der Geschwindigkeit der Druckänderung wird dann der Gleichgewichtsdruck interpoliert. Bei der dynamischen Methode kann eine vollständige Messung in 20—30 Minuten durchgeführt werden; die statische Methode erfordert wegen der langsamen Einstellung des Gleichgewichts im allgemeinen wesentlich längere Zeiten, liefert aber wahrscheinlich zuverlässigere Ergebnisse. Eine Verkürzung der Versuchsdauer bei der statischen Methode durch Verwendung größerer und durchlässigerer Membranen vergrößert gleichzeitig die Fehlerquellen (Ausbauchen der Membran, Durchtreten niedermolekularer Anteile bei unfraktionierten Polymerisaten).

In der Literatur sind eine Menge statischer und dynamischer Osmometer beschrieben worden, die sich praktisch bewährt haben[27,41,75,79,82,83,88,101,137,154,184,189,240]. Ein Mikro-Osmometer, das nur 2 cm³ Lösung benötigt, wurde von ZIMM[254] konstruiert. Die von JULLANDER[67,114,115,229] beschriebene osmotische Waage gestattet sehr genaue Beobachtung kleiner Geschwindigkeit bei Zimmertemperatur.

Als Membranen für wäßrige und organische Lösungsmittel werden am häufigsten regeneriertes Cellulose-Xanthogenat (Cellophan) und denitrierte Nitrocellulose verwendet. Die Durchlässigkeit dieser Membranen ist in ziemlich weiten Grenzen durch Art der Herstellung und durch Nachbehandlung (z. B. mit Alkali, Kupferoxydammoniak, $ZnCl_2$-Lösung u. ä.) variierbar (siehe z. B.[75,154,177]). Membranen aus Bakterien-Cellulose, wurden kürzlich von MELVILLE beschrieben[137,138].

Die untere Grenze der Molgewichte, die osmotisch bestimmt werden können, liegt bei etwa 10^4, bedingt durch die Durchlässigkeit der Membranen für kleinere Moleküle[75]. Es können zwar sehr dichte Membranen hergestellt werden, diese haben aber den Nachteil, die Versuchsdauer so auszudehnen, daß wieder andere Fehlerquellen auftreten können. Die obere Grenze liegt bei $1,5$—$2 \cdot 10^6$, da dann der osmotische Druck so klein wird, daß er nicht mehr genau genug gemessen werden kann (siehe dazu auch[245]). Innerhalb dieser Grenzen können bei entsprechender Sorgfalt genaue Werte für das Molgewicht (bzw. für das Zahlenmittel des Molgewichtes bei unfraktionierten Polymeren) erhalten werden, wobei kein allzu großer experimenteller Aufwand erforderlich ist. Die osmotische Methode ist daher bisher auch die praktisch am meisten angewandte Absolut-Methode zur Molgewichtsbestimmung gewesen.

Lichtstreuung.

Die Trübung τ ist definiert durch den Intensitätsverlust, den ein Lichtstrahl beim Passieren der Lösung infolge der Streuung erfährt

$$I = I_0\, e^{-\tau\, d}$$

(I_0, I = Intensität des einfallenden und austretenden Lichtes, d = Schichtdicke der Lösung in cm) und wird meist bestimmt durch Messen

der Intensität des Streulichtes. (Der Beitrag des reinen Lösungsmittels
zur Trübung ist in den folgenden Formeln nicht berücksichtigt und muß,
falls er nicht vernachlässigbar klein ist, von den Meßwerten stets abge-
zogen werden.)

Ist die größte Dimension der gelösten Makromoleküle kleiner als $\lambda/20$,
so gilt nach DEBYE[45] für verdünnte Lösungen

$$\frac{H\,c}{\tau} = \frac{\partial}{\partial c}\left(\frac{\pi}{R\,T}\right) = \frac{1}{M} + 2\,\alpha\,c \tag{18}$$

wobei

$$H = \frac{32\,\pi^3}{3\,N_L\,\lambda^4}\left(\frac{n_0\,(n-n_0)}{c}\right)^2 \tag{18a}$$

($c =$ Konzentration des gelösten Hochpolymeren vom Molgewicht M
in g/cm^3, $\pi =$ osmotischer Druck, n_0, $n =$ Brechungsindex des Lösungsmittels und der Lösung, $\lambda =$ Wellenlänge des Lichtes, $N_L =$ LOSCHMIDT-
sche Zahl.) Die Intensität des Streulichtes ist außerdem in ihrer Abhängigkeit von der Beobachtungsrichtung symmetrisch zum Lot auf die
Einfallsrichtung, d. h. in zwei Richtungen, die mit dem einfallenden
Licht einen Winkel von $90^0 + \varphi$ und $90^0 - \varphi$ bilden, wird gleich viel
Licht gestreut. Zur Bestimmung des Molgewichtes sind also die Trübung τ bei mehreren Konzentrationen und die Brechungsindices n und n_0
zu messen. Trägt man dann Hc/τ als Ordinate und c als Abscisse auf,
so erhält man eine Gerade, deren Ordinatenabschnitt der Kehrwert des
Molgewichtes ist, und deren Neigung doppelt so groß ist, wie die der
entsprechenden Geraden für den osmotischen Druck (vgl. S. 39).

Praktisch wird zur Anwendung von Gl. (18) meist das Streulicht unter einem
Winkel von $90°$ zur Richtung des einfallenden Lichtes gemessen. Gl. (18) gilt nur
solange, als das in dieser Richtung gestreute Licht streng linear polarisiert ist. Wenn
es wie fast immer etwas depolarisiert ist, so muß die Intensität des Streulichtes noch
mit dem CABANNESschen Korrektionsfaktor

$$\frac{6\,(1+\varDelta)}{6-7\,\varDelta}$$

multipliziert werden. ($\varDelta =$ Depolarisationsgrad $=$ Verhältnis der Intensitäten des
parallel und senkrecht zur Einfallsrichtung schwingenden Streulichtes*).

Mit steigender Konzentration des Polymeren durchläuft die Trübung
der Lösung ein scharfes Maximum, dessen Lage bezüglich der Konzentration nur von dem Verhältnis der Molvolumina des Polymeren und
des Lösungsmittels abhängt und daher ebenfalls zur Ermittlung des
Molgewichts geeignet ist[49a].

Durch Zusatz eines Fällungsmittels zu einer Lösung einer hochpolymeren Substanz wird die Trübung dieser Lösung verstärkt, und zwar
schon bei viel geringeren Zusätzen, als für eine tatsächliche Fällung des
Polymeren erforderlich wären. Diese stärkere Trübung ist auch nicht
auf eine Assoziation der Makromoleküle zurückzuführen, sondern folgt
rein aus der Schwankungstheorie der Lichtstreuung bei korrekter Erweiterung auf Systeme mit mehreren Komponenten[69, 120, 223, 224]. Sofern

---

* Der Depolarisationsgrad des Streulichtes gestattet aber auch Schlüsse auf
die Gestalt der streuenden Makromoleküle[53, 57, 60, 61].

die Brechungsindices des Fällungsmittels und des Lösungsmittels gleich oder wenigstens sehr nahe gleich sind, werden mit Hilfe von Gl. (18) in der geschilderten Weise korrekte Werte für das Molgewicht erhalten. Der Zusatz des Fällungsmittels bewirkt dann aber zwei große Vorteile: 1. wird durch die stärkere Trübung die Meßgenauigkeit erhöht, 2. wird die Neigung der Geraden im Diagramm $H\,\tau/c$ gegen c flacher, wodurch die Extrapolation auf unendliche Verdünnung sehr erleichtert wird. Sind die beiden Brechungsindices dagegen merklich verschieden, so machen sich auch Schwankungen im Mischungsverhältnis Lösungsmittel: Fällungsmittel (bewirkt durch die Makromoleküle!) bemerkbar und die Ordinatenabschnitte im Diagramm $H\,\tau/c$ liefern falsche Werte für das Molgewicht. Man kann aus solchen Messungen dann aber Hinweise dafür erhalten, in welchem Umfang die Moleküle des Lösungsmittels gegenüber denen des Fällungsmittels in der unmittelbaren Umgebung eines Makromoleküls bevorzugt sind[69] (siehe aber auch [120, 223]).

Aus der Lichtstreuung von Lösungen polymolekularer Stoffe kann immer nur ein Durchschnittswert des Molgewichtes erhalten werden, und zwar ist es ein Gewichtsdurchschnitt (entsprechend Gl. (4), S. 8), da die Streuintensität eines Makromoleküls proportional dem Quadrat seines Molekulargewichtes ansteigt. Der Versuch, aus der Konzentrationsabhängigkeit der Trübung eines polymerhomologen Gemisches seine Molgewichtsverteilung abzuleiten[65, 244, 253], beruhte auf der Voraussetzung, daß die einzelnen Komponenten unabhängig von einander zur Gesamtstreuung beitragen; diese Voraussetzung erwies sich jedoch als nicht haltbar[35, 120, 223].

Sind die streuenden Moleküle größer als $\lambda/10$ (aber immer noch $\leqq \lambda$), so haben die in verschiedenen Teilen eines Moleküls erregten Elektronenschwingungen merkliche Phasenunterschiede und es kommt, da das von den verschiedenen Teilen ausgesandte Streulicht kohärent ist, zur Interferenz. Als Folge davon wird die Intensitätsverteilung des Streulichtes unsymmetrisch zur 90°-Richtung, und zwar so, daß die Streuung nach hinten, d. h. in einem Winkel $90° + \varphi$ geringer ist als in dem entsprechenden Winkel $90° - \varphi$ (nach vorn). Außerdem gilt nicht mehr das RAYLEIGHsche λ^{-4} Gesetz[96]. Die Bestimmung des Molgewichtes wird dadurch etwas komplizierter als bei kleineren Molekülen, dafür ist es nun aber möglich, auch Angaben über die Abmessung der Moleküle zu erhalten.

Die Verteilung der Streuintensität in den verschiedenen Richtungen ist abhängig von der Gestalt und von den Dimensionen streuender Makromoleküle. Unter der vereinfachenden und experimentell leicht zu verwirklichenden Voraussetzung, daß n nur wenig verschieden von n_0 ist, wurden die entsprechenden Funktionen für drei Formen der streuenden Makromoleküle berechnet[47, 255] (siehe auch[127]). Danach ist die relative Streuintensität I_Θ in Richtung Θ (bezogen auf $I_\Theta = 1$ für $\Theta = 0$) für kugelförmige Teilchen (d = Durchmesser):

$$I_\Theta = \left[\frac{3}{x^3}\,(\sin x - x \cos x)\right]^2 \tag{19a}$$

$$\text{mit } x = 2\,\pi\,\frac{d}{\lambda}\,\sin \Theta/2$$

für starre Stäbchen (L = Länge)

$$I_{\Theta} = \frac{1}{x} \int_{0}^{2x} \frac{\sin x}{x}\, dx - \left(\frac{\sin x}{x}\right)^{2} \tag{19b}$$

$$\text{mit } x = 2\,\pi\,\frac{L}{\lambda}\sin\Theta/2$$

für statistisch geknäuelte Fadenmoleküle ($\overline{l^2}$ = Mittelwert des Quadrates des Abstandes der Molekülenden)

$$I_{\Theta} = \frac{2}{x^2}\left[e^{-x} - (1 - x)\right] \tag{19c}$$

$$\text{mit } x = \frac{8}{3}\,\pi^2\,\frac{\overline{l^2}}{\lambda^2}\sin\Theta/2\;.$$

Man definiert als Unsymmetriekoeffizienten

$$z = I_1/I_2 \quad \text{oder} \quad q = (I_1/I_2) + 1\,,$$

wobei I_1 und I_2 die Streuintensität in zwei zu 90° symmetrischen Richtungen — meist 50° und 130° — bedeuten. Aus den Formeln (19a), (19b) und (19c) können nun Kurven (oder Tabellen) für die Abhängigkeit des Unsymmetriekoeffizienten von der charakteristischen Länge d, L oder $\overline{l^2}$ berechnet werden. Liegt das Modell für das streuende Molekül fest, so kann man aus der zugehörigen Kurve für einen gemessenen Wert von z bzw. q die charakteristische Länge unmittelbar ablesen. Dazu muß allerdings der Unsymmetriekoeffizient auf unendliche Verdünnung extrapoliert werden („Unsymmetriezahl" [z] bzw. [q]).

Das Molgewicht könnte theoretisch am einfachsten durch Messung der Intensität bei sehr kleinem Streuwinkel erhalten werden; in Richtung des Primärstrahls ($\Theta = 0$) wird ja die Streuintensität nicht durch die Interferenz geschwächt und die aus der „Kleinwinkelstreuung" erhaltene Trübung kann daher auch bei Molekülen, die größer als $\lambda/10$ sind, zur Berechnung von M nach Gl. (18) verwendet werden. Solche Messungen sind aber experimentell sehr schwierig. Man mißt daher zweckmäßig die Streuintensität in drei Richtungen, nämlich bei 90° und zwei dazu symmetrischen Winkeln und berechnet zunächst die Unsymmetriezahl und daraus die Abmessung des Moleküls. Mit dieser Größe ergibt sich nach Formel (19a), (19b) oder (19c) der Korrektionsfaktor $1/I_{90°}$, mit dem die gemessene Streuintensität multipliziert werden muß, um den Interferenzeffekt für die Berechnung des Molgewichtes zu eliminieren. Für häufigere Messungen wird man dann ebenfalls eine Kurve berechnen, die die Unsymmetriezahl mit dem Korrektionsfaktor verknüpft und die Rechnung in jedem einzelnen Fall erspart.

Zur Messung der Streuintensität sind verschiedene Versuchsanordnungen beschrieben worden, die speziell auch die Beobachtung unter verschiedenen Streuwinkeln gestatten. Die Messung erfolgt entweder visuell mit einem Pulfrich-Zeissschen Stufenphotometer in Verbindung mit einem Nephelometervorsatz[65, 221] oder photoelektrisch mit einer im Halbkreis beweglichen Photozelle[48, 250] (siehe auch[61, 252]); auch ein geeignetes photographisches Verfahren wurde angegeben[6]. Für die Messung der Brechungsindices mit der erforderlichen Genauigkeit wurde ein einfaches Differentialrefraktometer angegeben[48], das vor allem wenig temperaturempfindlich ist und sich besonders für Serienmessungen eignet. Eine bequeme Methode zur Messung des Depolarisationsgrades ist in[55] beschrieben.

Der erste Versuch, Molgewichte von Makromolekülen aus der Intensität des molekularen Streulichtes zu ermitteln, wurde von Putzey und

BROSTEAUX unternommen[173]; er bezog sich wie auch einige folgende Arbeiten[33,193,219] auf Proteine. Die Übereinstimmung mit den osmotisch oder aus Sedimentationsmessungen erhaltenen Molgewichten war gut. Für Fadenmoleküle[36,193,199] konnten aber mit Hilfe der Kontinuumstheorie der Lichtstreuung nur qualitativ brauchbare Angaben für das Molgewicht gewonnen werden. DEBYE[45,46,47,69] hat zuerst, und zwar unter Verwendung der Schwankungstheorie, die theoretischen Grundlagen entwickelt, die eine absolute Bestimmung des Molgewichtes auch bei stäbchenförmigen oder geknäuelten Makromolekülen gestattet und deren für die Praxis wesentliche Gesichtspunkte hier in den wichtigsten Zügen angedeutet wurden. Seither ist die Untersuchung der Lichtstreuung die Methode geworden, die, wenn man Genauigkeit und Mannigfaltigkeit der Ergebnisse einerseits und experimentellen Aufwand anderseits berücksichtigt, als die z. Z. beste zur Ermittlung von Größe und Gestalt der Makromoleküle bezeichnet werden muß. Da eine auch nur andeutungsweise Besprechung der bisher erzielten Ergebnisse hier nicht möglich ist, sei auf die bereits zitierten Arbeiten, ferner auf [7,37,40,52,54,62,63,93,109,146,163,164,215,251,256] sowie auf die zusammenfassenden Darstellungen[133,227] verwiesen.

Sedimentation und Diffusion*.

Bei der Sedimentation kolloidaler Teilchen oder gelöster Makromoleküle in einem starken Gravitationsfeld (Ultrazentrifuge, UZ) wirken der Schwerkraft die Reibung im Medium und der Diffusionsdrang der Teilchen entgegen. Ist der Anteil der Diffusion gering (starke Gravitationsfelder, schwere Teilchen), so sedimentieren die Teilchen mit einer (konstanten) Geschwindigkeit, die sich aus dem Verhältnis der Gravitations- und Reibungskraft ergibt (STOKEsches Gesetz). Sind dagegen Sedimentation und Diffusion von der gleichen Größenordnung, so stellt sich eine Gleichgewichtsverteilung ein, bei der die Konzentration der Teilchen (sofern ihre Dichte größer ist als die des Lösungsmittels) in Richtung des Gravitationsfeldes zunimmt (barometrische Höhenformel).

Die folgenden Formeln gelten für ideale Lösungen monodisperser Substanzen (d. h. alle gelösten Teilchen bzw. Moleküle haben einheitliches Gewicht und beeinflussen sich gegenseitig nicht):

1. Sedimentationsgleichgewicht:

$$M = \frac{2\,R\,T\,\ln c_2/c_1}{(1 - V\,d)\,\omega^2\,(x_2^2 - x_1^2)} \tag{20}$$

$(c_1, c_2$ = Konzentration im Abstand x_1, x_2 von der Rotationsachse
ω = Winkelgeschwindigkeit des Rotors
V = partielles spez. Volumen des Gelösten
d = Dichte der Lösung).

Zur Berechnung des Molgewichtes M ist also nach Einstellung des Sedimentationsgleichgewichtes die Konzentration an zwei Stellen in verschiedenem Abstand von der Rotationsachse zu messen. V bestimmt man gleichzeitig mit d im Pyknometer. Formel (20) ist unabhängig von

---

* Siehe vor allem [228,230] und die dort zitierte Literatur.

der Gestalt der Moleküle; sie gilt daher für alle idealen verdünnten Lösungen mit ungeladenen Teilchen.

2. Die Sedimentationsgeschwindigkeit wird, auf das Einheitsfeld bezogen, als Sedimentationskonstante:

$$s = \frac{dx/dt}{\omega^2 x} = \frac{\ln x_2/x_1}{\omega^2 (t_2 - t_1)}$$

definiert, wobei x_1 und x_2 den Abstand der Grenze Lösung-Lösungsmittel von der Rotorachse zu zwei verschiedenen Zeiten t_1 und t_2 bedeuten.

Da die stationäre Sedimentationsgeschwindigkeit durch das Gegeneinander-Wirken von Reibung, Auftrieb und Feldbeschleunigung bestimmt wird, gilt

$$s = \frac{M\,(1 - V\,d)}{F}. \tag{21}$$

Zur Bestimmung von M eliminiert man den molaren Reibungskoeffizienten F durch die Beziehung

$$F = \frac{R\,T}{D},$$

wobei vorausgesetzt wird, daß der Reibungskoeffizient eines bewegten Teilchens in einer gegebenen Lösung für die Diffusions- und für die Sedimentationsbewegung gleich ist; man erhält

$$M = \frac{s\,R\,T}{D\,(1 - V\,d)} \tag{22}$$

Zur Berechnung von M ist also außer s, V und d auch der Diffusionskoeffizient D zu messen. Wenn die Diffusion groß genug ist, kann D aus der Verbreiterung der Grenzzone beim Sedimentationsversuch selbst bestimmt werden. Meist wird D in einem getrennten Diffusionsversuch ermittelt[129, 237].

3. Wird außer der Sedimentationskonstanten s auch M (z. B. aus dem Sedimentationsgleichgewicht) gemessen, so erhält man nach Gl. (21) den molaren Reibungskoeffizienten F, der für kugelförmige Teilchen aus der Viscosität der Lösung, dem Molgewicht und spez. Volumen nach STOKES berechnet werden kann. Nicht kugelförmige Teilchen zeigen stets einen größeren Reibungskoeffizienten als kugelförmige des gleichen Volumens. Für geometrisch einfache Molekülformen (gestreckte oder flache Rotationsellipsoide) läßt sich der Zusammenhang zwischen dem Reibungsverhältnis F/F_0 (auch Asymmetriekoeffizient genannt; F ist der experimentell gefundene Reibungskoeffizient, F_0 der für Kugelgestalt berechnete) und den Teilchendimensionen quantitativ formulieren. Man erhält auf diese Weise Angaben über das Achsenverhältnis der als Rotationsellipsoide betrachteten Teilchen[100, 167].

Bei der Untersuchung synthetischer Hochpolymerer mit der UZ sind gegenüber den bisher angegebenen Zusammenhängen folgende Komplikationen zu berücksichtigen:

1. Polymolekularität,
2. Abweichen der Lösungen vom idealen Verhalten,

3. die von kompakten Kugeln oder Ellipsoiden abweichende Form der Moleküle.

Wir betrachten zunächst nur den Einfluß der Polymolekularität. Aus dem Sedimentationsgleichgewicht erhält man mittels Gl. (20) bei polymolekularen Stoffen (wegen der teilweisen Separation der Moleküle verschiedener Größen) mit zunehmendem Abstand von der Rotationsachse zunehmende Werte für M. Um das durchschnittliche Molgewicht der Gesamtprobe zu ermitteln, hat man über die ganze Zelle zu integrieren. Je nach der Methode, mit der die Konzentration gemessen wurde, erhält man dabei verschiedene Durchschnittswerte: Konzentrationsbestimmung durch Lichtabsorption liefert einen Gewichtsdurchschnitt, durch die Skalenmethode einen „Z-Durchschnitt" ($\overline{M}_{(z)} = \Sigma\, n_i\, M_i^3 / \Sigma\, n_i\, M_i^2$).

Auch die Verteilungsfunktion des Molgewichtes kann prinzipiell aus einer einzigen Gleichgewichtseinstellung errechnet werden, wobei allerdings an die Konzentrationsbestimmung ziemlich hohe Anforderungen gestellt werden müssen.

Bei Anwendung von Formel (22) auf polymolekulare Stoffe ist zu berücksichtigen, daß sowohl für s als auch für D je nach der angewandten Bestimmungsmethode verschiedene — im wesentlichen drei verschiedene — Durchschnittswerte erhalten werden, deren Kombination neun verschiedene Durchschnittswerte für das Molekulargewicht liefern. Der Zusammenhang dieser doppelt gemittelten mit den einfachen Durchschnittswerten ist nur unter gewissen Voraussetzungen angebbar [98,113, 114, 210].

Auch aus Sedimentationsgeschwindigkeitsmessungen läßt sich die Molgewichtsverteilung berechnen, vorausgesetzt, daß man den Zusammenhang zwischen s und M aus Messungen an möglichst homogenen Fraktionen des gleichen Gemisches kennt [208, 210]. Wenn sich aber der Verbreiterung der Grenzzone durch Polymolekularität auch eine Verbreiterung durch Diffusion überlagert, ist es sehr schwer, beide Einflüsse einigermaßen genau zu trennen [11,175].

Bei nicht idealen Lösungen monodisperser Substanzen gilt für das Sedimentationsgleichgewicht:

$$\frac{\partial \pi}{\partial c} = \frac{(1 - V\,d)\,\omega^2\,(x_2^2 - x_1^2)}{2\,\ln c_2/c_1}$$

und danach für das Molgewicht

$$M = \frac{2\,R\,T\,\ln c_2/c_1}{(1 - V\,d)\,\omega^2\,(x_2^2 - x_1^2) - 4\,\alpha\,c\,\ln c_2/c_1}\,. \tag{23}$$

Daraus folgt, daß eine Berechnung nach Gl. (20) im Falle nicht idealer Lösungen stets zu kleine Werte für M liefert; Abweichungen sind um so größer, je größer der Koeffizient α und die Konzentration c ist. Bei Verwendung von Gl. (20) findet man daher das Molgewicht nicht mehr an allen Stellen der Zelle gleich, sondern M nimmt ab in Richtung der Anreicherung durch die Sedimentation [208]. Bei polymolekularen Stoffen überlagert sich dieser Effekt der oben besprochenen Zunahme von M in der gleichen Richtung; die Kurve von M (nach Gl. [20]) gegen x kann unter Umständen ein Maximum durchlaufen [208]. Durch

Anwendung von Gl. (23) lassen sich aber die beiden Effekte trennen und zuverlässigere Werte für $\overline{M}$ berechnen[192, 242].

Um das Molgewicht aus der Sedimentations- und Diffusionskonstante nach Gl. (22) zu berechnen, müssen bei nicht idealen Lösungen beide Konstanten bei mehreren, möglichst kleinen Konzentrationen gemessen und dann auf unendliche Verdünnung extrapoliert werden. Bei den meisten Hochpolymeren liegen die Meßpunkte im Diagramm l/s gegen c und D gegen c auf Geraden, deren Ordinatenabschnitt die Konstanten für unendliche Verdünnung $1/s_0$ bzw. D_0 liefern, entsprechend den empirischen Gleichungen:

$$1/s = (1/s_0)\,(1 + \alpha_s\,c)$$

und

$$D = D_0\,(1 + \alpha_D\,c).$$

(Siehe [159a] und die dort zitierte Literatur.)
Man kann aber auch an Stelle von Gl. (22) die für nicht ideale Lösungen abgeleitete Beziehung

$$M = \frac{R\,T\,s}{D\,(1 - V\,d) - 2\,\alpha\,c\,s} \tag{22a}$$

verwenden, sofern α für das untersuchte System (Hochpolymeres-Lösungsmittel) bekannt ist[124] (siehe auch [192, 211]).

Theoretische Untersuchungen des Zusammenhanges zwischen dem Reibungskoeffizienten F und der Gestalt mehr oder weniger stark geknäuelter Fadenmoleküle ermöglichen es, aus Messungen der Sedimentation auf die Größe des Moleküls in Lösung, d. h. auf den Grad der Knäuelung zu schließen[49, 121].

Uns interessiert in erster Linie die Abhängigkeit des Reibungskoeffizienten vom Polymerisationsgrad P. In dem formalen Ansatz

$$F = A\,P^a \tag{24}$$

kommt dem Exponenten a, wie aus diesen Untersuchungen[49] hervorgeht, ein Wert zwischen 1/2 und 1 zu, der sich mit dem Polymerisationsgrad ändert. Dies besagt nichts dagegen, daß trotzdem über einen größeren Bereich von P Gl. (24) mit einem konstanten (mittleren) Wert von a empirisch gut bestätigt sein kann, sondern nur, daß diese Beziehung eine formale Näherung ist, deren spezielle Form aber keine fundamentale Bedeutung hat (siehe auch [226] und die dort zitierte Literatur).

Konstruktion und Arbeitsweise der Ultrazentrifugen sind mehrfach zusammenfassend beschrieben worden (siehe vor allem [228, 230] ferner [29, 156, 172]). Die von der Phywe, Göttingen gebaute, luftgetriebene UZ ist nach SCHRAMM[182] konstruiert (siehe auch [21]). Zur optischen Konzentrationsbestimmung benützt man entweder die Lichtabsorption — vor allem im UV — oder die Krümmung der Lichtstrahlen in einem Gefälle des Brechungsindex (Skalenmethode nach LAMM[129, 130, 149a], Spaltmethode nach TISELIUS[237] und die direkte Photographie der Konzentrationsgradientenkurve nach PHILPOT[3, 171, 231]). Eine neue Methode[116] ermöglicht es, die Verteilung der Konzentration und des Konzentrationsgradienten in der Zelle mit einer einzigen photographischen Aufnahme zu bestimmen.

Mit den Sedimentationsmethoden, deren Grundlagen hier kurz skizziert wurden, konnten zahlreiche, äußerst wertvolle Ergebnisse, vor allem an Proteinen, erzielt werden (siehe [228,230,122]). Dagegen ist ihre Anwendung auf andere makromolekulare Verbindungen, vor allem auf die uns am meisten interessierenden Kettenmoleküle, bisher im wesentlichen auf *grundsätzliche* Untersuchungen beschränkt geblieben (siehe [122] ferner [39,97,208,211]), die in erster Linie dem Vergleich mit anderen Methoden zur Bestimmung von Größe und Gehalt der Makromoleküle dienten.

Die Sedimentations-Gleichgewichts-Messung zeichnet sich durch eine thermodynamische Fundierung aus und ist somit von anderen Ergebnissen oder Annahmen unabhängig, während die Sedimentations-Geschwindigkeits-Messung auch der Kenntnis der Diffusionskonstanten bedarf, wobei außerdem die — an sich wohl plausible, aber eigentlich in jedem Fall erst zu beweisende (Gleitung!) — Annahme gemacht werden muß, daß der Reibungskoeffizient bei Diffusion und Sedimentation identisch ist. Der Vorteil der Geschwindigkeitsmethode liegt in der kürzeren Versuchsdauer sowie in der etwas einfacheren Polymolekularitätsanalyse, doch erfordert sie für Molgewichte unter etwa 10^4 ziemlich hohe Schwerefelder.

Viscosität.

Der Unterschied der Viscosität η_c einer Lösung von der Konzentration c gegenüber der Viscosität η_0 des reinen Lösungsmittels wird ausgedrückt durch

$$\eta_{sp} \equiv \frac{\eta_c - \eta_0}{\eta_0} = \frac{\eta_c}{\eta_0} - 1 = \eta_r - 1 \,. \tag{25}$$

Die beiden durch Gl. (25) definierten Größen η_{sp} und η_r werden nach STAUDINGER als *spezifische* Viscosität und *relative* Viscosität bezeichnet. Die spezifische Viscosität einer Lösung ist abhängig von deren Konzentration, und zwar ist bei so großer Verdünnung, daß keine gegenseitige Störung der gelösten Moleküle auftritt, η_{sp} proportional c, oder die *reduzierte Viscosität* η_p/c konstant. Lösungen makromolekularer Substanzen weichen meist auch in dieser Hinsicht schon bei den kleinsten praktisch noch anwendbaren Konzentrationen vom idealen Verhalten ab; η_{sp}/c ist abhängig, und zwar bei sehr verdünnten Lösungen linear abhängig von c (siehe auch [179]). Man definiert daher als Größe, die für ein bestimmtes System Lösungsmittel-Gelöstes charakteristisch ist, den Grenzwert der reduzierten Viscosität als *Viscositätszahl* (Grenzviscosität, intrinsic viscosity)

$$[\eta] \equiv \lim_{c \to 0} \frac{\eta_{sp}}{c} = \lim_{c \to 0} \frac{\ln \eta_r}{c} \,. \tag{26}$$

Die Ermittlung von $[\eta]$ durch graphische Extrapolation (entweder im Diagramm η_{sp}/c gegen c oder besser im Diagramm $\ln \eta_r$ gegen c) erfordert in jedem Fall Messungen bei mehreren Konzentrationen. Eine empirische Gleichung zur Berechnung von $[\eta]$ aus der bei *einer* kleinen Konzentration gemessenen spezifischen Viscosität wurde von SCHULZ[191,196,204] angegeben:

$$[\eta] = \frac{\eta_{sp}/c}{1 + K_\eta\, \eta_{sp}} \,. \tag{27}$$

Nach den bisherigen Untersuchungen [195,204] (siehe auch [44]) ist innerhalb enger Grenzen die Konstante

$$K_\eta \approx 0{,}28$$

unabhängig von der Art des gelösten Stoffes und des Lösungsmittels. Die besonders in der amerikanischen Literatur am häufigsten angegebene Formel für die Konzentrationsabhängigkeit der reduzierten Viscosität[106] ist

$$\eta_{sp}/c = [\eta] + K'_\eta \, [\eta]^2 \, c \tag{28}$$

K'_η hat gewöhnlich einen Wert von 0,3 bis 0,6, abhängig von der Art des Gelösten und des Lösungsmittels. Wie man sich leicht überzeugt, unterscheidet sich Gl. (27) von Gl. (28) nur dadurch, daß (η_{sp}/c). [η] an Stelle von [η]² steht. Darauf ist es offenbar zurückzuführen, daß die Konstante K_η in geringerem Maße von der Natur des speziellen Systems abhängt als K'_η.

Andere Formeln, die für die Abhängigkeit der Viscosität von der Konzentration bei Lösungen Hochpolymerer vorgeschlagen wurden, können meist ebenfalls auf eine Form ähnlich Gl. (28) gebracht werden. Auf die sehr große Zahl von Arbeiten, die sich mit der Konzentrationsabhängigkeit der Viscosität kolloidaler Lösungen befassen, kann hier nicht eingegangen werden (vergl. [139,170], siehe auch [24]). Es sei lediglich noch die Formel von FIKENTSCHER[74] angegeben:

$$\ln \eta_r = \left(K + \frac{75\,K^2}{1 + 1{,}5\,K\,c}\right) c\,,$$

da in der deutschen Industrie Hochpolymere häufig durch ihren „K-Wert", der durch diese Gleichung definiert ist, charakterisiert werden. Bezüglich einer Extrapolation von Messungen, die bei etwas höheren Konzentrationen gemacht sind, siehe auch[90].

Die weitaus meisten Viscositätsmessungen werden mit dem Oswald-Viscosimeter ausgeführt, bei dem die Strömungsgeschwindigkeit in einer Capillare gemessen wird, oder mit verschiedenen Abwandlungen dieses Viscosimeter-Typs (z.B. nach UBBELOHDE). Eine eingehende Beschreibung dieser und anderer Viscosimeter, sowie der experimentellen Details, Fehlerquellen usw. ist in dem Buch von PHILIPPOFF zu finden[170] (siehe auch [149,186]).

Zwischen der Viscositätszahl [η] und dem Molgewicht der gelösten makromolekularen Substanz besteht ein empirischer Zusammenhang[105,126]:

$$[\eta] = K\,M^a \tag{29}$$

der als speziellen Fall (a = 1) das bekannte STAUDINGERsche „Viscositätsgesetz" einschließt. K und a in Gl. (29) sollen für polymerhomologe Substanzen in einem bestimmten Lösungsmittel konstant, d. h. unabhängig vom Molgewicht sein. Die Gültigkeit des STAUDINGERschen Viscositäts-Gesetzes bzw. später der Gl. (29) wurde vielfachen experimentellen und theoretischen Prüfungen unterzogen. Den heutigen Standpunkt zu dieser Frage kann man folgendermaßen charakterisieren*: 1. Gl. (29) gilt als gute Näherung über verhältnismäßig große Bereiche des Molgewichts. Streng genommen ist a aber auch in polymerhomologen Reihen nicht immer konstant, sofern sich die Messungen über einen sehr weiten Bereich des Molgewichts erstrecken[9,10]. Bei verhältnismäßig niedermolekularen Substanzen erwies sich ferner zur Anpassung an die Versuchsergebnisse noch eine additive positive oder negative Konstante auf der rechten Seite von Gl. (29) als notwendig (siehe z. B. [77,78,139a,149,191]). 2. Die spezielle Form von Gl. (29) wurde bei der theoretischen Analyse des Problems nicht unmittelbar erhalten [34a,49,76a,121,168,176,180,249]. Eine Diskussion der gewonnenen Formeln im Vergleich mit Gl. (29) zeigt

---

* Siehe auch [133a,195].

aber, daß in Ermangelung einer besseren *einfachen* Beziehung zwischen Viscositätszahl und Molgewicht diese empirische Gleichung verwendet und auch über größere Bereiche des Molgewichts als gültig betrachtet werden kann. Die Konstante a in Gl. (29) kann Werte zwischen 0,5 und 1,0 annehmen. Der spezielle Wert von a ist primär nicht vom Molgewicht, sondern davon abhängig, wie weit die Strömung des Mediums für einige Teile des Makromoleküls (die sich im Innern des Knäuels befinden) durch andere (äußere) Teile abgeschirmt wird; bei dichtem Knäuel nähert sich a dem Grenzwert 0,5, bei völlig aufgelockerten Fäden dem Grenzwert 1,0. Aus dem empirisch gefundenen Wert für a kann man daher umgekehrt auf die Gestalt und Dimensionen des Makromoleküls in der Lösung schließen[49]. Auf diese Weise ist auch zu verstehen, daß a bei niedrigerem Molgewicht (kürzere Ketten, daher auch weniger dichte Knäuel) gegen 1 und bei höherem Molgewicht gegen 0,5 tendiert, daß in guten Lösungsmitteln a im allgemeinen höher gefunden wird als im schlechten und daß schließlich in Gemischen von Lösungsmittel-Fällungsmittel a mit zunehmendem Gehalt des Letzteren abnimmt und im Fällungspunkt stets den Wert 0,5 erreicht [16a].

Wird bei einem polymolekularen Gemisch (unfraktioniertes Polymerisat) das mittlere Molgewicht aus der Viscositätszahl nach Gl. (29) berechnet, so wird die Art des Mittelwertes vom Wert der Konstanten a bestimmt (vgl. Gl. [5], S. 8); nur wenn a = 1, ist dieser viscosimetrische Mittelwert gleich dem Gewichtsmittel $M_{(w)}$.

In Tab. 5 sind ohne Anspruch auf Vollständigkeit empirisch gefundene Werte für die Konstanten der Gl. (29) für einige Polymerisate zusammengestellt.

Beim Vergleich der in der Literatur angegebenen Werte für die Konstanten K ist auf die verwendete Einheit der Konzentration zu achten. Die in Tab. 5 angegebenen Konstanten gelten für die am meisten benutzte Einheit g/100 cm³; ferner wird auch mit g/Ltr. oder mit „Grundmolen" pro Ltr. gerechnet. (1 Grundmol sind soviel g Polymeres wie das Molgewicht des Monomeren beträgt.)

Bei Polystyrolen wurde zuerst festgestellt, daß der Wert der Konstanten von der Herstellungstemperatur des Polymeren abhängt[1,194,201,202]. Ferner unterscheiden sich die Werte für die Konstanten je nachdem, ob das Polystyrol ohne Beschleuniger oder mit Benzoylperoxyd hergestellt wurde[194]. Stellt man jedoch bei der gleichen Temperatur Polystyrole verschiedener Molgewichte her, oder vergleicht die verschiedenen Fraktionen aus einem Polymerisat, so gilt Gl. (29) mit konstantem Wert für K und a bis zu den höchsten Polymerisationsgraden. Aus dieser Erscheinung wurde auf einen verschiedenen Verzweigungsgrad bzw. auf eine „verschiedene innere Architektur der Makromoleküle", abhängig von den Herstellungsbedingungen, geschlossen. Ob die Änderung der Konstanten tatsächlich auf eine Verzweigung der Makromoleküle zurückzuführen ist, muß bezweifelt werden; (siehe vor allem[181]); die zweite vorsichtigere Formulierung ist sicher richtiger [23,107,194,195]. In diesem Zusammenhang muß betont werden, daß ein quantitatives Kriterium für den Verzweigungsgrad bisher nicht zur Verfügung steht (siehe hierzu auch [23,56,145,148,181,217,218,226,256]). Um so mehr muß davor gewarnt werden, in jeder Unstimmigkeit, die sich bei Prüfung der Gl. (29) ergibt, einen Hinweis auf Verzweigung zu erblicken. Ein systematischer Gang der Konstanten K mit dem Gewicht der einzelnen Kettenglieder wurde ebenfalls beobachtet[206].

Bei Betrachtung der Tabelle 5 gewinnt man wirklich nicht den Eindruck, als ob es möglich wäre, das Molgewicht eines Polymerisates aus Viscositätsmessungen und den der Literatur entnommenen Konstanten mit einiger Genauigkeit zu ermitteln. Gl. (29) sollte vielmehr nur als eine Interpolationsformel betrachtet werden, die es ermöglicht, bei Serienmessungen an Polymerisaten, die unter gleichen oder mindestens sehr ähnlichen Bedingungen hergestellt wurden, verhältmäßig *rasch und bequem* das Molgewicht zu ermitteln, vorausgesetzt, daß die Konstanten K und a durch einige Eichmessungen an Fraktionen des *gleichen* Polymerisates durch Vergleich mit einer absoluten Methode (osmotisch, Lichtstreuung) bestimmt wurden. Ohne eine sorgfältige „Eichung" können viscosimetrisch bestimmte Molgewichte mit erheblichen Fehlern behaftet sein und Nichtbeachtung dieser Tatsache kann bei reaktionskinetischen Untersuchungen zu Trugschlüssen Anlaß geben. Dies gilt vor allem dann, wenn an Stelle des Molgewichts einfach η_{sp}/c bei *einer* Konzentration gemessen und dieser Wert als „relatives Maß des Molgewichts" angesehen wird.

Tabelle 5.

Polymerisat	Lösungsmittel	$K \cdot 10^4$	a	Zitat
Polystyrol	Toluol	0,144—0,040*	1	[201]
Polystyrol	Toluol	0,055—0,049*	1	[202]
Polystyrol	Toluol	0,128—0,001*	0,70—1,12*	[1]
Polystyrol	Toluol	1,15	0,57	[33]
Polystyrol	Toluol	3,7	0,62	[87]
Polystyrol	Toluol	2,92	0,65	[12]
Polystyrol	Toluol	1,34	0,71	[16a]
Polystyrol	Benzol	0,54	1	[117]
Polystyrol	Benzol	0,754	0,783	[70]
Polystyrol	Benzol	1,13	0,73	[16a]
Polystyrol	Methyläthyl keton	7,0	0,53	[87]
Polystyrol	Methyläthyl keton	3.05	0,60	[16a]
Polyvinylacetat	Aceton	1,76	0,68	[241]
Polyvinylacetat	Aceton	2,8	0,67	[220]
Polyvinylacetat	Aceton	1,0	0,75	[50]
Polyvinylacetat	Aceton	—	0,83	[177]
Polymethylmethacrylat	Chloroform	0,33	0,85	[198]
Polymethylmethacrylat	Chloroform	0,49	0,82	[17]
Polymethylmethacrylat	Benzol	0,75	0,76	[17]
Polyisobutylen	Diisobutylen	3,6	0,64	[75]
Polyvinylchlorid	Cyclohexan	0,7	1,0	[140]
Polybutadien	Toluol	72,5—10,6*	0,45—0,63*	[110]
Polychloropren	Benzol	1,46—0,202*	0,73—0,89*	[151,152]

Molgewichtsverteilung.

Viele physikalische Eigenschaften der makromolekularen Substanzen sind abhängig von der Verteilungsfunktion der Molgewichte (s. S. 8), deren genauere Kenntnis schon aus diesem Grunde interessant ist. Für die Kinetik der Polymerisationsreaktionen ist darüber hinaus die Verteilungsfunktion auch deshalb von Bedeutung, da sie, wie zuerst

* Je nach Herstellungsbedingungen der Polymerisate wurden verschiedene Werte für die Konstanten innerhalb der angegebenen Grenzen gefunden.

W. Kuhn[125] gezeigt hat, unmittelbar von dem Mechanismus der Polymerisationsreaktion bestimmt wird und daher aus kinetischen Daten berechnet werden kann (s. S. 71).

Molgewichtsbestimmungen liefern im allgemeinen bei polymolekularen Gemischen nur Mittelwerte des Molgewichts. Nur mit Hilfe der Ultrazentrifuge ist es möglich, ohne präparative Trennung außer dem Mittelwert auch die Verteilungsfunktion der Molgewichte zu bestimmen. Dies ist, wie bereits erwähnt (vgl. S. 46), sowohl mit Hilfe des Sedimentationsgleichgewichtes, als auch der Sedimentationsgeschwindigkeit grundsätzlich möglich. Abgesehen von dem experimentellen Aufwand, den Messungen mit der Ultrazentrifuge an sich erfordern, sind für die genaue Ermittlung der Verteilungsfunktion durch diese Methode besonders hohe Anforderungen an die Genauigkeit der Messungen zu stellen; darüber hinaus ist auch die Auswertung derartiger Versuche bei synthetischen Hochpolymeren mit ziemlichen Schwierigkeiten verbunden. Es ist daher nicht verwunderlich, daß von dieser grundsätzlichen Möglichkeit für reaktionskinetische Zwecke bisher kein Gebrauch gemacht worden ist.

Auf die Möglichkeit, die Verteilungsfunktion mit Hilfe der Thermodiffusion in Lösung zu ermitteln, wurde von Debye hingewiesen(siehe[132]). Auch von dieser Methode ist noch keine praktische Anwendung bekannt.

Das einzige bisher praktisch angewandte Verfahren, die Verteilungsfunktion zu bestimmen, beruht auf der präparativen Zerlegung in mehrere Fraktionen, die in bezug auf das Molgewicht nur eine geringe Breitenstreuung aufweisen. Durch Bestimmung der relativen Menge der einzelnen Fraktionen und ihres mittleren Molgewichtes ist es dann möglich, die Molgewichtsverteilung der ursprünglichen Probe mit recht genauer Annäherung festzulegen. Derartige Fraktionierungen beruhen auf der normalerweise größeren Löslichkeit, die den Anteilen mit kleinerem Molgewicht in einem bestimmten Lösungsmittel (bzw. in einem Gemisch Lösungsmittel-Fällungsmittel) gegenüber den höher molekularen Anteilen zukommt. Praktisch kann dies auf verschiedene Weise geschehen:

1. Durch fraktionierte Fällung, wobei das Polymere zunächst vollständig in einem geeigneten Lösungsmittel gelöst ist und dann ein Fällungsmittel zugefügt wird. Bei einem bestimmten Mischungsverhältnis Lösungsmittel-Fällungsmittel bilden sich zwei Phasen im Gleichgewicht; die höchstmolekularen Anteile des Polymeren werden ausgefällt.

2. Durch fraktionierte Lösung, bei der das Polymere mit einem Gemisch Lösungsmittel-Fällungsmittel ins Gleichgewicht gesetzt wird, wobei die niedermolekularen Anteile des Polymeren in Lösung gehen.

In beiden Fällen ist es möglich, durch mehrfache Wiederholung der Operation mit Gemischen, die reicher an Fällungsmittel (im Falle 1) bzw. reicher an Lösungsmittel (im Falle 2) sind, das Polymere in eine Reihe von Fraktionen zu zerlegen, die sich durch das mittlere Molgewicht unterscheiden. Es muß allerdings in diesem Zusammenhang betont werden, daß die Fraktionierung primär nach der Löslichkeit erfolgt; diese ist nicht allein vom Molgewicht, sondern, wenn auch meist nur

in zweiter Linie, von Strukturunterschieden (Verzweigung, Fremd-
gruppen, Assoziation, siehe z. B.[155]) und bei Mischpolymerisaten auch
von der Zusammensetzung der Makromoleküle abhängig.

Praktische Anwendung hat fast ausschließlich die fraktionierte
Fällung gefunden*. Eine eingehende Diskussion der theoretischen Grundlagen und der daraus zu ziehenden Konsequenzen für die praktische
Durchführung wurde zuerst von SCHULZ gegeben [187,188] (siehe auch [76,84,
205]); eine zusammenfassende Darstellung ist vor einiger Zeit erschienen[42].

Die Ausführung der Fällung kann auf verschiedene Weise vorgenommen werden.
Die gesamte Probe wird in einem geeigneten Lösungsmittel gelöst, wobei die Konzentration nicht größer als höchstens 2%, in schwierigeren Fällen viel kleiner sein
soll. Dann wird vorsichtig so viel eines geeigneten Fällungsmittels zugesetzt. bis
eine auftretende Trübung den Beginn der Ausfällung anzeigt. Um die Gleichgewichtseinstellung zwischen den beiden Phasen zu gewährleisten, erwärmt man bis die
Trübung wieder verschwindet und läßt dann langsam unter ständigem Rühren auf
die konstante Temperatur eines Thermostaten abkühlen ([1,75]). Nach Absetzen
wird die 1. Fraktion, die die höchstmolekularen Anteile enthält, durch Dekantieren
und Filtrieren abgetrennt. Um weitere Fraktionen aus der Lösung abzuscheiden,
kann man auf verschiedene Weise verfahren:

    a) durch portionenweises Zufügen weiteren Fällungsmittels[1,75,197],
    b) durch schrittweises Senken der Temperatur[17,187],
    c) durch Verdampfen des Lösungsmittels bei konstanter Temperatur unter ver-
        mindertem Druck evtl. im Stickstoffstrom[87].

Das zuletzt genannte Verfahren bietet den Vorteil. daß sich mit jeder Ausfällung
auch das Volumen der Lösung vermindert und daher die Konzentration des noch
gelösten Anteils ungefähr gleich bleibt. Um eine gleiche Schärfe der Fraktionierung
zu erzielen, soll die Lösung um so verdünnter sein, je höher das mittlere Molgewicht
der auszufällenden Fraktion; diesen theoretischen Forderungen entspricht das
dritte Verfahren, wie man sieht, am ehesten.

Für die Auswahl des geeigneten Lösungs- und Fällungsmittels sind eine ganze
Reihe von Gesichtspunkten zu beachten: das Lösungsmittel soll nicht zu gut und
nicht zu schlecht, das Fällungsmittel nicht zu scharf sein, der Niederschlag soll sich
in einer lockeren, leicht filtrierbaren Form abscheiden; Flüssigkeiten mit einem
niedrigen spezifischen Gewicht begünstigen das Absetzen des Niederschlags; großer
Unterschied des Brechungsindex des Hochpolymeren und des Lösungs-Fällungs-
mittel-Gemisches läßt den Beginn der Ausfällung durch eine stärkere Trübung schon
früh erkennen.

Durch nochmalige fraktionierte Fällung der einzelnen, zuerst gewonnenen
Fraktionen kann deren Uneinheitlichkeit weiter eingeengt werden. Für die Ermittlung der Verteilungsfunktion ist es unzweckmäßig, jede einzelne zuerst gewonnene
Fraktion wieder in mehrere Anteile zu zerlegen; man geht vielmehr so vor, daß nach
Ausfällen und Abtrennen der ersten, höchstmolekularen Fraktion, diese sofort
wieder gelöst wird und aus ihr nochmals ein Teil mit dem höchsten Molgewicht
abgetrennt wird. Die beiden verbleibenden Lösungen werden vereinigt und dann
dem gleichen Verfahren weiter unterworfen.

Unter der Annahme, daß die einzelnen Fraktionen eine nicht sehr
unsymmetrische Molgewichtsverteilung haben**, wird die Verteilungsfunktion für das gesamte Polymerisat aus der Menge und dem mittleren
Polymerisationsgrad der einzelnen Fraktionen auf folgende Weise erhalten: Man summiert für jede Fraktion ihre halbe Menge und die

---

    * Ein Verfahren, nach dem durch stufenweise Auflösung eines sehr dünnen
Films des Polymeren dessen Verteilungsfunktion verhältnismäßig schnell ermittelt
werden kann und das besonders für Serienuntersuchungen geeignet ist, wurde
kürzlich von FUCHS beschrieben[81a].

    ** Siehe dazu aber [19].

Menge aller Fraktionen mit kleinerem Polymerisationsgrad und erhält
so den Punkt in der integralen Verteilungskurve, der dem mittleren
Polymerisationsgrad der betreffenden Fraktion entspricht. Die integrale Verteilungsfunktion ergibt sich dann als glatte Kurve durch die
experimentellen Punkte. Differentiation dieser Kurve liefert die Massenverteilungsfunktion. Dividiert man diese letzte Funktion punktweise
durch P, so erhält man die Häufigkeitsverteilungsfunktion. Abb. 1 zeigt
als Beispiel für ein solches Verfahren die drei Verteilungsfunktionen
für ein Polystyrol, das in 12 Fraktionen zerlegt wurde[188,197] (weitere Beispiele siehe [17,26,147,151,152,166,183,198]). Ein vereinfach-
tes Verfahren, die Ver-
teilungsfunktion · durch
fraktionierte Fällung ab-
zuschätzen, wurde von
SPENCER angegeben [214]
(siehe auch [25]).

Nach MOREY und
TAMBLYN[155] kann man
sich die präparative
Trennung des Polymeri-
sates ersparen, wenn
man die Ausfällung des
Polymeren aus einer sehr
verdünnten Lösung durch
Zufügen eines Fällungs-

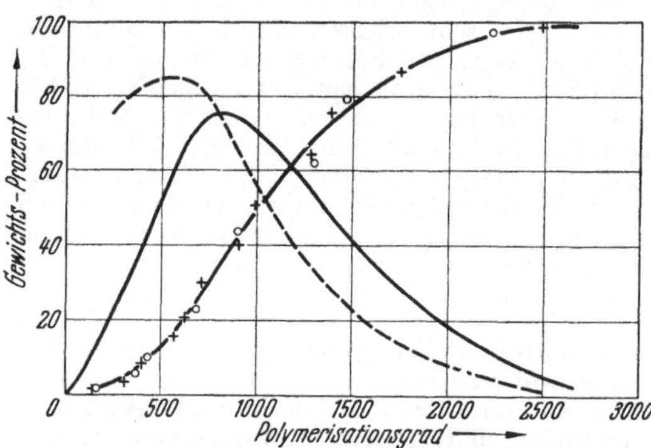

Abb. 1. Integrale Massenverteilungsfunktion von Polystyrol
(+ und o Meßpunkte aus zwei verschiedenen Fraktionierungen) und die daraus abgeleiteten Massen- (————) und
Häufigkeits-Verteilungsfunktionen (- - - - -). (Diese in
relativen Maßstäben.) Nach SCHULZ[197].

mittels vornimmt und die dabei auftretende Trübung in Abhängigkeit von der zugesetzten Menge des Fällungsmittels bestimmt (Trübungs-
Titration). Kennt man außerdem die Beziehung zwischen Polymerisationsgrad und dem Volumanteil des Fällungsmittels γ im Fällungspunkt (Trübungspunkt) für scharf fraktionierte Proben des gleichen
Polymerisates*, so erhält man, da die Trübung direkt proportional der
Niederschlagsmenge ist, die integrale Massenverteilungsfunktion, und
zwar in ganz wesentlich kürzerer Zeit als durch präparative Trennung.

Zur Auswertung der Verteilungsfunktion für reaktionskinetische
Zwecke ist vor allem der Verlauf der Kurve im Gebiet der kleinen Polymerisationsgrade wichtig, da sich die für einige verschiedene Reaktions-
mechanismen berechneten Verteilungskurven gerade dort am stärksten
unterscheiden (vgl. S. 74). Wegen der Schwierigkeit, die sich für die
genaue Erfassung der niedrigstmolekularen Anteile sowohl bei der
Fraktionierung, als auch bei der Molgewichtsbestimmung ergeben, sind
aber die meisten bisher ermittelten Verteilungsfunktionen gerade in
diesem Gebiet nicht so genau, als wünschenswert wäre.

---

* Diese Beziehung zwischen P und γ ist nach SCHULZ durch eine Gleichung

$$\gamma = A + BP/^{n}$$

(A, B = Konstante, $0{,}6 < n < 1$)
ausdrückbar und kann daher auch zur Molgewichtsbestimmung an fraktionierten
Produkten herangezogen werden (Fällungs-Titration) [26,185,187,198,203].

Die mittlere Lebensdauer der aktiven Zwischenprodukte.

Bei Kettenreaktionen, die über sehr reaktionsfähige und daher kurzlebige Zwischenprodukte (z. B. Radikale) verlaufen, stellt sich nach einer kurzen Anlaufzeit (Induktionsperiode) ein stationärer Zustand ein, in dem die Konzentration der Zwischenprodukte konstant ist (vgl. S. 21).

Im stationären Zustand kann man eine *mittlere Lebensdauer* der Radikale definieren als das Verhältnis der stationären Radikalkonzentration zu der Geschwindigkeit, mit der die Radikale gebildet oder vernichtet werden. Es ist also

$$\tau^* \equiv [P^*]_{St}/v_S \equiv [P^*]_{St}/v_a \,, \tag{30}$$

wobei wir uns durch Verwendung der entsprechenden Symbole (vgl. S. 279) schon auf den speziellen Fall der Polymerisationsreaktion beziehen. Die mittlere Lebensdauer ist durch die Definitionsgleichung (30) mit der stationären Radikalkonzentration verknüpft und bietet daher einen experimentellen Zugang zu dieser Größe. Um die mittlere Lebensdauer zu bestimmen, ist es erforderlich, die Bildung der Radikale zeitlich oder räumlich scharf zu begrenzen, was ohne allzu große Schwierigkeiten nur bei photochemischer Radikalbildung möglich ist. Das Reaktionsgemisch wird einem periodischen Wechsel zwischen Licht und Dunkel ausgesetzt und die Reaktionsgeschwindigkeit bei verschieden großem Abstand der einzelnen Belichtungen gemessen. Man kann zeitlich oder auch räumlich periodisch belichten, je nachdem ob man die gleichmäßige Belichtung des Reaktionsgemisches in regelmäßigen Intervallen unterbricht oder ob man dauernd mehrere scharf begrenzte Lichtstrahlen durch den Reaktionsraum schickt. Praktisch bringt man für den einen Zweck einen rotierenden Sektor zwischen Lichtquelle und Reaktionsgefäß und für den anderen eine Siebblende (gut paralleles Licht vorausgesetzt). Mit der Umdrehungsgeschwindigkeit des Sektors läßt sich die Frequenz der intermittierenden Belichtung leicht beliebig verändern. Um den Abstand der einzelnen Lichtstrahlen zu variieren, muß man mehrere Siebblenden gleicher Durchlässigkeit aber mit verschiedener Zahl und Größe der Löcher verwenden. Wenn die Bruttogeschwindigkeit der photochemisch gestarteten Kettenreaktion direkt proportional der Lichtintensität ist, dann ist sie unabhängig von der Frequenz der intermittierenden Belichtung bzw. vom Abstand der einzelnen Lichtstrahlen. Ist die Bruttogeschwindigkeit dagegen proportional irgendeiner Potenz n von der Lichtintensität, dann ist sie nicht mehr unabhängig von den genannten Größen, wie man sich leicht folgendermaßen klarmachen kann:

Bei gleichmäßiger Belichtung ist

$$v_{Br_0} = k\, I_{abs}^{n} \,.$$

Die Belichtung werde nun durch einen rotierenden Sektor unterbrochen, bei dem die Öffnung irgend einen Bruchteil, z. B. 1/4 der Gesamtfläche beträgt. Bei sehr langsamer Rotation des Sektors wird dann einfach die gesamte Belichtungsdauer auf diesen Bruchteil 1/4 herabgesetzt. Mißt man den Fortgang der Reaktion nach vielen Umdrehungen, so findet man als Durchschnittswert einfach

$$v_{Br} = \frac{1}{4}\, k\, I_{abs}^{n} = v_{Br0}/4$$

Bei sehr schneller Rotation des Sektors aber ist dessen Wirkung einer Schwächung der Lichtintensität auf 1/4 gleichzusetzen. Die Brutto-geschwindigkeit ist dann

$$v_{Br} = k\left(\frac{I_{abs}}{4}\right)^{n} = v_{Br0}/4^{n}\,.$$

Die Reaktionsgeschwindigkeiten in den beiden Extremfällen verhalten sich also wie $1:4^{(n-1)}$. Der Übergang der Reaktionsgeschwindigkeit von dem einen Extremwert zu dem anderen erfolgt in einem Frequenz-bereich, in dem die Dauer der einzelnen Belichtungsintervalle vergleich-bar ist mit der mittleren Lebensdauer der Radikale.

Ähnlich liegen die Verhältnisse bei der räumlich diskontinuierlichen Belichtung. Bei den verwendeten Siebblenden mögen alle Löcher zu-sammen 25% der Gesamtfläche ausmachen. Eine große Blende, die nur wenige große Löcher in entsprechend großem Abstand enthält, bewirkt, daß die Reaktion nur in dem belichteten Teil, d. i. in 1/4 des ganzen Raumes abläuft. Die Wirkung einer sehr feinen Siebblende kann aber einfach wieder als Schwächung der Lichtintenistät auf 1/4 aufgefaßt werden. Die Reaktionsgeschwindigkeiten in den beiden Extremfällen verhalten sich also wiederum wie $1:4^{(n-1)}$. Der Übergang von dem einen Extremwert zum anderen erfolgt dann, wenn der Abstand der einzelnen Lichtstrahlen vergleichbar ist mit dem Diffusionsweg, den die Radikale im Mittel während ihrer Lebensdauer zurücklegen. Um τ^* zu berechnen, muß man daher in diesem Falle noch die Diffusions-geschwindigkeit bzw. den Diffusionskoeffizienten der Radikale kennen.

Diese Wirkung der diskontinuierlichen Belichtung auf die Reaktions-geschwindigkeit beruht letzten Endes darauf, daß die Radikalkon-zentration an einer scharfen — zeitlichen oder räumlichen — Belich-tungsgrenze nicht ebenfalls diskontinuierlich auf Null springt, sondern innerhalb eines gewissen Intervalles absinkt, wie für die intermittie-rende Belichtung noch näher ausgeführt werden wird. Beide Methoden — die zeitlich und räumlich periodische Begrenzung der Belich-tung — wurden zuerst von MELVILLE[111,143] auf Polymerisationsreak-tionen angewandt mit dem Ziel, über die mittlere Lebensdauer die stationäre Radikalkonzentration und damit weiter die Geschwindigkeits-konstanten der Teilreaktionen zu bestimmen. Brauchbare quantitative Ergebnisse wurden bisher nur mit der Sektormethode erhalten, die des-halb noch etwas eingehender behandelt werden soll.

*Photopolymerisation bei intermittierender Belichtung**.

Die Geschwindigkeit der photochemischen Radikalbildung sei

$$v_S = f\,(I_{abs}) \tag{31}$$

---

* Das Problem der intermittierenden Belichtung, das außer der hier beschriebe-nen Anwendung auch bei Verwendung von Funken, Gasentladungen u. ä. zur Einleitung von Photoreaktionen eine Rolle spielt, wurde erstmalig eingehend

und die Geschwindigkeit des Kettenabbruchs (durch bimolekulare Reaktion zwischen zwei Radikalen)

$$v_a = k_a \, [P*]^2 \, .$$

Dann ändert sich die Konzentration der Radikale während der Belichtung nach der Differentialgleichung

$$\frac{d\,[P*]}{d\,t} = f\,(I_{abs}) - k_a \, [P*]^2 \, . \tag{32}$$

Bei ununterbrochener Belichtung wird bald der stationäre Zustand erreicht, bei dem $d\,[P*]/dt = 0$ ist; aus Gl. (32) folgt dann für die stationäre Radikalkonzentration

$$[P*]_{St} = (f\,(I_{abs})/k_a)^{\frac{1}{2}} \tag{33}$$

und für τ^* aus Gl. (30), (31) und (33)

$$\tau^* = (f\,(I_{abs}) \cdot k_a)^{-\frac{1}{2}}$$

Wird die Belichtung unterbrochen, so sinkt die Radikalkonzentration wieder ab, und zwar nach der Differentialgleichung

$$\frac{d\,[P*]}{d\,t} = - k_a \, [P*]^2 \, . \tag{32a}$$

Zweckmäßig führt man für die weitere Rechnung als Konzentrationseinheit die stationäre Radikalkonzentration und als Zeiteinheit die mittlere Lebensdauer ein:

$$[P*]' = [P*]/[P*]_{St} \quad \text{und} \quad t' = t/\tau^* \, .$$

Durch Integration von Gl. (32) und (32a) — unter Berücksichtigung, daß stets $[P*]' \leq 1$ — erhält man die Radikalkonzentration während der Belichtungszeit

$$[P*]' = \frac{\tanh t' + [P*]_1'}{1 + [P*]_1' \tanh t'} \, . \tag{33a}$$

und während der Verdunklungszeit

$$[P*]' = \frac{1}{t' + 1/[P*]_2'} \, , \tag{33b}$$

wobei $[P*]_1$ die Konzentration bei Beginn der Belichtung und $[P*]_2$ die am Ende der Belichtung bedeutet. Bei intermittierender Belichtung nimmt nun die Radikalkonzentration immer abwechselnd nach Gl. (33a) zu und nach Gl. (33b) wieder ab. In Abb. 2 ist dieser Verlauf für gleich lange Belichtungs- und Verdunklungszeiten und verschiedene Sektorgeschwindigkeiten dargestellt. Ist die Dauer der einzelnen Intervalle groß genug, dann wird in dem Belichtungsintervall die stationäre Radikalkonzentration erreicht, während in dem Verdunklungsintervall die

---

von BRIERS, CHAPMAN und WALTERS[34] behandelt. Weitere Einzelheiten, die sich speziell auf die Anwendung auf Polymerisationsreaktionen beziehen, sind in der Seite 115 ff. zitierten Literatur zu finden (siehe auch[161]).

Konzentration wieder auf Null absinkt (Abb. 2c). Bei höherer Frequenz schwankt dagegen die Radikalkonzentration nur zwischen zwei Werten $[P^*]_1'$ und $[P^*]_2'$, die immer näher zusammenrücken, je kürzer die einzelnen Intervalle werden (Abb. 2b u. a.)

Es interessiert nur der *Mittelwert* der Radikalkonzentration während Belichtung und Verdunkelung, der nach

$$[\overline{P^*}]' = \frac{1}{t'} \int [P^*]' \, dt'$$

aus Gl. (33a) und (33b) zu berechnen ist. Ausführung der Integration liefert für das Belichtungsintervall von der Länge t_L

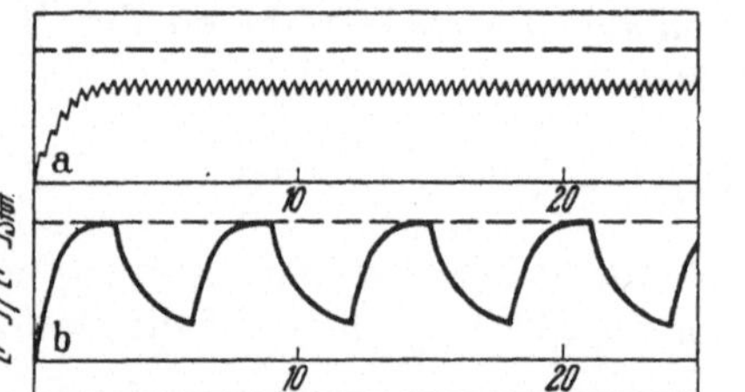

Abb. 2. Zeitliche Änderung der Radikalkonzentration bei intermittierender Belichtung.
a) $t_L/\tau^* = 0{,}2$;   b) $t_L/\tau^* = 3$;   c) $t_L/\tau^* = 100$.

$$[\overline{P^*}]_L' = \frac{1}{2\,t_L'} \ln \frac{1 - [P^*]_1'^2}{1 - [P^*]_2'^2} \qquad (34a)$$

und für das Verdunklungsintervall von der Länge $p \cdot t_L$ (p = Dauer einer Verdunklung/Dauer einer Belichtung)

$$[\overline{P^*}]_D' = \frac{1}{2\,pt_L'} \ln \frac{[P^*]_2'^2}{[P^*]_1'^2} \, . \qquad (34b)$$

Der gesuchte Mittelwert über Belichtung und Verdunklung ist

$$[\overline{P^*}]' = \frac{[\overline{P^*}]_L' + p\,[\overline{P^*}]_D'}{p + 1} \qquad (34c)$$

Man erhält daher, wobei rechnerische Einzelheiten hier übergangen werden können, aus den Gl. (33a), (33b), (34a), (34b) und (34c):

$$[\overline{P^*}]' = \frac{1}{2\,t_L'\,(p + 1)} \ln \left(1 + \frac{p^2\,t_L'^2\,[P^*]_2'^2 + 2\,pt_L'\,[P^*]_2'}{1 - [P^*]_2'^2} \right) \qquad (35a)$$

mit

$$[P^*]_2' = \frac{pt_L' \tanh t_L'}{2\,(pt_L' + \tanh t_L')} \left[1 + \left(1 + \frac{4}{pt_L' \tanh t_L'} + \frac{4}{p^2\,t_L'^2} \right)^{\frac{1}{2}} \right] \qquad (35b)$$

Mittels Gl. (35a) und (35b) kann man eine Kurve für die Abhängigkeit der mittleren Radikalkonzentration von der Länge der einzelnen Belichtungsintervalle zeichnen. Da die Polymerisationsgeschwindigkeit proportional der Radikalkonzentration ist, bestimmt man experimentell die Polymerisationsgeschwindigkeit bei verschiedener Dauer des Belichtungsintervalles t_L im Verhältnis zur Geschwindigkeit bei stationärer Belichtung. Die erhaltenen Werte werden gegen t_L aufgetragen und durch Verschieben der Abszissenachse mit der theoretischen Kurve zur Deckung gebracht; aus der notwendigen Verschiebung der Abszisse ergibt sich das Verhältnis von t_L zu t_L', also τ^*. (Vgl. auch Abb. 15, S. 115).

Literatur.

[1] ALFREY, T. jr., A. BARTOVICS u. H. MARK: J. Amer. chem. Soc. 65, 2319 (1943).

[2] ALFREY, T. jr., u. M. BERDICK: J. Polym. Sci. 3, 899 (1948).

[3] ANDERSSON, K. J. I.: Nature (Lond.) 143, 720 (1939).

[4] ARDIS, A. E. et al.: J. Amer. chem. Soc. 72, 1305, 3127 (1950).

[5] BACHMANN, G. B., u. Mitarb.: J. Amer. chem. Soc. 69, 2022 (1947); 70, 622, 1772, 2378, 2381 (1948); 71, 1985 (1949).

[6] BAGDER, R. M., u. R. H. BLACKER: J. phys. coll. Chem. 53, 1056 (1949).

[7] BADGER, R. M., R. H. BLACKER u. T. S. GILMAN: J. phys. coll. Chem. 53, 794 (1949).

[8] BADGLEY, W. J.: Polym. Bull. 1, 17 (1945).

[9] BADGLEY, W. J., u. H. MARK: J. phys. coll. Chem. 51, 58 (1947).

[10] BADGLEY, W. J., u. H. MARK: In „High Molecular Weight Organic Compounds" Interscience, New York 1949.

[11] BALDWIN, R. L., u. J. W. WILLIAMS: J. Amer. chem. Soc. 72, 4325 (1950).

[12] BAMFORD, C. H., u. M. J. S. DEWAR: Proc. roy. Soc. Lond. A 192, 329 (1948); A 197, 356 (1949).

[13] BARTLETT, P. D., u. R. ALTSCHUL: J. Amer. chem. Soc. 67, 812, 816 (1945).

[14] BARTLETT, P. D., u. K. NOZAKI: J. Amer. chem. Soc. 68, 1495, 2377 (1946).

[15] BATEMANN, L., u. H. P. KOCH: J. chem. Soc. Lond. 1944, 600.

[16] BAWN, C. E. H., R. F. J. FREEMANN u. A. R. KAMALIDDIN: Trans. Faraday Soc. 46, 862 (1950).

[16a] BAWN, C. E. H., u. Mitarb.: Trans. Faraday Soc. 46, 1107, 1112 (1950).

[17] BAXENDALE, J. H., S. BYWATER u. M. G. EVANS: J. Polym. Sci. 1, 237 (1946). — Trans. Faraday Soc. 42, 675 (1946).

[18] BAXENDALE, J. H., M. G. EVANS u. J. K. KILHAM: Trans. Faraday Soc. 42, 668 (1946).

[19] BEALL, G.: J. Polym. Sci. 4, 483 (1949).

[20] BEDWELL, M. E.: J. chem. Soc. Lond. 1947, 1350.

[21] BERGOLD, G.: Z. E. Naturforsch. 1, 100 (1946).

[22] BHATNAGAR, KAPUR u. KAUR: J. indian chem. Soc. 17, 177 (1940).

[23] BIER, G.: Makrom. Chem. 4, 41, 124 (1949).

[24] BILLMEYER, F. W. jr.: J. Polym. Sci. 4, 83 (1949).

[25] BILLMEYER, F. W. jr., u. W. H. STOCKMAYER: J. Polym. Sci. 5, 121 (1950).

[26] BLEASE, R. A., u. R. F. TUCKETT: Trans. Faraday Soc. 37, 571 (1941).

[27] BOISSONNAS, CH. G., u. K. H. MEYER: Helvet. chim. Acta 20, 783 (1937); 23, 430 (1940).

[28] BOLLAND, J. L.: Proc. roy. Soc. Lond. A 178, 24 (1941).

[29] BOMKE, H.: Naturwiss. 32, 185, 250 (1944).

[31] BOYER, R. F., u. R. D. HEIDENREICH: J. appl. Phys. 16, 621 (1945).

[32] BOYER, R. F., u. R. C. SPENCER: J. Polym. Sci. 3, 97 (1948).

[33] BREITENBACH, J. W., u. Mitarb.: Mh. Chem. 79, 444 (1949); 81, 455, 570 (1950).

[34] BRIERS, F., D. L. CHAPMAN u. E. WALTERS: J. chem. Soc. Lond. 129, 562 (1926).

[34a] BRINKMAN, H. C.: Appl. Sci. Res. A 1, 27 (1947); Physica 13, 447 (1947).

[35] BRINKMAN, H. C., u. J. J. HERMANS: J. chem. Phys. 17, 574 (1949).

[36] BÜCHER, TH.: Biochem. biophys. Acta 1, 467 (1947).

[37] BUECHE, A. M.: J. Amer. chem. Soc. 71, 1452 (1949).

[38] BURNETT, G. M., u. H. W. MELVILLE: Proc. roy. Soc. Lond. 189, 456 (1947).

[39] CAMPBELL, H., u. P. JOHNSON: Trans. Faraday Soc. 40, 221 (1944).

[40] CARR, C. I., u. B. H. ZIMM: J. chem. Phys. 18, 1616 (1950).

[41] CARTER, S. R., u. B. R. RECORD: J. chem. Soc. Lond. 1939, 660.

[42] CRAGG, L. H., u. H. HAMMERSCHLAG: Chem. Reviews 39, 79 (1946).

[43] DAINTON, F. S., u. G. B. B. M. SUTHERLAND: J. Polym. Sci. 4, 37 (1949).

[44] DAVIS, W. E.: J. Amer. chem. Soc. 69, 1453 (1947).

[45] DEBYE, P.: J. appl. Phys. 15, 338 (1944).

[46] DEBYE, P.: J. phys. coll. Chem. 51, 18 (1947).

[47] DEBYE, P.: J. phys. coll. Chem. 53, 1 (1949).

[48] DEBYE, P. P.: J. appl. Phys. 17, 392 (1946).

[49] DEBYE, P., u. A. M. BUECHE: J. chem. Phys. **16**, 573 (1948).

[49a] DEBYE, P., u. A. M. BUECHE: J. chem. Phys. **18**, 1423 (1950).

[50] DIALER, K., u. W. STABENTHEIMER: Makrom. Chem. **2**, 271 (1948).

[51] DOSTAL, H., u. R. RAFF: Z. phys. Chem. B **32**, 417 (1936).

[52] DOTY, P. M.: J. Chim. physique **44**, 76 (1947).

[53] DOTY, P. M.: J. Polym. Sci. **3**, 750 (1948).

[54] DOTY, P. M., W. A. AFFENS u. B. H. ZIMM: Trans. Faraday Soc. **42**, 66 (1946).

[56] DOTY, P. M., M. BROWNSTEIN u. W. SCHLENER: J. phys. coll. Chem. **53**, 213 (1949).

[57] DOTY, P. M., u. K. S. KAUFMANN: J. phys. Chem. **49**, 583 (1945).

[58] DOTY, P. M., u. H. MARK: Ind. Eng. Chem. **38**, 682 (1946).

[59] DOTY, P. M., u. E. MISHUCK: J. Amer. chem. Soc. **69**, 1631 (1947).

[60] DOTY, P. M., u. S. J. STEIN: Phys. Reviews **73**, 1221 (1948).

[61] DOTY, P. M., u. S. J. STEIN: J. Polym. Sci. **3**, 763 (1948).

[62] DOTY, P. M., u. R. F. STEINER: J. chem. Phys. **17**, 743 (1949).

[63] DOTY, P. M., u. R. F. STEINER: J. chem. Phys. **18**, 1211 (1950).

[64] DOTY, P. M., H. WAGNER u. S. SINGER: J. phys. coll. Chem. **51**, 32 (1947)

[65] DOTY, P. M., B. H. ZIMM u. H. MARK: J. chem. Phys. **12**, 144, 203 (1944); **13,**159 (1945).

[66] ELLIOTT, A., E. J. AMBROSE u. R. B. TEMPLE: J. chem. Phys. **16**, 877 (1948).

[67] ENOKSSON, B.: J. Polym. Sci. **3**, 314 (1948).

[68] EVANS, M. G.: J. chem. Soc. Lond. **1947**, 266.

[69] EWART, R. H., C. P. ROE, P. DEBYE u. J. R. McCARTNEY: J. chem. Phys. **14**, 687 (1946).

[70] EWART, R. H., H. C. TINGEY u. M. WALES: Zit. von W. V. SMITH. J. Amer. chem. Soc. **68**, 2059 (1946).

[71] FARQUHARSON, J.: Trans. Faraday Soc. **32**, 219 (1936).

[72] FARQUHARSON, J., u. P. ADY: Nature (Lond.) **143**, 1067 (1939).

[73] FIELD, I. E., D. E. WOODFORD u. S. D. GEHMANN: J. appl. Phys. **17**, 386 (1946).

[74] FIKENTSCHER, H.: Cellulosechem. **13**, 58 (1932).

[75] FLORY, P. J.: J. Amer. chem. Soc. **65**, 372 (1943).

[76] FLORY, P. J.: J. chem. Phys. **13**, 453 (1945).

[76a] FLORY, P. J.: J. chem. Phys. **17**, 303 (1949).

[77] FLORY, P. J., u. P. B. STICKNEY: J. Amer. chem. Soc. **62**, 3032 (1940).

[78] FORDYCE, R. G., u. H. HIBBERT: J. Amer. chem. Soc. **61**, 1912 (1939).

[79] FRENCH, D. M., u. R. H. EWART: Ind. Eng. Chem. Anal. Ed. **19**, 165 (1947).

[80] FRILETTE, V. J., u. W. P. HOHENSTEIN: J. Polym. Sci. **3**, 22 (1948).

[81] FRYLING, C. F.: Ind. Eng. Chem. Anal. Ed. **16**, 1 (1944).

[81a] FUCHS, O.: Makrom. Chem. **5**, 245 (1950).

[82] FUOSS, R. M., u. D. J. MEAD: J. phys. Chem. **47**, 59 (1943).

[83] GEE, G.: Trans. Faraday Soc. **36**, 1162 (1940).

[84] GEE, G.: Trans. Faraday Soc. **38**, 276 (1942).

[85] GIGUÈRE, P. A.: J. Polym. Sci. **2**, 296 (1947).

[86] GOLDBERG, A. I.: Ind. Eng. Chem. **39**, 1570 (1947).

[87] GOLBDERG, A. I., W. P. HOHENSTEIN u. H. MARK: J. Polym. Sci. **2**, 503 (1947).

[88] GOLDBLUM, K. B.: J. phys. coll. Chem. **51**, 474 (1947).

[89] GOODEVE, J. W.: Trans. Faraday Soc. **34**, 1239 (1938).

[90] GOVAERTS, R., u. G. SMETS: J. Polym. Sci. **2**, 612 (1947).

[92] GRUMEZ, M.: Ann. Chim. **10**, 378 (1938).

[93] HALWER, M.: J. Amer. chem. Soc. **70**, 3985 (1948).

[94] HAMPTON, R. R.: Anal. Chem. **21**, 923 (1949).

[95] HART, E. J., u. A. W. MEYER: J. Amer. chem. Soc. **71**, 1980 (1949).

[96] HELLER, W., H. B. KLEVENS u. H. OPPENHEIMER: J. chem. Phys. **14**, 566 (1946).

[97] HENGSTENBERG, J., u. G. V. SCHULZ: Makromol. Chem. **2**, 5 (1948).

[98] HERDAN, G.: Nature (Lond.) **163**, 139; **164**, 502 (1949).

[99] HERSBERGER, A. B., J. C. REID u. R. G. HEILIGMANN: Ind. Eng. Chem. **37**, 1073 (1945).

[100] HERZOG, R. O., R. ILLING u. H. KUDAR: Z. phys. Chem. A **167**, 329 (1933).

[101] HERZOG, R. O., u. H. M. SPURLIN: Z. phys. Chem. Bodenstein Festb. **1931**, 239.

[102] HIBBEN, J. H.: J. chem. Phys. **5**, 706 (1937).
[103] HOHENSTEIN, W. P.: Polym. Bull. **1**, 13 (1945).
[104] HOHENSTEIN, W. P., u. H. MARK: J. Polym. Sci. **1**, 127 (1946).
[105] HOUWINK, R.: J. prakt. Chem. **157**, 15 (1940).
[106] HUGGINS, M. L.: J. Amer. chem. Soc. **64**, 2716 (1942).
[107] HUGGINS, M. L.: J. Amer. chem. Soc. **66**, 1991 (1944).
[108] HUSEMANN, E., u. H. RUSKA: Naturwiss. **28**, 534 (1940). — J. prakt. Chem. **156**, 1 (1940).
[109] JOHNSON, I., u. V. K. LA MER: J. Amer. chem. Soc. **69**, 1184 (1947).
[110] JOHNSON, B. L., u. R. D. WOLFANGEL: Ind. Eng. Chem. **41**, 1580 (1949).
[111] JONES, T. T., u. H. W. MELVILLE: Proc. roy. Soc. Lond. A **175**, 392 (1940).
[112] JORDAN, E. F. jr., u. D. SWERN: J. Amer. chem. Soc. **71**, 2377 (1949).
[113] JULLANDER, I.: Svedberg-Festschr. Upsala 1942.
[114] JULLANDER, I.: Ark. Kem. Min. Geol. **21** A, Nr. 8 (1945).
[115] JULLANDER, I., u. T. SVEDBERG: Nature (Lond.) **153**, 523 (1944).
[116] KEGELES, G.: J. Amer. chem. Soc. **69**, 1302 (1947).
[117] KEMP, A. R., u. H. PETERS: Ind. Eng. Chem. **34**, 1097 (1942).
[118] KERN, W., u. H. KÄMMERER: J. prakt. Chem. **161**, 81, 289 (1943).
[119] KIA-KHWE JEN u. H. N. ALYEA: J. Amer. chem. Soc. **55**, 575 (1933).
[120] KIRKWOOD, J. G., u. R. J. GOLDBERG: J. chem. Phys. **18**, 54 (1950).
[121] KIRKWOOD, J. G., u. J. RISEMANN: J. chem. Phys. **16**, 565 (1948).
[122] KRAEMER, E. O.: In Burk-Grummitt (Herausgeber) „Large Molekules" Interscience, New York 1943.
[123] KUBOTA, T.: Bull. chem. Soc. Japan **13**, 678 (1938).
[124] KÜCHLER, L.: Z. Elektrochem. **53**, 219 (1949).
[125] KUHN, W.: Ber. **63**, 1503 (1930).
[126] KUHN, W.: Z. angew. Chem. **49**, 858 (1936).
[127] KUHN, H.: Helvet. chim. Acta **29**, 432 (1946).
[128] LAITINEN, H. A., F. A. MILLER u. T. D. PARKS: J. Amer. chem. Soc. **69**, 2707 (1947).
[129] LAMM, O.: Z. phys. Chem. A **138**, 313 (1928); **143**, 177 (1929). — Nature (Lond.) **132**, 820 (1933).
[130] LAMM, O.: Nova Acta Reg. Soc. Upsala IV **10**, Nr. 6 (1937) 1—115.
[131] LEWIS, F. M., u. F. R. MAYO: Ind. Eng. Chem. Anal. Ed. **17**, 134 (1945).
[132] MARK, H.: Anal. Chem. **20**, 104 (1948).
[133] MARK, H.: In „Chemical Architecture" Interscience New York 1948, S.121 ff.
[133a] MARK, H.: Mh. Chem. **81**, 140 (1950).
[134] MARK, H., u. R. RAFF: Z. phys. Chem. B **31**, 275 (1936).
[135] MARVEL, C. S., J. DEC u. H. G. COOKE: J. Amer. chem. Soc. **62**, 3499 (1940).
[136] MARVEL, C. S., u. R. L. FRANK: J. Amer. chem. Soc. **64**, 1675 (1942).
[136a] MARVEL, C. S., u. Mitarb.: J. Amer. chem. Soc. **68**, 736, 861, 1085, 1088 (1946); **72**, 5408 (1950).
[137] MASSON, C. R., u. H. W. MELVILLE: J. Polym. Sci. **4**, 323, 337 (1949).
[138] MASSON, C. R., R. F. MENZIES, J. CRUICKSHRANK u. H. W. MELVILLE: Nature (Lond.) **157**, 74 (1946).
[139] MATTHES, A.: Z. angew. Chem. **54**, 517 (1941).
[139a] MATTHES, A.: Makrom. Chem. **5**, 165 (1950).
[139b] McBEE, T., u. R. A. SANFORD: J. Amer. chem. Soc. **72**, 4053, 5574 (1950).
[140] MEAD, D. J. u. R. M. FUOSS: J. Amer. chem. Soc. **64**, 277 (1942).
[141] MEEHAN, E. J.: J. Polym. Sci. **1**, 175 (1946).
[142] MEEHAN, E. J., T. D. PARKS u. H. A. LAITINEN: J. Polym. Sci. **1**, 247 (1946).
[143] MELVILLE, H. W.: Proc. roy. Soc. Lond. A **163**, 511 (1937).
[144] MELVILLE, H. W., u. L. VALENTIN: Proc. roy. Soc. Lond. A **200**, 337 (1950).
[145] MELVILLE, H. W., u. G. W. YOUNGSON: Nature (Lond.) **161**, 803 (1948).
[146] LA MER, V. K., u. M. D. BARNES: J. coll. Sci. **1**, 71 (1946).
[147] MERZ, E. H., u. R. W. RAETZ: J. Polym. Sci. **5**, 587 (1950).
[148] MEYER, K. H.: Kolloid-Z. **95**, 70 (1941).
[149] MEYER, K. H., u. A. VAN DER WYK: Kolloid-Z. **76**, 278 (1936).
[149a] MEYERHOFF, G.: Makrom. Chem. **5**, 161 (1950).
[150] MIZUSHIMA, S., I. MORINO u. J. IUONE: Bull. chem. Soc. Japan **12**, 136 (1937).

[151] MOCHEL, W. E., u. J. B. NICHOLS: J. Amer. chem. Soc. 71, 3435 (1949).

[152] MOCHEL, W. E., J. B. NICHOLS u. C. J. MIGHTON: J. Amer. chem. Soc. 70, 2185 (1948).

[153] MOCHEL, W. E., u. J. H. PETERSON: J. Amer. chem. Soc. 71, 1426 (1949).

[154] MONTONNA, R. E., u. L. T. JILK: J. phys. Chem. 45, 1374 (1941).

[155] MOREY, D. R., u. J. W. TAMBLYN: J. appl. Phys. 16, 419 (1945.) — J. phys. coll. Chem. 50, 12 (1946); 51, 721 (1947).

[156] MOUNIER, D., B. SUSZ u. E. BRINER: Helvet. chim. Acta 21, 1349 (1938)

[157] MUTHANA, M. S., u. H. MARK: J. Polym. Sci. 4, 527, 531 (1949).

[158] MUTZENBECHER, P. v.: Angew. Chem. 51, 633 (1938).

[159] NEWKIRK, A. E.: J. Amer. chem. Soc. 68, 2467 (1946).

[159a] NEWMAN, S., u. F. EIRICH: J. Coll. Sci. 5, 541 (1950).

[160] NICHOLS, P. L. JR., u. E. YANOVSKY: J. Amer. chem. Soc. 66, 1625 (1944).

[161] NOYES, W. A., u. P. A. LEIGHTON: „Photochemistry of Gases", S. 202ff. New York: Reinhold 1941.

[162] NOZAKI, K., u. P. D. BARTLETT: J. Amer. chem. Soc. 68, 2377 (1946).

[163] OSTER, G., P. M. DOTY u. B. H. ZIMM: J. Amer. chem. Soc. 69, 1193 (1947).

[164] OUTER, P., C. I. CARR u. B. H. ZIMM: J. chem. Phys. 18, 830 (1950).

[165] OWENS, J. S.: Ind. Eng. Chem., Anal. Ed. 11, 643 (1939).

[166] PASS, F.: J. Polym. Sci. 3, 327 (1948).

[167] PERRIN, F.: J. de Phys. 7, 1 (1936).

[168] PETERLIN, A.: J. Polym. Sci. 5, 473 (1950).

[169] PFANN, H. F., D. J. SALLEY u. H. MARK: J. Amer. chem. Soc. 66, 983 (1944).

[170] PHILIPPOFF, W.: „Viskosität der Kolloide". Dresden-Leipzig: Theodor Steinkopff 1942.

[171] PHILPOT, J. ST. L.: Nature (Lond.) 141, 283 (1938).

[172] PICKELS, E. G.: Chem. Reviews 30, 341 (1942).

[173] PUTZEYS, P., u. J. BROSTEAUX: Trans. Faraday Soc. 31, 1314 (1935).

[173a] REHBERG, C. E., u. W. A. FANCETTE: J. Amer. chem. Soc. 72, 4307 (1950).

[174] RICE, F. O., u. J. GREENBERG: J. Amer. chem. Soc. 56, 2132 (1934).

[175] RINDE, H.: Diss. Upsala 1928.

[176] RISEMAN, J., u. F. R. EIRICH: J. Polym. Sci. 5, 633 (1950).

[177] ROBERTSON, R. E., R. McINTOSH u. W. E. GRUMMITT: Can. J. Res. B 24, 150 (1946).

[178] ROSS, S. D., M. MARKARIAN, H. H. JONNY JR. u. M. NAZEWSKI: J. Amer. chem. Soc. 72, 1133 (1950).

[179] ROTHMAN, S., R. SIMHA u. S. G. WEISSBERG: J. Polym. Sci. 5, 141 (1950).

[180] SADRON, CH.: J. Polym. Sci. 3, 812 (1948).

[181] SCHAEFGEN, J. R., u. P. J. FLORY: J. Amer. chem. Soc. 70, 2709 (1948).

[182] SCHRAMM, G.: Kolloid-Z. 97, 106 (1941).

[183] SCHULZ, G. V.: Z. phys. Chem. B 30, 379 (1935).

[184] SCHULZ, G. V.: Z. phys. Chem. A 176, 317 (1936).

[185] SCHULZ, G. V.: Z. phys. Chem. A 179, 321 (1937).

[186] SCHULZ, G. V.: Z. Elektrochem. 43, 479 (1937).

[187] SCHULZ, G. V.: Z. phys. Chem. B 46, 137 (1940).

[188] SCHULZ, G. V.: Z. phys. Chem. B 47, 155 (1940).

[189] SCHULZ, G. V.: J. prakt. Chem. 161, 147 (1942).

[190] SCHULZ, G. V.: J. makrom. Chem. 1, 131 (1943).

[191] SCHULZ, G. V.: Z. Elektrochem. 50, 122 (1944).

[192] SCHULZ, G. V.: Z. phys. Chem. 193, 168 (1944).

[193] SCHULZ, G. V.: Z. phys. Chem. A 194, 1 (1944).

[194] SCHULZ, G. V.: Makrom. Chem. 3, 146 (1949).

[195] SCHULZ, G. V.: Kolloid-Z. 115, 90 (1949).

[196] SCHULZ, G. V., u. F. BLASCHKE: J. prakt. Chem. 158, 130 (1941).

[197] SCHULZ, G. V., u. A. DINGLINGER: Z. phys. Chem. B 43, 47 (1939).

[198] SCHULZ, G. V., u. A. DINGLINGER: J. prakt. Chem. 158, 136 (1941).

[199] SCHULZ, G. V., u. G. HARBORTH: Makrom. Chem. 2, 187 (1947).

[200] SCHULZ, G. V., u. G. HARBORTH: Angew. Chem. A 59, 90 (1947).

[201] SCHULZ, G. V., u. E. HUSEMANN: Z. phys. Chem. B 34, 187 (1936).

[202] Schulz, G. V., u. E. Husemann: Z. phys. Chem. B **36**, 184 (1937).
[203] Schulz, G. V., u. B. Jirgensons: Z. phys. Chem. B **46**, 105 (1940).
[204] Schulz, G. V., u. G. Sing: J. prakt. Chem. **161**, 161 (1943).
[205] Scott, R. L.: J. chem. Phys. **13**, 178 (1945); **17**, 268 (1949).
[206] Scott, R. L., W. C. Carter u. M. Magat: J. Amer. chem. Soc. **71**, 220 (1949).
[207] Siegel, B. M., D. H. Johnson u. H. Mark: J. Polym. Sci. **5**, 111 (1950).
[208] Signer, R., u. H. Gross: Helvet. chim. Acta **17**, 59, 335, 726 (1934).
[209] Signer, R., u. G. Weiler: Helvet. chim. Acta **15**, 649 (1932).
[210] Singer, S.: J. Polym. Sci. **1**, 445 (1946).
[211] Singer, S. J.: J. chem. Phys. **15**, 341 (1947).
[212] Smith, W. V.: J. Amer. chem. Soc. **68**, 2059 (1946).
[213] Smith, W. V., u. H. N. Campbell: J. chem. Phys. **15**, 338 (1947).
[214] Spencer, R. S.: J. Polym. Sci. **3**, 606 (1948).
[215] Stamm, R. F., T. Mariner u. J. K. Dixon: J. chem. Phys. **16**, 423 (1948).
[216] Starkweather, H. W., u. G. B. Taylor: J. Amer. chem. Soc. **52**, 4708 (1930).
[217] Staudinger, H.: Makrom. Chem. **4**, 289 (1950).
[218] Staudinger, H., G. Bier u. G. Lorentz: Makrom. Chem. **3**, 251 (1949).
[219] Staudinger, Hj., u. J. Haenel-Immendörfer: J. makrom. Chem. **1**, 185 (1944).
[220] Staudinger, H., u. H. Warth: J. prakt. Chem. **155**, 261 (1940).
[221] Stein, R. S., u. P. M. Doty: J. Amer. chem. Soc. **68**, 159 (1946).
[222] Stern, K. G., S. Singer u. S. Davis: Polym. Bull. **1**, 31 (1945).
[223] Stockmayer, W. H.: J. chem. Phys. **18**, 58 (1950).
[224] Stockmayer, W. H., u. H. E. Stanley: J. chem. Phys. **18**, 153 (1950).
[225] Strassburg, R. W., R. A. Gregg u. Ch. Walling: J. Amer. chem. Soc. **69**, 2141 (1947).
[226] Stuart, H. A.: Makrom. Chem. **3**, 176 (1949).
[227] Stuart, H. A.: Angew. Chem. **62**, 351 (1950).
[228] Svedberg, T., u. K. O. Petersen: „Die Ultrazentrifuge". Dresden u. Leipzig: Theodor Steinkopff 1940.
[229] Svedberg, T.: J. phys. coll. Chem. **51**, 1 (1947).
[230] Svedberg, T., u. K. O. Petersen: „The Ultracentrifuge". Oxford: Clarendon Press 1940.
[231] Svensson, H.: Kolloid-Z. **87**, 181 (1939).
[232] Swern, D., G. N. Billen u. H. B. Knight: J. Amer. chem. Soc. **69**, 2439 (1947).
[233] Swern, D., u. E. F. Jordan jr.: J. Amer. chem. Soc. **70**, 2334 (1948).
[234] Tammann, G., u. A. Pape: Z. anorg. Chem. **200**, 113 (1931).
[235] Thompson, H. W.: J. chem. Soc. Lond. **1947**, 289.
[236] Thompson, H. W., u. P. Torkington: Trans. Faraday Soc. **41**, 246 (1945). — Proc. roy. Soc. Lond. A **184**, 3, 21 (1945).
[237] Tiselius, A., u. D. Gross: Kolloid-Z. **66**, 11 (1934).
[238] Updegraff, I. H., u. H. G. Cassidy: J. Amer. chem. Soc. **71**, 407 (1949).
[239] Wadano, M., C. Trogus u. K. Hess: Ber. **67**, 174 (1934).
[240] Wagner, R. H.: Ind. Eng. Chem. Anal. Ed. **16**, 520 (1944).
[241] Wagner, R. H.: J. Polym. Sci. **2**, 21 (1947).
[242] Wales, M., M. Bender, J. W. Williams u. R. H. Ewart: J. chem. Phys. **14**, 353 (1946).
[243] Walling, Ch., u. K. B. Wolfstirn: J. Amer. chem. Soc. **69**, 852 (1947).
[244] Waser, J., R. M. Badger u. V. Schomaker: J. chem. Phys. **14**, 43 (1946).
[245] Weber, H. H., u. H. Portzehl: Makrom. Chem. **3**, 132 (1949).
[246] Williams, D. E., u. W. F. Johnson: J. Polym. Sci. **2**, 346 (1947).
[247] Williams, G.: J. chem. Soc. Lond. **1938**, 246 1046.
[248] Williams, R. C., u. R. C. Backus: J. Amer. chem. Soc. **71**, 4052 (1949).
[249] Wilson, J. N.: J. chem. Phys. **17**, 217 (1949).
[250] Zimm, B. H.: J. chem. Phys. **16**, 1093 (1948).
[251] Zimm, B. H.: J. phys. coll. Chem. **52**, 260 (1948).
[252] Zimm, B. H.: J. chem. Phys. **16**, 1099 (1948).
[253] Zimm, B. H., u. P. M. Doty: J. chem. Phys. **12**, 203 (1944).
[254] Zimm, B. H., u. I. Meyerson: J. Amer. chem. Soc. **68**, 911 (1946).
[255] Zimm, B. H., R. S. Stein u. P. M. Doty: Polym. Bull. **1**, 90 (1945).
[256] Zimm, B. H., u. W. H. Stockmayer: J. chem. Phys. **17**, 1301 (1949).

II. Formalkinetische Behandlung der Polymerisationsreaktionen.

Polymerisationsreaktionen sind, wie bereits S. 4 dargelegt, eine Art von Kettenreaktionen. Zunächst wird in einem *Primärakt (Keimbildung, Startreaktion)* ein Polymerisationskeim gebildet, der befähigt ist, in rascher Folge Moleküle des Monomeren anzulagern, wobei der Aktivierungszustand, d. h. die Fähigkeit zur Anlagerung weiterer Moleküle des Monomeren, in dem jeweils zuletzt angelagerten Molekül erhalten bleibt *(Wachstum)*. Schließlich entsteht durch Desaktivierung eines solchen aktiven oder wachsenden Polymeren ein stabiles polymeres Molekül; je nachdem, ob hierbei der Aktivierungszustand verschwindet oder nur auf ein anderes Molekül übertragen wird, wird gleichzeitig auch die Reaktionskette abgebrochen *(Abbruchsreaktion)*, oder sie läuft unter Bildung eines zweiten polymeren Moleküls weiter *(Kettenübertragung)*.

Es muß hier gleich auf einen Unterschied gegenüber den Reaktionen hingewiesen werden, die man normalerweise in der Reaktionskinetik als Kettenreaktionen bezeichnet. Bei diesen letzteren Reaktionen sind die als Kettenträger fungierenden instabilen Zwischenprodukte eine bestimmte Art von Atomen, Radikalen o. ä. (evtl. auch zwei oder drei verschiedene Atome usw.; in dem S. 14 angeführten Beispiel der Chlorwasserstoffbildung aus den Elementen sind es die Atome H und Cl). Beim Durchlaufen eines vollständigen Kettengliedes wird immer für jeden verbrauchten Kettenträger ein *gleichartiger* neu gebildet. Bei Polymerisationsreaktionen wird bei jedem Wachstumsschritt auch ein neues instabiles Zwischenprodukt gebildet, das mit dem früheren die Fähigkeit zu weiterem Wachstum gemeinsam hat, das sich aber von ihm durch die Molekülgröße unterscheidet. Je nachdem, ob man die Betonung auf die gleiche Fähigkeit oder auf den Unterschied in der Molekülgröße legt, könnte man demnach das Wachstum als eine Kettenreaktion oder als eine Stufenreaktion auffassen. Entscheidend dafür ist offenbar, ob die Fähigkeit zu weiterem Wachstum nicht nur qualitativ, sondern auch quantitativ erhalten bleibt, d. h. ob die Geschwindigkeitskonstante der Wachstums-Reaktion von der Molekülgröße des aktiven Polymeren abhängt oder nicht. A priori sollte man annehmen können, daß die Reaktionsfähigkeit auch in quantitativer Hinsicht von einer gewissen Molekülgröße an in erster Linie durch die aktive Endgruppe bestimmt wird und daß es kaum etwas ausmacht, ob an dieser Endgruppe eine Kette von 20 oder 200 Monomeren-Einheiten hängen; daß höchstens in den ersten Wachstumsschritten, d. h. solange der Polymerisationsgrad sehr klein ist, die Reaktionsfähigkeit sich von Schritt zu Schritt ändert. Die später besprochenen experimentellen Ergebnisse bestätigen diese Auffassung (vgl. S. 132).

In diesem Abschnitt soll die formale Kinetik der Polymerisationsreaktionen behandelt werden. Ihr fällt die Aufgabe zu, aus bestimmten Annahmen über die kinetische Natur der Teilvorgänge formale

Beziehungen zwischen den experimentell bestimmbaren Größen und den Konzentrationen der Reaktionspartner sowie den Geschwindigkeitskonstanten der Urreaktionen abzuleiten, die mit den experimentellen Ergebnissen verglichen werden können. Wie derartige Beziehungen bei zusammengesetzten Reaktionen (speziell bei Kettenreaktionen) berechnet werden können, wurde S. 20ff. besprochen. Wenn das Reaktionsschema festliegt, bestehen demnach keine grundsätzlichen Schwierigkeiten; gegebenenfalls muß man mathematische Näherungen in Anspruch nehmen. Praktisch ist das Problem aber fast immer das umgekehrte: die Beziehungen sind experimentell ermittelt und die formale Kinetik soll zeigen, welche Reaktionsschemata mit diesem experimentellen Ergebnis in Einklang stehen. Schon bei der ungehemmten Reinpolymerisation sind vier Teilvorgänge zu berücksichtigen. Für mindestens zwei dieser Teilvorgänge gibt es eine ganze Reihe von an sich möglichen, kinetischen Formulierungen, von denen in den seltensten Fällen eine bestimmte a priori mit Sicherheit ausgewählt werden kann. Es kommt vielmehr gerade darauf an, verschiedene Reaktionsschemata durchzurechnen und die erhaltenen Beziehungen mit dem Experiment zu vergleichen. Eine formale Übereinstimmung allein kann erst dann als Beweis für ein bestimmtes Schema angesehen werden, wenn gleichzeitig gezeigt wird, daß *alle anderen* evtl. noch möglichen Reaktionsschemata zu anderen formalen Beziehungen führen, die mit den experimentellen Ergebnissen *nicht* in Einklang stehen. Daraus folgt unmittelbar, daß eine Rechenmethode, die für ein experimentelles Schema eine sehr exakte Lösung ermöglicht, für andere ähnliche Schemata aber nicht anwendbar ist, wenig nützt.

Die Rechenmethode, die bei Polymerisationsreaktionen für alle praktisch in Frage kommenden Reaktionsschemata am ehesten anwendbar ist, entspricht der BODENSTEINschen Behandlung von Kettenreaktionen (s. S. 21). Sie fußt hier auf folgenden Annahmen:

1. Für die Konzentration der aktiven Polymeren kann ein quasistationärer Zustand angenommen werden, in dem diese Konzentration praktisch konstant ist.

2. Die Geschwindigkeitskonstanten der Reaktionen der aktiven Polymeren sind unabhängig vom Polymerisationsgrad.

3. Die kinetische Kettenlänge und auch der mittlere Polymerisationsgrad ist sehr groß gegen eins.

Wie immer bei derartigen Rechnungen wird ferner vorausgesetzt, daß die Geschwindigkeitskonstanten der Urreaktionen während des ganzen Reaktionsverlaufes konstant bleiben; gerade diese vielleicht als selbstverständlich erscheinende Voraussetzung wird aber nicht immer erfüllt sein; darauf wird erst in einem späteren Abschnitt (S. 208) eingegangen werden.

Wir werden im folgenden zunächst die formalen Beziehungen auf Grund dieser Annahmen ableiten und dann auf die rechnerischen Methoden eingehen, für die die eine oder die andere Annahme nicht erforderlich ist.

Die formale Kinetik der Teilvorgänge.

Die Reaktionsschemata, die der Rechnung zugrunde gelegt werden, beruhen auf der kinetischen Formulierung der vier Teilreaktionen. Wir wollen hierbei schon eine gewisse Auswahl treffen, die erst durch die in den späteren Abschnitten mitgeteilten Ergebnisse begründet wird, und uns außerdem zunächst auf Monoradikale beschränken. Jede der ausgewählten Arten der Teilreaktionen wird im folgenden durch die Reaktionsgleichung und durch die Formel für die Geschwindigkeit dieser Teilreaktion charakterisiert. Die Bedeutung der Symbole siehe Seite 279.

Für die Wachstumsreaktion und für die Kettenübertragung durch das Monomere kommt nur eine bimolekulare Reaktion zwischen dem aktiven Polymeren und dem Monomeren in Betracht:

Wachstum: $\qquad P_j^* + M \longrightarrow P_{j+1}^*$ $\quad$; $\quad v_w = k_w [M] [P^*]$. $\qquad$ (36)

Übertragung: $\qquad P_j^* + M \longrightarrow P_j + M^*$; $\quad v_ü = k_ü [M] [P^*]$. $\qquad$ (37)

Für die Start- und Abbruchsreaktion sind dagegen mehrere Möglichkeiten zu berücksichtigen:

Startreaktion:

photochemisch $\qquad M \xrightarrow{h\nu} M^*$ $\qquad\qquad$; $v_s = f(I)$ $\qquad$ (38a)

katalysiert $\qquad\quad K \xrightarrow{k_1} 2 R$ $\qquad\qquad$; $v_s = 2 k_1 [K]$ $\qquad$ (38b)

$\qquad\qquad\qquad R + M \longrightarrow RM^*$ $\qquad$; $v_s = k_s [R] [M]$ $\qquad$ (38c)

thermisch $\qquad\quad M + M \longrightarrow M^* + M^*$ $\qquad$; $v_s = 2 k_s [M]^2$ $\qquad$ (38d)

$\qquad M + M + M \longrightarrow M^* + M^* + M$; $v_s = 2 k_s [M]^3$. $\qquad$ (38e)

Diese Auswahl von fünf verschiedenen Arten der Startreaktion wurde vor allem aus formalen Gründen getroffen; es sind damit alle Ordnungen in bezug auf M von 0 bis 3 berücksichtigt. Die Reaktion (38e) wurde allerdings nur der Vollständigkeit halber mit aufgenommen. Sie wurde zwar gelegentlich als möglich diskutiert, experimentelle Ergebnisse, die für eine solche trimolekulare Keimbildung eindeutig sprechen würden, sind aber bisher nicht bekannt.

Auch die Reaktion (38d), bei der zwei Monoradikale gebildet werden, ist unwahrscheinlich; als primäres Produkt der bimolekularen thermischen Keimbildung ist eher ein Biradikal anzunehmen. Das gleiche gilt für die rein photochemische Keimbildung; Reaktion (38a) kann aber auch für sensibilisierte photochemische Polymerisationen gültig sein, bei denen sicher Monoradikale, wie durch die Reaktionsgleichung (38a) formal angedeutet, gebildet werden. Reaktion (38c) ist formal auf verschiedene Fälle anwendbar, z. B. auf eine Keimbildung durch Reaktion des Monomeren mit einem Molekül des Lösungsmittels, eines Beschleunigers oder mit einem Radikal; je nachdem muß anstelle von [R] nur eine entsprechende Größe eingesetzt werden; im letzteren Fall ist [R] häufig ein kinetischer Ausdruck, der die Abhängigkeit der Radikalkonzentration von der Konzentration der die Radikale liefernden Substanz, evtl. auch von der Konzentration des Monomeren und von der Zeit darstellt. Beispiele hierfür werden später noch erwähnt.

Abbruch:

spontane Isomerisierung

$$P_j^* \rightarrow P_j \qquad\qquad ; \quad v_a = k_a [P^*] .$$ $\qquad$ (39a)

Abbruch durch das Monomere

$$P_j^* + M \rightarrow P_{j+1} \text{ (oder } P_j + M); \quad v_a = k_a [M] [P^*] .$$ $\qquad$ (39b)

gegenseitige Desaktivierung zweier aktiver Polymerer

a) Disproportionierung $\quad P_j^* + P_i^* \longrightarrow P_j + P_i$

b) Kombination $\qquad\qquad P_j^* + P_i^* \longrightarrow P_{j+i}$

$$\left.\begin{array}{c}\\\\\end{array}\right\} \quad v_a = k_a\,[P^*]^2. \qquad (39c)$$

Auch hierbei wurden wieder mehr Möglichkeiten in den Kreis der Betrachtung gezogen als durch die bisherigen experimentellen Ergebnisse gefordert wird. Für eine spontane Isomerisation gibt es vorläufig keine Anhaltspunkte. Auch Kombination ist noch nicht sicher erwiesen (s. S. 121). Abbruch durch das Monomere tritt bei Allylverbindungen auf ([2] s. S. 121). Bei den weitaus meisten Makropolymerisationen scheint der Abbruch durch Disproportionierung zweier aktiver Polymerer zu erfolgen.

Reaktionen des aktiven Polymeren mit Fremdstoffen (Kettenübertragung durch das Lösungsmittel, durch Regler, Kettenabbruch durch Fremdstoffe) werden in einem späteren Kapitel zusammen mit den entsprechenden experimentellen Ergebnissen behandelt (vgl. Abschnitt III/2, S. 126). Für die grundsätzliche Art der Berechnungsweise, auf die es in diesem Abschnitt ausschließlich ankommt, bieten diese Reaktionen keine besonderen Gesichtspunkte, so daß sie zunächst außer acht gelassen werden können. Das gleiche gilt für die Mischpolymerisation zweier oder mehrerer Monomerer (vgl. Abschnitt III/4, S. 160).

Zwei Arten von Reaktionen, die ebenfalls nicht näher behandelt werden sollen, müssen noch erwähnt werden. Das sind erstens Reaktionen der aktiven Polymeren mit Molekülen der bereits entstandenen inaktiven Polymeren. Solche Reaktionen können offenbar, wenigstens im späteren Verlauf der Polymerisation, auftreten[8] und sind wahrscheinlich dafür verantwortlich, daß auch bei der Polymerisation von Monovinylverbindungen verzweigte Moleküle gebildet werden (s. S. 137). Eine kinetische Berücksichtigung solcher Reaktionen wird aber erst einen Sinn haben, wenn man die Verzweigung der Makromoleküle wirklich quantitativ erfassen kann; dies scheint vorläufig noch nicht möglich zu sein (s. S. 50). Es ist daher besser, bei kinetischen Untersuchungen solche Reaktionsbedingungen, vor allem die Polymerisation bei sehr hohen Umsätzen, bei denen verzweigte Moleküle in nennenswerter Menge gebildet werden, zu vermeiden. Kettenverzweigung im *kinetischen* Sinne, d. h. Reaktionen, bei denen eine Reaktion eines aktiven Polymeren zur Bildung von zwei oder mehreren aktiven Keimen führt, sind zwar in früheren Arbeiten verschiedentlich erwogen worden, entbehren aber jeder experimentellen Grundlage.

Auf einen wichtigen Gesichtspunkt muß auch hier schon hingewiesen werden. Es wurde bisher allgemein von aktiven Polymeren gesprochen und diese wurden mit dem Symbol P* bezeichnet. Es liegen aber, wie später noch näher gezeigt wird, berechtigte Gründe vor, daß die aktiven Polymeren je nach der Art der Keimbildung mono- oder bivalent sein können. Sind die aktiven Polymeren freie Radikale, so können wir die Keimbildung folgendermaßen formulieren:

a) durch Anlagerung eines (beliebigen) Radikals an ein Molekül des Monomeren entsteht ein monovalentes Radikal

$$\begin{array}{c}\text{R--CH}_2\text{--CH--}\\ |\\ \text{X}\end{array}$$

b) Bei der photochemischen oder thermischen Keimbildung (nach Reaktion (38a) oder (38d) entstehen aber wahrscheinlich *Biradikale*

$$-CH_2-CH- \quad \text{oder} \quad -CH_2-CH-CH_2-CH-,$$
$$\hspace{1.5cm} | \hspace{3.2cm} | \hspace{1.6cm} |$$
$$\hspace{1.5cm} X \hspace{3.2cm} X \hspace{1.6cm} X$$

die an beiden Seiten Moleküle des Monomeren anlagern können. Diese Unterscheidung ist auch kinetisch wichtig. Die Konsequenzen, die sich aus der Unterscheidung zwischen Mono- und Biradikalen für die formale kinetische Behandlung ergeben, werden im folgenden Abschnitt berücksichtigt. Zunächst aber sollen die wichtigsten Formeln für Polymerisationen, bei denen lediglich Monoradikale auftreten, abgeleitet werden.

Auf einen Punkt, der bei den im folgenden näher ausgeführten Rechnungen häufig nicht streng genug beachtet wird und daher Anlaß gibt zu ungenauen Rechenergebnissen, muß noch besonders hingewiesen werden. Es handelt sich um den Faktor 2, der vor den Geschwindigkeitsausdruck in manchen Fällen zu setzen ist. Grundsätzlich sollen alle Geschwindigkeitskonstanten so definiert werden, daß ihre Multiplikation mit den Konzentrationen der Reaktionspartner die *Geschwindigkeit* der betreffenden *Teilreaktion* ergeben. Soll die Geschwindigkeit der *Bildung oder Vernichtung der Radikale* ausgedrückt werden, so ist dann, wenn bei einer Elementarreaktion zwei aktive Polymere gebildet oder vernichtet werden, ein Faktor 2 vor den Geschwindigkeitsausdruck zu setzen. Dieser Faktor wird häufig nicht geschrieben, also sozusagen in die Geschwindigkeitskonstante einbezogen. Dagegen ist an sich nichts einzuwenden. Beim Vergleich der von verschiedenen Autoren quantitativ bestimmten Geschwindigkeitskonstanten ist nur darauf zu achten, ob die Konstanten in dieser Hinsicht gleich definiert wurden. Werden durch den Zerfall eines Beschleuniger-Moleküls zwei Radikale gebildet, so ist es auf alle Fälle zweckmäßiger, die Geschwindigkeitskonstante auf den Zerfall des Moleküls zu beziehen und für die Bildungsgeschwindigkeit der Radikale den Faktor 2 zu schreiben, wie dies in Gl. (38b) geschehen. Kritischer ist es bei einer bimolekularen Abbruchsreaktion zwischen zwei Radikalen, wenn die gleiche Geschwindigkeitskonstante k_a sowohl für die Reaktion zwischen zwei gleichen, als auch zwischen zwei in gewisser Hinsicht ungleichen Radikalen angesetzt werden soll. Setzt man z. B. für die Geschwindigkeit, mit der die Radikale der einen Art P_x^* durch Reaktion mit Radikalen der anderen Art P_y^* desaktiviert werden,

$$k_a \, [P_x^*] \, [P_y^*],$$

so ist auch die Geschwindigkeit, mit der diese Radikale durch Reaktion mit gleichartigen Radikalen desaktiviert werden, mit

$$k_a \, [P_x^*]^2 \quad \text{und nicht mit} \quad 2 \, k_a \, [P_x^*]^2$$

anzusetzen, denn einmal wäre ein Faktor 2 zu schreiben, weil bei jeder Elementarreaktion gleichzeitig zwei Radikale P_x^* vernichtet werden, anderseits wird aber in diesem Fall jede Begegnung zwischen zwei gleichen Radikalen doppelt gezählt, was durch einen Faktor 1/2 zu berücksichtigen ist. Dies ist z. B. zu beachten bei der Ableitung der Verteilungsfunktion (vgl. S. 70) sowie beim Auftreten von Biradikalen (vgl. S. 80).

Ein zweiter erwähnenswerter Punkt betrifft die Einheit der Konzentration. Es ist in der Kinetik (und auch in vielen anderen Zweigen der physikalischen Chemie) üblich, Konzentrationen in Mol pro Liter anzugeben. Ebenso wurde auch bei kinetischen Untersuchungen der Polymerisationsreaktionen, abgesehen von ganz wenigen Ausnahmen, immer verfahren. Wegen der ziemlich großen Unterschiede in der Dichte des Polymeren und Monomeren erfährt aber ein Reaktionsgemisch bei der Polymerisation eine beträchtliche Volumskontraktion, die ja ein dilatometrisches Verfolgen der Polymerisation gestattet (s. S. 34). Das bedeutet aber, daß die Geschwindigkeit einer chemischen Reaktion in einem solchen System nicht identifiziert werden kann mit der Änderung der in Mol pro Liter ausgedrückten Konzentration eines Reaktionspartners, z. B. des Monomeren. Wie leicht einzusehen, ist daher die Verwendung von Gewichtskonzentrationen (Mol pro Kilogramm) für alle Polymerisationsreaktionen einfacher und korrekter [2].

Quasistationärer Reaktionsverlauf.

Geschwindigkeitskonstanten unabhängig von der Molekülgröße.

Aus der Annahme des quasistationären Zustandes der Polymerisation folgt, daß die Änderung der Konzentration des aktiven Polymeren praktisch null ist

$$\frac{d[P^*]}{dt} = v_s - v_a = 0 \; ; \tag{40}$$

v_s und v_a bedeuten dabei die Geschwindigkeiten aller Reaktionen, durch die aktive Polymere neu gebildet bzw. desaktiviert werden.

Durch Einsetzen der bestimmten kinetischen Ausdrücke für v_s und v_a in Gl. (40) erhält man eine Gleichung, aus der die Konzentration des aktiven Polymeren berechnet werden kann. So ist für die Keimbildung nach Reaktion (38a) und Abbruch nach Reaktion (39c)

$$f\,(I) - k_a\,[P^*]^2 = 0; \quad [P^*] = (f\,(I)/k_a)^{\frac{1}{2}} \; . \tag{41}$$

Die Polymerisationsgeschwindigkeit v_{Br} kann als Verbrauch des Monomeren bei der Polymerisation $(-\,d\,[M]/dt)$ definiert und der Geschwindigkeit der Wachstumsreaktion gleichgesetzt werden, da bei der Bildung makromolekularer Polymerisate der Verbrauch von M durch Start-, Übertragungs- und evtl. Abbruchsreaktion neben der Wachstumsreaktion vernachlässigt werden kann:

$$v_{Br} = -\,\frac{d\,[M]}{dt} = v_w = k_w\,[P^*]\,[M] \; . \tag{42}$$

Die mittlere kinetische Kettenlänge ist gegeben durch

$$\overline{\nu} = v_{Br}/v_s \tag{43}$$

und die mittlere Lebensdauer des aktiven Polymeren durch

$$\tau^* = [P^*]/v_s \; . \tag{44}$$

Der mittlere Polymerisationsgrad (Zahlenmittel!) ist gegeben durch das Verhältnis der Geschwindigkeit der Wachstumsreaktion zu der Summe der Geschwindigkeiten aller Reaktionen, die das Wachstum eines individuellen, aktiven Polymeren beenden, also zur Summe der Übertragungs- und Abbruchsreaktionen

$$\overline{P}_{(n)} = \frac{v_w}{v_{\ddot{u}} + v_a} \; . \tag{45}$$

Um die Verteilungsfunktion des Polymerisationsgrades [vgl. Gl. (1), S. 8] zu berechnen, muß an Stelle von Gl. (40) die entsprechende Gleichung für jeden einzelnen Polymerisationsgrad aufgestellt werden. Durch Multiplikation dieser Gleichungen miteinander und einfache Umformung erhält man einen Ausdruck für die Konzentration der aktiven

Polymeren eines bestimmten Polymerisationsgrades in Abhängigkeit vom Polymerisationsgrad. Als Beispiel sei die Rechnung für den speziellen Fall der Keimbildung nach Reaktion (38a) und Abbruch nach Reaktion (39c) wiedergegeben

$$\text{d}\,[M^*]/\text{dt} = f\,(I) + k_{\ddot{u}}\,[M]\,[P^*] - k_w\,[M]\,[M^*] - {}$$
$$- k_{\ddot{u}}\,[M]\,[M^*] - k_a\,[M^*]\,[P^*] = 0$$

$$\text{d}\,[P_2^*]/\text{dt} = k_w\,[M]\,[M^*] - k_w\,[M]\,[P_2^*] - {}$$
$$- k_{\ddot{u}}\,[M]\,[P_2^*] - k_a\,[P_2^*]\,[P^*] = 0$$

$$(46)$$

$$\text{d}\,[P_j^*]/\text{dt} = k_w\,[P_{j-1}^*]\,[M] - k_w\,[M]\,[P_j^*] - {}$$
$$- k_{\ddot{u}}\,[M]\,[P_j^*] - k_a\,[P_j^*]\,[P^*] = 0\,.$$

Berücksichtigung von Gl. (41) und einfache Umformung ergibt

$$f\,(I)\left(1 + \frac{k_{\ddot{u}}\,[M]}{(f\,(I)\,k_a)^{\frac{1}{2}}}\right) = k_w\,[M]\,[M^*]\left(1 + \frac{k_{\ddot{u}}}{k_w} + \frac{(f\,(I)\,k_a)^{\frac{1}{2}}}{k_w\,[M]}\right)$$

$$k_w\,[M]\,[P_{j-1}^*] = k_w\,[M]\,[P_j^*]\left(1 + \frac{k_{\ddot{u}}}{k_w} + \frac{(f\,(I)\,k_a)^{\frac{1}{2}}}{k_w\,[M]}\right).$$

$$(46a)$$

Multipliziert man von diesem System unendlich vieler Gleichungen die Gleichungen 1 bis j miteinander, so erhält man:

$$f\,(I)\left(1 + \frac{k_{\ddot{u}}\,[M]}{(f\,(I)\,k_a)^{\frac{1}{2}}}\right) = k_w\,[M]\,[P_j^*]\left(1 + \frac{k_{\ddot{u}}}{k_w} + \frac{(f\,(I)\,k_a)^{\frac{1}{2}}}{k_w\,[M]}\right)^j$$

oder

$$[P_j^*] = \left(\frac{f\,(I)}{k_a}\right)^{\frac{1}{2}}\left(\frac{k_{\ddot{u}}}{k_w} + \frac{(f\,(I)\,k_a)^{\frac{1}{2}}}{k_w\,[M]}\right)\left\{1 + \frac{k_{\ddot{u}}}{k_w} + \frac{(f\,(I)\,k_a)^{\frac{1}{2}}}{k_w\,[M]}\right\}^{-j}$$
$$= \left(\frac{f\,(I)}{k_a}\right)^{\frac{1}{2}} \xi\,(1 + \xi)^{-j},$$

$$(47)$$

wobei

$$\xi = \frac{k_{\ddot{u}}}{k_w} + \frac{(f\,(I)\,k_a)^{\frac{1}{2}}}{k_w\,[M]}\ (= 1/\overline{P})\,.$$

$$(47a)$$

Wenn nun durch Gl. (47) (oder für andere Reaktionsschemata durch die Gl. (47) entsprechenden Beziehungen) die Konzentration der aktiven Polymeren für jeden Polymerisationsgrad bekannt ist, so ist auch die Geschwindigkeit, mit der polymere Moleküle eines bestimmten Polymerisationsgrades gebildet werden, einfach zu berechnen. Die inaktiven Polymeren entstehen durch Desaktivierung der aktiven beim Abbruch und bei der Übertragung. Für den als Beispiel behandelten Mechanismus mit bimolekularem Abbruch muß nun allerdings ein Unterschied gemacht werden, je nachdem, ob Disproportionierung oder Kombination der beiden Radikale erfolgt. Für *Disproportionierung* ist

$$\text{d}\,[P_j]/\text{dt} = k_{\ddot{u}}\,[M]\,[P_j^*] + k_a\,[P^*]\,[P_j^*]$$
$$= k_w\,[M]\left(\frac{f\,(I)}{k_a}\right)^{\frac{1}{2}} \xi^2\,(1 + \xi)^{-j}$$

$$(48)$$

und unter Berücksichtigung von Gl. (41) und (42):

$$\frac{(d\,[P_j]/dt)}{(-\,d\,[M]/dt)} = \frac{d\,[P_j]}{(-\,d\,[M])} = \xi^2\,(1+\xi)^{-j}\,.$$
(48a)

Erfolgt dagegen der Abbruch durch *Kombination* zweier aktiver Polymerer, so ist

$$d\,[P_j]/dt = \frac{1}{2}\,k_a \sum_{i=1}^{j-1} [P_i^*]\,[P_{j-i}^*] + k_ü\,[M]\,[P_j^*]\,,$$
(49)

woraus unter Berücksichtigung von Gl. (47), (41) und (42) folgt

$$\frac{d\,[P_j]}{(-\,d\,[M])} = \left\{\frac{1}{2}\,\frac{(f\,(I)\,k_a)^{\frac{1}{2}}}{k_w\,[M]}\,\xi^2\,(j-1) + \frac{k_ü}{k_w}\,\xi\right\}(1+\xi)^{-j}\,.$$
(49a)

Das Verhältnis $d\,[P_j]/(-d\,[M])$ bedeutet die Zahl der Moleküle des Polymeren vom Polymerisationsgrad j, die in einem kleinen Umsatz gebildet wurden, in Bruchteilen der Zahl der Moleküle des Monomeren, die insgesamt in diesem Umsatzintervall polymerisiert sind; Gl. (48) bzw. (49) sind daher bis auf einen Faktor, der dem mittleren Polymerisationsgrad des gebildeten Polymeren entspricht, gleich der Seite 8 definierten Häufigkeits-Verteilungsfunktion.

Aus dieser Verteilungsfunktion kann ebenfalls der mittlere Polymerisationsgrad berechnet werden. In Analogie zu Gl. (3), S. 8 und mit Gl. (48) können wir für das Zahlenmittel des Polymerisationsgrades setzen:

$$\overline{P}_{(n)} = \frac{\sum\limits_{j=1}^{\infty} j\,d\,[P_j]}{\sum\limits_{j=1}^{\infty} d\,[P_j]} = \frac{\sum\limits_{j=1}^{\infty} j\,(1+\xi)^{-j}}{\sum\limits_{j=1}^{\infty}(1+\xi)^{-j}}\,.$$

Da $\xi \ll 1$, können $(1+\xi)$ durch e^ξ und die Summen durch Integrale ersetzt werden:

$$\overline{P}_{(n)} = \frac{\int\limits_0^{\infty} j\,e^{-j\,\xi}\,dj}{\int\limits_0^{\infty} e^{-j\,\xi}\,dj} = \frac{\xi^{-2}}{\xi^{-1}} = \xi^{-1} = \frac{k_w\,[M]}{k_ü\,[M] + (f\,(I)\,k_a)^{\frac{1}{2}}}\,.$$
(50)

Das gleiche Ergebnis liefert, wie leicht zu ersehen, wesentlich einfacher Gl. (45). In analoger Weise erhält man für das Gewichtsmittel [Gl. (4) S. 8]

$$\overline{P}_{(w)} = \frac{\sum\limits_{j=1}^{\infty} j^2\,d\,[P_j]}{\sum\limits_{j=1}^{\infty} j\,d\,[P_j]} = \frac{\int\limits_0^{\infty} j^2\,e^{-j\,\xi}\,d\,j}{\int\limits_0^{\infty} j\,e^{-j\,\xi}\,d\,j} = 2/\xi\,.$$
(51)

Das Verhältnis des Gewichtsmittels zum Zahlenmittel ist daher

$$\overline{P}_{(w)}/\overline{P}_{(n)} = 2\,.$$
(52)

Die Verteilungsfunktion nach Gl. (49) hat eine andere Form als Gl. (48), und zwar ist diese verschieden, je nachdem, ob das Wachstum der aktiven Polymeren überwiegend durch Übertragung oder durch Abbruch beendet wird. Ist die kinetische Kettenlänge sehr viel größer als der mittlere Polymerisationsgrad, d. h. die Übertragung sehr viel häufiger als der Abbruch, so gilt in guter Näherung an Stelle von Gl. (49)

$$\frac{d\,[P_j]}{(-\,d\,[M])} = \xi'^2\,(1 + \xi')^{-j}\,; \quad \xi' = \frac{k_{\ddot{u}}}{k_w}\,.$$

Die Verteilungsfunktion hat also dieselbe Form wie Gl. (48) und ebenso gilt

$$\overline{P}_{(n)} = 1/\xi'\,; \quad \overline{P}_{(w)} = 2/\xi'\,; \quad \overline{P}_{(w)}/\overline{P}_{(n)} = 2\,.$$

Kann dagegen die Übertragungsreaktion vernachlässigt werden, so erhält man an Stelle von Gl. (49):

$$\frac{d\,[P_j]}{(-\,d\,[M])} = \frac{1}{2}\,(j - 1)\,\xi''^3\,(1 + \xi'')^{-j}\,, \tag{53}$$

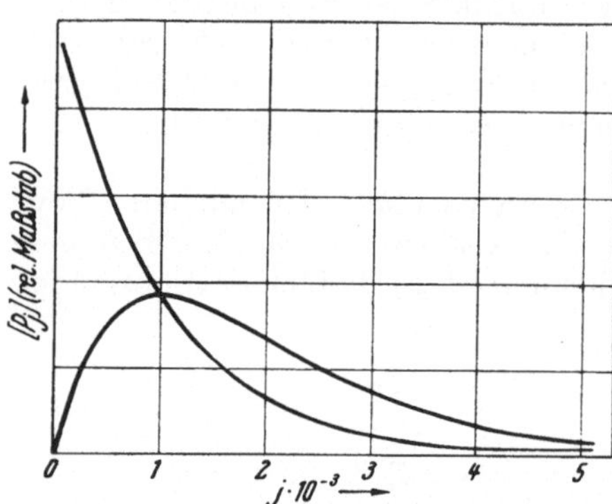

Abb. 3. Häufigkeitsverteilung des Polymerisationsgrades nach Gl. (48) (exponentielle Abnahme) und nach Gl. (53) (Maximum).

wobei

$$\xi'' = \frac{(f\,(I)\,k_a)^{\frac{1}{2}}}{k_w\,[M]}\,.$$

Diese Verteilungsfunktion hat schon rein qualitativ eine ganz andere Form als Gl. (48): sie durchläuft nämlich mit zunehmendem Polymerisationsgrad ein Maximum, während die Verteilungsfunktion nach Gl. (48) von Anfang an exponentiell abnimmt (vgl. Abb. 3). Berechnet man wie oben den mittleren Polymerisationsgrad unter Verwendung von Gl. (53), so erhält man:

$$\overline{P}_{(n)} = 2/\xi''\,; \quad \overline{P}_{(w)} = 3/\xi''\,; \quad \overline{P}_{(w)}/\overline{P}_{(n)} = 3/2\,. \tag{54}$$

Die Verteilungsfunktion kann man nach Schulz[37,38] auch folgendermaßen ableiten. Sind Wachstum und Abbruch die beiden einzigen Reaktionswege für das aktive Polymere, so ist die Wahrscheinlichkeit für die Wachstumsreaktion

$$w = v_w/\,(v_w + v_a) = 1/\,(1 + v_a/v_w) = \alpha\,.$$

Ein Molekül vom Polymerisationsgrad P entsteht, wenn P mal ohne Unterbrechung die Wachstumsreaktion stattfindet. Seine Wahrscheinlichkeit ist daher

$$w^P = \alpha^P\,.$$

Da sehr viele Moleküle im Gemisch vorhanden sind, ist die Häufigkeit des Polymerisationsgrades P proportional seiner statistischen Wahrscheinlichkeit, wobei man den Proportionalitätsfaktor durch Summierung über das ganze Gemisch erhält:

$$n_p = \ln^2 \alpha \cdot \alpha^P \tag{55}$$

(da $v_a/v_w \ll 1$, kann dieses Verhältnis $\approx -\ln \alpha$ gesetzt werden!). Für den mittleren Polymerisationsgrad erhält man weiter

$$\overline{P} = -1/\ln \alpha = v_w/v_a\,. \tag{56}$$

Setzt sich ein Molekül aus k unabhängigen Reaktionsketten zusammen (Ketten-koppelung), so gilt allgemein:

$$n_p = \frac{1}{k!} \, (-\ln \alpha)^{k+1} \, P^{k-1} \, \alpha^P \,, \qquad (57)$$

wobei der „Koppelungsgrad" k angibt, aus wieviel kinetischen Ketten das Makromolekül aufgebaut ist.

Bei Abbruch durch Kombination oder bei Start unter Biradikalbildung ist $k = 2^*$; dann liefert Gl. (57) — bis auf die hier nicht berücksichtigte Übertragung — die gleiche Form der Verteilungsfunktion wie Gl. (49). Ebenso entsprechen Gl. (55) und (48) sowie (56) und (50) einander. Bei Anwendung der Formeln darf allerdings nicht die Bedeutung von α und die dadurch bedingte Abhängigkeit dieser Größe von [M] und v_s übersehen werden. Dies spielt eine Rolle, wenn die Polymerisation über ein größeres Umsatzintervall geführt wird; nur in einigen Sonderfällen kann dann α als Konstante betrachtet werden.

Auf die hier in groben Zügen skizzierte Art kann man (ohne weitere Annahmen) für alle aus den oben angegebenen Teilreaktionen folgenden Schemata die experimentell meßbaren Größen: Polymerisationsgeschwindigkeit, Polymerisationsgrad, Verteilungsfunktion des Polymerisationsgrades, kinetische Kettenlänge und mittlere Lebensdauer ausrechnen, wobei man verhältnismäßig einfache Ausdrücke erhält. In Tab. 6 sind alle diese Formeln übersichtlich zusammengestellt. Man kann dann weiter diese verschiedenen Formeln mit den experimentellen Ergebnissen vergleichen. Der erste Schritt hierbei wird immer ein qualitativer Vergleich sein, d. h. man wird zusehen, welche der berechneten Formeln *formal* mit dem experimentellen Ergebnis übereinstimmen. Die Tab. 6 zeigt sehr übersichtlich, wie sich eine Änderung des Reaktionsschemas, nämlich eine andere Start- oder Abbruchsreaktion auf die formale Kinetik der Polymerisation auswirkt. Man kann sich danach ein Bild machen, welche experimentellen Größen überhaupt für eine Entscheidung zwischen zwei oder mehr verschiedenen zur Diskussion stehenden Formen einer bestimmten Teilreaktion geeignet sind.

Man entnimmt z. B. der Tab. 6, daß für die Polymerisationsgeschwindigkeit v_{Br} verschiedene Ordnungen in bezug auf [M] vorkommen und kann aus der experimentell bestimmten Ordnung bereits die Mehrzahl der Formeln ausschließen. Ähnlich kann man für die Abhängigkeit der Bruttogeschwindigkeit von der Katalysatorkonzentration oder von der Lichtintensität verfahren. Im allgemeinen bleiben aber noch einige Möglichkeiten bestehen, zwischen denen auf Grund der Ordnung der Polymerisationsgeschwindigkeit allein nicht entschieden werden kann; z. B. sind in Tab. 6 fünf Fälle mit der ersten Ordnung enthalten. Häufig wird man aber den einen oder anderen auf Grund der Reaktionsbedingungen schon a priori ausscheiden können, so daß die Auswahl weiter eingeengt wird. In ähnlicher Weise kann man in bezug auf die Abhängigkeit des mittleren Polymerisationsgrades von der Konzentration des Monomeren, von der Katalysatorkonzentration oder von der Lichtintensität verfahren. Die Verteilungsfunktion des Polymeren gibt, wie man aus Tab. 6 sehr eindrucksvoll entnimmt, *qualitativ* nur eine sehr begrenzte Stütze für die Richtigkeit eines bestimmten Reaktionsschemas, denn außer den Fällen, in denen der Abbruch durch Kombination der aktiven Polymeren erfolgt, hat die Verteilungsfunktion immer die gleiche Form einer Exponentialfunktion. Gerade deshalb kann sie aber herangezogen werden, um zwischen Disproportionierung und Kombination zu unterscheiden. (Allerdings auch nur dann, wenn Kettenübertragung

---

* Die Anwendung der Gl. (57) auf verzweigte Moleküle (mit höherem Koppelungsgrad) ist aber nicht angebracht, da der Grad der Verzweigung und daher auch der Koppelungsgrad bei Polymerisation sicher statistisch verteilt ist (siehe dazu[36]).

vernachlässigt werden kann!) Da, wie man aus Tab. 6 unmittelbar sieht, für die anderen Größen bei bimolekularem Abbruch formal die gleichen Beziehungen gelten, gleichgültig ob dieser Abbruch in einer Disproportionierung oder in einer Kombination besteht, und da ferner der Unterschied der beiden Verteilungsfunktionen, wie man in Abb. 3 erkennt, schon grob qualitativ ein sehr deutlicher ist, ist gerade diese Unterscheidungsmöglichkeit als sehr wichtig anzusehen. Im Gegensatz zu den Häufigkeitsverteilungsfunktionen ist der Unterschied der Massenverteilungsfunktionen qualitativ gesehen sehr viel weniger ausgeprägt (Abb. 4). Alle Massenverteilungsfunktionen durchlaufen ein Maximum. Um die Frage des Abbruchmechanismus aus der qualitativen Form der Verteilungsfunktion zu entscheiden, ist daher die Massenverteilungsfunktion sehr viel schlechter geeignet als die Häufigkeitsverteilungsfunktion, wie man durch Vergleich der Abb. 3 und 4 sieht. Mit diesem Unterschied der Verteilungsfunktion hängt unmittelbar auch der Wert zusammen, den das Verhältnis Gewichtsdurchschnitt zu Zahlenmittel des Polymerisationsgrades annimmt. Nur bei Abbruch durch Kombination ist dieses Verhältnis gleich 3/2, in allen anderen Fällen gleich 2.

Abgesehen von diesem Unterschied zwischen der Kombination zweier aktiver Polymerer und allen übrigen Abbruchsmechanismen kann man lediglich untersuchen, ob sich die Verteilungsfunktion in quantitativer Hinsicht mit der Konzentration ändert oder nicht. Dieser Umstand ist aber mit geringerem Aufwand daran festzustellen, ob der mittlere Polymerisationsgrad von der Konzentration des Monomeren abhängt oder nicht; das ergibt sich aus der Messung des mittleren Polymerisationsgrades sowohl bei verschiedener Anfangskonzentration des Monomeren als auch bei verschiedener Reaktionstiefe.

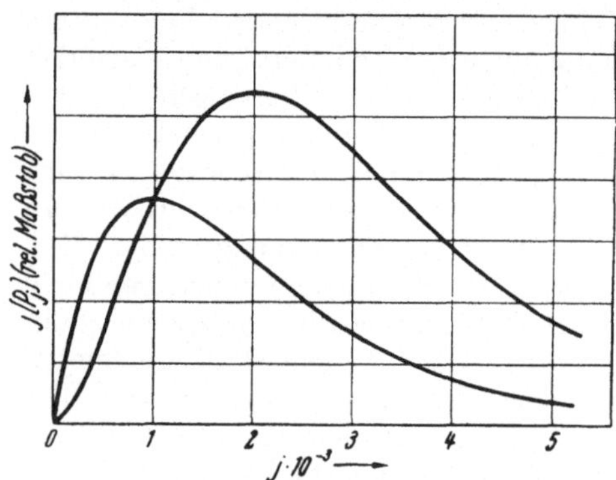

Abb. 4. Massenverteilung des Polymerisationsgrades (entsprechend den in Abb. 3 wiedergegebenen Häufigkeitsverteilungen).

Bisher wurde die Rechnung nur bis zur differentialen Stufe geführt, d. h. alle in Tab. 6 enthaltenen Formeln sind praktisch nur anwendbar für ein kleines Umsatzintervall, in dem man die Konzentrationen, vor allem die des Monomeren, als konstant ansehen kann. Will man experimentelle Größen aus einem größeren Umsatzintervall ermitteln, muß man die Formeln integrieren. Im allgemeinen ergeben sich hierbei höchstens Schwierigkeiten für die Integration der Verteilungsfunktion, die in einigen Fällen in allgemein analytischer Form nicht möglich ist und daher graphisch oder numerisch durchgeführt werden muß. In Tab. 7 sind die durch Integration der entsprechenden Formeln aus Tab. 6 erhaltenen Beziehungen zusammengestellt. Dabei wurde auf die Berücksichtigung der Kettenübertragung diesmal verzichtet, und zwar deshalb, weil sie für den Umsatz sowieso keine Rolle spielt, weil andererseits aber die Formeln für die Verteilungsfunktion und den Polymerisationsgrad weniger umfangreich und daher übersichtlicher sind, wenn die Kettenübertragung wegfällt.

In Tab. 7 ist der Umsatz ausgedrückt durch das Verhältnis der Konzentration des Monomeren nach einer bestimmten Zeit t ([M]) zur Konzentration bei Beginn der Polymerisation ([M]$_0$). Der mittlere Polymerisationsgrad $\overline{\overline{P}}$ ist ein Mittelwert für das gesamte Polymere, das von Beginn der Polymerisation bis zu einem bestimmten Umsatz, der durch die Konzentration des restlichen Monomeren [M] charakterisiert ist, gebildet wurde:

$$\overline{\overline{P}} = \int\limits_{[M]_0}^{[M]} \overline{P}\,\mathrm{d}[M] \tag{58}$$

Man kann $\overline{\overline{P}}$ entweder durch Ausführung dieser Integration berechnen oder aber aus $[P_j]$ nach Gl. (3), S. 8, in analoger Weise wie $\overline{P}$ aus d $[P_j]$ berechnet wurde (s. S. 71). Beide Berechnungsweisen müssen zum gleichen Ergebnis führen. $[P_j]/([M]_0-[M])$ ist die Verteilungsfunktion des in dem größeren Umsatzintervall gebildeten Polymeren. Der Berechnung dieser Größe kommt insofern mehr praktische Bedeutung zu als den beiden anderen in Tab. 7 angeführten, als zur experimentellen Bestimmung der Verteilungsfunktion eine größere Menge Polymerisat erforderlich ist, die bei sehr kleinen Umsätzen nur dann erhalten werden kann, wenn man (für kinetische Versuche ungewöhnlich) große Mengen Monomeres polymerisiert. Im übrigen besteht mit Recht die Tendenz, bei der kinetischen Untersuchung der Polymerisationsreaktionen mit kleinen Umsätzen zu arbeiten, so daß die Formeln der Tab. 6 anwendbar sind. Bei großen Umsätzen besteht immer Gefahr, daß sekundäre Effekte, z. B. die zunehmende

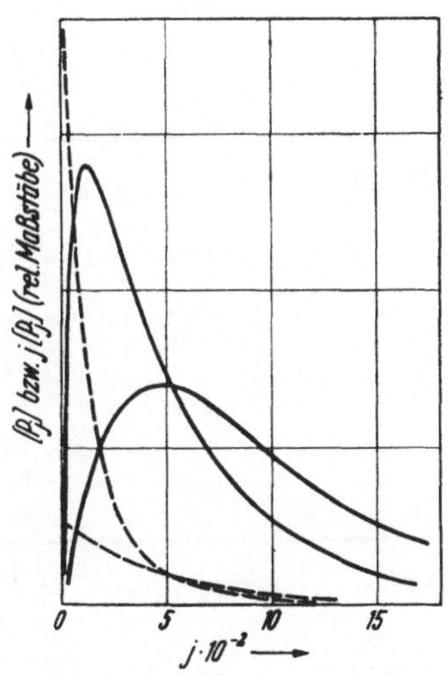

Abb. 5. Änderung der Häufigkeits-
(- - - - -) und Massen- (———) Verteilung mit dem Umsatz (die Kurven beziehen sich auf einen Umsatz von 10 und 90%; siehe Text).

Viscosität des Mediums, Teilnahme des bereits gebildeten Polymeren an der Reaktion u. ä., die Ergebnisse verfälschen.

Man sieht aus Tab. 6, daß bei Abbruch durch Disproportionierung (oder Kombination) nur in einem einzigen Fall, nämlich wenn die Keimbildung bimolekular nach Gl. (38d) erfolgt, $\overline{P}$ von [M] unabhängig ist. Für alle anderen Startreaktionen ändert sich der mittlere Polymerisationsgrad und die Verteilungsfunktion mit [M], also auch mit steigendem Umsatz. Abb. 5 zeigt Verteilungsfunktionen bei einem Umsatz von 10 und 90%, die Kurven sind berechnet mit den in Tab. 7 angegebenen Formeln für Keimbildung nach Gl. (38b) und Abbruch durch Disproportionierung. Bei diesem Beispiel nimmt der relative Anteil der niedrigeren Polymerisationsgrade mit steigendem Umsatz zu; die Verteilung ist bei 90% viel weniger breit als bei 10% Umsatz und das Maximum der Massenverteilung liegt bei dem höheren Umsatz bei viel niedrigerem Polymerisationsgrad, d. h. $\overline{P}$ nimmt im Verlauf der Polymerisation ab.

Bisher wurden nur Polymerisationsreaktionen behandelt, bei denen ausschließlich monovalente Radikale beteiligt sind. Tatsächlich entstehen bei der durch Beschleuniger induzierten Polymerisation, also bei den in der Praxis fast ausschließlich vorkommenden Polymerisationen, immer solche monovalente Radikale. Bei der rein thermischen

Ta-

v_a	v_s	$[P^*]$	$1/\tau^*$	$v_{Br} \equiv -\,d\,[M]/dt$
$k_a\,[P^*]$	$f(I)$	$f(I)/k_a$	k_a	$\dfrac{f(I)\,k_w}{k_a}\,[M]$
	$2\,k_1\,[K]$	$(2\,k_1/k_a)\,[K]$	,,	$\dfrac{2\,k_1\,k_w}{k_a}\,[K]\,[M]$
	$k_s\,[R]\,[M]$	$\dfrac{k_s}{k_a}\,[R]\,[M]$	,,	$\dfrac{k_s\,k_w}{k_a}\,[R]\,[M]^2$
	$k_s\,[M]^2$	$\dfrac{k_s}{k_a}\,[M]^2$	,,	$\dfrac{k_s\,k_w}{k_a}\,[M]^3$
	$k_s\,[M]^3$	$\dfrac{k_s}{k_a}\,[M]^3$	,,	$\dfrac{k_s\,k_w}{k_a}\,[M]^4$
$k_a\,[P^*]\,[M]$	$f(I)$	$\dfrac{f(I)}{k_a\,[M]}$	$k_a\,[M]$	$\dfrac{f(I)\,k_w}{k_a}$
	$2\,k_1\,[K]$	$\dfrac{2\,k_1}{k_a}\,\dfrac{[K]}{[M]}$	,,	$\dfrac{2\,k_1\,k_w}{k_a}\,[K]$
	$k_s\,[R]\,[M]$	$\dfrac{k_s}{k_a}\,[R]$	,,	$\dfrac{k_s\,k_w}{k_a}\,[R]\,[M]$
	$k_s\,[M]^2$	$\dfrac{k_s}{k_a}\,[M]$	,,	$\dfrac{k_s\,k_w}{k_a}\,[M]^2$
	$k_s\,[M]^3$	$\dfrac{k_s}{k_a}\,[M]^2$	,,	$\dfrac{k_s\,k_w}{k_a}\,[M]^3$
$k_a\,[P^*]^2$ (Disproportionierung)	$f(I)$	$\left(\dfrac{f(I)}{k_a}\right)^{\frac12}$	$(f(I)\,k_a)^{\frac12}$	$k_w\left(\dfrac{f(I)}{k_a}\right)^{\frac12}[M]$
	$2\,k_1\,[K]$	$\left(\dfrac{2\,k_1}{k_a}\right)^{\frac12}[K]^{\frac12}$	$(2\,k_1\cdot k_a)^{\frac12}[K]^{\frac12}$	$k_w\left(\dfrac{2\,k_1}{k_a}\right)^{\frac12}[K]^{\frac12}[M]$
	$k_s\,[R]\,[M]$	$\left(\dfrac{k_s}{k_a}\right)^{\frac12}[R]^{\frac12}[M]^{\frac12}$	$(k_s\,k_a)^{\frac12}[R]^{\frac12}[M]^{\frac12}$	$k_w\left(\dfrac{k_s}{k_a}\right)^{\frac12}[R]^{\frac12}[M]^{\frac32}$
	$k_s\,[M]^2$	$\left(\dfrac{k_s}{k_a}\right)^{\frac12}[M]$	$(k_s\cdot k_a)^{\frac12}[M]$	$k_w\left(\dfrac{k_s}{k_a}\right)^{\frac12}[M]^2$
	$k_s\,[M]^3$	$\left(\dfrac{k_s}{k_a}\right)^{\frac12}[M]^{\frac32}$	$(k_s\,k_a)^{\frac12}[M]^{\frac32}$	$k_w\left(\dfrac{k_s}{k_a}\right)^{\frac12}[M]^{\frac52}$
$k_a\,[P^*]^2$ (Kombination)	$f(I)$	(Wie bei Abbruch durch Disproportionierung)		
	$2\,k_1\,[K]$			
	$k_s\,[R]\,[M]$			
	$k_s\,[M]^2$			
	$k_s\,[M]^3$			

belle 6.

v	$1/\bar{P}_{(n)}$	$d\,[P_j]/d\,[M]$ *
$\dfrac{k_w}{k_a}\,[M]$	$\dfrac{k_{\ddot u}}{k_w} + \dfrac{k_a}{k_w\,[M]}$	$\xi^2\,(1+\xi)^{-j}$
,,	,,	,,
,,	,,	,,
,,	,,	,,
,,	,,	,,
,,	,,	,,
$\dfrac{k_w}{k_a}$	$\dfrac{k_{\ddot u}}{k_w} + \dfrac{k_a}{k_w}$	$\xi^2\,(1+\xi)^{-j}$
,,	,,	,,
,,	,,	,,
,,	,,	,,
,,	,,	,,
,,	,,	,,
$\dfrac{k_w}{(f\,(I)\cdot k_a)^{\frac{1}{2}}}\,[M]$	$\dfrac{k_{\ddot u}}{k_w} + \dfrac{(f\,(I)\cdot k_a)^{\frac{1}{2}}}{k_w\,[M]}$	$\xi^2\,(1+\xi)^{-j}$
$\dfrac{k_w}{(2\,k_1\,k_a)^{\frac{1}{2}}}\,\dfrac{[M]}{[K]^{\frac{1}{2}}}$	$\dfrac{k_{\ddot u}}{k_w} + \dfrac{(2\,k_1\,k_a)^{\frac{1}{2}}\,[K]^{\frac{1}{2}}}{k_w\,[M]}$	,,
$\dfrac{k_w}{(k_s\cdot k_a)^{\frac{1}{2}}}\,\dfrac{[M]^{\frac{1}{2}}}{[R]^{\frac{1}{2}}}$	$\dfrac{k_{\ddot u}}{k_w} + \dfrac{(k_s\,k_a)^{\frac{1}{2}}\,[R]^{\frac{1}{2}}}{k_w\,[M]^{\frac{1}{2}}}$	,,
$\dfrac{k_w}{(k_s\cdot k_a)^{\frac{1}{2}}}$	$\dfrac{k_{\ddot u}}{k_w} + \dfrac{(k_s\,k_a)^{\frac{1}{2}}}{k_w}$	,,
$\dfrac{k_w}{(k_s\,k_a)^{\frac{1}{2}}}\,\dfrac{1}{[M]^{\frac{1}{2}}}$	$\dfrac{k_{\ddot u}}{k_w} + \dfrac{(k_s\,k_a)^{\frac{1}{2}}\,[M]^{\frac{1}{2}}}{k_w}$	,,
	$\dfrac{k_{\ddot u}}{k_w} + \dfrac{1}{2}\,\dfrac{(f\,(I)\,k_a)^{\frac{1}{2}}}{k_w\,[M]}$	$\left\{\dfrac{1}{2}\,\dfrac{(f\,(I)\,k_a)^{\frac{1}{2}}}{k_w\,[M]}\,\xi^2\,(j-1) + \dfrac{k_{\ddot u}}{k_w}\,\xi\right\}(1+\xi)^{-j}$
	$\dfrac{k_{\ddot u}}{k_w} + \dfrac{1}{2}\,\dfrac{(2\,k_1\,k_a)^{\frac{1}{2}}\,[K]^{\frac{1}{2}}}{k_w\,[M]}$	$\left\{\dfrac{1}{2}\,\dfrac{(2\,k_1\,k_a)^{\frac{1}{2}}\,[K]^{\frac{1}{2}}}{k_w\,[M]}\,\xi^2\,(j-1) + \dfrac{k_{\ddot u}}{k_w}\,\xi\right\}(1+\xi)^{-j}$
	$\dfrac{k_{\ddot u}}{k_w} + \dfrac{1}{2}\,\dfrac{(k_s\,k_a)^{\frac{1}{2}}\,[R]^{\frac{1}{2}}}{k_w\,[M]^{\frac{1}{2}}}$	$\left\{\dfrac{1}{2}\,\dfrac{(k_s\,k_a)^{\frac{1}{2}}\,[R]^{\frac{1}{2}}}{k_w\,[M]^{\frac{1}{2}}}\,\xi^2\,(j-1) + \dfrac{k_{\ddot u}}{k_w}\,\xi\right\}(1+\xi)^{-j}$
	$\dfrac{k_{\ddot u}}{k_w} + \dfrac{1}{2}\,\dfrac{(k_s\,k_a)^{\frac{1}{2}}}{k_w}$	$\left\{\dfrac{1}{2}\,\dfrac{(2\,k_s\,k_a)^{\frac{1}{2}}}{k_w}\,\xi^2\,(j-1) + \dfrac{k_{\ddot u}}{k_w}\,\xi\right\}(1+\xi)^{-j}$
	$\dfrac{k_{\ddot u}}{k_w} + \dfrac{1}{2}\,\dfrac{(k_s\,k_a)^{\frac{1}{2}}\,[M]^{\frac{1}{2}}}{k_w}$	$\left\{\dfrac{1}{2}\,\dfrac{(k_s\,k_a)^{\frac{1}{2}}\,[M]^{\frac{1}{2}}}{k_w}\,\xi^2\,(j-1) + \dfrac{k_{\ddot u}}{k_w}\,\xi\right\}(1+\xi)^{-j}$

* $\xi = 1/\bar{P}$ außer bei Abbruch durch Kombination; in diesem Falle ist für ξ der Ausdruck einzusetzen, der für $1/\bar{P}$ bei gleicher Startreaktion aber Abbruch durch Disproportionierung gilt.

Ta-

v_a	v_s	$[M]/[M]_0$	$\bar{P}_{(n)}$
$k_a\,[P^*]$	$f\,(I)$	$\exp\left(-\,f\,(I)\,k_w\,t/k_a\right)$	$\dfrac{k_w}{2\,k_a}\,([M]_0 + [M])$
	$2\,k_1\,[K]$	$\exp\left(-\,2\,k_1\,k_w\,[K]\,t/k_a\right)$	,,
	$k_s\,[R]\,[M]$	$\left(1 + k_s\,k_w\,[R]\,[M]_0\,t/k_a\right)^{-1}$	,,
	$k_s\,[M]^2$	$\left(1 + 2\,k_s\,k_w\,[M]_0^2\,t/k_a\right)^{-\frac{1}{2}}$	,,
$k_a\,[P^*]\,[M]$	$f\,(I)$	$\left(1 - f\,(I)\,k_w\,t/k_a\,[M]_0\right)$	k_w/k_a
	$2\,k_1\,[K]$	$\left(1 - 2\,k_1\,k_w\,[K]\,t/k_a\,[M]_0\right)$	,,
	$k_s\,[R]\,[M]$	$\exp\left(-\,k_s\,k_w\,[K]\,t/k_a\right)$	,,
	$k_s\,[M]^2$	$\left(1 + k_s\,k_w\,[M]_0\,t/k_a\right)^{-1}$	,,
$k_a\,[P^*]^2$ (Disproportionierung)	$f\,(I)\cdot$	$\exp\left(-\,k_w\,(f\,(I)/k_a)^{\frac{1}{2}}\,t\right)$	$\dfrac{k_w\,([M]_0 + [M])}{2\,(f\,(I)\,k_a)^{\frac{1}{2}}}$
	$2\,k_1\,[K]$	$\exp\left(-\,k_w\,(2\,k_1/k_a)^{\frac{1}{2}}\,[K]^{\frac{1}{2}}\,t\right)$	$\dfrac{k_w\,([M]_0 + [M])}{2\,(2\,k_1\,k_a)^{\frac{1}{2}}\,[K]^{\frac{1}{2}}}$
	$k_s\,[R]\,[M]$	$\left\{1 + \dfrac{k_w\,t}{2}\left(\dfrac{k_s\,[R]\,[M]_0}{k_a}\right)^{\frac{1}{2}}\right\}^{-2}$	$\dfrac{2\,k_w}{3\,(k_s\,k_a)^{\frac{1}{2}}[R]^{\frac{1}{2}}}\cdot\dfrac{[M]_0^{\frac{3}{2}} - [M]^{\frac{3}{2}}}{[M]_0 - [M]}$
	$k_s\,[M]^2$	$\left\{1 + k_w\,(k_s/k_a)^{\frac{1}{2}}\,[M]_0\,t\right\}^{-1}$	$k_w/(k_s\,k_a)^{\frac{1}{2}}$
$k_a\,[P^*]^2$ (Kombination)	$f\,(I)$	$\exp\left(-\,k_w\,(f\,(I)/k_a)^{\frac{1}{2}}\,t\right)$	$\dfrac{k_w\,([M]_0 + [M])}{(f\,(I)\,k_a)^{\frac{1}{2}}}$
	$2\,k_1\,[K]$	$\exp\left\{-\,k_w\,(2\,k_1/k_a)^{\frac{1}{2}}\,[K]^{\frac{1}{2}}\,t\right\}$	$\dfrac{k_w\,([M]_0 + [M])}{(2\,k_1\,k_a)^{\frac{1}{2}}\,[K]^{\frac{1}{2}}}$
	$k_s\,[R]\,[M]$	$\left\{1 + \dfrac{k_w\,t}{2}\left(\dfrac{k_s\,[R]\,[M]_0}{k_a}\right)^{\frac{1}{2}}\right\}^{-2}$	$\dfrac{4\,k_w}{3\,(k_s\,k_a)^{\frac{1}{2}}\,[R]^{\frac{1}{2}}}\cdot\dfrac{[M]_0^{\frac{3}{2}} - [M]^{\frac{3}{2}}}{[M]_0 - [M]}$
	$k_s\,[M]^2$	$\left\{1 + k_w\,(k_s/k_a)^{\frac{1}{2}}\,[M]_0\,t\right\}^{-1}$	$2\,k_w/(k_s\,k_a)^{\frac{1}{2}}$

belle 7.

$[P_j]/([M]_0 - [M])$
$\dfrac{k_a}{j\,k_w\,([M]_0 - [M])} \left\{ \exp\left(- \dfrac{j\,k_a}{k_w\,[M]_0}\right) - \exp\left(- \dfrac{j\,k_a}{k_w\,[M]}\right) \right\}$
„
„
„
$(k_a/k_w)^2\,(1 + k_a/k_w)^{-j}$
„
„
„
$\dfrac{(f\,(I)\,k_a)^{\frac{1}{2}}}{j\,k_w\,([M]_0 - [M])} \left\{ \exp\left(- \dfrac{j\,(f\,(I)\,k_a)^{\frac{1}{2}}}{k_w\,[M]_0}\right) - \exp\left(- \dfrac{j\,(f\,(I)\,k_a)^{\frac{1}{2}}}{k_w\,[M]}\right) \right\}$
$\dfrac{(2\,k_1\,k_a)^{\frac{1}{2}}\,[K]^{\frac{1}{2}}}{j\,k_w\,([M]_0 - [M])} \left\{ \exp\left(- \dfrac{j\,(2\,k_1\,k_a)^{\frac{1}{2}}\,[K]^{\frac{1}{2}}}{k_w\,[M]_0}\right) - \exp\left(- \dfrac{j\,(2\,k_1\,k_a)^{\frac{1}{2}}\,[K]^{\frac{1}{2}}}{k_w\,[M]}\right) \right\}$
$\dfrac{\xi^2}{[M]_0 - [M]} \displaystyle\int_{[M]}^{[M]_0} \dfrac{d\,[M]}{[M]}\,(1 + \xi/[M]^{\frac{1}{2}})^j \;;\; \xi = (k_s\,k_a\,[R])^{\frac{1}{2}} / k_w$
$\dfrac{k_s\,k_a}{k_w^2}\left(1 + \dfrac{(k_s\,k_a)^{\frac{1}{2}}}{k_w}\right)^{-j}$
$\dfrac{f\,(I)\,k_a}{2\,k_w^2}\left[\left\{[M]^{-1} + k_w/j\,(f\,(I)\,k_a)^{\frac{1}{2}}\right\}\exp\left(- \dfrac{j\,(f\,(I)\,k_a)^{\frac{1}{2}}}{k_w\,[M]}\right)\right]_{[M]}^{[M]_0}$
(entsprechend mit $2\,k_1\,[K]$ anstatt $f\,(I)$)
$\dfrac{k_s\,k_a\,[R]}{k_w^2\,([M]_0 - [M])}\left\{\exp\left[- \dfrac{j}{k_w}\left(\dfrac{k_s\,k_a\,[R]}{[M]_0}\right)^{\frac{1}{2}}\right] - \exp\left[- \dfrac{j}{k_w}\left(\dfrac{k_s\,k_a\,[R]}{[M]}\right)^{\frac{1}{2}}\right]\right\}$
$\dfrac{1}{2}\left\{\dfrac{(k_s\,k_a)^{\frac{1}{2}}}{k_w}\right\}^3 (j - 1)\left(1 + \dfrac{(k_s\,k_a)^{\frac{1}{2}}}{k_w}\right)^{-j}$

Keimbildung und bei der nichtsensibilisierten photochemischen Keimbildung ist aber die Bildung von bivalenten aktiven Polymeren als wahrscheinlich anzunehmen. Obwohl die ursprüngliche Konzeption von radikalartigen Zwischenprodukten bei der Polymerisation bereits solche Biradikale ins Auge faßte, wurden die Konsequenzen, die sich für die formale Kinetik aus dem Auftreten von Biradikalen ergeben, erst in letzter Zeit beachtet[1, 33].

Wir können die folgenden Überlegungen auf die beiden Startreaktionen Gl. (38a) und (38d) (Seite 66) beschränken. Als Abbruch ist nach den bisherigen Erfahrungen nur die bimolekulare Desaktivierung zweier aktiver Polymerer unter Disproportionierung zu berücksichtigen. Abbruch durch Kombination würde bei Biradikalen, wenn nicht starke Kettenübertragung vorliegt, zu Riesenmolekülen führen, da ja bei jeder Kombination zweier Biradikale wieder ein — entsprechend größeres — Biradikal entsteht. Bisher hat man keine Unterlagen, die mit dieser Vorstellung vereinbar wären. Ein Abbruch durch spontane Isomerisierung, d. h. durch Reaktion der beiden aktiven Enden desselben Biradikals unter Disproportionierung oder Ringschluß scheint zwar rein statistisch nicht unwahrscheinlicher zu sein als eine Reaktion zwischen zwei verschiedenen Biradikalen[23], ist aber mit der Kinetik der thermischen Polymerisation kaum in Einklang zu bringen, denn die Polymerisationsgeschwindigkeit müßte dann bei bimolekularer Keimbildung von der 3. Ordnung in bezug auf [M] sein.

Wenn bei der Startreaktion Biradikale gebildet werden, so werden diese entweder durch Übertragung oder durch Abbruch zunächst an einem Ende desaktiviert und dadurch in Monoradikale übergeführt. Wir haben also als Zwischenprodukte drei verschiedene Arten von aktiven Polymeren zu unterscheiden:

1. Biradikale P^{**},

2. Monoradikale, die aus Biradikalen durch Desaktivierung eines der beiden aktiven Enden entstanden sind P^{*0},

3. Monoradikale, die bei einer Übertragungsreaktion aus dem Monomeren gebildet sind P^*.

Mit einer sinngemäßen Erweiterung der Annahme 2, Seite 65, kann man bei den Reaktionen dieser drei Radikale mit denselben Konstanten $k_{\text{ü}}$, k_{w} und k_{a} rechnen und ferner die Tatsache, daß Biradikale zwei aktive Enden besitzen, einfach durch einen Faktor zwei zur Konzentration der Biradikale berücksichtigen. Die Gleichungen für die Konzentration dieser drei Radikalarten lauten dann in allgemeiner Form:

$$\frac{d\,[P^{**}]}{dt} = v_s - 2\,k_{\text{ü}}\,[P^{**}]\,[M] - 2\,k_{\text{a}}\,[P^{**}]\,\{2\,[P^{**}] + [P^{*0}] + [P^*]\} = 0,$$

$$\frac{d\,[P^{*0}]}{dt} = 2\,k_{\text{ü}}\,[P^{**}]\,[M] + 2\,k_{\text{a}}\,[P^{**}]\,\{2\,[P^{**}] + [P^*]\} -$$
$$- k_{\text{ü}}\,[P^{*0}]\,[M] - k_{\text{a}}\,[P^{*0}]\,\{[P^{*0}] + [P^*]\} = 0 \qquad (59)$$

$$\frac{d\,P^*}{dt} = 2\,k_{\text{ü}}\,[P^{**}]\,[M] + k_{\text{ü}}\,[P^{*0}]\,[M] - k_{\text{a}}\,[P^*]\,\{2\,[P^{**}] +$$
$$+ [P^{*0}] + [P^*]\} = 0\,.$$

Aus der zweiten dieser Gleichungen folgt unmittelbar:

$$[P^{*0}] = 2\,[P^{**}], \tag{60}$$

ferner erhält man durch Zusammenfassung aller drei Gleichungen:

$$2\,v_s = k_a\,[*]^2, \tag{61}$$

wobei

$$[*] = 2\,[P^{**}] + [P^{*0}] + [P^*] \tag{62}$$

die „Gesamtradikalkonzentration" bedeuten soll. Die angegebenen Gleichungen reichen aus, um alle Radikalkonzentrationen einzeln zu berechnen. Ohne diese Rechnung weiter auszuführen, sieht man bereits aus (61), daß für die Bruttogeschwindigkeit die gleiche Formel

$$v_{Br} = k_w\,[M]\,[*] = k_w\,[M]\,\sqrt{v_s/k_a} \tag{63}$$

gilt, die früher für Monoradikale abgeleitet wurde. Dies ist selbstverständlich nur eine zwangsläufige Folge der oben gemachten Annahme, derzufolge ja eigentlich gar nicht mit Mono- und Biradikalen, sondern nur mit den radikalartigen Endgruppen, die als voneinander unabhängig und völlig gleichwertig angenommen sind, gerechnet wurde.

Für den mittleren Polymerisationsgrad und für die Verteilungsfunktion der Makromoleküle, deren Keime durch Übertragung gebildet sind, gelten ebenfalls die früher abgeleiteten Formeln. Dagegen ist der mittlere Polymerisationsgrad der aus Biradikalen entstandenen Makromoleküle genau doppelt so groß, da jedes dieser Moleküle aus zwei Reaktionsketten gebildet wurde. Entsprechend ist die Verteilung für diese Moleküle nach Gl. (57) mit einem Kopplungsgrad $k = 2$ zu berechnen. Das Mengenverhältnis, in dem die beiden Arten von Makromolekülen im gesamten Polymerisat vorliegen, ist einfach gegeben durch das Verhältnis der Geschwindigkeiten von Übertragungs- und Startreaktion, so daß auch der mittlere Polymerisationsgrad für das gesamte Polymerisat einfach zu berechnen ist.

Die in diesem Abschnitt beschriebene formale Behandlung der Polymerisationen, die im wesentlichen durch die drei auf Seite 65 angeführten Annahmen charakterisiert ist, hat sich nur langsam eingebürgert, wird aber heute fast ausschließlich angewandt. Es erscheint vielleicht merkwürdig, daß man auf diese an sich einfachste Methode nicht von Anfang an zurückgegriffen hat, denn das BODENSTEINsche Verfahren zur Berechnung von Kettenreaktionen hatte sich damals ja bereits vielfach in der Reaktionskinetik bewährt. Die Schilderung der Umstände, die der Anlaß dazu gewesen sein mögen, gibt Gelegenheit, in einem kurzen geschichtlichen Rückblick einige frühe Arbeiten über die Kinetik der Polymerisationsreaktionen zu nennen, die zum größten Teil in diesem Buch sonst nicht mehr erwähnt werden, da sie heute fast nur noch historisches Interesse haben.

Die Idee, daß Polymerisationsreaktionen eine Art von Kettenreaktionen sein könnten, taucht auf um das Jahr 1930 in Arbeiten von WITHBY[51], CAROTHERS[9] und vor allem von STAUDINGER[42, 43] (siehe auch das S. 12 zitierte Buch), der auch die Vorstellung, daß im Primärakt die Doppelbindung zum Biradikal geöffnet wird, entwickelte. Gleichzeitig wurden die ersten quantitativen kinetischen Untersuchungen der Polymerisation veröffentlicht[4, 10, 12, 27, 28, 29, 35, 41, 44, 47, 48, 49, 50, 51, 52]. 1934 hat CHALMERS[11] in einer bedeutenden Arbeit den ersten Versuch gemacht, durch eine eingehende kinetische Analyse die Kettennatur der Polymerisationsreaktionen zu erhärten.

Die damals bekannten quantitativen Ergebnisse waren noch spärlich und, wie sich später herausstellte, zum großen Teil durch unkontrollierte Wirkung von Verunreinigungen im Monomeren, durch Anwesenheit von Luftsauerstoff, durch nicht isothermen Reaktionsverlauf u. ä. verfälscht. So konnte gezeigt werden, daß die als „rein thermisch" angesprochene Polymerisation von Vinylacetat[41] durch Spuren von Verunreinigungen katalysiert ist[6,7] und daß völlig reines Vinylacetat selbst bei 100° C nicht meßbar polymerisiert[13,45]. Typisch für alle Polymerisationsreaktionen schien damals eine Induktionsperiode, bzw. ein autokatalytisches Ansteigen der Polymerisationsgeschwindigkeit zu sein[16,32,40], das später auf die Wirkung hemmender oder verzögernder Verunreinigungen oder auf andere sekundäre Effekte zurückgeführt werden konnte (vgl. S. 113, 148 u. 222). Zur Wiedergabe eines autokatalytischen Reaktionsverlaufs war die Annahme eines stationären Zustandes natürlich nicht geeignet. Man glaubte vielmehr, eine wachsende Zahl aktiver Zentren annehmen zu müssen, und dachte im Zusammenhang mit der Beobachtung verzweigter Vinylpolymerisate auch an *kinetische* Kettenverzweigung. (Kettenverzweigung spielte ja eine große Rolle zur Erklärung des explosionsartigen Verlaufs von Kettenreaktionen in der Gasphase!)

Die Bedeutung der Abbruchsreaktion wurde oft unterschätzt; es fehlten noch zuverlässige Unterlagen, aus denen man auf die Art des Kettenabbruchs hätte schließen können. Dieser Mangel wurde durch plausible Annahmen und theoretische Erwägungen ausgeglichen. Hierbei spielte die Abhängigkeit der Reaktionsfähigkeit von der Molekülgröße des aktiven Polymeren eine große Rolle. Man nahm z. B. an, die Polymerisation könnte ohne besondere Abbruchsreaktion allein durch die mit zunehmendem Polymerisationsgrad immer kleiner werdende Reaktionsfähigkeit zum Stillstand kommen (siehe z. B. [17]), wobei man vor allem an einen abnehmenden sterischen Faktor dachte[3]. Es ist deshalb nicht verwunderlich, daß noch lange Bedenken gegen die Annahme einer einheitlichen Geschwindigkeitskonstanten für alle Polymerisationsgrade bestanden.

Unter diesen nur in ihren wichtigsten Zügen angedeuteten Gesichtspunkten sind einige frühe Versuche zur formalen Behandlung der Polymerisationsreaktionen zu betrachten[15,17,19,21,30,31].

Den ersten Versuch, die in diesem Abschnitt geschilderte Methode für eine *systematische* Diskussion der Polymerisationsreaktionen heranzuziehen, unternahmen FLORY[18] und BREITENBACH[5]. Zur Ableitung kinetischer Formeln für die Deutung spezieller Versuchsergebnisse wurde von da an ebenfalls immer häufiger auf die Seite 65 genannten Annahmen zurückgegriffen. Dagegen konnte ein späterer Versuch[22] einer exakteren allgemeinen Behandlung der Polymerisationskinetik zu keinem praktischen Erfolg führen, da die angewandte Methode (die im wesentlichen von DOSTAL[15,17] eingeführte „Eigenzeit"-Methode) gerade für die häufigste Abbruchsreaktion (bimolekulare Desaktivierung zweier Radikale) keine einigermaßen korrekte Lösung gestattet.

Die Verteilungsfunktion des Polymerisationsgrades wurde aus kinetischen Daten erstmalig von SCHULZ[37,38] berechnet (s. S. 72). Die andere, Seite 70 näher ausgeführte Ableitung geht im wesentlichen auf HERINGTON und ROBERTSON[24,25,26] zurück.

Wie von verschiedenen Autoren, insbesondere in der systematischen Arbeit von GEE und MELVILLE[20] gezeigt wurde, kann man auch mit vom Polymerisationsgrad abhängigen Geschwindigkeitskonstanten zu korrekten und praktisch anwendbaren Formeln gelangen. Man muß dabei annehmen, daß die Geschwindigkeitskonstanten der verschiedenen Reaktionen der aktiven Polymeren sich in gleichem Maße mit zunehmender Molekülgröße ändern, so daß Verhältnisse solcher Konstanten vom Polymerisationsgrad unabhängig sind (siehe den folgenden Abschnitt).

Berücksichtigung der Abhängigkeit der Geschwindigkeitskonstanten von der Molekülgröße.

Bisher wurde entsprechend der Annahme 2 Seite 65 vorausgesetzt, daß für alle Reaktionen der aktiven Polymeren (Wachstum, Abbruch, Übertragung) die Geschwindigkeitskonstanten vom Polymerisationsgrad unabhängig sind. Die folgenden Rechnungen berücksichtigen eine Änderung der Geschwindigkeitskonstanten mit dem Polymerisationsgrad.

Die Durchführung der Rechnungen erfolgt in enger Anlehnung an die Seite 70 geschilderte Berechnung der Verteilungsfunktion. Die Ausgangsgleichungen für einen Abbruch durch das Monomere sind:

$$\frac{d\,[M^*]}{dt} = v_s - k_{w1}\,[M]\,[M^*] - k_{a1}\,[M]\,[M^*] = 0 \tag{64}$$

$$\frac{d\,[P_2^*]}{dt} = k_{w1}\,[M]\,[M^*] - k_{w2}\,[M]\,[P_2^*] - k_{a2}\,[M]\,[P_2^*] = 0 \tag{65}$$

$$\frac{d\,[P_j^*]}{dt} = k_{w,j-1}\,[M]\,[P_{j-1}^*] - k_{wj}\,[M]\,[P_j^*] - k_{aj}\,[M]\,[P_j^*] = 0\,,$$

woraus man in analoger Weise wie Seite 70 erhält:

$$[P_j^*] = \frac{v_s}{k_{wj}\,[M]}\,\prod_1^j (1 + r_j)^{-1}\; ;\; \text{mit } r_j = k_{aj}/k_{wj}\,. \tag{66}$$

Für die Abnahme des Monomeren gilt

$$-\frac{d\,[M]}{dt} = [M]\,\sum_1^\infty k_{wj}\,[P_j^*] = v_s\,\sum_1^\infty \prod_1^j (1 + r_j)^{-1}, \tag{67}$$

ferner für die Bildungsgeschwindigkeit des Polymeren

$$\frac{d\,[P_j]}{dt} = v_s\,r_j\,\prod_1^j (1 + r_j)^{-1} \tag{68}$$

und schließlich für die Konzentration des Polymeren

$$[P_j] = \frac{r_j\,\prod_1^j (1 + r_j)^{-1}}{\sum_1^\infty \prod_1^j (1 + r_j)^{-1}}\,([M]_0 - [M])\,. \tag{69}$$

Für Abbruch durch spontane Isomerisierung erhält man in analoger Weise

$$-\frac{d\,[M]}{dt} = v_s\,\sum_1^\infty \prod_1^j \left(1 + \frac{r_j}{[M]}\right)^{-1} \tag{70}$$

und

$$\frac{d\,[P_j]}{dt} = \frac{v_s\,r_j}{[M]}\,\prod_1^j \left(1 + \frac{r_j}{[M]}\right)^{-1}\,. \tag{71}$$

Bei Abbruchs-Reaktionen 2. Ordnung in bezug auf $[P_j^*]$ werden die beiden reagierenden Radikale im allgemeinen von verschiedenem Polymerisationsgrad sein. Wir bezeichnen mit k_{aj} die Geschwindigkeitskonstante für eine Reaktion zwischen zwei gleichgroßen Keimen vom Polymerisationsgrad j und setzen für die Reaktionen zwischen ungleich großen Keimen vom Polymerisationsgrad j und i als Geschwindigkeitskonstante das geometrische Mittel $\sqrt{k_{aj} \cdot k_{ai}}$. Ferner definieren wir (analog r_j) $s_j = \sqrt{k_{aj}/k_{wj}}$. Mit dieser Bezeichnungsweise erhalten wir an Stelle von Gl. (41)

$$\sum_1^\infty \sqrt{k_{aj}}\,[P_j^*] = \sqrt{v_s} \tag{72}$$

und

$$[P_j^*] = \frac{v_s}{k_{wj}\,[M]}\,\prod_1^j \left(1 + s_j\,\frac{\sqrt{v_s}}{[M]}\right)^{-1}\,. \tag{73}$$

Für den Verbrauch des Monomeren gilt sowohl für Disproportionierung als auch für Kombination

$$-\frac{d\,[M]}{dt} = v_s \sum_1^\infty \prod_1^j \left(1 + s_j\,\frac{\sqrt{v_s}}{[M]}\right)^{-1}. \tag{74}$$

Dagegen unterscheiden sich wieder die Verteilungsfunktionen für das stabile Polymere, je nachdem, ob der Abbruch durch Disproportionierung oder durch Kombination erfolgt. Im ersteren Falle gilt an Stelle von Gl. (48):

$$\frac{d\,[P_j]}{dt} = \sqrt{k_{aj}}\,[P_j^*]\,\sum_1^\infty \sqrt{k_{ai}}\,[P_i^*] = \frac{v_s^{3/2}\,s_j}{[M]}\,\prod_1^j\left(1 + s_j\,\frac{\sqrt{v_s}}{[M]}\right)^{-1} \tag{75}$$

und im zweiten Falle an Stelle von Gl. (49):

$$-\frac{d\,[P_j]}{dt} = \frac{1}{2}\sum_{i=1}^{j-1}\sqrt{k_{ai}\cdot k_{aj-i}}\,[P_i^*]\,[P_{j-i}^*] =$$

$$= \frac{1}{2}\,\frac{v_s^2}{[M]^2}\sum_{i=1}^{j-1} s_i\,s_{j-i}\,\prod_{j=1}^i\left(1 + s_j\,\frac{\sqrt{v_s}}{[M]}\right)^{-1}\prod_{j=1}^{j-i}\left(1 + s_j\,\frac{\sqrt{v_s}}{[M]}\right)^{-1}. \tag{76}$$

In grundsätzlich ähnlicher Weise läßt sich auch die Kettenübertragung behandeln, wobei neben r_j bzw. s_j noch das Verhältnis von Abbruch zu Übertragung in seiner Abhängigkeit vom Polymerisationsgrad auftritt.

Die „exakten" Formeln (66) bis (76) sind leider, wie man sieht, für den praktischen Gebrauch ungeeignet. Schon die Ermittlung der Verteilungsfunktion für das während eines längeren Zeitintervalles gebildete Polymere durch Integration der Gleichungen (71), (75) und (76) ist in allgemeiner Form unmöglich*. Man sieht aber auch, daß in allen Formeln für $\dfrac{d\,[M]}{d\,t}$ und $\dfrac{d\,[P_j]}{d\,t}$ nicht mehr die Geschwindigkeitskonstanten selbst, sondern nur noch die Verhältnisse r_j bzw. s_j auftreten. Da eine Änderung der Geschwindigkeitskonstanten mit der Größe des reagierenden Keimes wohl in erster Linie in den sterischen und energetischen Eigenschaften des Keimes selbst begründet sein müßten, ist es nicht unwahrscheinlich, daß bei verschiedenen Reaktionen (Wachstum, Abbruch, Übertragung) die Änderung in quantitativ ähnlicher Weise erfolgt. Das würde dann bedeuten, daß die Verhältnisse r_j und s_j sich viel weniger ändern als die Geschwindigkeitskonstanten selbst und in erster Näherung als konstant angesehen werden können. Setzt man aber in den Formeln dieses Abschnittes r_j = const bzw. s_j = const, dann erhält man in allen Fällen genau die entsprechenden Formeln des vorigen Abschnittes; *der Umweg über die etwas umständlichere Berechnungsweise war dann also völlig überflüssig.*

Will man dagegen ein veränderliches r_j bzw. s_j berücksichtigen, so kann man sich die weitere Rechnung dadurch vereinfachen, daß man

$$\prod_1^j (1 + r_j)^{-1} \approx e^{-\sum_1^j r_j}$$

und schließlich an Stelle der Summen Integrale einführt. Diese Näherung ist berechtigt, wenn man sich auf solche Polymerisationen beschränkt, die zu hochmolekularen Produkten führen, bei denen also die Geschwindigkeit der Wachstumsreaktion groß ist gegen die der Start- und Abbruchsreaktion.

Man erhält dann folgende Formeln:
Für Abbruch durch das Monomere

$$-\frac{d\,[M]}{d\,t} = v_s \int_0^\infty e^{-\int_0^j r_j\,dj}\cdot dj \tag{67a}$$

---

* Ist $v_s \sim [M]^2$ (bimolekularer Start), dann verschwindet [M] unter Produkt und Summe in Gl. (46) und (47). In diesem speziellen Falle ist die Integration dieser Gleichungen einfach.

und

$$\frac{d\,[P_j]}{d\,t} = v_s\, r_j\, e^{-\int_0^j r_j\, dj}, \tag{68a}$$

für Abbruch durch spontane Isomerisierung

$$-\frac{d\,[M]}{d\,t} = v_s \int_0^\infty e^{-\int_0^j r_j\, dj/[M]}\, dj \tag{70a}$$

und

$$\frac{d\,[P_j]}{d\,t} = \frac{v_s\, r_j}{[M]}\, e^{-\int_0^j r_j\, dj/[M]}, \tag{71a}$$

für Abbruch durch gegenseitige Desaktivierung zweier Radikale

$$-\frac{d\,[M]}{d\,t} = v_s \int_0^\infty e^{-\frac{\sqrt{v_s}}{[M]}\int_0^j s_j\, dj} \cdot dj \tag{74a}$$

(Disproportionierung)

$$\frac{d\,[P_j]}{d\,t} = \frac{v_s^{3/2} s_j}{[M]}\, e^{-\frac{\sqrt{v_s}}{[M]}\int_0^j s_j\, dj} \tag{75a}$$

(Kombination)

$$\frac{d\,[P_j]}{d\,t} = \frac{1}{2}\,\frac{v_s^2}{[M]^2} \int_1^{j-1} s_i\, s_{j-i}\, e^{-\frac{\sqrt{v_s}}{[M]}\left[\int_0^i s_j\, dj + \int_0^{j-i} s_j\, dj\right]} \cdot di. \tag{76a}$$

Ob man mit diesen Formeln praktisch etwas anfangen kann, wird wesentlich davon abhängen, welche Funktion man für r_j (j) einsetzt. Theoretisch kann man hierzu kaum begründete Vorschläge machen. Man könnte aber umgekehrt, wie HERINGTON und ROBERTSON [25] gezeigt haben, einen Anhaltspunkt für die Änderung von r_j aus der experimentell ermittelten Molgewichtsverteilung erhalten: Ein bestimmter Keim P_j^* kann entweder weiterwachsen oder in ein stabiles Polymeres P_j übergeführt werden*, aus den Keimen von einem bestimmten Polymerisationsgrad j entstehen auf dem einen dieser beiden Wege alle stabilen Polymeren vom gleichen Polymerisationsgrad j, auf dem anderen alle stabilen Polymeren, deren Polymerisationsgrad größer ist als j. Es ist daher für jeden Punkt der (Häufigkeits-) Verteilungskurve das Verhältnis: (Ordinate in j) zu (Fläche zwischen der Kurve und der Abszisse von j bis ∞) gleich dem Verhältnis der Geschwindigkeiten von Abbruch zu Wachstum für die Radikale vom Polymerisationsgrad j; aus diesem letzteren Verhältnis folgt aber sofort r_j bzw. s_j. Man könnte also dieses Verhältnis an verschiedenen Punkten der Verteilungskurve bilden und so r_j als Funktion von j ermitteln. Für eine praktische Anwendung fehlen jedoch bislang hinreichend genaue experimentelle Unterlagen.

Nichtstationärer Polymerisationsverlauf.

Verzichtet man auf die erste der Seite 65 angegebenen Annahmen, so gilt an Stelle von Gl. (40)

$$\frac{d\,[P^*]}{d\,t} = v_s - v_a \neq 0, \tag{77}$$

---

* Diese Überlegung gilt nicht für Abbruch durch Kombination.

während zur Berechnung der Polymerisationsgeschwindigkeit Gl. (42) gültig bleibt. Die Integration von Gl. (77) richtet sich nach der speziellen Form der für v_s und v_a einzusetzenden Ausdrücke.

Bimolekularer Abbruch.

Verhältnismäßig einfach ist die Berechnung der Polymerisationsgeschwindigkeit für den Fall, daß der Abbruch bimolekular zwischen zwei aktiven Polymeren erfolgt[18, 34].

Als Beispiel sei die Rechnung für einen solchen Mechanismus, und zwar mit bimolekularer Startreaktion und ohne Kettenübertragung durchgeführt. Die Ausgangsgleichung lautet entsprechend Gl. (77)

$$\frac{d\,[P^*]}{d\,t} = k_s\,[M]^2 - k_a\,[P^*]^2, \tag{77a}$$

Division durch Gl. (42) ergibt

$$\frac{d\,[P^*]}{d\,[M]} = \frac{k_s\,[M]^2 - k_a\,[P^*]^2}{k_w\,[M]\,[P^*]}. \tag{78}$$

Die Integration dieser Gleichung gelingt mit dem integrierenden Faktor $[M]^{2r-1}$, wobei $r = k_a/k_w$, und liefert mit den Anfangsbedingungen: $[P^*] = 0$ für $[M] = [M]_0$:

$$[P^*] = \left(\frac{k_s}{k_a - k_w}\right)^{\frac{1}{2}} [M] \left\{1 - \left(\frac{[M]}{[M]_0}\right)^{2r-2}\right\}^{\frac{1}{2}}. \tag{79}$$

Durch Einsetzen von (79) in Gl. (42) erhält man

$$-\frac{d\,[M]}{d\,t} = \left(\frac{k_s k_w}{r-1}\right)^{\frac{1}{2}} [M]^2 \left\{1 - \left(\frac{[M]}{[M]_0}\right)^{2r-2}\right\}^{\frac{1}{2}}. \tag{80}$$

Um Formel (80) mit der entsprechenden Formel des vorangegangenen Abschnittes zu vergleichen, schreiben wir sie in der Form

$$-\frac{d\,[M]}{d\,t} = k_w \left(\frac{k_s}{k_a}\right)^{\frac{1}{2}} [M]^2 \left[1 + \frac{1}{r-1}\right]^{\frac{1}{2}} \cdot \left[1 - \left(\frac{[M]}{[M]_0}\right)^{2r-2}\right]^{\frac{1}{2}}. \tag{80a}$$

Formel (80a) enthält sozusagen 2 Korrekturfaktoren, die nach der strengeren Rechnung an der entsprechenden Formel in Tabelle 6 anzubringen sind. Beide Faktoren werden eins für sehr große r. Der erste Faktor

$$\left(1 + \frac{1}{r-1}\right)^{\frac{1}{2}}$$

betrifft lediglich den Wert der Geschwindigkeitskonstanten und liegt für $r > 50$ zwischen 1,01 und 1,00. Der zweite Faktor

$$\left[1 + \left(\frac{[M]}{[M]_0}\right)^{2r-2}\right]^{\frac{1}{2}}$$

bedeutet die Abweichung von einem Verlauf streng nach der zweiten Ordnung und wirkt sich besonders zu Beginn der Polymerisation aus (solange $[M] \approx [M]_0$): Die $[M]$-t-Kurve zeigt zu Beginn der Polymerisation eine Induktionsperiode, in der die Polymerisationsgeschwindigkeit bis zu einem Wendepunkt ständig zunimmt. Auch diese Abweichung wird mit zunehmendem r rasch sehr klein; für $r > 50$ liegt der Faktor schon bei 4% Umsatz zwischen 0,99 und 1,00.

Wir erhalten somit für die Berechtigung der Annahme 1 Seite 65 die Bedingung: $k_a/k_w \gg 1$. Man kann diese Bedingung auch aus der mittleren Lebensdauer τ^* der Radikale herleiten[46]; die durch die genannte Annahme bedingte Näherung wird nämlich dann berechtigt sein, wenn τ^* klein ist gegen die Halbwertzeit der Polymerisation.

Um $[M]$ als Funktion von t zu erhalten, ist Gl. (80) zu integrieren, was in allgemeiner Form nicht möglich ist. Zur graphischen Integration verwendet man zweckmäßig je nach dem Wert von $x = [M]/[M]_0$ eines der beiden aus Gl. (80) abgeleiteten Integrale:

$$(k_s\, k_w)^{\frac{1}{2}}\, [M]_0\, t = (r-1)^{\frac{1}{2}} \int\limits_1^x (1 - x^{2r-2})^{-\frac{1}{2}}\, d\left(\frac{1}{x}\right) \tag{81a}$$

$$= \frac{1}{2}\,(r-1)^{-\frac{1}{2}} \int\limits_1^x \frac{1}{x}\, d\ln\left[\frac{1 + (1 - x^{2r-2})^{\frac{1}{2}}}{1 - (1 - x^{2r-2})^{\frac{1}{2}}}\right]. \tag{81b}$$

Nochmalige Differentiation von (80) nach t und Nullsetzen des erhaltenen Ausdrucks liefert die Ordinate im Wendepunkt der [M]-t-Kurve, d. h. die Konzentration des Monomeren im Zeitpunkt der maximalen Polymerisationsgeschwindigkeit:

$$\frac{[M]_w}{[M]_0} = \left(\frac{2}{r+1}\right)^{1/(2r-2)}. \tag{82}$$

Einsetzen von (82) in (80) ergibt für die maximale Polymerisationsgeschwindigkeit:

$$\left(-\frac{d\,[M]}{d\,t}\right)_{max} = [M]_0^2\,(k_s\,k_w)^{\frac{1}{2}} \cdot 2^{1/r-1} \cdot (r+1)^{-\frac{r+1}{2r-2}}. \tag{83}$$

Ist die Startreaktion von anderer Ordnung, so erfolgt die Rechnung in völlig analoger Weise. Man erhält dabei die in Tab. 8 zusammengestellten Formeln. Abb. 6 zeigt, in welcher Weise die Lage des Wende-

punktes $(1 - [M]_w\, [M]_0)$ von der Startreaktion und von r abhängt. Man sieht an dieser Abbildung nochmals, daß schon für *mäßig große r der Wendepunkt so nahe an den Ursprung rückt, daß bei den üblichen kinetischen Messungen eine echte Induktionsperiode nicht mehr feststellbar ist.*

Abbruch durch das Monomere („Eigenzeit"-Methode).

Wenn alle Reaktionen der Keime (Wachstum, Abbruch und Übertragung) in einer

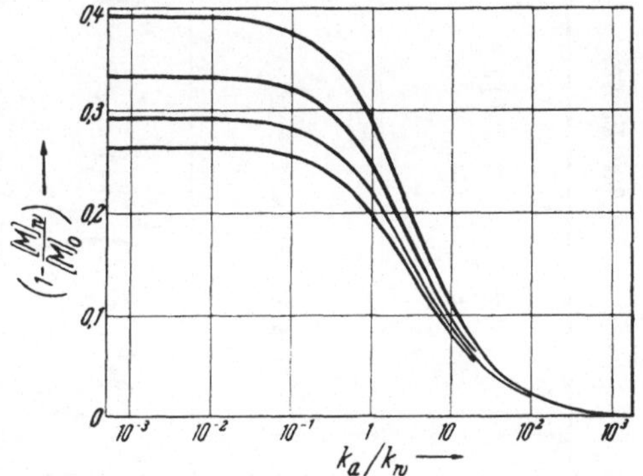

Abb. 6. Länge der Induktionsperiode — ausgedrückt durch den während der Induktionsperiode erzielten Umsatz — in Abhängigkeit von dem Verhältnis der Geschwindigkeitskonstanten von Abbruch und Wachstum.

bimolekularen Reaktion mit einem Molekül des Monomeren bestehen, haben die betreffenden Geschwindigkeitsausdrücke die gleiche Form:

$$v_w = k_w\, [M]\, [P^*];\quad v_a = k_a\, [M]\, [P^*];\quad v_{\ddot{u}} = k_{\ddot{u}}\, [M]\, [P^*].$$

In diesem besonderen Falle läßt sich die Differentialgleichung (77) durch Transformation auf eine neue unabhängige Variable („Eigenzeit")

$$z\,(t) = \int\limits_0^t [M]\, dt$$

auf eine lineare Form bringen, wodurch die mathematischen Schwierigkeiten bei der Lösung wesentlich vereinfacht werden.

Tabelle 8.*

v_s	$[P^*]$	$-\dfrac{dx}{dt} \equiv -\dfrac{1}{[M]_0}\dfrac{d[M]}{dt}$	$\left(-\dfrac{dx}{dt}\right)_{max}$	$x_w \equiv [M]_w/[M]_0$
$f(I)$	$\left\{(f(I)/k_a)(1-x^{2r})\right\}^{\frac{1}{2}}$	$(f(I)\,k_w/r)^{\frac{1}{2}}\,x\,(1-x^{2r})^{\frac{1}{2}}$	$(f(I)\,k_w)^{\frac{1}{2}}(r+1)^{-\frac{r+1}{2r}}$	$(r+1)^{-1/2r}$
$k_s[M]$	$\left\{\dfrac{k_s[M]}{k_a-\frac{1}{2}k_w}(1-x^{2r-1})\right\}^{\frac{1}{2}}$	$\left(\dfrac{k_s k_w[M]_0}{r-\frac{1}{2}}\right)^{\frac{1}{2}}x^{\frac{3}{2}}(1-x^{2r-1})^{\frac{1}{2}}$	$(k_s k_w[M]_0)^{\frac{1}{2}}\left(\dfrac{3}{2}\right)^{3/2(2r-1)}\times\\ \times(r+1)^{-\frac{r+1}{2r-1}}$	$\left[\dfrac{2}{3}(r+1)\right]^{-1/(2r-1)}$
$k_s[M]^2$	$\left\{\dfrac{k_s[M]^2}{k_a-k_w}(1-x^{2r-2})\right\}^{\frac{1}{2}}$	$\left(\dfrac{k_s k_w[M]_0^2}{r-1}\right)^{\frac{1}{2}}x^2(1-x^{2r-2})^{\frac{1}{2}}$	$(k_s k_w[M]_0^2)^{\frac{1}{2}}2^{1/(r-1)}\times\\ \times(r+1)^{-\frac{r+1}{2r-2}}$	$\left[\dfrac{1}{2}(r+1)\right]^{-1/(2r-2)}$
$k_s[M]^3$	$\left\{\dfrac{k_s[M]^3}{k_a-\frac{3}{2}k_w}(1-x^{2r-3})\right\}^{\frac{1}{2}}$	$\left(\dfrac{k_s k_w[M]_0^3}{r-\frac{3}{2}}\right)^{\frac{1}{2}}x^{\frac{5}{2}}(1-x^{2r-3})^{\frac{1}{2}}$	$(k_s k_w[M]_0^3)^{\frac{1}{2}}\left(\dfrac{5}{2}\right)^{5/2(2r-3)}\times\\ \times(r+1)^{-\frac{r+1}{2r-3}}$	$\left[\dfrac{2}{5}(r+1)\right]^{-1/(2r-3)}$

* $x=[M]/[M]_0$; $r=k_a/k_w$; $[M]_w=$ Konzentration des Monomeren im Zeitpunkt der maximalen Polymerisationsgeschwindigkeit.

Am einfachsten wird aus naheliegenden Gründen die Rechnung dann, wenn auch noch die Startreaktion von der gleichen, nämlich 1. Ordnung in bezug auf [M] ist. Gl. (77) hat dann die Form

$$\frac{d\,[P^*]}{dt} = k_s\,[M] - k_a\,[M]\,[P^*]$$

bzw. nach Einführung von z

$$\frac{d\,[P^*]}{dz} = k_s - k_a\,[P^*] \, .$$

Durch Integration unter Berücksichtigung der Grenzbedingungen erhält man

$$[P^*] = \frac{k_s}{k_a}\left(1 - e^{-k_a z}\right).$$

Für den Verbrauch des Monomeren gilt*

$$-\frac{d\,M}{dt} = k_s\,[M] + (k_w + k_a)\,[M]\,[P^*],$$

woraus nach Transformation auf z, Einsetzen von [P*] und Integration unter Berücksichtigung der Grenzbedingungen folgt

$$[M] = [M]_0 + \frac{k_s\,(k_w + k_a)}{k_a^2} - \frac{k_s\,(k_w + k_a)}{k_a}\,z - \frac{k_s\,(k_w + k_a)}{k_w^2}\,e^{-k_a z}$$

$$= A - Bz - C\,e^{-k_a z} \, .$$

In ähnlicher Weise kann man für die Konzentration des gebildeten Polymeren berechnen:

$$\sum_{2}^{\infty} [P_j] = k_s\,z + \frac{k_s}{k_a}\,(e^{-k_a z} - 1).$$

Zur Umrechnung der gemessenen Zeit t auf die Eigenzeit z und umgekehrt folgt nun aus der Definitionsgleichung für z

$$t\,(z) = \int_0^z \frac{d\,\zeta}{[M]_\zeta} = \int_0^z \frac{d\,\zeta}{A - B\,\zeta - C\,e^{-k_a \zeta}} \, .$$

Dieses Integral kann in analytischer Form nicht exakt gelöst werden, und auch eine Reihenentwicklung des Integranden führt zu einem Ausdruck, der für die anschließende Berechnung von z (t) schlecht geeignet ist. Es bleibt daher nur die numerische Integration (zur Berechnung von [M]-t-Kurven aus vorgegebenen Werten der Geschwindigkeitskonstanten) und die graphische Integration (zur Auswertung der experimentell gefundenen [M]-t-Kurve). Aber weder dieser Umstand noch die Kompliziertheit bzw. Unhandlichkeit einiger Formeln war die Ursache, daß diese Art der Behandlung von Polymerisationsreaktionen keine praktische Bedeutung gewinnen konnte, sondern vielmehr das *Versagen der Eigenzeit-Methode bei anderen Arten von Abbruchsreaktionen*. Insbesondere für den bimolekularen Abbruch zwischen zwei aktiven Polymeren ergeben sich mathematische Schwierigkeiten, durch die man gezwungen ist, als Ausweg mit Annahmen zu operieren, die dem tatsächlichen Reaktionsgeschehen nicht mehr entsprechen[15, 22]. Es kann daher auch auf die Wiedergabe weiterer Berechnungen (Polymerisationsgrad, Verteilungsfunktion, Kettenübertragung usw.) mit dem Hinweis auf die zitierte Literatur verzichtet werden.

Für den *nichtstationären* Reaktionsverlauf bei gleichzeitiger Berücksichtigung einer Abhängigkeit der Geschwindigkeitskonstanten vom Polymerisationsgrad sind bisher lediglich einige Ansätze gemacht worden, auf die hiermit verwiesen wird ([14, 20], siehe auch[15]).

---

* In den wenigen Fällen, in denen bisher ein Kettenabbruch durch das Monomere festgestellt wurde, werden verhältnismäßig niedermolekulare Polymerisate gebildet. Deshalb soll hier im Gegensatz zu Gl. (42) auch der Verbrauch von M durch die Startreaktion mit berücksichtigt werden.

Literatur.

[1] BAMFORD, C. H., u. M. J. S. DEWAR: Proc. roy. Soc. Lond. A **192**, 309 (1948).

[2] BARTLETT, P. D., u. R. ALTSCHUL: J. Amer. Chem. Soc. **67**, 816 (1945).

[3] BAWN, C. E. H.: Trans. Faraday Soc. **31**, 1536 (1935); **32**, 178 (1936).

[4] BLAIKIE, K. G., u. R. N. CROZIER: Ind. Eng. Chem. **28**, 1155 (1936).

[5] BREITENBACH, J. W.: Mh. Chem. **71**, 275 (1938).

[6] BREITENBACH, J. W.: Z. Elektrochem. **43**, 323 (1937).

[7] BREITENBACH, J. W., u. R. RAFF: Ber. **69**, 1107 (1936).

[8] CARLIN, R. B., u. N. E. SHAKESPEARE: J. Amer. Chem. Soc. **68**, 876 (1946).

[9] CAROTHERS, W. H.: J. Amer. Chem. Soc. **51**, 2548, 2560 (1929).

[10] CHALMERS, W.: Canad. J. Res. **1**, 32 (1930); **7**, 113, 472 (1932).

[11] CHALMERS, W.: J. Amer. Chem. Soc. **56**, 912 (1934).

[12] CONANT, J. B., u. C. O. TONGBERG: J. Amer. Chem. Soc. **52**, 1659 (1930).

[13] CUTHBERTSON, C., G. GEE, u. E. K. RIDEAL: Nature (Lond.) **140**, 889 (1937).

[14] CUTHBERTSON, C., G. GEE, u. E. K. RIDEAL: Proc. roy. Soc. Lond. A **170**, 300 (1938).

[15] DOSTAL, H.: Mh. Chem. **67**, 1, 63 (1936); **70**, 409 (1937).

[16] DOSTAL, H., u. W. JORDE: Z. phys. Chem. A **179**, 23 (1937).

[17] DOSTAL, H., u. H. MARK: Z. phys. Chem. B **29**, 299 (1935).

[18] FLORY, P. J.: J. Amer. Chem. Soc. **59**, 241 (1937).

[19] GEE, G.: Trans. Faraday Soc. **32**, 656 (1936).

[20] GEE, G., u. H. W. MELVILLE: Trans. Faraday Soc. **40**, 240 (1944); s. a. Rubber Chem. Technol. **18**, 223 (1945).

[21] GEE, G., u. E. K. RIDEAL: Trans. Faraday Soc. **31**, 969 (1935); **32**, 666 (1936).

[22] GINELL, R., u. R. SIMHA: J. Amer. Chem. Soc. **65**, 706, 715 (1943).

[23] HAWARD, R. N.: Trans. Faraday Soc. **46**, 204 (1950).

[24] HERINGTON, E. F. G.: Trans. Faraday Soc. **40**, 236 (1944).

[25] HERINGTON, E. F. G., u. A. ROBERTSON: Trans. Faraday Soc. **38**, 490 (1942).

[26] HERINGTON, E. F. G., u. A. ROBERTSON: Nature (Lond.) **159**, 745 (1947).

[27] HOUTZ, R. C., u. H. ADKINS: J. Amer. Chem. Soc. **53**, 1058 (1931); **55**, 1609 (1933).

[28] JEN KIA-KHWE u. H. N. ALYEA: J. Amer. Chem. Soc. **55**, 575 (1933).

[29] KIENLE, R. H.: Ind. Eng. Chem. **22**, 590 (1930).

[30] MAREI, F.: Acta phys. Chim. URSS **9**, 741, 759 (1938); **11**, 549 (1939).

[31] MARK, H., u. H. DOSTAL: Trans. Faraday Soc. **32**, 54 (1936).

[32] MARK, H., u. R. RAFF: Z. phys. Chem. B **31**, 275 (1936).

[33] MELVILLE, H. W., u. W. F. WATSON: Trans. Faraday Soc. **44**, 886 (1948).

[34] NOZAKI, K., u. P. D. BARTLETT: J. Amer. Chem. Soc. **68**, 2377 (1946).

[35] RISI, J., u. D. GAUVIN: Canad. J. Res. B **13**, 228 (1935).

[36] SCHAEFGEN, J. R., u. P. J. FLORY: J. Amer. Chem. Soc. **70**, 2709 (1948).

[37] SCHULZ, G. V.: Z. phys. Chem. B **30**, 379 (1935).

[38] SCHULZ, G. V.: Z. phys. Chem. B. **43**, 25 (1939).

[39] SCHULZ, G. V.: Z. phys. Chem. B. **44**, 227 (1939).

[40] SCHULZ, G. V., u. E. HUSEMANN: Z. phys. Chem. B **34**, 187 (1936).

[41] STARKWEATHER, H. W., u. G. B. TAYLOR: J. Amer. Chem. Soc. **52**, 4708 (1930).

[42] STAUDINGER, H.: Ber. **53**, 1073 (1920); **59**, 3019 (1926); **62**, 241 (1929).

[43] STAUDINGER, H., u. W. FROST: Ber. **68**, 2351 (1936).

[44] STAUDINGER, H., u. L. LAUTENSCHLÄGER: Ann. **488**, 1 (1931).

[45] STAUDINGER, H., u. A. SCHWALBACH: Ann. **488**, 8 (1931).

[46] STOCKMAYER, W. H.: J. chem. Phys. **12**, 143 (1944).

[47] TAYLOR, H. S., u. A. A. VERNON: J. Amer. chem. Soc. **53**, 2527 (1931).

[48] THOMPSON, H. E., u. R. E. BURK: J. Amer. chem. Soc. **57**, 711 (1935).

[49] WHITBY, G. S.: Trans. Faraday Soc. **32**, 315 (1935).

[50] WHITBY, G. S., u. R. N. CROZIER: Canad. J. Res. **6**, 203 (1932).

[51] WHITBY, G. S., u. M. KATZ: J. Amer. chem. Soc. **50**, 1160 (1928). — Canad. J. Res. **4**, 344, 487 (1931).

[52] WILLIAMS, I., u. H. WALKER: Ind. Eng. Chem. **25**, 199 (1933).

III. Polymerisationen mit Radikalmechanismus.

1. Reinpolymerisation in homogenen Systemen.

Thermische Polymerisation.

Styrol ist das Monomere, dessen Polymerisation in reiner Form zuerst genau untersucht wurde und mit dem die bisher besten Ergebnisse zur Aufklärung des Polymerisationsmechanismus erzielt werden konnten. Gut reproduzierbare Ergebnisse für die Polymerisation von Styrol in Substanz und in verschiedenen Lösungsmitteln wurden nahezu gleichzeitig

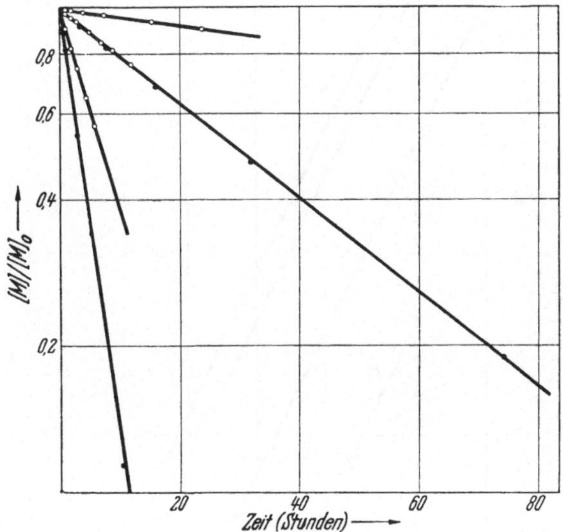

Abb. 7. Polymerisation von Styrol in Substanz ohne Beschleuniger bei 80, 100, 120 und 132° C. ● Messungen von SCHULZ u. Mitarb.[146].   o Messungen von SUESS u. Mitarb.[153].

von BREITENBACH[31], SCHULZ[143,146] und SUESS[153,154] veröffentlicht. Die Versuche wurden mit sorgfältig gereinigten Monomeren im Hochvakuum oder unter reinem Stickstoff ausgeführt und die Übereinstimmung der von den verschiedenen Autoren erhaltenen Ergebnisse berechtigt zu dem Schluß, daß tatsächlich eine rein thermische Polymerisation ohne jede Störung durch Verunreinigung usw. gemessen wurde. Das formalkinetische Ergebnis läßt sich folgendermaßen zusammenfassen*:

1. In reinem Styrol verläuft die Polymerisation von Beginn bis zu sehr hohen Umsätzen (90%) streng nach der *ersten* Ordnung, wie aus Abb. 7 hervorgeht.

2. In verschiedenen Lösungsmitteln, besonders in Toluol und Äthylbenzol, die, wie man annehmen könnte, indifferent sind, ist die Anfangs-Polymerisationsgeschwindigkeit von der *zweiten* Ordnung in bezug auf [M]. Auch diese Gesetzmäßigkeit ist nicht nur ungefähr, sondern recht genau erfüllt, wie Abb. 8 zeigt.

---

* Die quantitativen Ergebnisse s. S. 109 ff.

Bei größerer Verdünnung mit diesen Lösungsmitteln entspricht auch der Polymerisationsverlauf bis zu höheren Umsätzen der zweiten Ordnung in bezug auf [M]. Je konzentrierter aber die Ausgangslösung, um so mehr geht die Ordnung der Reaktion von der zweiten in die erste über, die ja wie unter 1. erwähnt, für das unverdünnte Styrol streng gilt.

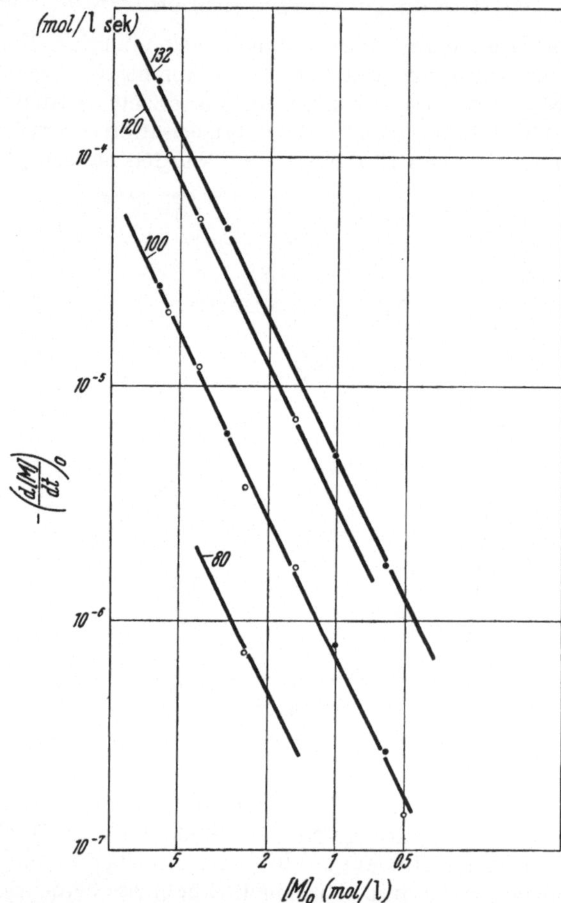

Abb. 8. Polymerisation von Styrol in Äthylbenzol ohne Beschleuniger bei 80, 100, 120 und 132° C. ● Messungen von SCHULZ u. Mitarb.[143]. ○ Messungen von SUESS u. Mitarb.[154].

3. Der mittlere Polymerisationsgrad des gebildeten Polymeren ist bei der Substanzpolymerisation während des ganzen Reaktionsverlaufs konstant.

4. Mit zunehmender Verdünnung durch Lösungsmittel nimmt der Polymerisationsgrad des entstehenden Polymeren ab, wobei ein großer Unterschied in der Wirkung der verschiedenen Lösungsmittel besteht.

Will man nun versuchen, formal aus der Ordnung der Reaktion und aus dem Verhalten des Polymerisationsgrades auf die kinetische Form der Teilreaktionen zu schließen, so fällt zunächst auf, daß die Ergebnisse 1. und 2., sowie 3. und 4. einander zu widersprechen scheinen.

Wie in einem späteren Abschnitt eingehender erläutert wird, kann die Abnahme des Polymerisationsgrades bei Verdünnung durch Lösungsmittel durch ein Eingreifen des Lösungsmittels in die Reaktion gedeutet werden (Kettenübertragung durch das Lösungsmittel, vgl. S. 131). Sofern es sich dabei um eine reine *Kettenübertragung* handelt, d. h. sofern für jedes aktive Polymere, das durch ein Molekül des Lösungsmittels desaktiviert wird, ein neuer Polymerisationskeim gebildet wird, hat diese Kettenübertragung einen Einfluß nur auf den Polymerisationsgrad, nicht aber auf die Polymerisationsgeschwindigkeit. Der Widerspruch zwischen 1. und 2. bleibt somit bestehen, kann aber *formal* gelöst werden, wenn man an Stelle der Konzentration die Aktivität des Monomeren einsetzt.

Zu diesem Zweck wurde die Änderung des Dampfdruckes von Styrol im Verlauf einer Substanzpolymerisation gemessen und das Verhältnis des jeweiligen Dampfdruckes zu dem des reinen Monomeren als Aktivitätskoeffizient eingeführt[162]. Wie aus Abb. 9 ersichtlich, ist die Polymerisationsgeschwindigkeit in Substanz tatsächlich proportional dem Quadrat der Aktivität. In verdünnten Lösungen ist die Aktivität des Monomeren praktisch gleich der Konzentration, daher kann dort, wie ja experimentell festgestellt, die zweite Ordnung auch in bezug auf die Konzentration gelten.

Man hat also nach einem Mechanismus zu suchen, der für die Polymerisationsgeschwindigkeit die zweite und für den Polymerisationsgrad die nullte Ordnung in bezug auf [M] liefert. Nach Tab. 6 wird diese Bedingung in zwei Fällen erfüllt, nämlich bei Abbruch durch das Monomere und bei Abbruch durch gegenseitige Desaktivierung zweier Radikale, wobei in jedem Fall die Startreaktion bimolekular sein muß. Zwischen diesen beiden Fällen kann auf Grund der formalen Ergebnisse der rein thermischen Polymerisation *nicht* entschieden werden. Da aber Ergebnisse bei der katalysierten und photochemischen Polymerisation eindeutig auf einen Abbruch zwischen zwei Radikalen schließen lassen (s. S. 105), so kann man annehmen, daß diese Art des Abbruchs auch bei der rein thermischen Polymerisation vorliegt. Man hat also folgendes Reaktionsschema

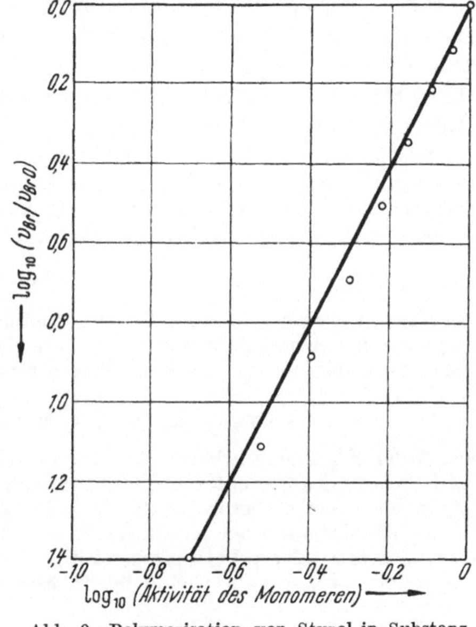

Abb. 9. Polymerisation von Styrol in Substanz ohne Beschleuniger bei 127,3° C. (Nach WALLING, BRIGGS und MAYO[162]).
Abhängigkeit der Polymerisationsgeschwindigkeit von der Aktivität des Monomeren.

Start	$M + M \longrightarrow 2\,M^* \;(\text{oder } P_2^{**})$	$k_s\,[M]^2$
Wachstum	$P_j^* + M \longrightarrow P_{j+1}^*$	$k_w\,[M]\,[P^*]$
Übertragung	$P_j^* + M \longrightarrow P_j + M^*$	$k_{\ddot u}\,[M]\,[P^*]$
Abbruch	$P_j^* + P_i^* \longrightarrow P_j + P_i$	$k_a\,[P^*]^2$,

aus dem nach Tab. 6 die Beziehungen

$$v_{Br} = k_w \, (k_s/k_a)^{\frac{1}{2}} \, [M]^2$$

$$1/\overline{P} = \frac{k_\ddot{u}}{k_w} + \frac{(k_s \, k_a)^{\frac{1}{2}}}{k_w}$$

folgen. Welches Ausmaß die Übertragung durch das Monomere hat, kann aus den bisher geschilderten Versuchsergebnissen nicht ermittelt werden; wie später gezeigt werden wird, spielt sie beim Styrol keine größere Rolle. Daher kann auch ein Abbruch durch Kombination ausgeschlossen werden, da ein solcher bei Biradikalen, die bei der rein thermischen Keimbildung wahrscheinlich entstehen, zur Bildung von Riesenmolekülen führen müßte.

Mit der formalen Einführung der Aktivität an Stelle der Konzentration ist das Problem der Substanz-Polymerisation beim Styrol aber noch immer nicht völlig befriedigend gelöst. Man kann nach BRØNSTEDT für Reaktionen in konzentrierten Systemen die Geschwindigkeitskonstanten durch

$$k = k_0 \cdot f_A \cdot f_B/f_{(AB)}$$

ausdrücken, wobei f_A und f_B die Aktivitätskoeffizienten der Reaktionspartner und $f_{(AB)}$ den des „Übergangskomplexes" bezeichnen. Wendet man die BRØNSTEDTsche Formel auf das oben angegebene Polymerisationsschema an, so erhält man

$$v_{Br} = k_w \, (k_s/k_a)^{\frac{1}{2}} \, [M]^2 \, f_m^2 \, \{f_{2p*}/f_{mp*}^2 \, f_{2m}\}^{\frac{1}{2}} \, ,$$

wobei der Klammerausdruck die Aktivitätskoeffizienten der verschiedenen, durch die Indizierung angedeuteten Reaktionskomplexe enthält. Nach dem experimentellen Befund bleibt dieser Ausdruck während der Polymerisation konstant. Dies kann entweder auf einer Konstanz der einzelnen Aktivitätskoeffizienten der Reaktionskomplexe oder auf einer gegenseitigen Kompensation ihrer Änderung beruhen; das erstere ist hier wahrscheinlicher[162]. Eine genauere Deutung kann vorläufig nicht gegeben werden.

Es ist auch gelegentlich vorgeschlagen worden, die abnorme Polymerisationsgeschwindigkeit von Styrol in Gegenwart von Polystyrol durch eine Änderung der Geschwindigkeitskonstanten infolge der stark zunehmenden Viscosität des Mediums zu deuten. Ein solcher Effekt wurde bei verschiedenen Monomeren auch beobachtet („Geleffekt", vgl. S. 209). Beim Styrol bleibt aber der Polymerisationsgrad konstant, während der Geleffekt ein Ansteigen des Polymerisationsgrades bewirken müßte. Um sowohl dem Verhalten von v_{Br} als auch $\overline{P}$ im Verlauf der Substanzpolymerisation gerecht zu werden, müßte man annehmen, daß k_s proportional $1/[M]$ zunimmt, während k_a (unter der Voraussetzung, daß k_w auch hier konstant bleibt, vgl. S. 210) proportional $[M]$ abnehmen müßte. Eine solche Wirkung der zunehmenden Viscosität erscheint doch recht unwahrscheinlich.

Eine rein thermische Polymerisation, wie sie beim Styrol beobachtet und genauer kinetisch untersucht werden konnte, ist offenbar sehr selten. Neben Styrol wurde bisher nur in einem einzigen Fall, nämlich bei Methylmethacrylat, unter besonderen Maßnahmen eine Polymerisation erreicht, die offenbar auf rein thermische Keimbildung zurückzuführen ist[161]. Außer peinlichem Ausschluß von Sauerstoff und Licht, das eine photochemische Keimbildung bewirken könnte, wurden zur Erzielung reproduzierbarer Ergebnisse auch geringe Mengen eines Antioxydans zugesetzt, das in den verwendeten Mengen sonst keinen Einfluß auf die Polymerisation zeigt. Typische Versuchsergebnisse sind in Abb. 10 wiedergegeben. Da alle Meßpunkte recht gut auf einer einzigen

Kurve liegen, obwohl die Konzentration des Hydrochinon von 0,01 bis 0,1 Gewichtsprozent variiert, und an Stelle von Hydrochinon auch Pyrogallol und t-Butylcatechol verwendet wurden, scheint der Schluß berechtigt zu sein, daß diese zugesetzten Stoffe keinen direkten Einfluß auf die Polymerisation ausüben, daß also eine rein thermische Keimbildung vorliegt. Diese Polymerisation von Methylmethacrylat verläuft zwischen 100 und 150° C rund 100mal langsamer als die von Styrol und mit einer Bruttoaktivierungsenergie von 16 kcal pro Mol; die kinetische Kettenlänge ist von der Größenordnung 10^6, der mittlere Polymerisationsgrad infolge von Kettenübertragung nur um 10^4.

Bei einigen anderen Monomeren, die in Substanz oder Lösung „rein thermisch", d. h. ohne absichtlich zugesetzten Katalysator polymerisiert wurden, konnte nachträglich gezeigt werden, daß die Polymerisation durch Spuren von Beschleunigern verursacht wurde und daß bei extremer Reinheit des Monomeren und peinlichem Ausschluß von Sauerstoff keine Polymerisation stattfindet. Dies gilt vor allem für Vinylacetat (vgl. S. 82). Auch bei Chloropren scheint die als „thermisch" an-

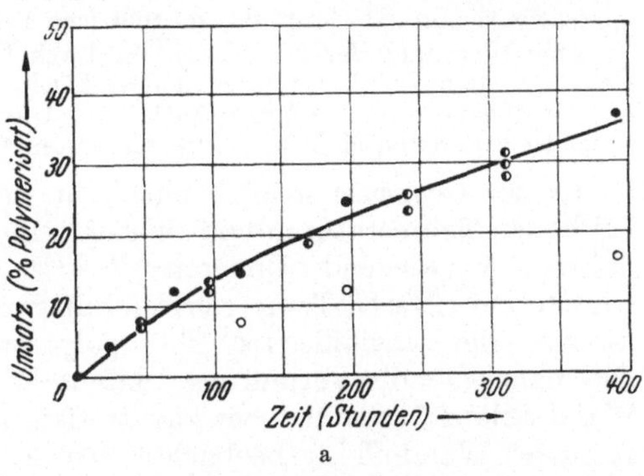

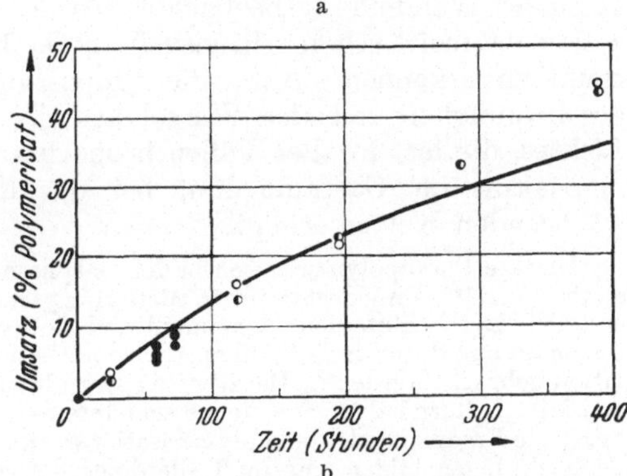

Abb. 10 a u. b. Polymerisation von Methylmethacrylat ohne Beschleuniger bei 131° C. a in Gegenwart von Hydrochinon. (● 0,01, ◓ 0,1, ○ 1,0 Gew.-%.) b in Gegenwart von 0,1% tert-Butylcatechol (○) 0,1% Pyrogallol (◐) ohne Zusatz (●) (Nach WALLING und BRIGGS[161]).

gesprochene Polymerisation (z. B.[107]) durch ein Peroxyd bewirkt zu sein, das sich aus Chloropren und Luftsauerstoff leicht bildet und schwer vollständig abgetrennt werden kann[88]. Nach diesen Erfahrungen muß man gegenüber „rein thermischen" Polymerisationen skeptisch sein; schlechte Reproduzierbarkeit oder mangelhafte Übereinstimmung der von verschiedenen Autoren erhaltenen Ergebnisse sind meist ein erster Hinweis, daß die Polymerisation durch unkontrollierte katalytische Effekte verfälscht wurde. Dieser Verdacht besteht vielleicht auch bei Inden (vgl.[121,138] und die dort zitierte ältere Literatur). Reines Vinylchlorid zeigt selbst nach sehr langer Versuchsdauer bei 100° C keine Andeutung einer Polymerisation[32,35]. Ebensowenig sind die anderen chlorsubstituierten Acetylene ohne Beschleuniger polymerisierbar[32a].

Bei hohem Drucke verläuft die Polymerisation rascher; für Styrol in Substanz und Suspension wurde eine Steigerung auf das 10fache bei 3000 Atm. festgestellt[64]. Frühere meist nur grob quantitative Untersuchungen hatten teilweise wesentlich höhere Effekte ergeben, wahrscheinlich weil der Temperaturanstieg groß und nicht genügend berücksichtigt war.

Ein Magnetfeld von 40000 Gauß hat keinen meßbaren Einfluß auf die Polymerisationsgeschwindigkeit von Styrol bei 80—100° C [30] entgegen einer früheren Beobachtung[139]; dadurch erübrigt sich auch die bereits erfolgte Deutung der Polymerisationshemmung durch das magnetische Feld[96].

Eine Hemmung der Polymerisation durch Ultraschall wurde ebenfalls festgestellt; soweit nicht überhaupt sekundäre Effekte (z. B. erhöhte Sauerstoffwirkung u. ä.) maßgebend sind, ist der Einfluß des Ultraschalls als Depolymerisation der zunächst gebildeten Makromoleküle zu deuten[137].

In der *Gasphase* erfolgt eine rein thermische Polymerisation erst bei hohen Temperaturen und führt nur zu ganz niedermolekularen Produkten, vorwiegend Dimeren[24,92,70,160]. Höhermolekulare Produkte wurden bei tieferen Temperaturen mit verschiedenen Monomeren durch direkte oder sensibilisierte Photopolymerisation erhalten[81,82,113,109,108]. Die naheliegende Vermutung, daß dabei die Polymerisation an der Wand abläuft, scheint nicht zuzutreffen, obwohl eine Reihe noch nicht geklärter Wandeffekte beobachtet wurde; das Eintreten der Polymerisation ist meist schon rein visuell an der Bildung eines Nebels im Gasraum zu erkennen. Auch die Proportionalität der Polymerisationsgeschwindigkeit mit der Wurzel aus der Intensität des absorbierten Lichtes, die fast in allen Fällen beobachtet wurde, weist auf eine Polymerisation im Gasraum hin, bei der der Abbruch zwischen zwei wachsenden Ketten erfolgt.

Direkte Photopolymerisation in der Gasphase wurde bei Chloropren[23], Methylmethacrylat[109], Vinylacetat[113,112a], Methylvinylketon[82,112a] und Vinylchlorid[82] festgestellt. Styrol, Butadien, Acrylnitril und Methylisopropenylketon konnten in der Gasphase nur durch freie Radikale (Sensibilisierung mit Aceton u. ä.) zur Polymerisation gebracht werden[82]. Die zitierten sorgfältigen Untersuchungen von MELVILLE und Mitarbeitern haben eine Menge sehr interessanter Ergebnisse gezeitigt, die eine wertvolle Ergänzung der bei Polymerisationsreaktionen in flüssiger Phase gemachten Beobachtungen bilden. Es muß allerdings betont werden, daß dabei zahlreiche, noch ungeklärte neue Probleme aufgetaucht sind, die hier aufzurollen eine eingehende Aufzählung und Diskussion der Versuchsergebnisse erfordern würde; darauf muß unter Hinweis auf die Originalarbeiten verzichtet werden (vgl. auch S. 119).

Die Beschleunigung der Polymerisation.

Eines der wichtigsten Argumente dafür, daß die hier betrachteten Polymerisationsreaktionen über radikalartige Zwischenprodukte verlaufen, war die Tatsache, daß die Polymerisation durch solche Substanzen, die nach völlig unabhängiger Erfahrung unter den Versuchsbedingungen freie Radikale liefern, angeregt bzw. beschleunigt werden kann[140,141,148]. Derartige Versuche wurden mit Tetraphenylbernsteinsäuredinitril[148] und Derivaten[74a], Triphenylmethylazobenzol[140] und Derivaten[74a], Benzoldiazoniumhydroxyd[127], Nitrosoacetanilid[74] und Derivaten[22] und Hexaphenyläthan[106] ausgeführt; die Kinetik der auf diese Weise angeregten Polymerisation war im wesentlichen analog der bei Verwendung der üblichen Polymerisationskatalysatoren[140,141,148].

Die Keimbildung durch diese freien Radikale wird, wie man vermuten sollte, durch direkte Anlagerung an ein Ende der Doppelbindung des Monomeren erfolgen, wobei eines der beiden π-Elektronen der Doppelbindung für die neue Bindung aufgebraucht wird und das zweite π-Elektron dem anderen C-Atom der Doppelbindung Radikalcharakter verleiht:

$$\mathrm{R-+CH_2=CHX \longrightarrow RCH_2-\overset{|}{C}HX.}$$

Danach muß man erwarten, daß jeder Polymerisationskeim ein primäres Radikal hauptvalenzmäßig gebunden enthält, d. h., daß die Bruchstücke der die Radikale liefernden Substanz in die Moleküle des Polymeren eingebaut werden. Vor allem dann, wenn diese Radikale analytisch leicht nachweisbare Elemente enthalten (Cl, Br, S, N, usw.), sollte es daher möglich sein, den Einbau durch entsprechende Analyse des Polymeren festzustellen. Dies ist auch in einer größeren Zahl von Fällen gelungen durch chemisch-analytischen Nachweis bestimmter Gruppen[128, 130, 74, 74a, 85, 90, 127, 129, 154a, 12, 89, 22, 33, 11, 27], durch die Radioaktivität des Polymeren bei Verwendung von Radikalen, die aktive Elemente enthielten[124, 125, 150], oder durch U-V-Absorption[86]. Dabei handelt es sich nicht nur um solche „Katalysatoren" wie die obengenannten, deren leichter Zerfall in Radikale bekannt war, sondern vorwiegend auch um Perverbindungen (substituierte Benzoylperoxyde, Kaliumpersulfat), die zu den am meisten verwendeten Polymerisationsbeschleunigern zählen*. Die dadurch geschlagene Brücke zu den normalen Polymerisationsbeschleunigern ist das eine wesentliche Argument für die heute allgemein anerkannte Auffassung, daß alle Beschleuniger (soweit sie überhaupt eine Polymerisation mit Radikalmechanismus bewirken, vgl. S. 235 ff.) primär in Radikale zerfallen und diese Radikale dann mit dem Monomeren, wie oben angegeben, Polymerisationskeime bilden. Die weiteren Argumente liefert die quantitative Kinetik der beschleunigten Polymerisation und der Zerfall der Beschleuniger in Gegenwart und Abwesenheit polymerisierbarer Substanzen (s. unten). Offen ist höchstens in manchen Fällen noch die Frage, ob die primäre Bildung der Radikale aus dem Beschleuniger mit oder ohne Teilnahme des Monomeren erfolgt (siehe dazu [87]). Wie aus dem weiteren ersichtlich sein wird, steht heute eindeutig fest, daß in vielen Fällen die Radikalbildung ohne Mitwirkung des Monomeren erfolgt, während für die andere Alternative zwingende Gründe bisher in keinem Falle vorliegen.

Als Argument gegen die primäre Radikalbildung durch Zerfall von Benzoylperoxyd wurde angeführt, daß dann die Radikale auch mit den aktiven Polymeren reagieren und somit nicht nur keimbildend, sondern auch kettenbrechend wirken müßten[144]. Dieses Argument ist insofern richtig, als tatsächlich alle Radikale auf diese Weise den Kettenabbruch erhöhen[141]. Auch bei Benzoylperoxyd ist festgestellt worden, daß dieser „Katalysator" unter Umständen außer der Beschleunigung der

---

* Daß bei der Polymerisation von Vinylchlorid, Vinyl- und Acrylestern in emulgatorfreien Ansätzen mit Persäuren oder ihren Salzen Polymerisatemulsionen erhalten werden, deutet ebenfalls auf Endgruppen im Makromolekül hin, die aus Bruchstücken des Beschleunigers entstehen (siehe dazu [87]).

Startreaktion auch eine Erhöhung des Kettenabbruchs bewirken kann[34, 33, 26, 27, 40]. In welchem Ausmaße dies aber geschieht, hängt von den ganz speziellen Versuchsbedingungen und von der Reaktionsfähigkeit der Radikale gegenüber dem Monomeren ab. Sehr stabile Radikale, z. B. 2-2-Diphenyl-1-Pikrylhydrazyl, reagieren kaum mit dem Monomeren, sondern fast ausschließlich mit dem aktiven Polymeren unter Kettenabbruch (vgl. S. 138). Bei Hexaphenyläthan bzw. dem daraus gebildeten Triphenylmethyl wurde unter bestimmten Versuchsbedingungen ebenfalls eine Hemmung der thermischen Styrolpolymerisation festgestellt; eine Abschätzung zeigte aber, daß mehr als 70 Hexaphenyläthan-Moleküle für je einen *thermisch* gebildeten Keim verbraucht werden; da es sehr unwahrscheinlich ist, daß Triphenylmethyl Kettenübertragung oder Mischpolymerisation geben kann, geht aus diesem Befund hervor, daß dieses Radikal erheblich die Keimbildung beschleunigt, seine kettenabbrechende Wirkung aber noch überwiegt[106]. Reaktionsfähigere Radikale, zu denen die aus Benzoylperoxyd entstehenden zu rechnen sind, werden im allgemeinen nicht die vielen Begegnungen mit Monomeren-Molekülen, die sie unter den üblichen Versuchsbedingungen erfahren, bevor sie einmal mit einem aktiven Polymeren zusammentreffen, überleben, sondern schon vorher mit dem Monomeren reagieren. Je rascher die Radikallieferung durch den Beschleuniger erfolgt (hohe Konzentration, rascher Zerfall des Beschleunigers), um so höher wird die stationäre Konzentration der primären Radikale und der aktiven Polymeren, um so größer wird daher auch die Wahrscheinlichkeit des Kettenabbruchs durch den Katalysator; man wird immer bei größerer Beschleunigerkonzentration auf Abweichungen von der normalen kinetischen Formel stoßen, die auf einen zusätzlichen Abbruch durch die keimbildenden Radikale hinweisen[19,50]. Wo die Grenze liegt, bei der dieser zusätzliche Abbruch merkbar wird oder bei der er sogar die Beschleunigung überwiegt, hängt dann noch weiter von der Reaktionsfähigkeit der Radikale gegenüber dem Monomeren ab. So ist wohl auch in manchen Fällen die Wirkung von „Aktivatoren" zu verstehen; einige Monomere (z. B. Butadien) reagieren offenbar nur schwer mit den Bruchstücken peroxydischer Beschleuniger; diese primären Radikale geben aber mit dem Aktivator (z. B. Merkaptanen; s. S. 135) andere Radikale, die dann mit dem Monomeren leichter Polymerisationskeime bilden. Zwischen einer solchen Wirkung eines „Aktivators" und der sogenannten „Redoxkatalyse" (vergl. S. 151ff.) bestehen wahrscheinlich fließende Übergänge[76].

Aus diesen Überlegungen sind zwei wichtige Folgerungen zu ziehen. Die erste betrifft die Kinetik der beschleunigten Polymerisation und das Ausmaß, in dem Bruchstücke des Beschleunigers in das Monomere eingebaut werden. Wie weiter unten gezeigt wird, kann in mehreren gut untersuchten und verhältnismäßig einfach gelagerten Fällen für die Polymerisationsgeschwindigkeit und den mittleren Polymerisationsgrad eine sehr gute Übereinstimmung zwischen dem experimentellen Befund und dem formalen Gesetz erzielt werden, das mit der Annahme eines primären Zerfalls des Beschleunigers in Radikale, die dann die Polymerisationskeime bilden, abgeleitet wurde. Es ist aber von vornherein mit Komplikationen zu rechnen; welche Ursachen für diese Komplikationen verantwortlich zu machen sind, kann wohl nach dem bereits Gesagten meist vermutet werden, eine quantitative Deutung wird aber kaum ohne sehr sorgfältige Versuche auf breiter Basis möglich sein.

Die Zahl der Bruchstücke des Beschleunigers, die in einem Makromolekül eingebaut sind, wurde in mehreren Fällen gleich eins gefunden[130, 33,154a,] wie zu erwarten, wenn die Radikale nur keimbildend wirken. In anderen Fällen wurden im Durchschnitt mehr (oder auch weniger) Bruchstücke pro Makromolekül festgestellt[25,74,90,129]. Die Bedeutung dieser Zahlen darf nicht überschätzt werden, denn erstens wurden sie meist unter Versuchsbedingungen gewonnen, unter denen das Reaktionsgeschehen nicht mehr so einfach ist wie bei den normalen kinetischen Versuchen (z. B. sehr hohe Konzentration des Beschleunigers, hoher Umsatz), und zweitens sind die Molgewichtsbestimmungen (meist Viscositätsmessungen) nicht unbedingt zuverlässig. Eine genaue Bestimmung der Endgruppen von solchen Polymerisaten, deren Bildungsreaktion auch quantitativ gemessen und analysiert wurde, wäre allerdings sehr wünschenswert.

Die zweite Folgerung, die wir ziehen müssen, ist die, daß der relativen Geschwindigkeit, mit der die primären Radikale geliefert werden, eine große Bedeutung für den erreichbaren Beschleunigungseffekt zukommt; relative Geschwindigkeit bedeutet hier: im Vergleich zur Geschwindigkeit, mit der die Radikale mit dem Monomeren oder auf andere Weise weiterreagieren.

Die optimale Geschwindigkeit wird immer die sein, bei der ein möglichst großer Bruchteil der primär entstandenen Radikale mit dem Monomeren unter Keimbildung reagiert und keine nennenswerte Reaktion der primären Radikale mit den aktiven Polymeren erfolgt. Aus den obigen Ausführungen ergibt sich, daß dieses Optimum um Größenordnungen verschieden sein kann, je nach der Reaktionsfähigkeit der Radikale und des Monomeren gegenüber allen in Frage kommenden Reaktionspartnern; es kann von Monomerem zu Monomerem bei gleichem Beschleuniger oder von Beschleuniger zu Beschleuniger bei gleichem Monomeren anders sein. Werden die Radikale durch thermischen Zerfall eines Beschleunigers geliefert, so kann die Geschwindigkeit ihrer Bildung nur in gewissen Grenzen willkürlich verändert werden (Temperatur, Konzentration des Beschleunigers, evtl. Art des Mediums). Sehr viel größere Variationsmöglichkeiten in dieser Hinsicht bieten Reaktionen (oder Gleichgewichte), bei denen Radikale als Zwischenprodukte auftreten. Damit haben wir bereits den wichtigsten Gesichtspunkt für das Verständnis der Redoxkatalyse, deren Besprechung erst in einem späteren eigenen Abschnitt erfolgen wird, gewonnen.

Der thermische Zerfall von Benzoylperoxyd und einigen anderen Polymerisationsbeschleunigern.

Benzoylperoxyd zerfällt leicht bei 70—100° C. Die in verschiedenen organischen Lösungsmitteln gebildeten Produkte sind am einfachsten mit der Annahme zu erklären, daß primär freie Benzoyloxy- und Phenyl-Radikale entstehen[75]*.

$$C_6H_5COO—OCOC_6H_5 \longrightarrow 2\,C_6H_5COO—$$

und anschließend oder gleichzeitig:

$$C_6H_5COO— \longrightarrow C_6H_5— + CO_2\,.$$

Eine große Zahl von Arbeiten beschäftigt sich mit diesem thermischen Zerfall; die älteren (die diesbezügliche Literatur siehe bei[75,87]) vorwiegend mit den entstehenden Reaktionsprodukten und der Erklärung ihrer Bildung durch ein plausibles Reaktionsschema, die neueren vorwiegend mit der quantitativen Kinetik unter verschiedenen Versuchsbedingungen, vor allem in verschiedenen organischen Lösungsmitteln. Es kann hier nur eine kurze Übersicht über die wesentlichen Ergebnisse gegeben werden.

Die Ordnung des Zerfalls ist in Lösungsmitteln wie Benzol[36,85,100], Toluol[11,44], Nitrobenzol[11,44], Styrol-Benzol[46], Allylacetat[11], Vinylacetat-Benzol[85] so nahe die erste, daß der Zerfall meist als monomolekulare Reaktion behandelt wurde. Da aber

1. die „monomolekulare" Zerfallskonstante bei größerer Variation der Anfangskonzentration des Benzoylperoxyds nicht konstant bleibt[11,36,46],
2. der Zerfall durch freie Radikale induziert werden kann[118],
3. der Zerfall durch zahlreiche Substanzen z. B. Hydrochinon, t-Butylcatechol, Pikrinsäure, Sauerstoff usw. gehemmt wird[44,118,156],
4. die Zerfallsgeschwindigkeit (und auch die Ordnung) in verschiedenen Lösungsmitteln mitunter sehr verschieden ist[44,118] (in Diäthyläther z. B. ist der Zerfall 200—300 mal rascher als in aromatischen Lösungsmitteln[44] und auch in Gegenwart von Monomeren ist er mehrfach schneller als in den nicht polymerisierenden Lösungsmitteln allein[29,34,85,130]),

muß man annehmen, daß außer der spontanen Spaltung des Peroxydmoleküls auch ein durch Radikale induzierter Zerfall vorliegt, der nach einem Kettenmechanismus erfolgt. Dementsprechend läßt sich der gesamte Zerfall in verschiedenen Lösungsmitteln formal durch zwei simultane Reaktionen darstellen, von denen eine nach der ersten Ordnung und die zweite nach der Ordnung 3/2 oder 2 verläuft[10,118]. Die Reaktion mit der höheren Ordnung ist der Kettenzerfall; ihr relativer Anteil am Gesamtzerfall ist abhängig von der Temperatur und von der Art des Lösungsmittels. Da die spontane Spaltung sicher die größere Aktivierungsenergie erfordert, wird man erwarten, daß der Kettenzerfall cet. par. besonders bei tieferen Temperaturen überwiegt, wie tatsächlich auch beobachtet.

Die Art der Reaktionsprodukte, z. B. die Isolierung von Benzoesäure und 1-Äthoxyäthylbenzoat beim Zerfall in Diäthyläther[44], beweist die Teilnahme des Lösungsmittels am Kettenzerfall. In quantitativer Hinsicht nimmt die Zerfallsgeschwindigkeit in den verschiedenen Lösungsmitteln ungefähr in folgender Reihenfolge zu[15,118]:

Hochhalogenierte Lösungsmittel, aromatische Kohlenwasserstoffe, aliphatische Kohlenwasserstoffe, Alkohole, Phenole, Äther, Amine.

Diese verschiedene Wirkung der einzelnen Lösungsmittel kann im Prinzip verstanden werden aus dem Unterschied in der Geschwindigkeit, die den Reaktionen:

$$C_6H_5COO— + HL \longrightarrow C_6H_5COOH + L—$$

$$L— + C_6H_5COO—OCOC_6H_5 \longrightarrow C_6H_5COOL + C_6H_5COO—$$

(und einer Reihe ähnlicher Reaktionen, an denen Radikale, die aus Benzoylperoxyd oder dem Lösungsmittel entstanden sind, teilnehmen, die einzeln aufzuführen

---

* Auch bei Di-t-Alkylperoxyden[131,134,157] und Acetylperoxyd[56,91] sind die Ergebnisse am besten mit der Annahme vereinbar, daß primär eine Spaltung der 0-0-Bindung erfolgt.

sich aber wohl erübrigt; HL = Lösungsmittel) in den verschiedenen Lösungsmitteln zukommt. Auch der prozentuale Anteil von CO_2 und Benzoesäureestern variiert mit den Versuchsbedingungen[73] und zwar deuten die Ergebnisse darauf hin, daß CO_2 durch einen monomolekularen Zerfall des Benzoyloxyradikals entsteht und daher mengenmäßig zurücktritt, wenn dieses Radikal sehr rasch auf andere Weise abreagiert.

Analoge, wenn auch in quantitativer Hinsicht abweichende Verhältnisse wurden auch beim Zerfall anderer organischer Peroxyde gefunden (Lauroylperoxyd[45], Cumylhydroperoxyd[62a]). Beim Vergleich des Zerfalls mehrerer substituierter Benzoylperoxyde wurde ein verschiedener Einfluß der Substituenden — je nach ihrem elektrophilen oder nucleophilen Charakter — auf den spontanen und auf den Kettenzerfall gefunden[156].

Durch die große Zahl von Reaktionsmöglichkeiten für die beim Peroxydzerfall in Lösungsmitteln auftretenden Radikale, ebenso wie durch die sehr unterschiedlichen Reaktionsfähigkeiten der verschiedenen beteiligten Radikale und Moleküle ist es zu erklären, daß das Reaktionsschema für den Kettenzerfall allein sehr kompliziert ist — obwohl es im Prinzip immer aus den gleichen Reaktionen besteht — und zu ganz verschiedenen kinetischen Ausdrücken für die Bruttogeschwindigkeit führen kann[15, 44, 119]. Im einzelnen muß auf die zitierte Literatur verwiesen werden (siehe auch [20,69,95]).

Für die Anregung der Polymerisation durch die beim Peroxydzerfall entstehenden Radikale folgt aus den bisherigen Ausführungen:

1. Es sind verschiedene Arten von Radikalen vorhanden, mindestens zwei, nämlich Benzoyloxy- und Phenylradikale; dazu kommen meist die vom Lösungsmittel gebildeten. Über die relative Reaktionsfähigkeit dieser verschiedenen Radikale gegenüber ungesättigten Verbindungen, insbesondere gegenüber Vinylverbindungen, ist noch wenig bekannt (vgl.[22, 40,59,73,74a] sowie[74] und die dort angeschlossene Diskussion).

Die Geschwindigkeitskonstante für die Reaktion der Phenyl- und Benzoyloxy-Radikale mit Vinylacetat ($k = 5,9 \cdot 10^2 \cdot e^{-8,500/RT}$) ist kleiner als k_W, die Konstante der Wachstumsreaktion dieses Monomeren[40]. Bei Allylacetat[11] wurden 60,5% des Peroxyds als Benzoatgruppen und 12% als Phenylgruppen in das Polymere eingebaut (16,8% erschienen als freie Benzoesäure, für den Rest fehlt der Nachweis), d. h. es wurden etwa 5mal mehr Ketten durch Benzoyloxy-Radikale gestartet als durch Phenyl-Radikale; da dieses Verhältnis aber von zwei Unbekannten, nämlich den relativen Mengen der beiden Radikale und ihrer relativen Reaktionsfähigkeit gegenüber dem Monomeren bestimmt wird, können aus diesen und ähnlichen Befunden allein keine weiteren Schlüsse gezogen werden.

2. Die Zahl der für eine bestimmte Reaktion (z. B. Keimbildung) verfügbaren Radikale steht nicht in einem einfachen Zusammenhang mit der Menge Peroxyd, die zerfällt. Durch die verschiedenen konkurrierenden Reaktionen, insbesondere durch den induzierten Peroxydzerfall, wird stets ein (unbekannter) Bruchteil der aus dem Peroxyd entstehenden Radikale anderweitig verbraucht. Hier sei als ein typisches Beispiel der Vergleich von Benzoylperoxyd und Cyclohexylhydroperoxyd in bezug auf die Beschleunigung der Styrolpolymerisation angeführt; obwohl Benzoylperoxyd unter vergleichbaren Bedingungen in Benzol 1000mal rascher zerfällt, bewirkt es nur eine 5mal raschere Polymerisation[58]. Dies ist zu berücksichtigen beim quantitativen Vergleich verschiedener Peroxyde in bezug auf ihre Wirksamkeit als Polymerisationsbeschleuniger[28, 47,123,132]. Es kann daher vorläufig auch die tatsächliche Keim-

bildungsgeschwindigkeit weder absolut noch relativ unmittelbar aus dem Peroxydzerfall hergeleitet werden.

Allerdings ist hierbei eine Einschränkung zu machen. BARTLETT und Mitarbeiter[118] haben gezeigt, daß in verschiedenen Lösungsmitteln der Kettenzerfall nicht allzusehr ins Gewicht fällt und bei sehr kleinen Konzentrationen (wegen der höheren Ordnung) relativ noch mehr zurücktritt. Der gesamte Zerfall läßt sich in diesen Lösungsmitteln durch die Formel

$$- d\,[K]/dt = k_1\,[K] + k_i\,[K]^{3/2}$$

beschreiben. Die gemessenen Geschwindigkeitskonstanten für den monomolekularen spontanen Zerfall k_1 und für induzierten Zerfall (Ordnung 3/2) k_i sind für einige Lösungsmittel in Tab. 9 angegeben. Man kann, wie später noch gezeigt wird (vgl. S. 112), annehmen, daß bei entsprechender Versuchsführung mit einer gewissen Näherung gerade alle spontan gebildeten Radikale Keimbildung bewirken.

Tabelle 9. *Geschwindigkeitskonstanten des Benzoylperoxydzerfalls in verschiedenen Lösungsmitteln bei 79,8° C[118].*

Lösungsmittel	k_1 Stunden^{-1}	k_i $(\text{Mol/l})^{-1/2}\,\text{Stunden}^{-1}$
Tetrachlorkohlenstoff	0,075	0,133
Benzol, Toluol, Nitrobenzol	0,118	0,154
t-Butylbenzol	0,118	0,552
Cyclohexen	0,0695	0,167
Äthyljodid	0,145	0,244
Cyclohexan	0,229	1,17
Äthylacetat	0,323	1,32
Essigsäure	0,293	1,84
Essigsäureanhydrid	0,270	1,10

Der Zerfall von Kaliumpersulfat in wäßriger Lösung bei konstantem p_H verläuft streng nach der ersten Ordnung, ohne irgendwelche Anzeichen für das Vorliegen einer Kettenreaktion; die Anwesenheit organischer Verbindungen (Äthylacetat, Methanol) bewirkt eine große Geschwindigkeitssteigerung des Zerfalls, wobei die andere Ordnung bei Anwesenheit von Methanol und das Auftreten von Formaldehyd in äquivalenten Mengen zum zerfallenen Persulfat auf einen Kettenmechanismus unter Teilnahme der organischen Substanz hinweisen[13, 16].

Gewisse aliphatische Azoverbindungen sind für quantitative kinetische Untersuchungen als Radikallieferanten besser geeignet als die Peroxyde[97]. Die Vorzüge, die diese Verbindungen aufweisen, sind: 1. ein rein monomolekularer, thermischer Zerfall unter primärer Radikalbildung, der mit fast der gleichen Geschwindigkeit in Lösungsmitteln ganz verschiedener chemischer Natur verläuft (Tab. 10). 2. Eine günstige Lichtabsorption in der Nähe von 3500 Å, die diese Verbindungen als Photosensibilisatoren besonders empfiehlt. 3. Die Übereinstimmung der Quantenausbeute bei der durch 6 verschiedene Azoverbindungen sensibilisierten Photopolymerisation von Styrol, die — wenn auch nicht

zwingend — den Schluß nahe legt, daß die beim photochemischen Zerfall des Sensibilisators entstandenen Radikale in nahezu 100%iger Ausbeute Polymerisationskeime bilden. (Bei der sensibilisierten Photopolymerisation von Vinylacetat ist die Übereinstimmung nicht ganz so gut, die Quantenausbeuten liegen aber immer noch in recht engen Grenzen.)
4. Eine Reihe kinetischer Untersuchungen, die mit 2-Azo-bisisobutylnitril

$$CH_3 \diagdown \quad\quad\quad\quad \diagup CH_3$$
$$\quad C{-}N{=}N{-}C$$
$$CH_3 \diagup \;|\quad\quad\quad | \diagdown CH_3$$
$$\quad\quad CN \quad\quad CN$$

Tabelle 10. *Monomolekulare Zerfallskonstante von 2-Azo-bis-isobutylnitril* (~0.3 Mol/l) *in verschiedenen Lösungsmitteln bei 80° C* [97, 120a].

Lösungsmittel	$k \cdot 10^3$ (min^{-1})
Toluol	9,6
Xylol	9,2
Xylol + 0,012 Mol/l Chloranil	8,98
Eisessig	9,14
Anilin	10,1
N-Dimethylanilin	11
Isobutylalkohol	10,6
tert.-Amylalkohol	8,4
Dodecylmerkaptan	8,75
Tetrachlorkohlenstoff	7,25 (77° C)

Tabelle 11.
Monomolekularer Zerfall aliphatischer Azoverbindungen in Xylol bei 80° C [97].

Substanz (0,1 — 0,3 Mol/l)	$k \cdot 10^3$ (min^{-1})	E kcal / Mol
2-Azo-bisisobutylnitril	9,2	31,3
2-Azo-bis-2-methylbutylnitril	5,98	29,4
2-Azo-bis-2-methylheptonitril	10,7	30,2
1-Azo-bis-1-cyclohexancarbonitril	0,282	39,9
2-Azo-bis-isobuttersäuremethylester	6,53	35,8
4-Azo-bis-4-Cyanopentan-Säure*	5,38	34,0

als Radikallieferant bei thermischen und photochemischen Polymerisationen durchgeführt wurden, scheint zu bestätigen, daß diese Verbindung gut geeignet ist, eine genau definierte und angebbare Keimbildungsgeschwindigkeit zu bewirken (vgl. S. 113 und 116).

Tab. 11 enthält die monomolekularen Zerfallskonstanten von sechs verschiedenen Azoverbindungen, die in diesem Zusammenhang untersucht wurden. (Über Darstellung und Zerfall von weiteren Azo-bis-alkylcyaniden und von Azo-bis-arylalkanen siehe [120a] und [46a].)

Die Kinetik der beschleunigten Polymerisation.

Die Abhängigkeit der Polymerisationsgeschwindigkeit und des mittleren Polymerisationsgrades von der Konzentration des Monomeren und des Beschleunigers ist für zahlreiche Monomere gemessen worden. Um

---

* In Wasser, da in Xylol unlöslich.

von vornherein möglichst einfache Verhältnisse zu schaffen, ist es zweckmäßig, nur den Beginn der Polymerisation in Betracht zu ziehen; dadurch werden einmal Komplikationen, die im späteren Verlauf der Polymerisation auftreten (Verzweigungsreaktionen, Geleffekt, Eingreifen der Zerfallsprodukte des Beschleunigers usw.) vermieden und außerdem kann die Konzentration des Monomeren während eines Umsatzes von wenigen Prozenten als konstant betrachtet werden.

Fast ohne Ausnahme * wurde bei verschiedenen Monomeren (Styrol[1,84,147], Vinylacetat[49,84,85,122], Methylmethacrylat[117,142,144], Vinyl-1-β-Phenylbutyrat[126], d-Isobutyl-α-Chloracrylat[128], Isopren[84] mit verschiedenen peroxydischen Beschleunigern (meist aber Benzoylperoxyd) eine genaue Proportionalität der Polymerisationsgeschwindigkeit (v_{Br}) mit der Wurzel aus der Beschleunigerkonzentration $\sqrt{[K]}$ festgestellt (vgl. Abbildung 11). In völliger Analogie dazu besteht in allen diesen Fällen (soweit Molgewichtsbestimmungen vom Polymerisat gemacht wurden) eine lineare Beziehung zwischen $1/\overline{P}$ und $\sqrt{[K]}$ (vgl. Abb. 12).

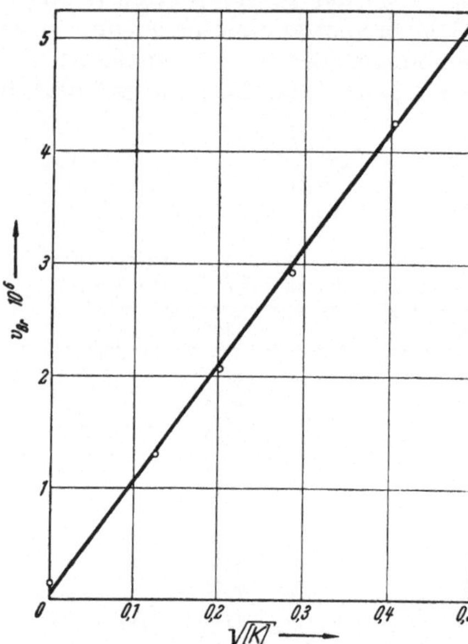

Abb. 11. Polymerisationsgeschwindigkeit in Abhängigkeit von der Konzentration des Beschleunigers. (Styrol in Substanz mit Benzoylperoxyd bei 27° C, nach Messungen von SCHULZ und HUSEMANN [147].)

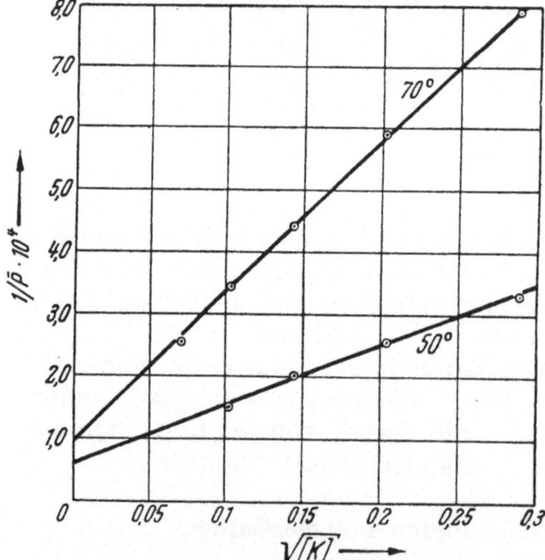

Abb. 12. Polymerisationsgrad in Abhängigkeit von der Konzentration des Beschleunigers. (Methylmethacrylat in Substanz mit Benzoylperoxyd bei 50 und 70° C; nach SCHULZ und HARBORTH[144].)

Nimmt man als naheliegend an, daß die Startreaktion proportional der Konzentration des Beschleunigers ist

$$v_s \div [K],$$

* Die Abnahme der beschleunigenden Wirkung von Nitrobenzoylperoxyden bei größeren Konzentrationen[48] ist wohl auf eine zusätzliche Hemmung durch Kettenabbruch zurückzuführen, wie bei aromatischen Nitroverbindungen nicht anders zu erwarten.

so bedeutet das experimentelle Ergebnis, wie ein Blick auf die Tab. 6, S. 76, lehrt, daß der Abbruch nur in einer gegenseitigen Desaktivierung zweier aktiver Polymerer bestehen kann.

Dieser wichtige Schluß enthält noch die unbewiesene Annahme über die Ordnung der Startreaktion in bezug auf [K]; es wäre ja denkbar, wenn auch höchst unwahrscheinlich, daß der Startreaktion selbst als einer zusammengesetzten Reaktion bereits die Wurzelabhängigkeit von [K] zukommt. Wie bereits Seite 93 erwähnt, läßt die formale Kinetik der thermischen Polymerisation die Entscheidung zwischen einem Abbruch durch das Monomere und einem Abbruch zwischen zwei aktiven Polymeren offen. Den noch fehlenden Beweis für diese Frage liefert aber die *Photopolymerisation*. Bei den Monomeren Styrol, Vinylacetat, Methylmethacrylat, Vinylidenchlorid usw. ist bei homogener und nicht zu starker Lichtabsorption

$$v_{Br} \sim \sqrt{I_{abs}},$$

worauf ja die Bestimmung der mittleren Lebensdauer mit Hilfe der intermittierenden Belichtung beruht (s. S. 115 ff und die dort zitierte Literatur).

Eine Ausnahme in dieser Hinsicht machen nur Allylverbindungen. Bei der Polymerisation von Allylacetat mit Benzoylperoxyd ist

$$v_{Br} \sim [K], \quad d[M]/d[K] = const$$

und $\overline{P}$ unabhängig von [K] [11]. Dieses Ergebnis zeigt einmal, daß der primären Radikalbildung die 1. Ordnung in bezug auf [K] zukommt, womit die oben gemachte Annahme bestätigt wird, daß aber die aktiven Polymeren bei Allylacetat durch Reaktion mit dem Monomeren desaktiviert werden (s. S. 121).

Für die Abhängigkeit der Polymerisationsgeschwindigkeit und des mittleren Polymerisationsgrades von der Konzentration des Monomeren sind die Ergebnisse nicht so einheitlich. Bei Methylmethacrylat[144], d-Isobutyl-α-Chloracrylat [101, 126] und Vinyl-1-β-Phenylbutyrat [101, 126] wurde gefunden, daß die Polymerisationsgeschwindigkeit proportional [M] ist *. Daraus kann man schließen, daß die Startreaktion von [M] unabhängig ist, und daher setzen

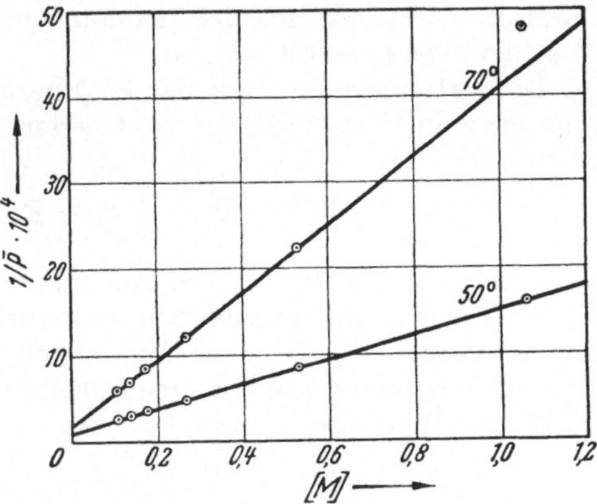

Abb. 13. Polymerisationsgrad in Abhängigkeit von der Konzentration des Monomeren bei beschleunigter Polymerisation. (Methylmethacrylat in Benzol mit 0,04 Mol/1 Benzoylperoxyd bei 50 u. 70°C; SCHULZ u. HARBORTH[144].)

$$v_s = 2\,k_1\,[K].$$

Aus Tab. 6 entnimmt man dann für einen Abbruch durch gegenseitige Desaktivierung zweier aktiver Polymerer

$$v_{Br} = -\frac{d[M]}{dt} = k_w \sqrt{k_1/k_a}\,[M]\,[K]^{1/2}. \tag{84}$$

---

* Das gleiche scheint auch bei der Beschleunigung von Styrol mit Cyclohexylhydroperoxyd der Fall zu sein[58].

Wenn die Konzentration des Beschleunigers sich während der gemessenen Polymerisation nennenswert ändert, so kann in erster Näherung

$$[K] = [K]_0\, e^{-k_1' t}$$

gesetzt werden. Durch Einsetzen in Gl. (84) und Integration erhält man dann

$$\ln \frac{[M]_0}{[M]} = \frac{2\,k_w}{k_1'} \sqrt{\frac{k_1}{k_a}}\ [K]_0^{1/2} \left(1 - \frac{[K]^{1/2}}{[K]_0^{1/2}}\right),$$

wobei noch $k_1' = k_1$ ist, wenn die Annahme berechtigt ist, daß jedes zerfallende Molekül des Beschleunigers zwei Polymerisationskeime bildet.

Der gleiche Mechanismus ergibt nach Tab. 6 für den mittleren Polymerisationsgrad

$$1/\overline{P} = \frac{k_\ddot{u}}{k_w} + \frac{\sqrt{k_1 k_a}}{k_w} \cdot \frac{[K]^{1/2}}{[M]}. \tag{85}$$

Wie Abb. 12 und 13 zeigen, wird diese Beziehung durch die sorgfältigen Messungen von SCHULZ und HARBORTH[144] sehr gut bestätigt.

Dieses Ergebnis besagt, daß die Geschwindigkeit der Startreaktion nur durch den Zerfall des Beschleunigers bestimmt wird; wenn es sich um einen Beschleuniger handelt, bei dem die im vorhergehenden Abschnitt eingehend besprochenen Komplikationen nicht zu fürchten sind, kann k_1 einfach gleich der (monomolekularen) Zerfallskonstanten des Beschleunigers gesetzt werden.

Die Aktivierungsenergie der Polymerisation setzt sich nach der oben angegebenen Formel (84) für v_{Br} aus den Aktivierungsenergien der Teilreaktionen

$$E = \frac{1}{2}\,E_1 + E_w - \frac{1}{2}\,E_a$$

zusammen, wobei für E_1 die Aktivierungsenergie des Peroxydzerfalls (~ 30 kcal pro Mol) einzusetzen ist. Auch für den Polymerisationsgrad gilt, wenn man von der nach Ausweis von Abb. 12 und 13 geringfügigen Kettenübertragung absieht, eine ARRHENIUSsche Gerade, deren Neigung durch den Wert von

$$E_w - \frac{1}{2}\,E_1 - \frac{1}{2}\,E_a$$

bestimmt ist. Da von diesen drei Größen $1/2\,E_1$ den größten Wert hat, nimmt der Polymerisationsgrad mit steigender Temperatur ab. Diese Abnahme ist also auf die starke Zunahme der Startreaktion mit der Temperatur zurückzuführen; dadurch wird die stationäre Konzentration der aktiven Polymeren und damit auch deren Abbruchswahrscheinlichkeit erhöht*. Macht man die Zerfallsgeschwindigkeit des Beschleunigers bei verschiedenen Temperaturen gleich, was durch entsprechende Wahl der Konzentration des Beschleunigers erreicht werden kann, dann nimmt auch der Polymerisationsgrad mit steigender Temperatur zu[46].

---

* Bei Photopolymerisationen, bei denen die Startreaktion temperaturunabhängig ist, nimmt daher die kinetische Kettenlänge mit steigender Temperatur zu (vergl. z. B. [41a]).

Dieses experimentelle Ergebnis ist ein weiterer schöner Beweis für den eindeutigen Zusammenhang zwischen dem thermischen Zerfall des Beschleunigers und der Startreaktion. Nach den obigen Formeln sollte man erwarten,daß v_{Br} und $\overline{P}$ unter diesen Bedingungen im gleichen Verhältnis zunehmen, da beider Temperaturabhängigkeit nur noch durch $(E_w - E_a)$ bestimmt wird. COHEN fand bei den Temperaturen von 54, 64 und 74°C Geschwindigkeiten im Verhältnis von $1:1,45:2,14$, aber reduzierte Viscositäten im Verhältnis von $1:1,23:1,48$. Dieser Unterschied dürfte zum überwiegenden Teil dadurch bedingt sein, daß erstens $\overline{P}$ nicht proportional η_{sp}/c und zweitens die Ausbeute der beim Zerfall des Beschleunigers gebildeten Radikale für die Keimbildung bei verschiedenen Temperaturen nicht gleich ist. Erst wenn diese beiden Fehlerquellen ausgeschaltet sind, könnte man aus der verschiedenen Temperaturabhängigkeit von v_{Br} und $\overline{P}$ auf die Aktivierungsenergie der Übertragungsreaktion schließen.

In mehreren anderen Fällen wurde aber experimentell ein komplizierterer Zusammenhang zwischen v_{Br} und $[M]$ gefunden, der allgemein als

$$v_{Br} = k \cdot [K]^{\frac{1}{2}} [M] \left\{ \frac{k'\,[M]}{1 + k'\,[M]} \right\}^{\frac{1}{2}} \qquad (86)$$

geschrieben werden kann (Styrol[84, 147], Vinylacetat[49,84,85], Isopren[84]). Da eine Deutung dieses Zusammenhanges durch einen Radikalmechanismus nicht möglich schien, wurde angenommen, daß der Beschleuniger zunächst mit einem Molekül des Monomeren einen (ARRHENIUSschen oder VAN'T HOFFschen) Zwischenstoff bildet, der dann weiter monomolekular oder bimolekular (mit dem Monomeren) die eigentlichen Reaktionskeime liefert[49, 84, 85, 142, 147]. Es wurde auch vermutet, daß die Komplikation darauf zurückzuführen ist, daß die Änderung von $[M]$ bei nur mäßig verdünnten Lösungen stets eine Änderung des Mediums mit sich bringt[126]. Wie zuerst MATHESON[103] gezeigt hat, ist der angegebene empirische Ausdruck für v_{Br} aber auch mit einem primären Zerfall des Beschleunigers vereinbar, wenn man bestimmte Annahmen über die Rekombination der primär gebildeten Radikale macht.

Der wesentliche Gesichtspunkt hierbei ist der, daß zwei Radikale, die in Lösung durch Zerfall eines Moleküls entstehen, nicht wie bei Gasreaktionen sofort auseinanderfliegen, sondern eine gewisse Zeit unmittelbar benachbart bleiben, bevor sie durch Diffusion getrennt werden (*„Käfigwirkung"*). In dieser Zeit findet eine große Zahl „Stöße" mit dem Zwillingsbruder und den Molekülen, die die beiden Radikale unmittelbar umgeben, statt (z. B. ist in Benzol die Zahl der Platzwechsel pro Sekunde von der Größe 10^{10}, die Zahl der Begegnungen mit einem Nachbarn aber 10^{13}—10^{14}). Sind die Aktivierungsenergien der Rekombination der beiden Benzoyloxy-Radikale

$$2\ C_6H_5COO{-} \xrightarrow{\ k_2\ } C_6H_5COO{-}OCOC_6H_5$$

oder auch der Reaktion[100]

$$2\ C_6H_5COO{-} \xrightarrow{\ k_2\ } C_6H_5COOC_6H_5 + CO_2$$

sowie die der Keimbildung

$$C_6H_5COO{-} + M \xrightarrow{\ k_3\ } P_1^*$$

wie anzunehmen klein, so werden die Radikale mit größter Wahrscheinlichkeit entweder mit dem Monomeren oder mit dem Zwillingsbruder reagieren, bevor sie durch Diffusion Gelegenheit finden, irgendeinem anderen Radikal (oder sonstigen Reaktionspartner) zu begegnen. Unter diesen Umständen ist aber die Geschwindigkeit der „primären" Rekombination proportional der Konzentration der Radikale und nicht dem Quadrat der Konzentration anzusetzen. Man erhält dann

$$-\frac{d\,[M]}{d\,t} = k_w \sqrt{k_1/k_a}\;[K]^{\frac{1}{2}}\,[M]\left\{\frac{(k_s/k_2)\,[M]}{1+(k_s/k_2)\,[M]}\right\}^{\frac{1}{2}}$$

in Übereinstimmung mit der empirisch gefundenen Gleichung.

Die Teilreaktionen.

Die absolute Größe der Geschwindigkeitskonstanten.

Nach Aufklärung des Reaktionsschemas ist das nächste Ziel der kinetischen Analyse die absolute Größe der Geschwindigkeitskonstanten der einzelnen Teilreaktionen.

Es sind vier Geschwindigkeitskonstanten k_s, k_w, $k_ü$ und k_a zu bestimmen, zu deren Berechnung vier unabhängige experimentelle Größen erforderlich sind. Zu diesem Zweck können gemessen werden:

1. die Polymerisationsgeschwindigkeit im stationären Reaktionsverlauf v_{Br};

1a. v_{Br} bei verschiedener Keimbildungsgeschwindigkeit, d. h. bei verschiedener Konzentration des Monomeren oder des Katalysators, oder bei verschiedener Lichtintensität;

2. der mittlere Polymerisationsgrad im stationären Reaktionsverlauf $\overline{P}$;

2a. $\overline{P}$ bei verschiedener Keimbildungsgeschwindigkeit (wie unter 1a angegeben);

3. die Keimbildungsgeschwindigkeit v_s;

4. die mittlere Lebensdauer des aktiven Polymeren τ^*;

5. die Polymerisationsgeschwindigkeit im nicht stationären Reaktionsverlauf v'_{Br}.

Die Beziehungen zwischen diesen experimentell bestimmbaren Größen und den vier Geschwindigkeitskonstanten sind *

$$v_{Br} = k_w\,[M]\,\sqrt{v_s/k_a} \tag{87}$$

$$1/\overline{P} = \frac{k_ü}{k_w} + \frac{\sqrt{v_s \cdot k_a}}{k_w \cdot [M]} \tag{88a}$$

$$= \frac{k_ü}{k_w} + \frac{k_a\,v_{Br}}{k_w^2\,[M]^2} \tag{88b}$$

$$\tau^* = 1/\sqrt{v_s \cdot k_a} \tag{89a}$$

$$= k_w\,[M]/k_a\,v_{Br} \tag{89b}$$

---

* Für die Keimbildungsgeschwindigkeit ist in den folgenden Gleichungen der Einfachheit halber nur v_s eingesetzt. Der kinetische Ausdruck ist aus der speziellen Art der Polymerisation (thermisch, photochemisch oder durch Radikale induziert) abzuleiten. Als Abbruch ist Disproportionierung zwischen zwei aktiven Polymeren angenommen.

$$v'_{Br} = k_w\,[M]\,[P*]$$
$$d\,[P*]/dt = v_s - k_a\,[P*]^2 \qquad\qquad (90)$$

Diese Gleichungen gelten für monovalente aktive Polymere. Bei thermischer und (nicht sensibilisierter) photochemischer Keimbildung ist mit der Bildung von bivalenten aktiven Polymeren zu rechnen (vgl. S. 114).

Die einzelnen Methoden zur Bestimmung der Geschwindigkeitskonstanten können nach den experimentell bestimmten Größen und den angewandten Gleichungen folgendermaßen charakterisiert werden:

Experimentell ermittelte Größe	berechnet	mittels Gleichung	Beispiel aus der Literatur
1a, 2a	$k_s, \dfrac{k_{ü}}{k_w}, \dfrac{k_a}{k_w^{''}}$	(87) (88b)	144
1, 3, 4.	k_s, k_w, k_a	(87) (89a)	40
1, 2, 3, 4.	$k_s, k_{ü}, k_w, k_a$	(87) (88a) (89a)	105
1a, 2a, 4.	$k_s, k_{ü}, k_w, k_a$	(87) 88b) (89b)	99
1a, 2a, 5.	$k_s, k_{ü}, k_w, k_a$	(87) (88b) (90)	6
1a, 2a, 5.	$k_s, k_{ü}, k_w, k_a$	(88b) (89b) (90)	14

Die etwas eingehendere Besprechung, die wir diesem Problem widmen wollen, entspricht mehr seiner Bedeutung als dem Umfang der bisher vorliegenden Ergebnisse.

Keimbildungsgeschwindigkeit.

Die Geschwindigkeit der thermischen Keimbildung bei Styrol wurde von SCHULZ und HUSEMANN aus dem Quotienten $v_{Br}/\overline{P}$ ermittelt; die genannten Verfasser fanden dabei[145]:

$$k_s = 1{,}5 \cdot 10^4\, e^{-23300/RT}\ (1\ \text{mol}^{-1}\,\text{sec}^{-1})$$

Dieser Wert ist in die Literatur eingegangen und wurde dabei übrigens mehrfach insofern mißverstanden, als die Aktivierungsenergie von 23,3 kcal/Mol als Bruttoaktivierungsenergie der Polymerisation angesehen wurde. Die Richtigkeit dieses Wertes von k_s muß aber aus verschiedenen Gründen angezweifelt werden. Erstens wurde er aus Polymerisationsversuchen, die in Gegenwart von Luft ausgeführt sind, abgeleitet; zweitens wurde bei der Berechnung $\overline{P}$ an Stelle der kinetischen Kettenlänge verwendet, d. h. die Kettenübertragung nicht berücksichtigt, und schließlich wurden die Polymerisationsgrade viscosimetrisch mit Hilfe der STAUDINGER-Formel bestimmt, wodurch ebenfalls eine gewisse Unsicherheit in den Absolutwert der Konstanten eingeht.

Da Styrol das einzige Monomere ist, bei dem die Kinetik der rein thermischen Polymerisation mit ziemlicher Genauigkeit untersucht werden konnte, ist es zweifellos wichtig, den Wert für die Geschwindigkeitskonstante der thermischen Keimbildung so genau wie möglich festzulegen. Der oben angegebene Wert kann mit Hilfe der späteren Ergebnisse von SCHULZ und HUSEMANN noch verbessert werden, wenn man einmal die Bruttogeschwindigkeit der Polymerisation unter Luftausschluß[146] und die Ergebnisse, die bei der mit Benzoylperoxyd katalysierten Polymerisation erhalten wurden[147], heranzieht. Mit Hilfe der letzteren Ergebnisse ist es möglich, unter Benützung von Gl. (88a) oder (88b) den Anteil der Kettenübertragung zu berücksichtigen.

Mit größerer Keimbildungsgeschwindigkeit wird die stationäre Konzentration der aktiven Polymeren erhöht, wodurch weiter die relative Häufigkeit der Abbruchsreaktion gegenüber der Kettenübertragung steigt. (Die erstere geht mit dem Quadrat, die letztere mit der ersten Potenz der Radikal-Konzentration!) Variiert man also die Keimbildungsgeschwindigkeit durch verschiedene Konzentration des Katalysators und trägt $1/\bar{P}$ gegen $[\mathrm{K}]^{\frac{1}{2}}/[\mathrm{M}]$ auf, so erhält man nach Gl. (88a) eine Gerade (vgl. dazu Abb. 12 und 13 S. 104), aus deren Ordinatenabschnitt und Neigung $k_{ü}/k_{w}$ und die kinetische Kettenlänge v getrennt bestimmt werden können.

Auf diese Weise erhält man aus den Ergebnissen der zitierten Arbeiten[145,146,147]:

$$k_s = 5,5 \cdot 10^7 \cdot e^{-28000/RT} \,(1\,\mathrm{mol}^{-1}\,\mathrm{sec}^{-1}).$$

Auch dieser Wert ist noch mit gewissen Unsicherheiten behaftet, doch dürfte eine *wesentlich* höhere Aktionskonstante und Aktivierungsenergie der thermischen Keimbildungsgeschwindigkeit von Styrol mit den kinetischen Ergebnissen von SCHULZ und HUSEMANN kaum in Einklang zu bringen sein.

GOLDFINGER und LAUTERBACH[65] finden bei etwas tieferen Temperaturen (38—70° C) $E_s = 25$ kcal/mol und $E_{Br} = 16$ kcal/mol, während aus den Messungen von SCHULZ und HUSEMANN bei 100 und 132° C $E_{Br} = 20{,}8$ kcal/mol folgt[146].

Das zweite Monomere, bei dem eine thermische Polymerisation gemessen werden konnte, ist Methylmethacrylat[161]. Aus der beobachteten Polymerisationsgeschwindigkeit und dem Wert für $k_w/\sqrt{k_a}$, der aus der durch Benzoylperoxyd beschleunigten Polymerisation ermittelt wurde[144], kann man für die Konstante der thermischen Keimbildung

$$k_s = 0{,}22 \cdot e^{-24200/RT} \,(1\,\mathrm{mol}^{-1}\,\mathrm{sec}^{-1})$$

berechnen *. Da inzwischen auch die Absolutwerte von k_w und k_a direkt bestimmt werden konnten[104] (vgl. S. 118), kann man eine etwas genauere Berechnung ausführen und erhält

$$k_s = 22 \cdot e^{-22500/RT} \,(1\,\mathrm{mol}^{-1}\,\mathrm{sec}^{-1}).$$

Wenn dadurch auch die Aktionskonstante zwei Zehnerpotenzen größer geworden ist, so bleibt ihr Wert doch noch immer auffallend niedrig.

Mit der im nächsten Abschnitt näher besprochenen Methode von BAMFORD und DEWAR wurden folgende Konstanten für die thermische Keimbildung ermittelt:

Styrol [6] $\qquad\qquad k_s = 1{,}23 \cdot 10^{10} \cdot e^{-37000/RT} \,(1\,\mathrm{mol}^{-1}\,\mathrm{sec}^{-1})$

p-Methoxystyrol [3] $\qquad k_s = 5{,}94 \cdot 10^{-16} \,(1\,\mathrm{mol}^{-1}\,\mathrm{sec}^{-1})$ bei $0°$ C

$\qquad\qquad\qquad\qquad\qquad\qquad\qquad (E \sim 30\,\mathrm{kcal/Mol})$

Methylmethacrylat [9] $\quad k_s = 6{,}82 \cdot 10^{-15} \,(1\,\mathrm{mol}^{-1}\,\mathrm{sec}^{-1})$ bei $0°$ C

---

* Der von WALLING und BRIGGS[161] berechneten Größe von k_s ($0{,}36 \cdot e^{-22000/RT}$) liegt der ältere weniger genaue Wert für $k_w/\sqrt{k_a}$ von SCHULZ und BLASCHKE[142] zugrunde.

Bemerkenswert an diesen Werten sind vor allem die wesentlich größere Aktivierungsenergie und Aktionskonstante beim Styrol, im Vergleich zu den oben angegebenen Werten. Wegen der grundsätzlichen Bedenken, die gegen die Zuverlässigkeit der hierbei angewandten Methode bestehen (s. S. 115), muß man allerdings die damit gewonnenen Werte mit Vorsicht aufnehmen, solange sie so stark von den bisherigen Werten abweichen, wie dies für Styrol der Fall ist, und nicht auf andere Weise bestätigt wurden.

Die bisher bekannten Zahlenwerte für die Konstanten der thermischen Keimbildung sind also noch spärlich und auch nicht sehr genau festgelegt. Fest steht, daß die thermische Keimbildung eine sehr langsame Reaktion ist, die in dem in Frage kommenden Temperaturbereich überhaupt nur deshalb meßbar ist, weil durch sie eine Kettenreaktion von 10^4—10^6 Gliedern eingeleitet wird. Es scheint ferner eine ungewöhnlich niedrige Aktionskonstante bei dieser Reaktion vorzuliegen. Irgendwelche theoretische Folgerungen, die sich auf genauere Werte dieser Größe stützen wollen, dürften aber verfrüht sein, solange die einzelnen Ergebnisse um mehrere Zehnerpotenzen in der Aktionskonstanten und um 10 kcal oder mehr in der Aktivierungsenergie differieren.

Auf eine völlig andere Weise kann man die Keimbildungsgeschwindigkeit aus der Länge der Inhibitionsperiode bestimmen. Die Wirkung hemmender Substanzen auf Polymerisationsreaktionen wird in einem späteren Abschnitt besprochen (S. 137 ff.). Hier interessiert uns zunächst nur die Tatsache, daß durch Zusatz geeigneter Verbindungen eine sehr scharf ausgeprägte und daher gut meßbare Inhibitionsperiode bewirkt werden kann, deren *Länge direkt proportional der Menge des zugesetzten Stoffes* ist. Abb. 14 zeigt diese Wirkung von p-Benzochinon auf die Photopolymerisation von Vinylacetat [40, 111]. Wenn man annimmt, daß während der Inhibitionsperiode die Keimbildung mit unveränderter Geschwindigkeit abläuft, daß aber Keime durch Reaktion mit Chinon verbraucht werden, bevor sie zu einem nennenswerten Wachstum kommen, dann ist die Länge der Inhibitionsperiode, die durch eine bestimmte Menge Chinon bewirkt wird, ein direktes Maß für die Zahl der Keime, die in dieser Zeit gebildet werden, also für die Keimbildungsgeschwindigkeit.

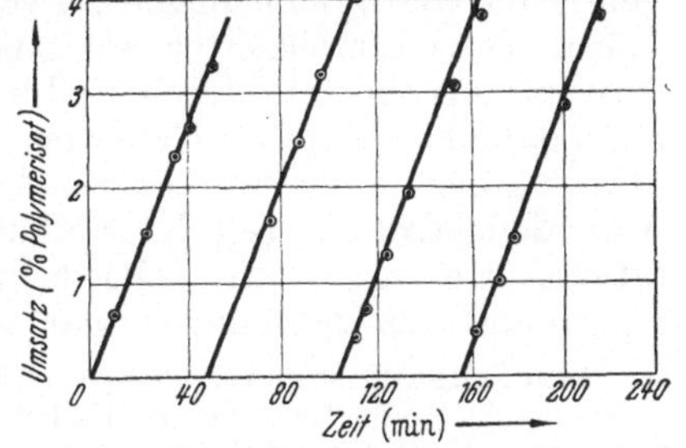

Abb. 14. Durch p-Benzochinon bewirkte Inhibitionsperiode bei der Photopolymerisation von Vinylacetat. (Nach BURNETT und MELVILLE[40].) (Zugesetzte Menge Chinon: 0, 2,4, 5,0 und 7,5 mg.)

Aus der Temperaturabhängigkeit der Inhibitionszeit bei der Polymerisation von Styrol mit einer konstanten Menge p-Benzochinon als Inhibitor folgt für die Aktivierungsenergie der thermischen Keimbildung ein Wert von 27—28 kcal/Mol, der mit den zitierten kinetischen Ergebnissen von SCHULZ (vgl. Seite 110) gut in Einklang steht[62,66].

Um die absolute Größe der Keimbildungsgeschwindigkeit aus solchen Versuchen zu ermitteln, muß man wissen, wie viele Moleküle Chinon pro Polymerisationskeim verbraucht werden. Bei den in Abb. 14 wiedergegebenen Versuchen wurde angenommen, daß gerade ein Molekül Chinon erforderlich ist, um eine Kette abzubrechen; dann ist die Quantenausbeute der nicht sensibilisierten, photochemischen Keimbildung in reinem Vinylacetat gerade gleich 1,0. Aus der Seite 137 ff gegebenen näheren Besprechung der Polymerisationshemmung wird hervorgehen, daß diese Annahme keineswegs allgemein gemacht werden kann, sondern nur in besonderen Fällen gilt. Bei dem zitierten Beispiel der Photopolymerisation von Vinylacetat wird die Annahme durch die daraus abgeleiteten quantitativen Ergebnisse erhärtet (s. S. 116). Das gleiche gilt für einige andere Fälle, in denen die aus der Inhibitionszeit ermittelte Keimbildungsgeschwindigkeit zur Berechnung der Geschwindigkeitskonstanten der anderen Teilreaktionen verwendet wurde. Folgende Photopolymerisationen sind z. B. auf diese Weise untersucht worden:

Monomeres	Sensibilisator	Inhibitor	Literatur
Vinylacetat	—	p-Benzochinon	[40]
Vinylacetat	2-Azo-bisisobutylnitril	p-Benzochinon	[105]
Vinylacetat	Di-tert.-butylperoxyd	Durochinon	[94]
Butylacrylat	—	Tetraphenylhydrazin	[112]
Vinylidenchlorid*	—	p-Benzochinon*	[41a]

Wird die Polymerisation mit Radikalen eingeleitet, die durch thermischen Zerfall eines Beschleunigers entstehen, so ergibt sich eine weitere Möglichkeit, die Geschwindigkeit der Keimbildung zu ermitteln, wenn man annehmen kann, daß der primäre Zerfall des Beschleunigers einfach in der Aufspaltung in zwei radikalartige Bruchstücke besteht und daß jedes dieser Bruchstücke eine Polymerisationskette startet (s. S. 106). Es ist dann einfach $v_s = 2 k_1 [K]$, wobei k_1 die Zerfallkonstante des Beschleunigers ist. Die Zerfallskonstante könnte aus der zeitlichen Abnahme des Beschleunigers ermittelt werden. Bei den am häufigsten als Beschleuniger verwendeten Peroxyden ist die Sache insofern etwas komplizierter, als neben der spontanen monomolekularen Aufspaltung auch ein durch Radikale induzierter Zerfall auftritt. Man kann dann höchstens als Näherung die Konstante des spontanen Zerfalls (d. i. die des „monomolekularen Anteils" am Gesamtzerfall) einsetzen. Außerdem wird ein Teil der Radikale verbraucht, ohne eine Polymerisationskette zu starten (siehe dazu S. 101). Schließlich ist dieses Verfahren auch nur dann anwendbar, wenn Gl. (84) erfüllt ist.

Nach Seite 106 ist dies bei der durch Benzoylperoxyd beschleunigten Polymerisation von Methylmethacrylat der Fall[144]. Die für die Keimbildungsgeschwindigkeit berechnete Konstante stimmt wenigstens in der Größenordnung mit der monomolekularen Zerfallskonstanten von Benzoylperoxyd, die den Versuchen von BARTLETT und Mitarbeitern[119,155] in Äthylacetat entnommen ist, überein; sie ist allerdings mindestens um einen Faktor 3 kleiner als die Zerfallskonstante, was aus den angeführten Gründen nicht verwundert. Man kann eine solche Übereinstimmung kaum als eine quantitative Bestätigung des Reaktionsschemas betrachten und muß in der Bestimmung der Keimbildungsgeschwindigkeit aus dem Zerfall der Peroxyde eher eine Abschätzung der Größenordnung (obere Grenze), als eine genaue Berechnung sehen. Trotzdem kann diese Abschätzung unter Umständen genauer sein als die Berechnung nach v_{Br}/P. Bei Vinylacetat z. B. ist die kinetische

---

* Hier bewirkt Chinon nur eine Verzögerung und keine Inhibitionsperiode; der Abbruch wird aber bei der verzögerten Polymerisation fast ausschließlich durch Reaktion des Chinons mit dem aktiven Polymeren bewirkt, so daß der Verbrauch des Chinons ebenfalls der photochemischen Keimbildung gleichgesetzt werden konnte.

Kettenlänge wegen der relativ häufigen Kettenübertragung um fast zwei Zehnerpotenzen größer gefunden worden als der mittlere Polymerisationsgrad[105]. Eine Berechnung der Startgeschwindigkeit aus $v_{Br}/\overline{P}$ führt daher zu ungenaueren Ergebnissen als die Abschätzung aus der Zerfallsgeschwindigkeit des Beschleunigers. SWAIN und BARTLETT[17,155] haben zur Bestimmung der einzelnen Geschwindigkeitskonstanten für Vinylacetat v_s aus dem Peroxydzerfall berechnet; die recht gute Übereinstimmung der von ihnen ermittelten Geschwindigkeitskonstanten mit den z. Z. besten Werten (vgl. S. 117, Tab. 13) zeigt, welche Genauigkeit auf diese Weise erzielbar ist.

Günstiger in dieser Hinsicht sind aus den S. 102 genannten Gründen die aliphatischen Azoverbindungen, vor allem 2-Azobisisobutylnitril. In einer Reihe neuerer kinetischer Arbeiten[104,105] (vgl. auch S. 116) wurde diese Verbindung als Beschleuniger verwandt und die Keimbildungsgeschwindigkeit aus der Zerfallskonstanten des Beschleunigers berechnet. Ein unmittelbarer Vergleich dieser Keimbildungsgeschwindigkeit mit der aus der Inhibitionsperiode errechneten wurde bei Vinylacetat durchgeführt[105] und dabei eine befriedigende Übereinstimmung festgestellt.

Die Geschwindigkeitskonstanten der übrigen Teilreaktionen.

Die Messung der Polymerisationsgeschwindigkeit und des mittleren Polymerisationsgrades liefert im günstigsten Falle die Verhältnisse $k_{ü}/k_w$ und k_w^2/k_a, die aus den Ergebnissen unter entsprechender Anwendung von Gl. (87) und (88b) berechnet werden können.

Derartige Messungen wurden z. B. von SCHULZ und HARBORTH[144] für die durch Benzoylperoxyd beschleunigte Polymerisation von Methylmethacrylat ausgeführt; die Ergebnisse sind in Tab. 12 wiedergegeben (vgl. auch Abb. 12 und 13 S. 104).

Tabelle 12. *Polymerisation von Methylmethacrylat, Benzoylperoxyd als Beschleuniger* (nach SCHULZ und HARBORTH[144]).

Temperatur °C	50	70
$(k_{ü}/k_w) \cdot 10^4$	0,85	1,2
$k_w/k_a^{\frac{1}{2}}$	0,107	0,152
$2\,k_1 \cdot 10^6$ *	0,678	10,3

Die einzelnen Konstanten sind aus solchen Messungen nicht zu ermitteln. Dies hängt damit zusammen, daß v_{Br} und $\overline{P}$ sich auf den stationären Zustand beziehen, der ja gerade durch das Verhältnis von Wachstum zu Abbruch bzw. Wachstum zu Übertragung bestimmt wird. Man muß also auf den nichtstationären Reaktionsverlauf zurückgreifen. Die echte Induktionsperiode ist, wie bereits erwähnt, bei thermischen oder beschleunigten Polymerisationen (sofern sie zu hochmolekularen Produkten führen) so kurz, daß eine genaue Ausmessung unmöglich ist[119]. Bei Photo-Polymerisationen hat man aber die Möglichkeit, durch intermittierende Belichtung (s. S. 55) oder auch aus einer einzigen Anlauf- und Abklingzeit die einzelnen Konstanten zu ermitteln.

Voraussetzung für die letztere Methode ist, daß für die Bestimmung des Umsatzes eine genügend empfindliche Methode benutzt wird. Als geeignet für diesen Zweck wurde die dilatometrische[37] und viscosimetrische[6] Umsatzbestimmung angewandt. Während die Methode der intermittierenden Belichtung nur anwendbar ist, wenn die Bruttogeschwindigkeit nicht von der ersten Potenz der absorbierten Lichtintensität abhängt, bestehen hier keine derartigen Begrenzungen. Aus Gl. (90) erhält man für die Induktionsperiode

$$- d\,[M]\,/\,dt = k_w\,[P^*]_{st}\,[M]\,\tanh\,(t/\tau^*) \qquad (91)$$

----

* k_1 ist nach Gl. (38b) Seite 66 definiert.

und daraus durch Integration

$$- \ln \frac{[M]}{[M]_0} = \frac{k_w}{k_a} \ln \cosh (t/\tau^*). \tag{92}$$

Für sehr kleine Umsätze kann man setzen

$$- \ln \frac{[M]}{[M]_0} = \frac{[M]_0 - [M]}{[M]_0} = \frac{\varDelta\,[M]}{[M]_0} \tag{93}$$

und für $t \gg \tau^*$, d. h. für den auf die Induktionsperiode folgenden stationären Reaktionsverlauf

$$\ln \cosh (t/\tau^*) = (t/\tau^* - \ln 2) \tag{94}$$

somit

$$\frac{\varDelta\,[M]}{[M]_0} = \frac{k_w}{k_a} (t/\tau^* - \ln 2). \tag{95}$$

Trägt man den Umsatz gegen die Zeit auf, so erhält man im Anschluß an die Induktionsperiode eine Gerade, aus deren Neigung und Abszissenabschnitt $\frac{k_w}{k_a}$ und τ^* nach Gl. (95) berechnet werden können. Für die Polymerisationsgeschwindigkeit während der Abklingzeit v'_{Br} folgt aus Gl. (90) (vgl. Gl. (33b) Seite 57):

$$\frac{1}{v'_{Br}} - \frac{1}{v_{Br}} = \frac{k_a}{k_w\,[M]} \cdot t.$$

Trägt man daher $\dfrac{1}{v'_{Br}}$ gegen t auf, so erhält man eine Gerade, aus deren Neigung auch k_a/k_w berechnet werden kann. Wird ferner die Photopolymerisation bei verschiedenen Lichtintensitäten beobachtet, so stehen genügend experimentelle Größen für die Ausrechnung aller einzelnen Konstanten zur Verfügung[37]. Für die Ableitung der Formeln kann außerdem — ebenfalls wegen des sehr geringen Umsatzes — die Konzentration des Monomeren und der mittlere Polymerisationsgrad des Polymeren während der Reaktion als konstant angesehen werden.

Speziell bei der Anwendung der viscosimetrischen Umsatzbestimmung kommt allerdings als Komplikation hinzu, daß die Änderung der Viscosität sowohl durch die Menge, als auch durch den Polymerisationsgrad des gebildeten Polymerisates bestimmt wird. Eine voraussetzungsfreie Ermittlung der Polymerisationsgeschwindigkeit und des Polymerisationsgrades aus Viscositätsmessungen allein ist nicht möglich, sondern man muß eine, auf einem bestimmten kinetischen Schema beruhende Beziehung zwischen diesen beiden Größen zur Auswertung der experimentellen Ergebnisse hinzuziehen.
Ist die Viscositätszahl

$$[\eta] = K\,\bar{P}^a\,, \tag{96}$$

dann kann die zeitliche Änderung der Viscosität des Reaktionsgemisches mit

$$\frac{d\,\eta}{d\,t} = K\,\bar{P}^{1+a}\,\frac{d\,[P]}{d\,t} \tag{97}$$

angesetzt werden; $\eta = c \cdot [\eta]$ ist die „ideale" spezifische Viscosität, $d\,[P]/dt$ kann einfach durch die Geschwindigkeit, mit der aktive Polymere gebildet werden (also Keimbildung und Kettenübertragung) ausgedrückt werden. Nun ist noch zu berücksichtigen, daß sowohl monovalente als auch bivalente Radikale vorkommen, von denen die ersteren durch Kettenübertragung, die letzteren durch thermische und photochemische Keimbildung entstehen; daher ist auf der rechten Seite von Gl. (97) die Summe zweier analoger Ausdrücke zu setzen, je einer für jede der beiden Radikalarten. Einsetzen der kinetischen Ausdrücke für P und $d\,[P]/dt$ und Integration über die Anlaufzeit und Abklingzeit ergibt verhältnismäßig umfangreiche Formeln, auf deren Wiedergabe mit dem Hinweis auf die Originalarbeit verzichtet werden kann ([6], siehe auch [3,5,7,8,9,53,54]).

In den Tab. 13 und 14 sind die nach dieser Methode ermittelten Geschwindigkeitskonstanten mit angegeben[3,54,9,6]; soweit Vergleichsmöglichkeiten bestehen, kann man Unterschiede gegenüber den mit Hilfe der mittleren Lebensdauer berechneten Werten feststellen, die wahrscheinlich doch methodisch begründet sind.

Erst wenn mehr sorgfältige Bestimmungen der Konstanten nach beiden Methoden vorliegen, wird man entscheiden können, wie weit diese Bedenken berechtigt sind. Bis dahin dürften die mit Hilfe der mittleren Lebensdauer berechneten Absolutwerte der Geschwindigkeitskonstanten als die zuverlässigeren anzusehen sein.

Der erste Versuch, die Geschwindigkeitskonstanten der Wachstums- und Abbruchsreaktion mit Hilfe der Lebensdauer des aktiven Polymeren (s. S. 55) absolut zu bestimmen, wurde von MELVILLE[109] bei der Photopolymerisation von Methylmethacrylatdampf unternommen. Die Bedeutung dieser Arbeit liegt weniger in dem zahlenmäßigen Ergebnis, als darin, daß erstmalig eine Methode zur quantitativen Bestimmung der einzelnen Geschwindigkeitskonstanten aufgezeigt war.

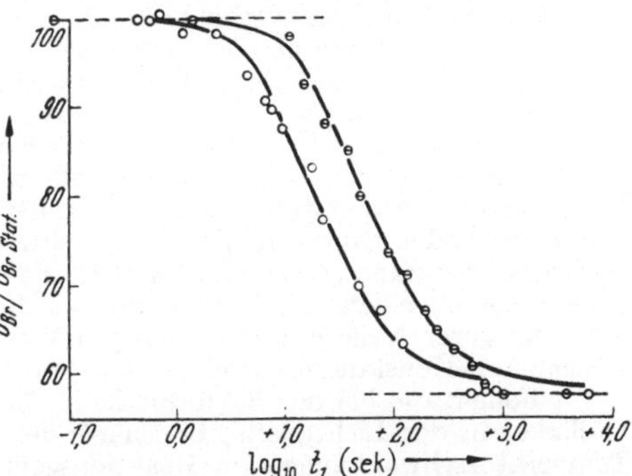

Abb. 15. Photopolymerisation von Vinylacetat in Substanz mit intermittierender Belichtung. Polymerisationsgeschwindigkeit in Abhängigkeit von der Belichtungsfrequenz; zwei Meßreihen mit verschiedener Lichtintensität; die eingezeichneten Kurven sind für $\tau^* = 4{,}0$ und $1{,}5$ berechnet. (Nach KWART, BROADBENT und BARTLETT[94].)

Erst in den letzten Jahren ist die gleiche Methode auch auf Photopolymerisationen in Substanz oder Lösung angewandt worden und zwar zuerst bei Vinylacetat. Die Bestimmung der Konstanten für dieses Monomere wurde in vier verschiedenen Laboratorien mit größtmöglicher Sorgfalt ausgeführt, so daß ein Vergleich der erhaltenen Werte und eine Diskussion der Fehlerquellen ein gutes Bild von der erreichbaren Genauigkeit und von der Zuverlässigkeit der verschiedenen Methoden zur Bestimmung der Keimbildungsgeschwindigkeit liefern. Die Werte sind in Tab. 13 zusammengestellt. Die beiden ersten Bestimmungen, die gleichzeitig und unabhängig von BURNETT und MELVILLE[38,40] und von BARTLETT und SWAIN[17,155] veröffentlicht wurden, hatten eine recht gute Übereinstimmung in k_w, aber eine beträchtliche Diskrepanz in k_a ergeben. Die gute Übereinstimmung aber, die besonders in den beiden letzten Arbeiten[94,105] erzielt werden konnte, läßt die nunmehr erhaltenen Ergebnisse schon als recht zuverlässig erscheinen.

Für die Beurteilung der Ergebnisse der verschiedenen Arbeiten sind folgende Gesichtspunkte anzuführen:

1. Die Reinheit des Monomeren spielt eine entscheidende Rolle. Nach dem Kriterium der Lichtabsorption zu urteilen, haben MATHESON und Mitarbeiter mit dem am besten gereinigten Vinylacetat gearbeitet, während das von BURNETT und

MELVILLE, sowie von DIXON-LEWIS verwandte Vinylacetat noch nennenswerte Verunreinigungen enthielt.

2. Starke Lichtabsorption bewirkt, daß die Polymerisation sich vorwiegend in einer schmalen Zone an der Vorderfront des Reaktionsgefäßes abspielt. Die gemessene Lebensdauer bezieht sich dann in erster Linie auf die Polymerisation in dieser Zone, wo die Radikalkonzentration tatsächlich höher ist, als der über den ganzen Reaktionsraum gemittelten Polymerisationsgeschwindigkeit entspricht.

BARTLETT und Mitarbeiter glauben, daß dieser Effekt die Hauptursache ist für den großen Unterschied in k_a, der zwischen ihren eigenen Ergebnissen und denen von BURNETT und MELVILLE bestand. Um diese Frage zu klären, haben MELVILLE und Mitarbeiter den Einfluß einer beiderseitigen Belichtung untersucht[41]; sie konnten zeigen, daß ihr k_a-Wert tatsächlich einer Korrektur bedarf, die jedoch nicht groß genug ist, um eine völlige Übereinstimmung herbeizuführen. (Die korrigierten Werte sind in Tab. 13 mit angegeben.)

3. Die Keimbildungsgeschwindigkeit wurde nach verschiedenen Methoden bestimmt und zwar sowohl aus der Länge der Inhibitionsperiode, die durch Benzochinon[40,105] oder Durochinon[94] bewirkt wird, als auch aus dem Zerfall der Radikale liefernden Substanz (Benzoylperoxyd[199] und 2-Azo-bisisobutylnitril[105]). Die Ergebnisse lassen eher darauf schließen, daß alle diese Methoden zur Bestimmung von v_s mit sehr guter Näherung den richtigen Wert liefern, als daß Unterschiede in den errechneten Konstanten auf einem falschen Wert von v_s beruhen.

4. Fehler, die bei der Sektormethode eine Rolle spielen können, wie Unregelmäßigkeiten der Lichtquelle, Unschärfe der Grenze zwischen Licht und Dunkel, Temperaturschwankungen im Reaktionsgefäß, ungenaue Bestimmung der Polymerisationsgeschwindigkeit usw. wurden besonders in den beiden letzten Arbeiten[94,105] soweit als möglich ausgeschaltet. Die geringe dadurch erzielte Veränderung der Werte (vgl. [94] und [155]) zeigt, daß diese Fehlerquellen wahrscheinlich auch bei den früheren Arbeiten keine große Rolle gespielt haben (siehe dazu auch [42]).

5. Die von DIXON-LEWIS[54] erhaltenen Werte scheinen zu bestätigen, daß die Sektormethode der von BAMFORD und DEWAR angegebenen an Genauigkeit überlegen ist.

Obwohl Tab. 13 zeigt, daß bereits eine recht befriedigende Genauigkeit in den einzelnen Geschwindigkeitskonstanten erzielt werden konnte, reichen die bisherigen Ergebnisse offenbar noch nicht aus, um die Folgerungen zu erhärten, die von einzelnen Autoren daraus gezogen wurden. Dies gilt in erster Linie für die Aktivierungsenergien und temperaturunabhängigen Faktoren der Konstanten, die zweifellos noch genauer bestimmt werden sollten, bevor weitergehende Schlüsse aus ihren Absolutwerten gezogen werden können. Dies gilt ferner für die Frage der Abhängigkeit der Geschwindigkeitskonstanten von der Molekülgröße der aktiven Polymeren. BURNETT und MELVILLE[38,40] fanden, daß die kinetische Kettenlänge gleich dem mittleren Polymerisationsgrad des gebildeten Polymeren ist. Daraus konnte geschlossen werden, daß Kettenübertragung keine Rolle spielt. Die neueren Arbeiten haben demgegenüber gezeigt, daß das Wachstum der einzelnen Kette überwiegend durch die Übertragung beendet wird[4,54,105,94]. BURNETT und MELVILLE[40] fanden ferner, daß die Geschwindigkeitskonstanten mit zunehmender kinetischer Kettenlänge wenn auch wenig, so doch eindeutig abnehmen (siehe dazu S. 132). Den gleichen Effekt zeigen auch die Ergebnisse von BARTLETT und Mitarbeitern[94]. Wenn man annehmen könnte, daß die kinetische Kettenlänge dem mittleren Polymerisationsgrad gleichzusetzen ist, dann würde das bedeuten, daß die Geschwindigkeitskonstanten mit wachsender Molekülgröße des aktiven Polymeren abnehmen. Da aber der mittlere Polymerisationsgrad bei Vinylacetat im

Tabelle 13. *Photopolymerisation von Vinylacetat in Substanz. Geschwindigkeitskonstanten der Teilreaktionen.*

Temperatur °C	15,9	15,9	25	−15	0	25	50	25	25
$v_s = f(I)$	$6,35 \cdot 10^{-7}$	$1,60 \cdot 10^{-7}$						$1,11 \cdot 10^{-9}$	$7,29 \cdot 10^{-9}$
τ^* (sec)	0,0225	0,051	1,25					4,0	1,5
v			$1,5 \cdot 10^4$					$4,10^4$	$1,6 \cdot 10^4$
$\overline{P}$	176	352							$3,5 \cdot 10^3$
$k_w \, 10^{-2}$	7,7 (7,8) a)	6,7	11,0 (5,5) b)	20	28	10,1	26,4	9,44	10,1
Wachstum E_w	4,4			3,2		7,32		—	
A_w	$1,65 \cdot 10^6$			$9,8 \cdot 10^5$		$2,43 \cdot 10^8$		—	
$k_{\ddot{u}}$	~ 0			0,073	0,14	5		0,25 (0,23) c)	
Übertragung $E_{\ddot{u}}$			—	6,1		—		—	
$A_{\ddot{u}}$				$9,9 \cdot 10^3$		—		—	
$k_a \, 10^{-7}$	310 (39,2) a)	250	8 (4) b)	22	22	5,88	11,68	5,66	6,12
Abbruch E_a	0			0		5,24		—	
A_a				$2,2 \cdot 10^8$		$4,16 \cdot 10^{11}$		—	
Literatur	[40]		[155]	[54]		[105]		[94]	

a) Korrigiert nach [41].   b) Korrigiert nach [94].   c) Für Disproportionierung.

wesentlichen durch die Übertragungsreaktion bestimmt wird, ist dieser Schluß unberechtigt. Dann ist aber auch die Abnahme der Konstanten bei zunehmender kinetischer Kettenlänge schwer zu verstehen.

BURNETT und MELVILLE[39, 40] haben auch festgestellt, daß bei größerem Umsatz, besonders in schlechten Lösungsmitteln, die Polymerisationsgeschwindigkeit ansteigt und daß dieser Anstieg durch Abnahme der Abbruchsgeschwindigkeit bei gleichbleibender Wachstumsgeschwindigkeit bewirkt wird; auch dieses Ergebnis konnte für Vinylacetat nicht bestätigt werden[105], wohl aber für Methylmethacrylat[104].

Außer für Vinylacetat wurden die Geschwindigkeitskonstanten der einzelnen Teilreaktionen bisher auch noch für die Monomeren Styrol[6, 114, 37], p-Methoxystyrol[3], Methylmethacrylat[5, 9, 52, 98, 104], Butylacrylat[112] und Vinylidenchlorid[41a] bestimmt. Die Ergebnisse sind in Tab. 14 zusammengestellt. Für die Zuverlässigkeit der einzelnen Werte gilt das bereits bei der Besprechung von Tab. 13 Gesagte. Die in Tab. 14 eingesetzten Werte sind unter Abwägung der Genauigkeit, die den einzelnen Messungen zukommen dürfte, aus allen bisher vorliegenden Ergebnissen gemittelt. Die Ergebnisse weichen aber zum Teil noch so voneinander ab, daß auch diese Mittelwerte noch keinen großen Anspruch auf Genauigkeit erheben können, zumal eine streng objektive Beurteilung der Fehlergrenzen in den einzelnen Werten und daher auch eine willkürfreie Mittelung kaum möglich ist. Die für Vinylidenchlorid kürzlich erhaltenen Werte der Konstanten sind zwar von der gleichen Größenordnung wie die der

Tabelle 14. *Geschwindigkeitskonstanten der Teilreaktionen für verschiedene Monomere.*
(25° C)

Monomeres	k_w	E_w	$k_{ü}$	$E_{ü}$	k_a	E_a	Literatur
Methylmethacrylat	$1{,}5 \cdot 10^2$	6	$3 \cdot 10^{-3}$	12	$1 \cdot 10^7$	2,8	[9, 98, 104]
Styrol	35	6,5	10^{-3}	14	$5 \cdot 10^6$	2,5	[6, 114, 37]
p-Methoxystyrol (0° C)	3	—	$6 \cdot 10^{-5}$	—	$1 \cdot 10^6$	—	[3]
Butylacrylat	13 (22,5)	2,1 (6)	10^{-4}	—	$1{,}8 \cdot 10^4$	(0 ?)	[112]
Vinylidenchlorid	8,6	(25)	—	—	$1{,}75 \cdot 10^5$	(40)	[41a]

anderen Monomeren, aber die zugehörigen Aktivierungsenergien sind so
groß, daß daraus ganz unmögliche Werte für die Häufigkeitsfaktoren
folgen. Dies hängt offenbar mit der Unlöslichkeit des Polymeren im
Monomeren zusammen; Wachstum und Abbruch verlaufen bei Vinylidenchlorid heterogen (vgl. S. 210).

Einige allgemeine Gesichtspunkte.

Ein detailliertes Bild des Keimbildungsvorganges kann wegen unseres noch sehr unvollständigen Wissens über den genaueren kinetischen
Mechanismus dieses Vorganges vorläufig nicht gegeben werden. Für die
thermische Keimbildung ist aus energetischen Gründen die Vereinigung
zweier Moleküle des Monomeren zu einem dimeren Biradikal am wahr-
scheinlichsten.

$$2\ H_2C{=}CHR \longrightarrow —CH_2—CH—CH_2—CH—.$$
$$\underset{R}{|} \qquad \underset{R}{|}$$

Für andere Formulierungen, z. B. Bildung eines monomeren Biradikals
(„Öffnen der Doppelbindung") oder Spaltung einer C-H-Bindung sind
wesentlich höhere Aktivierungsenergien zu erwarten. Trotz der nicht
zu hohen Aktivierungsenergie (30 kcal/Mol, s. S. 110) ist die thermische
Keimbildung aber eine sehr langsame Reaktion. Selbst bei Styrol ist
der temperaturunabhängige Faktor ungewöhnlich niedrig. Wenn die für
Methylmethacrylat angegebenen Zahlen richtig sind (s. S. 110), dann ist
die viel kleinere Keimbildungsgeschwindigkeit bei diesem Monomeren,
verglichen mit Styrol, nicht durch eine größere Aktivierungsenergie,
sondern durch einen sehr viel kleineren sterischen Faktor bedingt. Eine
begründete Erklärung dafür kann nicht gegeben werden.

EYRING und Mitarbeiter[71,77] glauben die Größenordnung der Aktivierungsenergie und das Auftreten eines sehr kleinen sterischen Faktors
zusammen mit der Tatsache der Polymerisationsanregung durch freie
Radikale auf Grund einer Diskussion der Anregung der Äthylendoppel-
bindung deuten zu können. Sie vermuten, daß der angeregte Zustand
der dem Grundzustand benachbarte Triplettzustand ist; die Übergangs-
wahrscheinlichkeit in diesen Zustand sollte sehr klein sein, sofern das
Umklappen des Spins eines der beiden π-Elektronen der Doppelbindung
nicht durch ein äußeres Magnetfeld begünstigt wird. Die Wirkung
freier Radikale soll nur in einer solchen Begünstigung bestehen und damit erklärt werden, daß die Aktivierungsenergie die gleiche bleibt wie bei

thermischer Anregung, der sterische Faktor aber sehr groß wird. Dabei ist aber offenbar übersehen worden, daß die in der Größenordnung gleichen Aktivierungsenergien zwei ganz verschiedenen „Primär-reaktionen" zugehören, nämlich bei der thermischen Polymerisation einer *bimolekularen Reaktion zwischen zwei Molekülen des Monomeren* und bei der beschleunigten wahrscheinlich dem *monomolekularen Zerfall des Beschleunigers*. Außerdem wirken die Radikale ja nicht als echte Katalysatoren, sondern gehen eine feste Bindung mit dem Monomeren ein. Ob die EYRINGsche Hypothese für die thermische Keimbildung einmal von Bedeutung sein wird, ist noch kaum zu entscheiden, so-lange die quantitativen kinetischen Unterlagen so dürftig und unsicher sind wie bisher.

Eine andere Frage, die ebenfalls noch nicht endgültig entschieden werden kann, ist die, ob der aktive Zustand des wachsenden Polymeren bei thermischer, photochemischer oder durch Radikale bewirkter „An-regung" immer derselbe ist, oder ob es im Rahmen dieser Polymeri-sationsreaktionen, die wir bisher alle unter „Polymerisationen mit Radi-kalmechanismus" zusammengefaßt haben, verschiedene Aktivierungs-zustände gibt. Wir haben bereits zwischen Mono- und Biradikalen unter-schieden und werden später noch ein verschiedenes Verhalten dieser beiden Radikalarten gegenüber gewissen Molekülen zu erwähnen haben (vgl. S. 145). Die bereits erwähnten Untersuchungen der Polymerisation im Gaszustand haben darüber hinaus Anhaltspunkte dafür gebracht, daß ein und dasselbe Monomere auf verschiedene Weise zum Wachstum angeregt werden kann.

Bei Chloropren wurde zuerst beobachtet[43], daß im Anschluß an eine Belichtung des Monomeren in der Gasphase die Polymerisation im Dunkeln noch sehr lange — wochenlang, wenn für entsprechenden Nach-schub des Monomeren gesorgt wird — weiterläuft. Die gleiche Beob-achtung wurde später bei Methylmethacrylat und Methylisopropenyl-keton gemacht und eingehend untersucht[109, 110, 23]; der Effekt ist offen-sichtlich auf 1-1-disubstituierte Monomere beschränkt und wurde durch die Annahme eines außerordentlich langlebigen Aktivierungszustandes gedeutet. Die Fähigkeit zum Wachstum bleibt auch erhalten, wenn das Reaktionsgefäß längere Zeit scharf evakuiert wurde; sobald Monomeren-dampf wieder in das Reaktionsgefäß gelassen wird, geht die Polymeri-sation weiter. Es mußte sich also um eine Eigenschaft des an der Wand niedergeschlagenen Polymeren handeln. H-Atome, I_2 und beim Chloro-pren O_2 wirken desaktivierend. Allein aus der langen Wachstumszeit im Dunkeln wurde ausgerechnet, daß die einzelnen Makromoleküle Längen bis zur Größenordnung Zentimeter erreicht haben müßten. Die ur-sprüngliche Deutung führte diesen Effekt auf aktive Polymere mit einer besonderen Art der Aktivierung der Doppelbindung zurück. Es ist außerordentlich beruhigend, daß in neueren Arbeiten[9, 99] wahrschein-lich gemacht werden konnte, daß bei Belichtung der in Frage kommenden Monomeren ein „Katalysator" gebildet wird, der im Dunkeln eine nor-male Radikalpolymerisation mit sehr langsamer Keimbildung bewirkt; es entstehen dabei keine abnorm großen Makromoleküle.

Einen anderen Hinweis darauf, daß bei Photopolymerisation im Gas ein Aktivierungszustand auftritt, dem nicht gut Radikalcharakter zugeschrieben werden kann, bildet die Tatsache, daß die Polymerisation von Vinylacetat durch inerte Gase (Argon, Helium) gehemmt wird[113]. Man kann diesen Effekt kaum anders deuten, als durch Stöße zweiter Art. Es muß aber betont werden, daß die ganze Kinetik dieser Gaspolymerisationen trotz der sehr eingehenden und sorgfältigen Untersuchungen noch so viele Probleme enthält, für die vorläufig keine befriedigende Lösung gegeben werden kann, daß man weitere experimentelle Klärung abwarten sollte, bevor weitergehende Schlüsse aus den bisher vorliegenden Ergebnissen gezogen werden.

Die Wachstumsreaktion bietet in formal-kinetischer Hinsicht kaum irgendwelche Schwierigkeiten, da sie wohl nicht anders als durch eine bimolekulare Reaktion zwischen dem aktiven Polymeren und einem Molekül des Monomeren anzunehmen ist, wobei die Stabilität des Radikals und die Reaktionsneigung des Monomeren für die Geschwindigkeit der Wachstumsreaktion entscheidend sind. Der bei weitem tiefste Einblick in den detaillierten Chemismus der Wachstumsreaktion wurde beim Studium der Mischpolymerisation gewonnen. Da auf diese Ergebnisse später näher eingegangen wird (vgl. S. 181 ff.), beschränken wir uns hier darauf, auf einige Folgerungen hinzuweisen, die aus der Struktur der Polymerisate gezogen werden konnten.

Vinylpolymerisate haben im allgemeinen eine regelmäßige Kopf-Schwanz-Struktur[152, 102, 159, 133, 63], d. h. von den beiden Wachstumsreaktionen:

$$R\text{—}(M)_j\text{—} + H_2C\text{=}\underset{\underset{X}{|}}{CH} \longrightarrow R\text{—}(M)_j\text{—}CH_2\text{—}\underset{\underset{X}{|}}{CH}\text{—} \qquad (a)$$

$$R\text{—}(M)_j\text{—} + \underset{\underset{X}{|}}{HC}\text{=}CH_2 \longrightarrow R\text{—}(M)_j\text{—}\underset{\underset{X}{|}}{CH}\text{—}CH_2\text{—} \qquad (b)$$

tritt in längerer Folge immer nur eine auf. Aus sterischen Gründen ist zu erwarten, daß die Kopf-Kopf-Addition

$$\underset{\underset{X}{|}}{CH_2}\text{—}CH\text{—} + \underset{\underset{X}{|}}{HC}\text{=}CH_2 \longrightarrow CH_2\text{—}\underset{\underset{X}{|}}{CH}\text{—}\underset{\underset{X}{|}}{CH}\text{—}CH_2\text{—} , \qquad (c)$$

besonders wenn es sich um verhältnismäßig große Substituenden handelt, gehemmt ist. Dieser sterische Effekt würde allein genügen, um eine über längere Teile der Kette regelmäßige Kopf-Schwanz-Struktur zu erklären, ohne Entscheidung darüber, ob die Reaktion (a) oder (b) bevorzugt ist. Es ist aber außerdem die Reaktion (a) als wahrscheinlicher anzusehen, da das entstehende Radikal in diesem Falle eine Resonanzstabilisierung durch den Substituenden erhält.

In Polyvinylacetat wurde der Anteil der Kopf-Kopf-Bindungen durch Verseifen zu Polyvinylalkohol und selektive Spaltung der 1-2-Glykole quantitativ bestimmt[60, 61]. Verschiedene Polymerisate enthielten zwischen 1 und 2% Kopf-Kopf-Bindungen, wobei der genaue Gehalt innerhalb dieser Grenzen eindeutig nur von der Herstellungstemperatur abhängt. Eine quantitative Auswertung ergab, daß die Kopf-Kopf-Addition sowohl durch einen 10mal kleineren sterischen Faktor als auch durch eine um 1,25 kcal/Mol größere Aktivierungsenergie benachteiligt ist (vgl. auch S. 244).

Auch in die strukturell komplizierteren Verhältnisse bei den Polydienen konnten in den letzten Jahren wichtige Einblicke gewonnen werden. Absorptionsmessungen im Infraroten [72, 55] und analytische Bestimmung der in Seitenketten befindlichen „äußeren" Doppelbindungen (durch Titration mit Benzopersäure [93, 135]) boten eine wertvolle Ergänzung der bereits aus der Untersuchung der Abbauprodukte (Ozonabbau) erhaltenen Hinweise. Die wesentlichen Ergebnisse sind etwa folgende (siehe auch [60, 116]): in Polydienen, die bei Temperaturen um 50° C mit peroxydischen Beschleunigern hergestellt wurden, sind die 1-4-Additions-Einheiten etwa um einen Faktor 4—5 häufiger als 1-2-Addition; bei tieferen Herstellungstemperaturen verschiebt sich dieses Verhältnis noch weiter, wenn auch nicht sehr stark, zugunsten der 1-4-Addition (vgl. dagegen S. 248). In stärkerem Maße noch nimmt der Anteil der trans-Form gegenüber der cis-Form mit sinkender Temperatur zu [55, 116]. Ganz allgemein tendiert der strukturelle Aufbau mit sinkender Herstellungstemperatur zu immer regelmäßigeren und mehr linearen Molekülen. Diese Tatsache drückt sich in verschiedenen physikalischen Eigenschaften und auch in einer besseren Verarbeitbarkeit der bei tiefen Temperaturen gewonnenen Produkte aus [83, 55, 163] (vgl. S. 152).

Wie bereits mehrfach betont, erfolgt der Abbruch der Polymerisationen im allgemeinen durch gegenseitige Desaktivierung zweier Keime. Abgesehen von der Photopolymerisation von Acetylen [108] bilden die Allylverbindungen die einzige bisher bekannte Ausnahme in dieser Hinsicht [11]. Der Abbruch erfolgt hierbei wahrscheinlich durch Abgabe eines H-Atoms vom α-C-Atom des Monomeren an das Polymere:

$$\mathrm{R-(M)_j- + CH_2=CH-CH_2X} \Big\langle \begin{array}{l} \mathrm{R-(M)_j-CH_2-\overset{|}{CH}-CH_2X} \qquad \text{(Wachstum)} \\[2ex] \mathrm{R-(M)_j-H + CH_2=CH-\overset{|}{CHX}} \\[1ex] \qquad\qquad\qquad \updownarrow \\ \qquad \mathrm{-CH_2-\overset{}{CH}=CHX} \qquad\qquad \text{(Abbruch)} \end{array}$$

Die angedeutete Mesomerie bewirkt die relative Stabilität des Radikals. Bei anderen Monomeren ist das durch Abgabe eines Atoms an das aktive Polymere entstandene Radikal weniger reaktionsträge und bildet daher den Keim zu einer neuen Kette (Übertragung).

Die Frage, ob der Abbruch durch Disproportionierung oder Kombination erfolgt, kann auf Grund der bisher vorliegenden Versuchsergebnisse nicht entschieden werden. Da die Polymerisationsgeschwindigkeit im beiden Fällen die gleiche ist, kann eine Entscheidung nur mit Hilfe des Polymerisationsgrades oder seiner Verteilungsfunktion herbeigeführt werden. Auch dies ist nur möglich, wenn Kettenübertragung eine ganz untergeordnete Rolle spielt. Ergebnisse an Vinylacetat in Substanz, die diese Forderung zu erfüllen schienen [38, 40], sind leider durch neuere Arbeiten widerlegt worden[4,54,105,94]. Das einzige Beispiel, bei dem die experimentell ermittelte Verteilungsfunktion in quantitative Beziehung zur Kinetik der Polymerisation gesetzt wurde[18], scheint für einen Abbruch durch Kombination zu sprechen. Auch diese Schlußfolgerung ist nicht beweisend, da eine Abweichung zwischen der theoretisch zu erwartenden Verteilung und der experimentell gefundenen festgestellt wurde, so daß die experimentelle Verteilungskurve zwischen den theoretischen für Disproportionierung und Kombination liegt. Wenn auch diese Abweichung wahrscheinlich auf eine Unvollkommenheit der Fraktionierung zurückgeführt werden kann, so ist doch damit noch kein bindender Nachweis für Kombination der aktiven Polymeren erbracht. Auch die Argumente, die BAMFORD und DEWAR[9] gegen Kombination bei Methylmethacrylat anführen, sind nicht stichhaltig, da gleichzeitig ein Überwiegen der Kettenübertragung angenommen wird, wodurch jede Unterscheidung zwischen Kombination und Disproportionierung auf Grund des Polymerisationsgrades unmöglich wird. Die Aktivierungsenergie der Abbruchreaktion ist zwar klein, aber nach den neuen Messungen nicht null, so daß auch dieses Argument, das gegen Disproportionierung angeführt wurde, entfällt[57]. Ebenso zweifelhaft scheint der Schluß auf Kombination aus dem Verbrauch des Beschleunigers, verglichen mit dem des Monomeren[58].

Aus dem Prinzip der mikroskopischen Reversibilität haben TOBOLSKY u. a. gefolgert, daß (zumindest bei höherer Temperatur) auch ein Abbau der aktiven Polymeren stattfindet, der mit dem Wachstum konkurriert, so daß letzten Endes die Polymerisationsreaktionen als unvollständige Reaktionen aufzufassen sind[21,51,115,151,158]. Dazu kann nur festgestellt werden, daß *unter Versuchsbedingungen, unter denen praktisch polymerisiert wird, die Polymerisationsreaktionen auch vollständige Reaktionen sind.* Der Abbau von inaktiven Polymeren, der wohl nach einem Radikalmechanismus analog dem der Polymerisation verläuft, beginnt bei Vinylpolymerisaten in der Gegend von 200° C merklich zu werden[2,51,67,80,120,149]. Die bei tieferen Temperaturen beobachteten „Depolymerisationen" sind auf einen Angriff des Sauerstoffs, der Peroxyde u. ä. auf das Polymere und nicht auf eine einfache Umkehr der Wachstumsreaktionen zurückzuführen[79,116a]. In der Gegend von 100° C wurden, um vergleichbare Geschwindigkeiten von Depolymerisation und Polymerisation zu erzielen, im ersteren Falle 100mal höhere Konzentrationen Peroxyd angewandt, als für die Polymerisation. Leichter spaltbare Bindungen enthalten die „Mischpolymerisate" mit O_2, SO_2 u. ä. ([51], vgl. S. 148). Oxydativer Abbau, ebenso wie Verzweigungs- und Vernetzungsreaktionen von Polymerisaten unter Einfluß von O_2, Peroxyden usw. spielen zweifellos eine wichtige Rolle bei der Alterung und Vulkanisation von Polymerisaten. Diese Probleme liegen aber ebenso wie die interessanten Versuche zur Depolymerisation durch Ultraschall, Schwingmahlung usw. außerhalb des Rahmens dieses Buches.

Literatur.

[1] ABERE, J., G. GOLDFINGER, H. NAIDUS u. H. MARK: J. phys. Chem. **49**, 211 (1945).
[2] ATHERTON, E.: J. Polym. Sci. **5**, 378 (1950).
[3] AXFORD, D. W. E.: Proc. roy. Soc. Lond. A **197**, 374 (1949).
[4] BAGDASSARIAN, CH.: Acta phys. chim. URSS **19**, 226 (1944).
[5] BAMFORD, C. H., u. M. J. S. DEWAR: Nature (Lond.) **157**, 845 (1946).
[6] BAMFORD, C. H., u. M. J. S. DEWAR: Proc. roy. Soc. Lond. A **192**, 309 (1948).
[7] BAMFORD, C. H., u. M. J. S. DEWAR: Disc. Faraday Soc. **2**, 310 (1947).
[8] BAMFORD, C. H., u. M. J. S. DEWAR: Proc. roy. Soc. Lond. A **192**, 329 (1948).
[9] BAMFORD, C. H., u. M. J. S. DEWAR: Proc. roy. Soc. Lond. A **197**, 356 (1949).

[10] BARNETT, F., u. W. E. VAUGHAN: J. phys. coll. Chem. 51, 926, 942 (1947).
[11] BARTLETT, P. D., u. R. ALTSCHUL: J. Amer. chem. Soc. 67, 812, 816 (1945).
[12] BARTLETT, P. D., u. S. G. COHEN: J. Amer. chem. Soc. 65, 543 (1943).
[13] BARTLETT, P. D., u. J. D. COTMAN jr.: J. Amer. chem. Soc. 71, 1419 (1949).
[14] BARTLETT, P. D., u. H. KWART: J. Amer. chem. Soc. 72, 1051 (1950).
[15] BARTLETT, P. D., u. K. NOZAKI: J. Amer. chem. Soc. 69, 2299 (1947).
[16] BARTLETT, P. D., u. K. NOZAKI: J. Polym. Sci. 3, 216 (1948).
[17] BARTLETT, P. D., u. C. G. SWAIN: J. Amer. chem. Soc. 67, 2273 (1945).
[18] BAXENDALE, J. H., S. BYWATER u. M. G. EVANS: Trans. Faraday Soc. 42, 675 (1946).
[19] BAXENDALE, J. H., M. G. EVANS u. G. S. PARK: Trans. Faraday Soc. 42, 155 (1946).
[20] BELL, E. R., F. F. RUST u. W. E. VAUGHAN: J. Amer. chem. Soc. 72, 337 (1950).
[21] BLATZ, P. I., u. A. V. TOBOLSKY: J. phys. Chem. 49, 77 (1945).
[22] BLOMQUIST, A. T., J. R. JOHNSON u. H. J. SYKES: J. Amer. chem. Soc. 65, 2446 (1943).
[23] BOLLAND, J. L., u. H. W. MELVILLE: Proc. Rubber Technol. conf. 1938, 239.
[24] BREITENBACH, J. W.: Österr. chem. Z. 42, 232 (1939).
[25] BREITENBACH, J. W.: Mh. Chem. 80, 737 (1939).
[26] BREITENBACH, J. W., u. G. BREMER: Ber. 76, 1124 (1943).
[27] BREITENBACH, J. W., u. G. BREMER: Mh. Chem. 80, 107 (1949).
[28] BREITENBACH, J. W., u. H. KARLINGER: Mh. Chem. 80, 739 (1949).
[29] BREITENBACH, J. W., u. E. KINDL: Mh. Chem. 81, 614 (1950).
[30] BREITENBACH, J. W., u. F. RICHTER: Mh. Chem. 80, 315 (1949).
[31] BREITENBACH, J. W., u. H. RUDORFER: Mh. Chem. 70, 37 (1937).
[32] BREITENBACH, J. W., u. A. SCHINDLER: Mh. Chem. 80, 429 (1949).
[32a] BREITENBACH, J. W., A SCHINDLER u. CH. PFLUG: Mh. Chem. 81, 21 (1950).
[33] BREITENBACH, J. W., u. H. SCHNEIDER: Ber. 76, 1088 (1943).
[34] BREITENBACH, J. W., u. V. TAGLIEBER: Ber. 76, 272 (1943).
[35] BREITENBACH, J. W., u. W. THURY: Experientia 3, 281 (1947).
[36] BROWN, D. J.: J. Amer. chem. Soc. 62, 2657 (1940); 70, 1208 (1948).
[37] BURNETT, G. M.: Trans. Faraday Soc. 46, 772 (1950).
[38] BURNETT, G. M., u. H. W. MELVILLE: Nature (Lond.) 156, 661 (1945).
[39] BURNETT, G. M., u. H. W. MELVILLE: Nature (Lond.) 158, 553 (1946).
[40] BURNETT, G. M., u. H. W. MELVILLE: Proc. roy. Soc. Lond. A 189, 456, 481, 494 (1947).
[41] BURNETT, G. M., L. VALENTINE u. H. W. MELVILLE: Trans. Faraday Soc. 45, 960 (1949).
[41a] BURNETT, J. D., u. H. W. MELVILLE: Trans. Faraday Soc. 46, 976 (1950).
[42] BURNS, W. G., u. F. S. DAINTON: Trans. Faraday Soc. 46, 411 (1950).
[43] CAROTHER, W. H., et. al.: J. Amer. chem. Soc. 53, 4203 (1931).
[44] CASS, W. E.: J. Amer. chem. Soc. 68, 1976 (1946); 69, 500 (1947).
[45] CASS, W. E.: J. Amer. chem. Soc. 72, 4915 (1950).
[46] COHEN, S. G.: J. Amer. chem. Soc. 67, 17 (1945).
[46a] COHEN, S. G., S. J. GROSZOS u. D. B. SPARROW: J. Amer. chem. Soc. 72, 3947 (1950).
[47] COOPER, W.: Nature (Lond.) 162, 897 (1948).
[48] COOPER, W.: Nature (Lond.) 162, 927 (1948).
[49] CUTHBERTSON, A. C., G. GEE u. E. K. RIDEAL: Proc. roy. Soc. Lond. A 170, 300 (1938).
[50] DAINTON, F. S.: Nature (Lond.) 160, 268 (1947).
[51] DAINTON, F. S., u. K. J. IVIN: Nature (Lond.) 162, 705 (1948).
[52] DEWAR, M. J. S., u. C. H. BAMFORD: Nature (Lond.) 158, 380 (1946).
[53] DIXON-LEWIS, G.: Disc. Faraday Soc. 2, 319 (1947).
[54] DIXON-LEWIS, G.: Proc. roy. Soc. Lond. A 198, 510 (1949).
[55] D'IANNI, J. D.: Ind. Eng. Chem. 40, 253 (1948).
[56] EDWARDS, F. G., u. F. R. MAYO: J. Amer. chem. Soc. 72, 1265 (1950).
[57] EVANS, M. G.: Disc. Faraday Soc. 2, 271 (1947).
[58] FARKAS, A., u. E. PASSAGLIA: J. Amer. chem. Soc. 72, 3333 (1950).
[59] FARMER, E. H., u. S. E. MICHAEL: J. chem. Soc. Lond. 1942, 513.
[60] FLORY, P. J.: J. Polym. Sci. 2, 36 (1947).

[61] FLORY, P. J., u. F. S. LEUTNER: J. Polym. Sci. 3, 880 (1948).

[62] FOORD, S. G.: J. chem. Soc. Lond. 1940, 48.

[62a] FORDHAM, J. W. L., u. H. L. WILLIAMS: Canad. J. Res. 27 B, 943 (1949).

[63] FULLER, C. S.: Chem. Reviews 26, 143 (1940).

[64] GILHAM, R. C.: Trans. Faraday Soc. 46, 497 (1950).

[65] GOLDFINGER, G., u. K. E. LAUTERBACH: J. Polym. Sci. 3, 145 (1948).

[66] GOLDFINGER, G., J. SKEIST u. H. MARK: J. phys. Chem. 47, 578 (1943).

[67] GRASSIE, N., u. H. W. MELVILLE: Proc. roy. Soc. Lond. 199, 1, 14, 24, 39 (1949).

[69] HAMMOND, G. S.: J. Amer. chem. Soc. 72, 3737, 4711 (1950).

[70] HARKNESS, J. B., G. B. KISTIAKOWSKY u. W. H. MEARS: J. chem. Phys. 5, 682 (1937).

[71] HARMAN, R. A., u. H. EYRING: J. chem. Phys. 10, 557 (1942).

[72] HART, E. J., u. A. W. MEYER: J. Amer. chem. Soc. 71, 1980 (1949).

[73] HERMANS, P. H., u. J. VAN EYK: J. Polym. Sci. 1, 407 (1946).

[74] HEY, D. H., u. G. S. MISRA: Disc. Faraday Soc. 2, 279 (1947).

[74a] HEY, D. H., u. G. S. MISRA: J. chem. Soc. Lond. 1949, 1807.

[75] HEY, D. H., u. W. A. WATERS: Chem. Reviews 21, 169 (1937).

[76] HORNER, L., u. E. SCHWENK: Ann. 566, 69 (1950).

[77] HULBURT, H. M., R. A. HARMAN, A. V. TOBOLSKY u. H. EYRING: Ann. N. Y. Acad. Sci. 44, 371 (1943).

[78] IRANY, E. P.: J. Amer. chem. Soc. 62, 2690 (1940).

[79] JACKSON, D. L. C., u. W. S. REID: Nature (Lond.) 162, 29 (1948).

[80] JELLINEK, H. H. G.: J. Polym. Sci. 3, 850 (1948); 4, 1, 13, (1949); 5, 264 (1950).

[81] JONES, T. T., u. H. W. MELVILLE: Proc. roy. Soc. Lond. A 175, 392 (1940).

[82] JONES, T. T., u. H. W. MELVILLE: Proc. roy. Soc. Lond. A 187, 19, 37 (1946).

[83] JOHNSON, P. H., u. R. L. BEBB: Ind. Eng. Chem. 41, 1577 (1949).

[84] JOSEFOWITZ, C. D., u. H. MARK: Polym. Bull. 1, 140 (1945).

[85] KAMENSKAJA, S., u. S. MEDWEDEW: Acta phys. Chim. URSS 13, 565 (1940).

[86] KATCHALSKY, A., u. H. WECHSLER: J. Polym. Sci. 1, 229 (1946).

[87] KERN, W.: Makrom. Chem. 1, 229 (1948).

[88] KERN, W., E. JOKUSCH u. A. WOLFRAM: Makrom. Chem. 4, 213 (1950).

[89] KERN, W., u. H. KÄMMERER: J. prakt. Chem. 161, 81, 289 (1942).

[90] KERN, W., u. H. KÄMMERER: Makrom. Chem. 2, 127 (1948).

[91] KHARRASCH, M. S., H. N. FRIEDLÄNDER u. W. H. URRY: J. org. Chem. 14, 91 (1949) (und frühere Arbeiten dieser Serie).

[92] KISTIAKOWSKY, G. B., u. W. W. RANSOM: J. chem. Phys. 7, 729 (1939).

[93] KOLTHOFF, I. M., TH. S. LEE u. M. A. MAIRS: J. Polym. Sci. 2, 199, 206, 220 (1947).

[94] KWART, H., H. S. BROADBENT u. P. D. BARTLETT: J. Amer. chem. Soc. 72, 1060 (1950).

[95] LEFFLER, J. E.: J. Amer. chem. Soc. 72, 67 (1950).

[96] LEFFLER, J. E., u. M. J. SIENKO: J. chem. Phys. 17, 215 (1949).

[97] LEWIS, F. M., u. M. S. MATHESON: J. Amer. chem. Soc. 71, 747 (1949).

[98] MACKAY, M. H., u. H. W. MELVILLE: Trans. Faraday Soc. 45, 323 (1949).

[99] MACKAY, M. H., u. H. W. MELVILLE: Trans. Faraday Soc. 46, 63 (1950).

[100] McCLURE, J. H., R. E. ROBERTSON u. A. C. CUTHBERTSON: Canad. J. Res. B 20, 103 (1942).

[101] MARVEL, C. S., J. DEC u. H. G. COOKE: J. Amer. chem. Soc. 62, 3499 (1940).

[102] MARVEL, C. S., u. Mitarb.: J. Amer. chem. Soc. 60, 280, 1045 (1938); 61, 1682, 3156, 3234, 3241, 3244 (1939); 62, 45, 2666 (1940); 64, 92 (1942).

[103] MATHESON, M. S.: J. chem. Phys. 13, 584 (1945).

[104] MATHESON, M. S., E. E. AUER, E. B. BEVILACQUA u. E. J. HART: J. Amer. chem. Soc. 71, 497 (1949).

[105] MATHESON, M. S., E. E. AUER, E. B. BEVILACQUA u. E. J. HART: J. Amer. chem. Soc. 71, 2610 (1949).

[106] MAYO, F. R., u. R. A. GREGG: J. Amer. chem. Soc. 70, 1284 (1948).

[107] MEDWEDEW, S., E. CHILIKINA u. V. KLIMENKOW: Acta phys. Chim. URSS 11, 751 (1939).

[108] MELVILLE, H. W.: Trans. Faraday Soc. 32, 258 (1936).

[109] MELVILLE, H. W.: Proc. roy. Soc. Lond. A **163**, 511 (1937); **167**, 99 (1937).
[110] MELVILLE, H. W.: J. chem. Soc. Lond. **1941**, 414.
[111] MELVILLE, H. W.: J. chem. Soc. Lond. **1946**, 274.
[112] MELVILLE, H. W., u. A. F. BICKEL: Trans. Faraday Soc. **45**, 1049 (1949).
[112a] MELVILLE, H. W., T. T. JONES u. R. F. TUCKETT: Chem. & Ind. **59**, 267 (1940).
[113] MELVILLE, H. W., u. R. F. TUCKETT: J. chem. Soc. Lond. **1947**, 1201, 1211.
[114] MELVILLE, H. W., u. L. VALENTINE: Trans. Faraday Soc. **46**, 210 (1950).
[115] MESROBIAN, R., u. A. TOBOLSKY: J. Amer. chem. Soc. **67**, 785 (1945).
[116] MEYER, A. W.: Ind. Eng. Chem. **41**, 1570 (1949).
[116a] MONTGOMERY, D. S., u. C. A. WINKLER: Canad. J. Res. **28**B, 407, 416, 429 (1950).
[117] NORRISH, R. G. W., u. E. F. BROOKMAN: Proc. roy. Soc. Lond. A **171**, 147 (1939).
[118] NOZAKI, K., u. P. D. BARTLETT: J. Amer. chem. Soc. **68**, 1686 (1946).
[119] NOZAKI, K., u. P. D. BARTLETT: J. Amer. chem. Soc. **68**, 2377 (1946).
[120] OAKES, W. G., u. R. B. RICHARDS: J. chem. Soc. Lond. **1949**, 2929.
[120a] OVERBERGER, C. G., M. T. O'SHAUGHNESSY u. H. SHALIT: J. Amer. chem. Soc. **71**, 2661 (1949).
[121] PASS, F.: J. Polym. Sci. **3**, 327 (1948).
[122] PATAT, F.: Z. Elektrochem. **47**, 688 (1941).
[123] PERRY, L. H.: Ind. Eng. Chem. **41**, 1438 (1949).
[124] PFANN, H. F., D. J. SALLEY u. H. MARK: J. Amer. chem. Soc. **66**, 983, 2137 (1944).
[125] PFANN, H. F., Z. VAN WILLIAMS u. H. MARK: J. Polym. Sci. **1**, 14 (1946).
[126] PRICE, CH. C.: Ann. N. Y. Acad. Sci. **44**, 351 (1943).
[127] PRICE, CH. C., u. D. A. DURHAM: J. Amer. chem. Soc. **64**, 2508 (1942).
[128] PRICE, CH. C., u. R. W. KELL: J. Amer. chem. Soc. **63**, 2798 (1941).
[129] PRICE, CH. C., R. W. KELL u. E. KREBS: J. Amer. chem. Soc. **64**, 1103 (1942).
[130] PRICE, CH. C., u. E. TATE: J. Amer. chem. Soc. **65**, 517 (1943).
[131] RALEY, J. H., F. F. RUST u. W. E. VAUGHAN: J. Amer. chem. Soc. **70**, 88, 1336, 2767 (1948).
[132] REDINGTON, L. E.: J. Polym. Sci. **3**, 503 (1948).
[133] REINHARDT, R. C.: Ind. Eng. Chem. **35**, 422 (1943).
[134] RUST, F. F., F. H. SEUBOLD jr. u. W. E. VAUGHAN: J. Amer. chem. Soc. **70**, 95, (1948); **72**, 338 (1950).
[135] SAFFER, A., u. B. JOHNSON: Ind. Eng. Chem. **40**, 538 (1948).
[136] SALOMON, G., u. Mitarb.: J. Polym. Sci. **1**, 200, 353, 364 (1946); **2**, 522 (1947); **3**, 32 (1948); **4**, 203 (1949).
[137] SCHMID, G., u. O. ROMMEL: Z. phys. Chem. A **185**, 97 (1939).
[138] SCHMID, H., u. V. GUTMANN: J. Polym. Sci. **3**, 325 (1948).
[139] SCHMID, H., O. MUHR u. H. MAREK: Z. Elektrochem. **51**, 37 (1945).
[140] SCHULZ, G. V.: Naturwiss. **27**, 659 (1939).
[141] SCHULZ, G. V.: Z. Elektrochem. **47**, 265 (1941).
[142] SCHULZ, G. V., u. F. BLASCHKE: Z. phys. Chem. B **51**, 75 (1942).
[143] SCHULZ, G. V., A. DINGLINGER u. E. HUSEMAN: Z. phys. Chem. B **43**, 385 (1939).
[144] SCHULZ, G. V., u. G. HARBORTH: Makrom. Chem. **1**, 106 (1947).
[145] SCHULZ, G. V., u. E. HUSEMAN: Z. phys. Chem. B **34**, 187 (1936).
[146] SCHULZ, G. V., u. E. HUSEMAN: Z. phys. Chem. B **36**, 184 (1937).
[147] SCHULZ, G. V., u. E. HUSEMANN: Z. phys. Chem. B **39**, 246 (1938).
[148] SCHULZ, G. V., u. G. WITTIG: Naturwiss. **27**, 387, 456 (1939).
[149] SIMHA, R., L. A. WALL u. P. J. BLATZ: J. Polym. Sci. **5**, 615 (1950).
[150] SMITH, W. V., u. H. N. CAMPBELL: J. chem. Phys. **15**, 338 (1947).
[151] SPODHEIM, H. W., W. J. BADGLEY u. R. B. MESROBIAN: J. Polym. Sci. **3**, 410 (1948).
[152] STAUDINGER, H., u. A. STEINHOFER: Ann. **517**, 35 (1935).
[153] SUESS, H., K. PILCH u. H. RUDORFER: Z. phys. Chem. A **179**, 361 (1937).
[154] SUESS, H., u. A. SPRINGER: Z. phys. Chem. B **181**, 81 (1938).
[154a] SULLY, B. D.: Nature (Lond.) **159**, 882 (1947).
[155] SWAIN, C. G., u. P. D. BARTLETT: J. Amer. chem. Soc. **68**, 2381 (1946).

[156] SWAIN, C. G., W. H. STOCKMAYER u. J. T. CLARKE: Amer. chem. Soc. **72**, 5426 (1950).
[157] SZWARC, M., u. J. S. ROBERTS: J. chem. Phys. **18**, 561 (1950).
[158] TAYLOR, H. S., u. A. V. TOBOLSKY: J. Amer. chem. Soc. **67**, 2063 (1945).
[159] THOMAS, R. M. et. al.: J. Amer. chem. Soc. **62**, 276 (1940).
[160] VAUGHAN, W. E.: J. Amer. chem. Soc. **54**, 3863 (1932); **55**, 4109 (1935).
[161] WALLING, CH., u. E. R. BRIGGS: J. Amer. chem. Soc. **68**, 1141 (1946).
[162] WALLING, CH., E. R. BRIGGS u. F. R. MAYO: J. Amer. chem. Soc. **68**, 1145 (1946).
[163] WITHE, L. M.: Ind. Eng. Chem. **41**, 1554 (1949).

2. Die Reaktion aktiver Polymerer mit Fremdstoffen.

Bei der kinetischen Analyse der im vorangegangenen Abschnitt geschilderten Polymerisationsreaktionen wurden für die Reaktion der aktiven Polymeren nur zwei Reaktionspartner berücksichtigt: das Monomere (Wachstum, direkte Übertragung und evtl. Abbruch durch das Monomere) und die aktiven Polymeren selbst (Abbruch durch gegenseitige Desaktivierung zweier Radikale). Bei der rein thermischen Polymerisation eines Monomeren im unverdünnten flüssigen Zustand kommt (wenigstens zu Beginn der Polymerisation) auch kein anderer Reaktionspartner in Frage. Sind dagegen im Reaktionsgemisch noch andere Substanzen (Lösungsmittel, Regler, Stabilisatoren u. ä., die wir allgemein als Fremdstoffe bezeichnen wollen) vorhanden, so ist bei dem Radikal-Charakter und der damit verknüpften relativ großen Reaktionsfähigkeit der aktiven Polymeren von vornherein damit zu rechnen, daß sie auch mit den Molekülen der Fremdstoffe reagieren. Diese Reaktionen konkurrieren dann mit den bereits besprochenen Teilreaktionen, wodurch das Reaktionsgeschehen im ganzen erhebliche Änderungen erfahren kann.

Bei einer Reaktion eines monovalenten Radikals mit einem gesättigten Molekül entsteht immer wieder ein Radikal, da freie Valenzen nur paarweise abgesättigt werden können. Es muß daher außer der Reaktion des aktiven Polymeren mit dem Fremdmolekül auch das weitere Schicksal des dabei entstehenden neuen Radikals berücksichtigt werden. Einen systematischen Überblick über die möglichen Verhältnisse verschafft man sich am besten durch die folgenden allgemeinen Überlegungen:

Bei der Reaktion eines aktiven Polymeren mit einem Molekül kann entweder

1. das ganze Molekül an das aktive Polymere angelagert werden, so daß die radikalartige Endgruppe nun von dem fremden Molekül gebildet wird; als Beispiel hierfür formulieren wir die Reaktion mit Dinitribenzol:

und mit Sauerstoff:

$$R—(M)_j— + O_2 \longrightarrow R—(M)_j—O—O—$$

oder

2. ein Atom (oder auch eine Gruppe von Atomen) von dem Molekül an das aktive Polymere abgegeben werden, so daß das letztere abgesättigt wird und der Rest des Moleküls ein neues selbständiges Radikal bildet; als Beispiel hierfür seien angegeben die Reaktion mit Tetrachlorkohlenstoff

$$R—(M)_j— + CCl_4 \longrightarrow R—(M)_j—Cl + —CCl_3$$

und mit einem Merkaptan

$$R—(M)_j— + H\,S\,C_n\,H_{2n+1} \longrightarrow R—(M)_jH + —S\,C_n\,H_{2n+1}\,.$$

Entscheidend dafür, wie sich dieses Eingreifen des Fremdstoffes auf den Ablauf der Polymerisation auswirkt, ist die Frage, *wie reaktionsfähig die neu entstandenen Radikale gegenüber den Molekülen des Monomeren sind.* Hierfür gibt es wieder zwei Extremfälle:

a) Die neu entstandenen Radikale reagieren leicht mit dem Monomeren; dann geht im Falle 1 das Wachstum weiter, wobei das Fremdmolekül in das Polymere eingebaut wird *(Mischpolymerisation)*:

$$R—(M)_j—O—O— + M \longrightarrow R—(M)_j—O—O—M—.$$

Im Falle 2 wird ein neuer Polymerisationskeim gebildet *(indirekte Übertragung)*:

$$Cl_3C— + M \longrightarrow Cl_3C—M—$$

oder

$$H_{2n\,1}\,C_nS— + M \longrightarrow H_{2n+1}\,C_nS—M—.$$

b) Die neu entstandenen Radikale sind sehr reaktionsträge; sie reagieren daher nicht mit dem Monomeren, sondern werden (meist nach einer verhältnismäßig langen Lebensdauer) schließlich und ausschließlich durch Disproportionierung oder Kombination mit einem anderen Radikal desaktiviert. Sowohl Fall 1 als auch Fall 2 führen dann zu einem *Abbruch* der Reaktionskette (*Hemmung* der Polymerisation).

Man kann also für das Eingreifen des Fremdstoffes in die Polymerisationsreaktion schematisch folgende Reaktionen formulieren:

$$P* + L \begin{cases} 1.\ PL* \begin{cases} \text{a) } PL* + M \longrightarrow PLM* & \text{(Mischpolymerisation)} \\ \text{b) } PL* + X* \longrightarrow Y \end{cases} \\ 2.\ P + L* \begin{cases} \text{b) } L* + X* \longrightarrow Y \\ \text{a) } L* + M \longrightarrow LM* & \text{(indirekte Übertragung)} \end{cases} \end{cases}$$

(Abbruch)

(L = Fremdstoff; L* = Radikal, aus dem Fremdstoff durch Abgabe eines Atoms entstanden; PL* = Radikal, durch Anlagerung eines Moleküls des Fremdstoffes an ein aktives Polymeres entstanden; X* = beliebiges Radikal; Y = beliebiges stabiles Produkt.)

Für die Ausrechnung der experimentell bestimmbaren Größen müssen jetzt also mindestens zwei Reaktionen mehr berücksichtigt werden. Solange aber die Radikale L* oder PL* *eindeutig* weiter reagieren, d. h. entweder *nur* mit dem Monomeren oder *nur* mit Radikalen unter gegenseitiger Desaktivierung, ergibt sich insofern eine Vereinfachung, als im stationären Zustand gilt:

$$k_L \, [P^*] \, [L] = k_X \, [L^*] \, [X^*] \tag{98}$$

(und entsprechend für die drei anderen oben angedeuteten Reaktionsweisen). Die Geschwindigkeit, mit der die Radikale L* oder PL* weiterreagieren, kann daher in den kinetischen Ansätzen immer durch die Geschwindigkeit ihrer Bildung ersetzt werden, so daß nur dieser eine kinetische Ausdruck $k_L \, [P^*] \, [L]$ neu zu den bei den bisherigen Rechnungen bereits berücksichtigten hinzukommt. Dieses eindeutige Weiterreagieren entspricht den beiden Grenzfällen eines reaktionsfähigen und eines sehr reaktionsträgen Radikals. Da im Reaktionsgemisch ein Radikal sehr viel häufiger einem Molekül begegnet als einem Radikal (die Konzentrationen der beiden Reaktanden unterscheiden sich ja um einen Faktor $\sim 10^7$ bis 10^8), wird ein reaktionsfähiges Radikal mit sehr großer Wahrscheinlichkeit mit einem Molekül reagieren, bevor es überhaupt einem anderen Radikal begegnet. Wenn andererseits ein Radikal diese vielen Begegnungen mit Molekülen des Monomeren ohne Reaktion überlebt, dann wird es meist gar nicht mit dem Monomeren reagieren. Die Grenzfälle a) und b) werden also oft verwirklicht sein. Man muß aber stets bedenken, daß die Unterschiede nicht qualitative, sondern quantitative sind, bedingt in erster Linie durch die verschiedene Reaktionsfähigkeit der Radikale und in zweiter Linie auch durch die relativen Konzentrationen. Es wird daher auch vorkommen, daß ein Radikal unter bestimmten Versuchsbedingungen teils mit dem Monomeren und teils mit Radikalen reagiert, d. h. der Fremdstoff bewirkt sowohl Übertragung als auch Abbruch bzw. sowohl Mischpolymerisation als auch Abbruch. Die kinetische Analyse wird dann komplizierter. Außerdem erkennt man daraus sofort, daß bei *größeren Unterschieden in den Versuchsbedingungen (vor allem Art des Monomeren, Temperatur, relative Konzentrationen) derselbe Fremdstoff eine ganz verschiedene Wirkung auf die Polymerisationsreaktion zeigen kann*, was dann zu scheinbaren Widersprüchen in den experimentellen Ergebnissen führt. Komplikationen können schließlich auch dadurch entstehen, daß der Fremdstoff nicht nur mit den aktiven Polymeren, sondern auch mit dem Monomeren oder dem Beschleuniger reagiert. Es ist daher verständlich, daß eine saubere kinetische Analyse der Wirkung eines Fremdstoffes erhebliche Schwierigkeiten bereiten kann.

Das Verständnis der verschiedenartigen Wirkungen desselben Fremdstoffes bei verschiedenen Monomeren oder verschiedener Fremdstoffe bei demselben Monomeren kann oft durch folgende Überlegungen erleichtert werden. Vergleichen wir verschiedene Radikale in bezug auf ihre Reaktionsfähigkeit mit einem bestimmten Molekül, so ist das weniger stabile Radikal das reaktionsfähigere; diese Tautologie wird zu einer vernünftigen Aussage, wenn man „stabil" durch „resonanzstabilisiert" ersetzt. Vergleicht man umgekehrt die Additionsfähigkeit zweier verschiedener Moleküle an dasselbe Radikal, so ist im allgemeinen das Molekül, das bei Anlagerung das stabilere Radikal liefert, das reaktionsfähigere.

Als Beispiel für eine große Resonanzstabilisierung kann man ein Anlagerungsprodukt von Dinitrobenzol an ein Radikal R ansehen, wobei eine große Zahl mesomerer Formen:

zur Resonanzenergie beiträgt.

Die Resonanzenergie ist bei Styrol größer als bei Vinylacetat. Deshalb ist aktives Polyvinylacetat reaktionsfähiger als aktives Polystyrol, aber das monomere Styrol reaktionsfähiger als monomeres Vinylacetat. Es ist daher z. B. verständlich, daß die Polymerisation von Styrol weniger empfindlich ist gegenüber Spuren von Verunreinigungen als die von Vinylacetat; einerseits sind bei Styrol die Radikale weniger reaktionsfähig — also auch gegenüber Fremdstoffen — andererseits konkurriert das reaktionsfähigere Styrol mit größeren Chancen mit dem Fremdstoff um das aktive Polymere als das reaktionsträgere Vinylacetat. Ein anderes Beispiel: Mit Benzol (als Lösungsmittel) reagiert aktives Polyvinylacetat etwa 300mal leichter als aktives Polystyrol, andererseits reagieren die dabei entstehenden Phenylradikale mit Vinylacetat wesentlich langsamer als mit Styrol. Vergleicht man daher die Polymerisation dieser beiden Monomeren in Benzol, so findet man bei Styrol nur eine geringe, reine Kettenübertragung, während bei Vinylacetat eine wesentlich größere Kettenübertragung und gleichzeitig auch Abbruch durch das Lösungsmittel eintritt. Auch die Tatsache, daß die direkte Übertragung bei Vinylacetat eine viel größere Rolle spielt als bei Styrol, ist auf diese Weise zu verstehen.

Bei aromatischen Nitroverbindungen, Chinonen u. ä. bewirkt die relativ große Resonanzenergie einmal, daß diese Verbindungen sehr leicht mit aktiven Polymeren reagieren, und zweitens — wie bereits oben gezeigt —, daß bei der Anlagerung sehr stabile, reaktionsträge Radikale entstehen.

Bei Übertragungsreaktionen ist auch die Festigkeit der zu lösenden Bindung zu berücksichtigen. Isopropylbenzol mit einem sehr „lockeren" H-Atom am α-Kohlenstoff ist ein viel wirksamerer Überträger als z. B. Benzol. Verschiedene Anzeichen sprechen dafür, daß auch polare Effekte für die Reaktionsfähigkeit bestimmend sind. Das umfangreichste Material für diese wichtigen Zusammenhänge wurde bei der Untersuchung der Mischpolymerisation gewonnen; wir werden daher erst nach

Besprechung dieser experimentellen Ergebnisse näher darauf eingehen (S. 188 ff; siehe auch [27,61,63]).

Kettenübertragung.

Bei reiner Kettenübertragung wird zwar das Wachstum eines aktiven Polymeren, aber nicht die Reaktionskette unterbrochen. Da die Polymerisationsgeschwindigkeit gleich ist dem Produkt aus Keimbildungsgeschwindigkeit mal kinetischer Kettenlänge, wird sie durch die Übertragungsreaktion *nicht* beeinflußt.

Dies gilt selbstverständlich nur so lange, als die Geschwindigkeit der Übertragungsreaktion v_L klein ist gegen v_w, d. h. solange der mittlere Polymerisationsgrad größer als etwa 20 bleibt. Im anderen Falle ist für einen Abbruch durch gegenseitige Desaktivierung zweier Radikale und für eine beliebige Startreaktion:

$$v_{Br} = -\frac{d\,[M]}{d\,t} = (k_w + k_{\ddot{u}})\,\sqrt{v_s/k_a}\,[M] + k_L\,\sqrt{v_s/k_a}\,[L]. \qquad (99)$$

Von den beiden Summanden bedeutet der erste den Verbrauch von M durch die Wachstumsreaktion und durch die direkte Übertragung, und der zweite den Verbrauch von M durch die indirekte Übertragung; ihr Verhältnis ist ungefähr dem mittleren Polymerisationsgrad gleichzusetzen.

Dagegen wird der mittlere Polymerisationsgrad durch die indirekte Kettenübertragung herabgesetzt und zwar gilt:

$$\overline{P} = \frac{v_w}{v_{\ddot{u}} + v_a + v_L}\,,$$

woraus man durch Einsetzen der Geschwindigkeitsausdrücke (wieder für den Abbruch durch gegenseitige Desaktivierung zweier Radikale) erhält:

$$1/\overline{P} = \frac{k_{\ddot{u}}\,[M] + k_a\,[P^*]}{k_w\,[M]} + \frac{k_L}{k_w}\,\frac{[L]}{[M]} \qquad (100)$$

$$= 1/\overline{P}_0 + C\,\frac{[L]}{[M]}\,, \qquad (100a)$$

wobei $\overline{P}_0$ den mittleren Polymerisationsgrad bei Abwesenheit des Fremdstoffes und C das Verhältnis k_L/k_w, das nach MAYO [55] als „Übertragungskonstante" bezeichnet wird, bedeutet. Gl. (100a) gilt unabhängig von der speziellen Art der Start- und Abbruchsreaktion. Man erhält daher C aus Messungen des mittleren Polymerisationsgrades bei verschiedener Konzentration des Fremdstoffes, als Neigung der Geraden im Diagramm $1/\overline{P}$ gegen $[L]/[M]$.

Der Fremdstoff wird durch die Übertragungsreaktion verbraucht und zwar nach

$$-\frac{d\,[L]}{d\,t} = k_L\,[L]\,[P^*].$$

Daraus folgt:

$$\frac{d\,[L]}{d\,[M]} = \frac{k_L\,[L]}{k_w\,[M]}$$

oder

$$\frac{d \ln [L]}{d \ln [M]} = C \ . \tag{101}$$

Gl. (101) bietet eine zweite Möglichkeit, die Übertragungskonstante C experimentell zu bestimmen, nämlich durch Messen des Verbrauchs von Fremdstoff und Monomerem im Verlauf der Polymerisation [72].

Sowohl Gl. (100a) als auch Gl. (101) gelten nicht für sehr kleine Polymerisationsgrade. In solchen Fällen muß vielmehr der Verbrauch von [M] durch die Übertragungsreaktion mit berücksichtigt werden, wodurch an Stelle von Gl. (100 und (101)

$$\overline{P} = \frac{d\,[M]}{d\,[L]} = \frac{[M]}{C\,[L]} + 1 \tag{101a}*$$

erhalten wird.

Übertragung durch Lösungsmittel.

FLORY[28] hat als erster darauf hingewiesen, daß Kettenübertragung durch Moleküle des Lösungsmittels möglicherweise zur Deutung der Kinetik von Polymerisationen in Lösung herangezogen werden müssen. Experimentelle Unterlagen, die eine quantitative Prüfung dieser Vorstellung möglich gemacht hätten, waren damals nicht bekannt. Etwa gleichzeitig erschienen die eingehenden Untersuchungen über die thermische Polymerisation von Styrol in verschiedenen Lösungsmitteln von SUESS und Mitarbeitern[76,77] und wenig später von SCHULZ und Mitarbeitern[70]. Die bereits Seite 92 angegebenen Beobachtungen über die Polymerisationsgeschwindigkeit und den Polymerisationsgrad in Abhängigkeit von der Verdünnung wurden aber von beiden Autoren nicht durch Kettenübertragung, sondern durch einen Einfluß des Lösungsmittels auf die Startreaktion**[70] bzw. auf Start- und Abbruchsreaktion[76,77] gedeutet. Die (weniger umfangreichen) Ergeb-

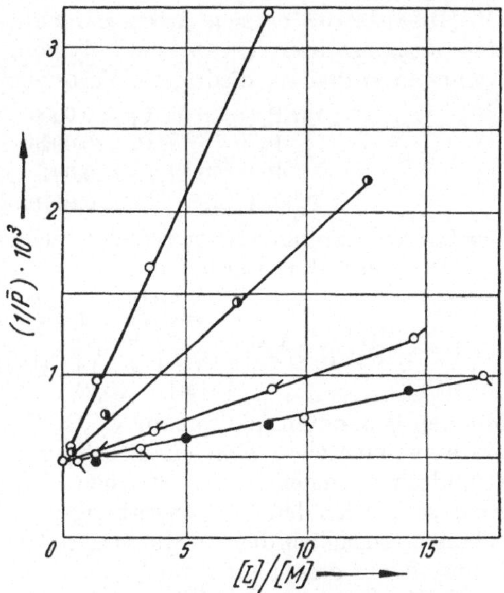

Abb. 16. Polymerisation von Styrol in verschiedenen Lösungsmitteln bei 100° C. Abhängigkeit des mittleren Polymerisationsgrades von der Verdünnung. ○ Diäthylbenzol, ◑ Äthylbenzol, ◔ Toluol, ◓ Benzol, ● Cyclohexan. (Nach MAYO[55]; Messungen von SCHULZ u Mitarb.[70]).

* Interessanter, aber leicht verständlicher Weise ist Gl. (101a) in Form und Ableitung identisch mit der Mischpolymerisationsgleichung für den speziellen Fall $r_2 = 0$ (vgl. S. 164); an Stelle von C steht dort $1/r_1$. Die Zusammenhänge der hier behandelten Reaktionen mit der Mischpolymerisation sind übrigens nicht nur formaler Natur, worauf an anderer Stelle noch hingewiesen wird.

** Eine (scheinbare) Änderung der Startgeschwindigkeit wird bei Kettenübertragung immer dann gefunden, wenn zur Berechnung von v_s nach Gl. (43) Seite 69 der mittlere Polymerisationsgrad $\overline{P}$ an Stelle der kinetischen Kettenlänge v eingesetzt wird.

nisse für die Polymerisation von Vinylacetat in Benzol und Toluol wurden bereits als Wirkung einer Kettenübertragung angesehen[26,40]. Dabei haben KAMENSKAJA und MEDWEDEW[40] auch betont, daß der Einfluß des Lösungsmittels auf die Polymerisation von Styrol durch Kettenübertragung erklärt werden kann. Aber erst MAYO[55] hat die erwähnten Ergebnisse von SCHULZ[70] und SUESS[76,77] einer quantitativen Auswertung in diesem Sinne unterzogen (siehe auch [38] und [58]).

In Abb. 16 sind die Ergebnisse von SCHULZ bei 100° mit verschiedenen Lösungsmitteln entsprechend Gl. (100a) aufgetragen[55]. Die einzelnen Meßpunkte liegen gut auf geraden Linien, die alle in denselben Ordinatenabschnitt münden; Gl. (100a) wird also durch diese Ergebnisse gut erfüllt. Ein Gang in den Übertragungskonstanten, der sich bei der analogen Auswertung der Ergebnisse von SUESS zunächst ergab, konnte auf die nicht korrekte Umrechnung von $[\eta]$ auf $\overline{P}$ (SUESS und Mitarbeiter rechneten nach der STAUDINGER-Formel mit nicht ganz richtigen K_m-Werten) zurückgeführt und durch entsprechende Korrektur beseitigt werden[55,3].

In Tetrachlorkohlenstoff, einem der wirkungsvollsten Kettenüberträger unter den Lösungsmitteln, wurden Messungen bis zu sehr großer Verdünnung angestellt ($[L]/[M] > 100$) und dabei Produkte erhalten, die nur wenige monomere Einheiten enthielten[35,56]. Bei Anwendung von Gl. (101a) erwies es sich in diesem Falle als notwendig, für die Übertragungskonstanten der aktiven Polymeren, die weniger als 4 monomere Einheiten enthalten, niedrigere Werte einzusetzen, und zwar (bei 76° C)

$$
\begin{array}{ll}
\text{für } P_1 & C_1 = 0{,}0006 \\
P_2 & C_2 = 0{,}0025 \\
P_3 & C_3 = 0{,}007 \\
P_4 \text{ bis } P_{10000} & C\ = 0{,}0115
\end{array}
$$

Zur Berücksichtigung dieser verschiedenen Übertragungskonstanten muß Gl. (101a) erweitert werden zu

$$\frac{d[M]}{d[L]} - 1 = \frac{1 + \dfrac{[M]}{C[L]} + \left(\dfrac{C_3[L]}{[M]} + 1\right)\left(\dfrac{C_2[L]}{[M]} + 1\right)}{\left(\dfrac{C_1[L]}{[M]} + 1\right)\left(\dfrac{C_2[L]}{[M]} + 1\right)\left(\dfrac{C_3[L]}{[M]} + 1\right)} \tag{101b}$$

Mit den genannten Werten für C_1, C_2, C_3 und C und Gl. (101b) konnten die experimentellen Ergebnisse sehr gut wiedergegeben werden. Auf Grund einer eingehenden kritischen Diskussion der in der kinetischen Analyse steckenden Voraussetzungen und der experimentellen Ergebnisse (bezüglich der auf die Originalarbeit[56] verwiesen werden muß) konnte ferner geschlossen werden:

1. Die Änderung der Übertragungskonstanten ist wahrscheinlich in erster Linie auf eine entsprechende Änderung von k_L zurückzuführen, während k_w auch bei diesen kleinsten aktiven Polymeren kaum oder wenigstens wesentlich weniger vom Polymerisationsgrad abhängen dürfte.

2. Das Verhältnis von $k_w/\sqrt{k_a}$ zeigte keine merkliche Änderung.

3. Der Abbruch der Reaktionskette erfolgt wahrscheinlich auch bei sehr starker Kettenübertragung nicht durch Desaktivierung der CCl_3-Radikale, sondern der aktiven Polymeren.

Die unter 1. und 2. genannten Ergebnisse sind besonders wichtig, weil damit erstmalig quantitative Anhaltspunkte für die Abhängigkeit der Konstanten vom Polymerisationsgrad für sehr kleine aktive Polymere gewonnen wurden. Es sieht danach so aus, als ob auch bei den kleinsten Polymerisationsgraden lediglich die Übertragungsreaktion, nicht aber Wachstum und Abbruch nennenswert vom Polymerisationsgrad abhängen. Da dieses Ergebnis einerseits unerwartet und andererseits von grundsätzlicher Bedeutung für die Polymerisationskinetik ist, wäre eine Bestätigung auf anderem Wege sehr erwünscht (vgl. auch S. 116).

Tabelle 15. *Übertragungskonstanten verschiedener Lösungsmittel mit Styrol.*
(Nach GREGG und MAYO[34]).

Lösungsmittel	$(k_L/k_W) \cdot 10^5$			$E_L - E_W$ (kcal/mol)	$\log H_L/H_W$
	60°	100°	132°		
Benzol	0,18	1,84	8,9	14,8	9,06
Cyclohexan.	0,24	1,6	8,7	13,4	7,21
tert-Butylbenzol	0,6	5,5		13,7	8,67
Toluol	1,25	6,45	10,1	10,1	4,03
n-Heptan	4,2	9,5		5,0	—2,44
Äthylbenzol	6,7	16,2	29	5,5	—1,27
Isopropylbenzol	8,2	20,0		5,5	—1,09
Diphenylmethan	23	42		3,7	—2,76
Triphenylmethan	35	80		5,1	0,24
Fluoren	750	1240		3,1	0,19
Tetrachlorkohlenstoff . .	900	1810	3250	4,8	2,53

In Tab. 15 sind die Übertragungskonstanten verschiedener Kohlenwasserstoffe und des Tetrachlorkohlenstoffs für drei verschiedene Temperaturen zusammen mit den daraus berechneten Differenzen der Aktivierungsenergien und der Verhältnisse der Häufigkeitsfaktoren angegeben[34].

Die Übertragungskonstanten zeigen Unterschiede von mehreren Zehnerpotenzen; trotzdem beträgt die Übertragung bei dem in dieser Hinsicht wirksamsten CCl_4 nur etwa 1% der Wachstumsreaktion, d. h. ein aktives Monomeres hat auch gegenüber dem als Kettenträger wirksamsten Lösungsmittel nur eine hundertmal kleinere Reaktionsneigung als gegenüber dem Monomeren. Wesentlich wirksamer ist z. B. Pentaphenyläthan, dessen Übertragungskonstante bei 60° etwa 2 beträgt[35].

Die Zahlen der Tab. 15 gestatten einige interessante Schlüsse bezüglich der Reaktionsfähigkeit des Styrol-Radikals mit verschiedenen organischen Verbindungen. Die Lösungsmittel sind in der Reihenfolge ihrer Wirksamkeit angeordnet; die Zunahme der Übertragung in den Reihen Benzol, Toluol, Äthylbenzol, Isopropylbenzol oder Toluol, Diphenylmethan, Triphenylmethan, sowie die geringe Wirksamkeit von tert.-Butylbenzol stehen im Einklang mit der Annahme, daß die Übertragung bei den genannten Kohlenwasserstoffen in der Abgabe eines H-Atoms vom Lösungsmittelmolekül an das aktive Polymere besteht, daß ferner bevorzugt ein H-Atom des α-Kohlenstoffs der Seitenkette abgegeben wird und zwar um so leichter, je stärker durch Substitution an diesem C-Atom die C-H-Bindung gelockert ist. Bemerkenswerterweise zeigen die Aktivierungsenergien noch viel größere Unterschiede im gleichen Sinne, die aber zum großen Teil durch einen entgegengesetzten Gang der Aktionskonstanten kompensiert werden. Diese Tatsache ist eine Warnung, bei der Kalkulation von Reaktionsfähigkeiten von Radikalen gegenüber Molekülen die energetische Seite (Bindungsfestigkeiten, Resonanzenergie usw.) gegenüber sterischen Faktoren zu überschätzen.

Ebenfalls durch Bestimmung des mittleren Polymerisationsgrades in Abhängigkeit von der Verdünnung wurden kürzlich die Übertragungskonstanten von 26 verschiedenen Lösungsmitteln mit Methylmethacrylat ermittelt[7a]. Die Übertragungskonstanten sind durchweg niedriger als mit Styrol; bezüglich der Reihenfolge der verschiedenen Lösungsmittel in der Wirksamkeit wurde auch hier die Beobachtung gemacht, daß die Übertragungskonstante um so größer ist, je stärker die Lockerung der C-H-Bindung in α-Stellung zu elektrophilen Substituenden.

Unter Anwendung von Gl. (99) wurden die Übertragungskonstanten von Chloroform und Tetrachlorkohlenstoff bei der Polymerisation von Vinylacetat bestimmt[22]. Für CCl_4 ist ein Vergleich mit der in Tab. 15 angegebenen Übertragungskonstanten für Styrol möglich, der zeigt, daß C bei Vinylacetat um mehr als eine Zehnerpotenz größer ist als bei Styrol. In der gleichen Arbeit wurden aber bei aromatischen Lösungsmitteln (Benzol, Toluol, Chlorbenzol) Abweichungen von der für reine Kettenübertragung zu erwartenden Änderung der Polymerisationsgeschwindigkeit mit zunehmender Verdünnung gefunden, die nach Gl. (99) nicht zu erklären sind. Es konnte gezeigt werden[51], daß in diesen Lösungsmitteln bei der Reaktion des aktiven Polymeren mit den Molekülen des Lösungsmittels Radikale entstehen, die nur sehr träge mit dem Monomeren reagieren, so daß die Wahrscheinlichkeit einer Desaktivierung dieser Radikale durch Begegnung mit einem aktiven Polymeren relativ groß ist*. Es liegt also keine reine Kettenübertragung, sondern gleichzeitig Übertragung und Abbruch durch das Lösungsmittel vor.

Aliphatische Halogenverbindungen sind im allgemeinen bessere Überträger als die Kohlenwasserstoffe (vgl. [3, 7a, 55, 76, 77]) und zwar geht die Reihenfolge der Wirksamkeit in einigen Fällen parallel der Zahl der Cl-Atome im Molekül[55], im allgemeinen aber eher der Festigkeit der C-Cl-Bindung[7a]; bei diesen Verbindungen wird offenbar ein Halogenatom an das aktive Polymere abgegeben. Da der Rest des Übertragungsmoleküls sich beim Start der neuen Kette wahrscheinlich an ein Molekül des Monomeren anlagert, müßten die beiden Endgruppen eines Polymeren, das in Gegenwart z. B. von CCl_4 gewonnen wurde, von Cl— und CCl_3— gebildet werden. Der Chlorgehalt derartiger Polymerer wurde mehrfach festgestellt[16, 20, 76]. Besonders schön konnten die beiden Endgruppen aber bei Polyäthylen festgestellt werden[39] (siehe auch[37]) durch präparative Abtrennung und Identifizierung der Verbindungen: 1,1,1,3-Tetrachlorpropan, 1,1,1,5-Tetrachlorpentan, 1,1,1,7-Tetra-

---

* Bei der kinetischen Analyse dieser Ergebnisse wurde darauf hingewiesen[51], daß die Abbruchsreaktion zwischen einem Radikal des Lösungsmittels und einem aktiven Polymeren sehr zu Unrecht oft vernachlässigt wird. Nachdem besonders aus Untersuchungen der Mischpolymerisation (vgl. S. 199) bekannt ist, daß die Reaktion zwischen ungleichen Radikalen bevorzugt erfolgt, gelten die damals angeführten Argumente um so mehr.

chlorheptan und 1,1,1,9-Tetrachlornonan. Da bei diesen Versuchen auch Hexachloräthan, das durch Rekombination von CCl_3-Radikalen gebildet wird, nachgewiesen werden konnte, kann man den Mechanismus, der bei der kinetischen Behandlung der Übertragungsreaktionen zugrunde gelegt wurde, auch von der präparativen Seite her als gesichert ansehen*.

Monochlorbenzol ist nur ungefähr so wirksam wie Benzol, also ein ziemlich schwacher Überträger. Polystyrol, das in großem Überschuß an Chlorbenzol bei 153° C gewonnen wurde ($\overline{P} \approx 4$), enthielt kein Chlor[12]. Wahrscheinlich wird bei der Desaktivierung des aktiven Polymeren durch Chlorbenzol ein H-Atom und nicht das Chlor-Atom übertragen. Das dabei entstehende Radikal dürfte verhältnismäßig reaktionsträge gegenüber dem Monomeren sein, wie ja auch die bereits erwähnten Versuche von BURNETT und MELVILLE beweisen[22], so daß bei den von BREITENBACH angewandten extremen Bedingungen überhaupt keine Keimbildung durch Chlorphenyl-Radikale erfolgt. Im übrigen wird durch eine Beobachtung, daß unter bestimmten Verhältnissen Lösungsmittel nicht eingebaut wird (siehe auch[82]), nicht die kinetisch gut fundierte Übertragung durch Lösungsmittel an sich in Frage gestellt, sondern nur das Problem aufgeworfen, wie ein solcher spezieller Fall zu deuten sei.

Übertragung durch Regler.

Bei technischen Polymerisationen werden häufig sog. „Regler" angewandt, um die Löslichkeit der Produkte (oder andere für Verarbeitung und Anwendung wichtige Eigenschaften, soweit sie mit dem Molgewicht zusammenhängen) zu verbessern. Es handelt sich meist um Merkaptane oder andere organische Schwefelverbindungen (Thiuramdisulfid, Diisopropylxanthogendisulfid, Thioglykolsäure u. ä.), organische Polyhalogenverbindungen, Acetale und ähnliche Verbindungen. Die Wirkungsweise dieser Substanzen beruht auf einer Herabsetzung des Molgewichts durch Kettenübertragung**. Diese Tatsache wurde zuerst bei der Polymerisation von Styrol[48a,64a,73], Butadien[73], bei der Mischpolymerisation dieser beiden Monomeren[78] sowie bei der Polymerisation von Chloropren[62] durch Bestimmung des Molgewichts der Polymerisate in Abhängigkeit von der Reglermenge, durch Bestimmung des im Polymerisat eingebauten Schwefels und durch Vergleich der Wirkung der Regler auf die Polymerisationsgeschwindigkeit und auf den Polymerisationsgrad nachgewiesen.

Die Übertragungskonstanten einiger dieser Regler wurden nach Gl. (101) durch Messen des Reglerverbrauches während der Polymerisation[33,72] (siehe auch[54]) oder aus der Aktivität des Polymeren bei Verwendung von radioaktiven S^{35} enthaltenden Merkaptanen[79] bestimmt. Die Ergebnisse sind in Tab. 16 und 17 zusammengestellt.

Auf einige bemerkenswerte Punkte sei kurz hingewiesen. Bei den primären Merkaptanen ist die Übertragungskonstante praktisch unabhängig vom Molgewicht.

---

* Es sei in diesem Zusammenhang bemerkt, daß der Schluß: „daß Tetrachlorkohlenstoff als Lösungsmittel zur kinetischen Analyse ungeeignet ist"[16] recht voreilig war, denn gerade die — allerdings genau analysierte — Kinetik in diesem Lösungsmittel hat sehr wertvolle Ergebnisse gezeitigt (siehe oben).

** Merkaptane und vielleicht auch andere Regler verursachen daneben auch eine beträchtliche Steigerung der Wirkung von Beschleunigern (siehe z. B.[50]), die wohl einerseits auf ihre große Reaktionsfähigkeit gegenüber Radikalen und andererseits auf die große Reaktionsfähigkeit der dabei entstehenden Merkaptyl-Radikale gegenüber dem Monomeren zurückgeführt werden kann („Aktivatoren"). Niedermolekulare Merkaptane bewirken außerdem eine Hemmung der Polymerisation[72].

Tabelle 16. *Übertragungskonstanten verschiedener Regler (Styrol, 60° C).*

Regler	C	$E_L - E_W$	Literatur
n-Butylmerkaptan	22		[79]
n-Amylmerkaptan.	20	~ 0	[72]
n-Dodecylmerkaptan	18,7		[33]
t-Butylmerkaptan	3,8	— 0,7	[33, 72]
3-Äthoxypropanthiol	21	— 2,6	[33]
Thioglykolsäureäthylester . . .	58		[33]

Tabelle 17. *Übertragungskonstanten von n-Merkaptanen in verschiedenen Monomeren* (60° C).

Monomeres	$n - C_4 H_9 S H$	$n - C_5 H_{11} S H$	$n - C_{12} H_{52} S H$	Literatur
Styrol	22	20	19	[79, 72, 33]
Butadien.		20		[72]
Methylmethacrylat	0,67	0,8		[79, 72]
Methylacrylat . .	1,69			[79]
Vinylacetat . . .	48			[79]

Auch die Äthoxygruppe hat keinen Einfluß. Dagegen ist das tertiäre Merkaptan wesentlich weniger wirksam. Die größte Übertragungskonstante hat Thioglykolsäureäthylester. Während die Übertragungskonstante bei den wesentlich schwächer wirksamen Lösungsmitteln mit der Temperatur zum Teil verhältnismäßig stark zunahm (vgl. Tab. 15 S. 133), ist bei den Merkaptanen die Temperaturabhängigkeit von C gering oder sogar negativ (siehe auch[72]).

Beim Vergleich der verschiedenen Monomeren (Tab. 17) fällt die niedrige Übertragungskonstante bei Methylmethacrylat auf. Die Reaktionsfähigkeit des Methylmethacrylat-Radikals liegt sonst zwischen der des Styrol- und des Vinylacetat-Radikals (vgl. die entsprechenden Werte für k_W S. 117/118 und das Verhalten der Monomeren bei Mischpolymerisationen S. 183). Eine Deutungsmöglichkeit für die geringe Reaktionsfähigkeit bei der Übertragung wurde in der Hypothese gesehen, daß bei der Übertragungsreaktion der Übergangszustand in einem nichtgebundenen Ionenkomplex besteht (s. S. 194), wobei ein Elektron vom aktiven Polymeren an das Merkaptan abgegeben wird[79]. Da Methylmethacrylat ein schlechterer Elektronendonator ist als Styrol oder Vinylacetat, ist auch die Übertragungsreaktion weniger begünstigt.

Daß derartige stark polare Übergangskomplexe eine Rolle spielen, wird auch durch die Reaktion des aus Thioglykolsäure entstandenen Radikals — SCH_2COOH mit verschiedenen substituierten α-Methylstyrolen nahegelegt[80]. Bei diesen Monomeren, die für sich nicht polymerisierbar sind, konnte die relative Reaktionsfähigkeit gegenüber dem genannten Radikal gemessen werden. Ordnet man die α-Methylstyrole nach der Reaktionsfähigkeit gegenüber — SCH_2COOH, so erhält man die gleiche Reihenfolge, die diese Verbindungen bei der alternierenden Mischpolymerisation z. B. mit Maleinsäurehydrid einnehmen (vgl. S. 193). In quantitativer Hinsicht sind die Unterschiede hier aber noch stärker. Da bei der Mischpolymerisation eine stark alternierende Tendenz auf die oben genannten Ionenkomplexe zurückgeführt wurde, liegt es nahe, ihnen auch für die Reglerwirkung eine wichtige Rolle zuzumessen.

Übertragung durch das Polymere.

Aktive Polymere können auch mit Makromolekülen reagieren, wobei im allgemeinen die neue aktive Stelle irgendwo innerhalb der Kette des Makromoleküls gebildet wird. Anlagerung des Monomeren an diese Stelle führt dann zur Bildung von Seitenketten, d. h. zu verzweigten Makromolekülen. Die Übertragungskonstanten für das Polymere dürften aber verhältnismäßig klein sein; für Polystyrol etwa ähnlich der für Isopropylbenzol (vgl. Tab. 15, S. 133). Daß eine solche Übertragung durch das Polymere stattfinden kann, wurde bei Polymerisation von p-Chlorstyrol in Gegenwart von Polymethylacrylat nachgewiesen.[23a].

Derartige Übertragungsreaktionen sind höchstwahrscheinlich verantwortlich für die Bildung von verzweigten und vernetzten Polymerisaten aus Monovinylverbindungen*, wenn die Polymerisation zu sehr hohen Umsätzen getrieben wird.

Wird die Polymerisation eines Monomeren in Gegenwart von Polymerisat eines anderen Monomeren ausgeführt, so entstehen Makromoleküle, deren Seitenketten von einem anderen Monomeren gebildet sind, als die Hauptkette. Eine kurze theoretische Behandlung einer solchen „Seitenketten-Mischpolymerisation" wurde von ALFREY und LEWIS[1] gegeben. Quantitative experimentelle Ergebnisse fehlen bisher.

Verzögerung und Verhinderung der Polymerisation.

Zahlreiche Substanzen, organische und auch anorganische, bewirken, in verhältnismäßig kleinen Mengen dem Reaktionsgemisch zugesetzt, eine Verminderung der Polymerisationsgeschwindigkeit und des Polymerisationsgrades. Je nach dem Grad dieser Wirkung spricht man von einer *Verhinderung* der Polymerisation, wenn bei Anwesenheit des Fremdstoffes für eine gewisse Zeit überhaupt kein Umsatz zu beobachten ist, oder von einer *Verzögerung*, wenn die Polymerisation zwar abläuft, aber mit einer geringeren Geschwindigkeit als in Abwesenheit des Fremdstoffes. Der Unterschied zwischen Verzögerung und Verhinderung ist nur ein gradueller; verschiedene Faktoren (Konzentration des Fremdstoffes, Art des Monomeren, Art der Keimbildung, Temperatur) können bewirken, daß ein und derselbe Stoff in dem einen Fall eine Verhinderung der Polymerisation und in einem anderen Fall nur eine Verzögerung hervorruft. Es ist daher nicht zweckmäßig, mit den von FOORD[29] eingeführten Bezeichnungen Verzögerer (retarder) und Verhinderer (inhibitor) die Fremdstoffe selbst zu klassifizieren, sondern richtiger allgemein von hemmenden Stoffen (terminator) zu sprechen und nur die in den bestimmten Fällen beobachtete *Wirkung* als Verzögerung oder Verhinderung zu unterscheiden.

Eine Hemmung der thermischen oder Photo-Polymerisation durch einen Fremdstoff kann, wie bereits erwähnt, nur durch Reaktion des Fremdstoffes mit aktiven Polymeren bewirkt werden. Bei beschleunigten Polymerisationen ist auch eine Einwirkung des Fremdstoffes auf den Beschleuniger oder auf die vom Beschleuniger gebildeten Radikale möglich. Wenn z. B. Benzoylperoxyd im Reaktionsgemisch durch eine

---

* Bei Divinylverbindungen können Seitenketten auch durch Keimbildungs- oder Wachstumsreaktionen an der zweiten polymerisierbaren Doppelbindung entstehen; bei Dienen vor allem, wenn 1-2-Addition erfolgt. Der Versuch, die Bildung kurzer Seitenketten auch beim Styrol durch eine — hier anomale — Wachstumsreaktion zu erklären[67], ist nicht überzeugend, zumal die experimentellen Unterlagen für das Ausmaß der Verzweigung ausschließlich in den verschiedenen Werten der K_m-Konstanten der Staudinger-Gleichung bestehen und daher absolut nicht stichhaltig sind (s. S. 50).

geeignete Verbindung rasch zerstört wird, oder wenn die von Benzoylperoxyd gebildeten Radikale vom Fremdstoff abgefangen werden, bevor sie mit dem Monomeren reagieren, dann wird durch primäre Hemmung der Keimbildung auch die Polymerisation gehemmt. Dies ist jedoch bei den zur Verzögerung oder Verhinderung der Polymerisation verwendeten Stoffen im allgemeinen nicht der Fall, sondern die Wirkung beruht

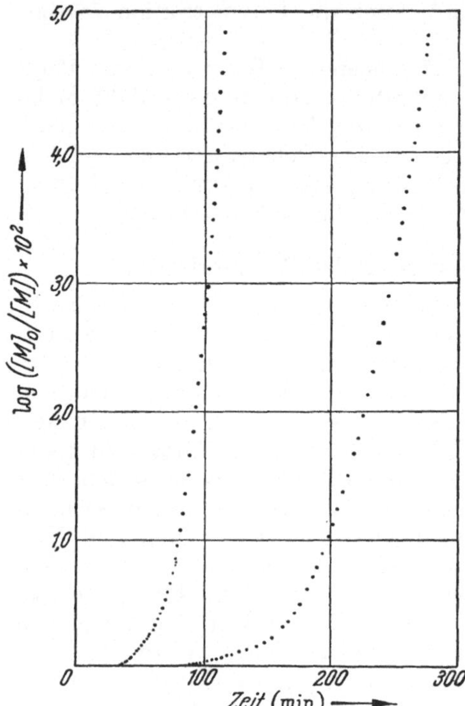

Abb. 17. Polymerisation von Vinylacetat in Gegenwart von 2-2-Diphenyl-1-picrylhydrazyl. (Jeder Punkt entspricht einer Messung; nach BARTLETT u. KWART[7].)

tatsächlich auch bei den beschleunigten Polymerisationen meist auf einer Reaktion des Fremdstoffes mit den aktiven Polymeren. Da bei dieser Reaktion der Fremdstoff verbraucht wird, erstreckt sich seine Wirkung nur auf eine bestimmte, von der ursprünglich vorhandenen Menge und der Geschwindigkeit des Verbrauchs abhängige Zeit.

Als ein ideales Beispiel einer Verhinderung ist die Wirkung von p-Benzochinon auf die Photopolymerisation von Vinylacetat anzusehen (vgl. Abb. 14, S. 111). In diesem Falle ist während einer bestimmten Zeit auch mit empfindlichen Meßmethoden (dilatometrisch) kein Umsatz zu beobachten. Die Länge dieser Inhibitionsperiode ist direkt proportional der zugesetzten Menge Chinon. Anschließend setzt die Polymerisation verhältnismäßig scharf mit einer Geschwindigkeit, wie sie ohne Chinonzusatz unter sonst gleichen Bedingungen beobachtet wird, ein [23].

Abb. 17 zeigt analoge Messungen für die Verhinderung der Polymerisation (Vinylacetat mit Benzoylperoxyd) durch 2-2-Diphenyl1-picrylhydrazyl[7]. Die sehr genauen Messungen zeigen, daß die Polymerisation an einem bestimmten Zeitpunkt mit endlicher Geschwindigkeit einsetzt; gleichzeitig ist auch die durch das Hydrazyl bewirkte Färbung der Lösung verschwunden. Die anschließende Polymerisation bleibt aber verzögert (besonders ausgeprägt bei größeren Zusätzen von Hydrazyl, d. h. nach längeren Inhibitionsperioden). Diese Verzögerung ist typisch die gleiche, wie sie von aromatischen Polynitroverbindungen bewirkt wird, und daher wohl auf die Wirkung der Picryl-Gruppe zurückzuführen. Abb. 18 zeigt den Einfluß von o- und m-Dinitrobenzol ebenfalls auf die durch Benzoylperoxyd beschleunigte Polymerisation von Vinylacetat[7].

Vor der Besprechung der verschiedenen bisherigen Versuchsergebnisse ist einiges über die formale kinetische Behandlung der Verzögerung bzw. Verhinderung der Polymerisation durch Fremdstoffe zu sagen. An sich hat die Berechnung der experimentell bestimmbaren Größen in gleicher Weise wie S. 64ff. beschrieben zu erfolgen, wobei noch die S. 127 angeführten Reaktionen des Fremdstoffes und der aus ihm gebildeten Radikale berücksichtigt werden müssen. Dabei ergeben sich aber im allgemeinen Falle komplizierte und streng nicht mehr auswertbare Beziehungen. Es wird immer notwendig sein, die experimentellen Bedingungen so zu wählen, daß einige Größen während der Versuchszeit praktisch konstant bleiben; man wird also z. B. für konstante Keimbildungsgeschwindigkeit sorgen und die Messungen auf sehr kleine Umsätze beschränken, so daß auch [M] als praktisch konstant angesehen werden kann. Abgesehen von diesen Schwierigkeiten einer vollständigen kinetischen Analyse kann man einige einfache Beziehungen ableiten, die von dem speziellen Mechanismus der Polymerisation unabhängig sind.

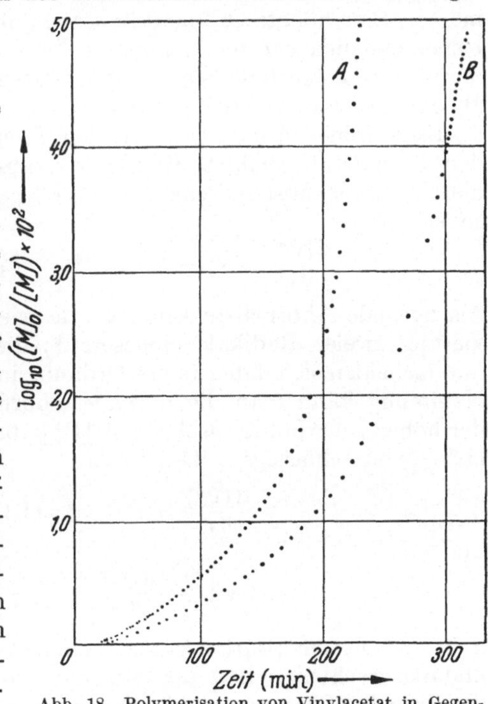

Abb. 18. Polymerisation von Vinylacetat in Gegenwart von o-Dinitrobenzol (A) und m-Dinitrobenzol (B). (Jeder Punkt entspricht einer Messung; nach BARTLETT und KWART[7].)

Bei einer Verhinderung der Polymerisation, die durch Desaktivierung von y Polymerisationskeimen durch ein Molekül des Fremdstoffes bewirkt wird, nimmt die Konzentration des Fremdstoffes nach

$$ -\frac{d\,[L]}{d\,t} = \frac{v_s}{y} $$

ab. Bei konstanter Keimbildungsgeschwindigkeit ist daher

$$ [L]_0 - [L] = v_s \cdot t/y . \tag{102} $$

Die Anwendung dieser Gleichung zur Ermittlung der Keimbildungsgeschwindigkeit aus der Länge der Inhibitionsperiode wurde bereits besprochen (S. 111).

Ist der Umsatz der Polymerisation meßbar, so ist der Verbrauch des Fremdstoffes mit dem des Monomeren wieder durch die ganz allgemein gültigen Gleichungen (101) bzw. (101a) S. 131 verknüpft, wobei allerdings C noch durch y, die Zahl der aktiven Polymeren, die von einem

Molekül L desaktiviert werden, zu dividieren ist. Durch Messung der Änderung von [L] und [M] kann man daher stets die „Übertragungskonstante", d. h. das Verhältnis k_L/k_w für die betreffende Kombination Fremdstoff-Monomeres bestimmen. Die einzige Voraussetzung für die Anwendung von Gl. (101) bzw. (101a) ist die Gültigkeit des Ausdrucks k_L [L] [P*] für die Reaktion des Fremdstoffes mit dem aktiven Polymeren. Eine höhere Ordnung in bezug auf [L] für diese Reaktion wurde bisher lediglich bei der Hemmung der Polymerisation von Vinylacetat durch Jod festgestellt (siehe unten; entsprechende Berechnung für den allgemeinen Fall k_L $[L]^m$ $[P*]^n$ siehe [7]).

Liegt reiner Abbruch durch den Fremdstoff vor, d. h. ist das aus dem Fremdstoff gebildete Radikal so stabil, daß es nicht mit dem Monomeren (unter Mischpolymerisation oder Übertragung) weiterreagiert, so ist

$$\frac{d[P*]}{dt} = v_s - k_a [P*]^2 - y \, k_L [L] [P*] \cong 0. \tag{103}$$

Als normale Abbruchsreaktion wurde wieder die gegenseitige Desaktivierung zweier Radikale eingesetzt*; die beiden Abbruchsreaktionen unterscheiden sich daher in der Ordnung in bezug auf [P*]. Bei größerer Hemmung kann man die normale Abbruchsreaktion — die ja wegen der höheren Ordnung rascher mit [P*] abnimmt als der Abbruch durch [L] — vernachlässigen. Es ist dann

$$\frac{d[P*]}{dt} = v_s - y \, k_L [L] [P*] \cong 0 \tag{103a}$$

und

$$-\frac{d[M]}{dt} = \frac{v_s \, k_w [M]}{y \, k_L [L]}, \tag{104}$$

d. h. die Polymerisationsgeschwindigkeit ist proportional der Keimbildungsgeschwindigkeit und verkehrt proportional der Konzentration des Fremdstoffes. Wenn, wie meist der Fall, v_{Br} der ungehemmten Polymerisation proportional $\sqrt{v_s}$ (experimentell $\sqrt{I_{abs}}$ oder $\sqrt{[K]}$), dann ist die erste Ordnung bei der stark gehemmten Polymerisation ein eindeutiges Kriterium dafür, daß reiner Kettenabbruch vorliegt.

Umgekehrt kann man, wenn bei der gehemmten Polymerisation die Wurzelabhängigkeit erhalten bleibt, eindeutig auf das gleichzeitige Auftreten von Übertragung oder Mischpolymerisation schließen. Dies gilt auch dann, wenn die Radikale PL* durch Reaktion mit einem aktiven Polymeren desaktiviert werden, der gesamte Abbruch also nach

$$P* + L \longrightarrow PL*$$
$$PL* + P* \longrightarrow PLP \text{ oder } PL + P$$

erfolgt. In der Literatur wurde gelegentlich die Ansicht vertreten, daß in diesem Falle der Abbruch ja doch durch Reaktion zweier Radikale

---

* Ist der normale Abbruch linear von [P*] abhängig, so ist der der Gl. (103) entsprechende Ansatz etwas einfacher auszuwerten[18]; eine Anwendung der unter einer solchen Voraussetzung abgeleiteten Formeln auf Monomere wie Styrol hat aber wenig Sinn.

erfolgt, also $v_{Br} \doteq \sqrt{v_s}$ sein soll[60]. Dies ist aber nicht der Fall, denn wegen

$$k'_L\,[PL*]\,[P*] = k_L\,[P*]\,[L]$$

(vgl. S. 128) bleibt auch in diesem Fall Gl. (103a) bzw. (104) gültig; es ist einfach $y = 2$!

Wie aus Gl. (104) und Gl. (43) unmittelbar zu erkennen, ist die kinetische Kettenlänge und — wenn die Übertragung keine Rolle spielt — auch der mittlere Polymerisationsgrad verkehrt proportional [L], aber unabhängig von v_s.

Aus Gl. (102) und (104) folgt

$$[L]_0 - \frac{v_s\,t}{y} = \frac{v_s\,k_w}{y\,k_L\,(-\,d\ln[M]/d\,t)} \tag{105}$$

Mit Hilfe von Gl. (105) ist es möglich, $k_w/k_L\,y$, auch ohne analytische Bestimmung des Fremdstoffverbrauches, aus $[L]_0$, v_s und v_{Br} zu ermitteln.

Reagiert das vom Fremdstoff gebildete Radikal auch mit dem Monomeren, liegt also außer dem Abbruch auch Mischpolymerisation vor — dies ist nach den bisherigen Ergebnissen häufiger der Fall als ursprünglich angenommen wurde, — so werden die Gleichungen zur Berechnung der Polymerisationsgeschwindigkeit und des Polymerisationsgrades kompliziert und können meist nur näherungsweise ausgerechnet werden. Auf eine eingehendere Diskussion der Kinetik bei gleichzeitigem Vorliegen von Abbruch und Übertragung wurde bereits früher verwiesen[51]. Für Mischpolymerisation kann man die entsprechenden Gleichungen des Abschnittes III/4, S. 160, anwenden, die für die hier in Betracht kommenden Fälle dadurch, daß meist $[L] \ll [M]$ und $r_2 \cong 0$, einige Vereinfachungen erfahren (vgl. auch [60]).

Der erste Versuch einer systematischen Untersuchung der Polymerisationshemmung wurde bei der Photopolymerisation von Vinylacetat unternommen[46]. FOORD[29] hat später 130 verschiedene organische Verbindungen bezüglich ihrer (hemmenden) Wirkung auf die Polymerisation von reinem Styrol bei 60, 90 und 120°C untersucht und danach eine Einteilung in folgende Klassen vorgenommen:

1. Beschleuniger
2. Substanzen ohne merkliche Wirkung
3. Verzögerer
4. Inhibitoren (die bei einer Konzentration von 1% bei 60° C eine Inhibitionsperiode von
     a) höchstens 240 Stunden
     b) mindestens 600 Stunden
bewirken).

Nach den Ergebnissen von FOORD gehören zur Klasse 3 vorwiegend aromatische Nitroverbindungen, ferner gewisse Nitrosoverbindungen (besonders Nitroso-β-Naphthol) und Hydrazobenzol. Zur Klasse 4a (schwache Inhibitoren) gehören vorwiegend aromatische Amine. Starke Inhibitoren (Klasse 4b) sind vor allem Chinone und p-Nitrosodimethylanilin.

SCHULZ[68,69,71] hat ebenfalls den Einfluß einer größeren Zahl von Verbindungen auf die Geschwindigkeit der Polymerisation des reinen Styrols und auf den Polymerisationsgrad untersucht. Er verwendet zur Charakterisierung der Wirkung einer bestimmten Verbindung die Verhältnisse $q_v = v_{Bro}/v_{Br}$ und $q_p = \overline{P}_0/\overline{P}$ (wobei der Index o die entsprechende Größe ohne Zusatzstoff kennzeichnet) und zur quantitativen Beschreibung der Wirkung die „Halbierungskonzentration" für v_{Br} und $\overline{P}$ (d. i. diejenige Konzentration des Fremdstoffes, bei der v_{Br} und $\overline{P}$ gerade auf die Hälfte verringert werden) sowie eine Konstante k_1, die durch

$$k_1 = \frac{\sqrt{q_p\, q_v} - 1}{[L]}$$

definiert ist. Nach dem Wert von q_v und q_p wird folgende Einteilung getroffen:

1. Abbruchinhibitoren $(q_v = q_p > 1)$
2. Startinhibitoren $(q_v > 1 \gg q_p)$
3. Startabbruchinhibitoren $(q_v > q_p > 1)$
4. Kompensationsinhibitoren $(q_p > q_v > 1)$

Nach den mitgeteilten Messungen würde z. B. p-Benzochinon unter Klasse 4, Trinitrobenzol unter Klasse 3 fallen. Am wirksamsten unter den untersuchten Verbindungen waren p-Benzochinon, o-, m-, p-Nitrophenol, Nitrosobenzol, Schwefel, Jod, Trinitrobenzol.

In einigen anderen Arbeiten[30,45,47,53,81] wurde die relative Wirkung einer großen Zahl von Verbindungen auf Polymerisationen unter bestimmten auf die Praxis abgestellten Bedingungen untersucht.

Hydrochinon gehört zu den in der Praxis sehr häufig zur Verhinderung oder Unterbrechung von Polymerisationen benützten Verbindungen. Bei völliger Abwesenheit von Sauerstoff oder oxydierender Substanzen ist Hydrochinon wirkungslos[21,76]; offenbar wird die Hemmung der Polymerisation nicht durch Hydrochinon selbst, sondern durch ein Oxydationsprodukt (p-Benzochinon) bewirkt. Bei der Unterbrechung einer mit Peroxyden beschleunigten Polymerisation wird durch Hydrochinon einmal der noch vorhandene Beschleuniger reduziert, d. h. die weitere Keimbildung verhindert oder wenigstens vermindert, und zweitens durch das dabei entstehende Chinon die doch noch produzierten Polymerisationskeime desaktiviert. Beides zusammen ergibt dann eine sehr wirkungsvolle Hemmung[47]. Bei der Polymerisation von Methylmethacrylat mit verschiedenen peroxydischen Katalysatoren wurde ebenfalls Hemmung der Polymerisation durch Hydrochinon bei gleichzeitiger Oxydation des Hydrochinon beobachtet; diese Wirkung hängt nicht von der Hydrochinon-Konzentration, sondern nur von Konzentration und Wirksamkeit des Katalysators ab[2].

In den genannten Arbeiten ist sehr viel empirisches Material enthalten, das bei vollständiger Ausschöpfung der Literatur, vor allem der Patentliteratur, noch wesentlich vermehrt werden könnte. Die erwähnten Versuche einer quantitativen Charakterisierung der Polymerisationshemmung sind aber vom reaktionskinetischen Standpunkt unbefriedigend, da die verwendeten Konstanten[46,69] nicht in eindeutiger Weise mit reaktionskinetischen Größen (Geschwindigkeitskonstanten der Teilreaktionen, Konzentrationen) zusammenhängen und auch die rein empirische Beschreibung durch derartige Kenngrößen auf ganz bestimmte Versuchsbedingungen beschränkt ist, daher keine allgemeinen Schlüsse gestattet.

Die am häufigsten untersuchten „Inhibitoren" sind Chinone, besonders p-Benzochinon, die bei der thermischen Polymerisation von Styrol eine ausgeprägte Inhibitionsperiode[29,31,32,71] bewirken. In dieser Periode wird das Chinon verbraucht; dabei werden Produkte von geringem Molgewicht (300—600) gebildet[15] und Chinon teilweise zu Hydrochinon reduziert[14,15,43]. KERN und FEUERSTEIN[43] haben versucht, die aus Styrol und Chinon entstehenden niedermolekularen Produkte zu identifizieren. Sie konnten eine Verbindung isolieren, deren Elementaranalyse einem Produkt aus 2 Molekülen Styrol und 1 Molekül Chinon entsprach (siehe auch [22]); die Identifizierung dieser Verbindung gelang nicht; die Eigenschaften der Verbindung waren aber mit den beiden als am naheliegendsten in Betracht gezogenen Formulierungen des Additionsproduktes:

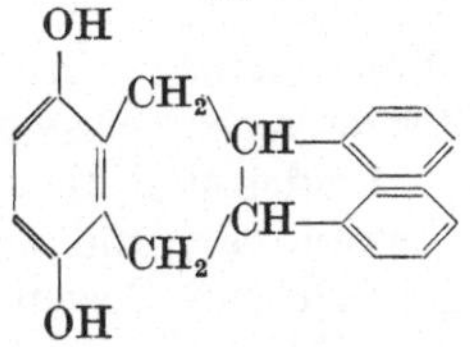

(an Stelle von II auch die beiden Isomeren, die sich von II durch die Stellung der beiden Phenylgruppen unterscheiden) bestimmt *nicht* vereinbar. (In der Literatur wurde gelegentlich irrtümlich behauptet, die eine oder die andere dieser beiden Verbindungen wäre von K. und F. bewiesen oder wenigstens wahrscheinlich gemacht worden.) Die Hydrochinon-Bildung konnte als Nebenreaktion erkannt werden, die sich bei höherer Chinon-Konzentration zunehmend bemerkbar macht; Phenylacetylen, das als zweites Produkt dieser Nebenreaktion vermutet wurde, konnte aber nicht nachgewiesen werden[43,60]. Wird dagegen ein äquimolares Gemisch von Hydrochinon und Styrol einige Stunden auf 150° C erhitzt, so enthalten die Produkte Chinon und Äthylbenzol[31].

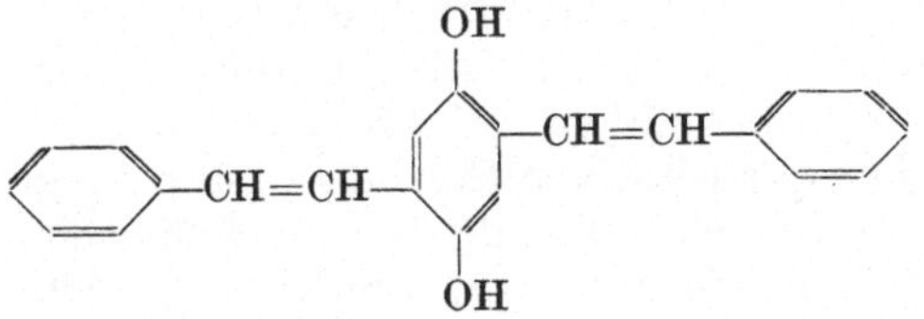

Für die durch Benzoylperoxyd beschleunigte und durch Chinon gehemmte Polymerisation von Styrol sind einige wichtige Aufschlüsse durch eingehendere analytische Untersuchungen erhalten worden[25]. Die prozentualen Mengen von freier Benzoesäure und von Benzoatgruppen, die aus dem Benzoylperoxyd bei Anwesenheit und Abwesenheit von Chinon (in solchen Konzentrationen, wie man sie zur Hemmung der Polymerisation im allgemeinen anwendet) gebildet werden, deuten darauf hin, daß die eigentliche Keimbildung nach

$$C_6H_5COO{-} + C_6H_5CH{=}CH_2 \longrightarrow C_6H_5COO{-}CH{-}CH{-}$$
$$\underset{\displaystyle C_6H_5}{|}$$

bei Anwesenheit von Chinon nur sehr wenig vermindert wird, und zwar wahrscheinlich nicht durch das Chinon selbst, sondern durch daraus entstandene Produkte (substituierte Hydrochinone und/oder Hydrochinon-Äther), die mit dem Benzoylradikal ebenfalls und zwar unter Bildung freier Benzoesäure reagieren. Die Wirkung des Chinons beschränkt sich auf Reaktion mit den aktiven Polymeren, bevor diese zu nennenswerter Größe angewachsen sind. Gleichzeitige spektroskopische Beobachtungen am Reaktionsgemisch und entsprechenden Modellösungen deuten auf die Bildung von hydroxyl-haltigen Produkten, die im späteren Verlauf der Polymerisation wieder reoxydiert werden. Die nach dem Verbrauch des zugesetzten Chinons beobachtete Verzögerung der Styrolpolymerisation wurde mit derartigen Produkten oder ihrer Oxydation in Verbindung gebracht[24,25]. Auch die bei der Hemmung der Emulsionspolymerisation von Styrol mit p-Benzochinon und Chloranil erhaltenen Produkte haben keinen Chinon-Charakter; vermutlich sind es Hydrochinon-Äther[11].

Daß der Fremdstoff oder Teile desselben in das Polymere eingebaut werden, wurde analytisch bestätigt[64,65]. In verschiedenen Fällen wurde festgestellt, daß gerade 1 Molekül des Fremdstoffes in einem Molekül des Polymeren enthalten ist (Styrol mit Chloranil[64,66], Nitro- und 2-4-Dinitrobenzol[64], α-Nitrothiophen[64]), in anderen Fällen wurden andere Zahlenverhältnisse gefunden (Styrol mit Chloranil[17], Chinon[57,71]).

Leider sind die diesbezüglichen quantitativen Ergebnisse nur bedingt verwendbar, und zwar aus denselben Gründen, die bereits S. 99 beim Einbau von Beschleuniger-Bruchstücken angeführt wurden (vgl. [10,41]). Bei Chloranil und 3-6-Dichlorchinon wurde Kettenübertragung festgestellt[64,65]. Chinon gibt mit Styrol Mischpolymerisate[19,57] oder auch Übertragung[19,71].

In bezug auf die Kinetik der durch Chinon gehemmten Styrolpolymerisation weichen die Ergebnisse verschiedener Arbeiten etwas voneinander ab. Bei der thermischen Polymerisation wird eine Inhibitionsperiode beobachtet, die nicht genau proportional der zugesetzten Chinonmenge, sondern bei größeren Zusätzen etwas kürzer ist, als der Proportionalität entspricht. Diese Verkürzung wurde auf Sauerstoffeinfluß[71] oder auf den Verbrauch von Chinon durch die Hydrochinon liefernde Nebenreaktion[60] zurückgeführt. An die Verhinderung schließt eine mehr[60,32] oder weniger[71] ausgeprägte Verzögerungsperiode an, bis die Polymerisationsgeschwindigkeit den normalen Wert der ungehemmten Polymerisation erreicht. Nach den bisherigen Messungen ist eine Deutung dieser Verzögerung sowohl durch den Einfluß von Reaktionsprodukten des Chinons als auch als Wirkung des noch nicht vollständig verbrauchten Chinons möglich. Der Verbrauch des Chinons ist größer als die Keimbildungsgeschwindigkeit; es werden mehr als 10 Moleküle Chinon für jede gestartete Reaktionskette verbraucht[32,57,71] (siehe dagegen[11]).

Bei der durch Benzoylperoxyd beschleunigten Polymerisation von Styrol, Methylmethacrylat[60], Vinylacetat[23] und Allylacetat[6] bewirkt Chinon nur eine Verzögerung. Dagegen findet COHEN[24] auch bei der beschleunigten Styrolpolymerisation eine Inhibitionsperiode, während der äquimolekulare Mengen von Benzoylperoxyd und Chinon verbraucht werden; nach dieser Verhinderung folgt eine Polymerisation, deren Geschwindigkeit rasch einen Maximalwert erreicht, der aber 10—20% niedriger ist als bei entsprechenden Versuchen ohne Chinonzusatz; etwa die gleiche Erniedrigung gilt für den Polymerisationsgrad.

Es ist nicht ohne weiteres ersichtlich, ob und wie die zum Teil unterschiedlichen Ergebnisse verschiedener Autoren durch verschiedene Versuchsbedingungen erklärt werden können. Jedenfalls geht aber aus den genannten Arbeiten eindeutig hervor, daß eine Bestimmung der Keimbildungsgeschwindigkeit und der Inhibitionszeit bei der thermischen Styrolpolymerisation nicht möglich ist. Bemerkenswert ist vor allem die unterschiedliche Wirkung von Chinon auf die thermische oder Photopolymerisation einerseits und auf die durch Radikale induzierte andererseits. Zur Erklärung nimmt MELVILLE[23,60] einen verschiedenen Mechanismus für die Reaktion von Chinon mit Monoradikalen und mit

Biradikalen an. Die Reaktion mit Monoradikalen soll analog wie S. 126 für Dinitrobenzol angegeben in einer Anlagerung des Chinon bestehen, wobei das entstehende Radikal resonanzstabilisiert ist und nur träge mit Monomeren reagiert. Die Reaktion von Chinon mit Biradikalen wird dagegen nach einer Art DIELS-ALDER-Reaktion formuliert:

Es lassen sich Argumente für und wider diese Deutung anführen; das bisherige experimentelle Material reicht für eine Entscheidung nicht aus, zumal die Ergebnisse wie erwähnt in mancher Hinsicht noch nicht eindeutig sind. Die angegebene spezielle Formulierung des Abbruchs bei Biradikalen ist jedenfalls unwahrscheinlich (siehe die bereits erwähnten Ergebnisse von KERN und FEUERSTEIN[43]). Vor allem scheint auch noch keineswegs gesichert, daß die beobachteten Unterschiede mit dem Auftreten von Mono- bzw. Biradikalen verknüpft sind; wie bereits erwähnt, wurde auch bei der beschleunigten Styrolpolymerisation unter nur geringfügig abweichenden Versuchsbedingungen eine Inhibitionsperiode beobachtet[24]; anderseits wird die Photopolymerisation von Methylmethacrylat ebenfalls nur verzögert[52].

Quantitative Untersuchungen der Verzögerung und Verhinderung der Emulsionspolymerisation von Styrol[48,11] werden später besprochen werden, da die Ergebnisse im Zusammenhang mit dem Polymerisationsverlauf in Emulsion zu deuten sind (s. S. 223).

Bei Methylmethacrylat konnte gezeigt werden, daß die Wurzelabhängigkeit von der Katalysatorkonzentration auch dann gilt, wenn die Polymerisationsgeschwindigkeit durch Chinon auf weniger als $^1/_{10}$ des ungehemmten Wertes herabgesetzt ist. Dies beweist eindeutig (s. S. 140), daß das durch Reaktion von Chinon mit einem aktiven Polymeren entstandene Radikal auch mit dem Monomeren weiter reagiert. Es ist also eigentlich eine Mischpolymerisation, wobei die Verminderung der Geschwindigkeit durch die große Trägheit der vom Chinon gebildeten Radikale bewirkt wird. Reaktionskinetisch ist demnach diese Verzögerung durch Chinon völlig analog der Verzögerung, die die Polymerisation von Vinylacetat durch geringe Mengen Styrol (vgl. S. 198) erfährt, und kann daher auch quantitativ durch Anwendung der für Mischpolymerisation abgeleiteten Gleichungen beschrieben werden, wobei sich, wie bereits erwähnt, einige Vereinfachungen durch große Unterschiede einzelner Konstanten und Konzentrationen ergeben[60].

Die Polymerisation von Vinylacetat, beschleunigt durch Benzoylperoxyd und gehemmt durch verschiedene Substanzen in sehr kleiner Konzentration ([L] $\sim 10^{-5}$ Mol/Ltr), wurde kürzlich dilatometrisch untersucht[7]. Die quantitative Auswertung des Reaktionsverlaufs lieferte neben den in Tab. 18 enthaltenen Zahlen für das Verhältnis von k_L/k_w einige bemerkenswerte Ergebnisse.

Die Wirkung von Diphenylpicrylhydrazin wurde bereits erwähnt (vgl. Abb. 17 S. 138). Durochinon wirkt ähnlich; insbesondere ergeben die Versuche, daß y bei beiden Substanzen den gleichen Wert hat. Da der absolute Wert von y aus den Ergebnissen nicht hervorgeht, muß man entweder annehmen, daß auch von dem Hydrazylradikal in der Inhibitionsperiode 2 Reaktionsketten abgebrochen werden, oder daß ein Durochinonmolekül nur eine Kette abbricht, wobei ein sehr stabiles (vielleicht ein Alkoxphenoxyl-)Radikal entsteht. Dinitrobenzole und Jod stoppen zwei Reaktionsketten pro Molekül. Jod, das nur in sehr geringer Konzentration hemmend wirkt (bei größeren Konzentrationen erfolgt eine heftige Beschleunigung der Polymerisation wahrscheinlich nach einem Ionenmechanismus), ist auch insofern bemerkenswert, als die Ordnung der Reaktion mit dem aktiven Polymeren 3/2 in bezug auf $[J_2]$ ist. Die Auswertung der Ergebnisse ist in dieser Hinsicht ganz eindeutig und führt zu dem Schluß, daß die Hemmung durch ein Radikal J_3—, das mit J_2 im Gleichgewicht steht, bewirkt wird. Bei den Dinitrobenzolen sind zwei quantitativ trennbare Stufen zu beobachten: zunächst eine sehr starke Hemmung, bei der wie erwähnt ein Molekül beim Abbruch von zwei Reaktionsketten verbraucht wird, und danach eine relativ schwache Verzögerung,die offenbar durch das beim Abbruch entstehende Reaktionsprodukt bewirkt wird; die Zahlenwerte von k_L/k_w für diese Reaktionsprodukte sind in Tab. 18 in Klammern beigefügt.

Die in Tab. 18 zusammengestellten Zahlenwerte geben eine erste Orientierung, in welchem Maße die Reaktionsfähigkeit verschiedener Verbindungen mit dem aktiven Polymeren variiert; diese Zahlen sind vor allem mit denen der Tab. 15, S. 133, und Tab. 16, S. 136, zu vergleichen. Erst ein wesentlich erweitertes Zahlenmaterial, wie es z. B. für Mischpolymerisation schon gewonnen wurde, wird quantitative Unterlagen auch für den Chemismus der hier vorliegenden Reaktionen beibringen.

Der von BREITENBACH[13,14] (vgl. auch[17]) angegebene lineare Zusammenhang zwischen der Reaktionsfähigkeit der verschiedenen Chinone und ihrem Oxydations-

Tabelle 18. *Relative Reaktionsfähigkeiten verschiedener Stoffe mit aktiven Polymeren.*

Substanz	Monomeres	k_L/k_w	Literatur
Styrol	Chloranil	950	6*
	p-Benzochinon	566	
	Toluchinon	210	
	p-Xylochinon	43	
	Trimethylchinon	26	
	Durochinon	0,67	
Vinylacetat	Durochinon	90	7
	p-Benzochinon	54	6
	p-Dinitrobenzol	266 (8,2)	7
	m-Dinitrobenzol	106 (13,0)	
	o-Dinitrobenzol	96 (3,1)	
	p-Nitrotoluol	20	
	Nitrobenzol	19	
	Dinitrodurol	1,25	
Allylacetat	Chloranil	160	6
	Trichlorchinon	55	
	p-Benzochinon	52	
	Durochinon	4,14	

* Berechnet nach Ergebnissen von [13,14].

potential wird durch die Zahlen der Tab. 18 nicht bestätigt. Man kann wohl eine qualitative Beziehung zwischen den beiden genannten Größen feststellen, bei deren Deutung aber zu berücksichtigen ist, daß bei den untersuchten Chinonen sowohl die Methylsubstitution als auch der Beitrag, den die Resonanzenergie zur Stabilisierung der Anlagerungsprodukte liefern kann, mit dem Oxydationspotential etwa parallel gehen. BREITENBACHS Schluß, daß die Chinonwirkung und weiter auch das normale Wachstum als Dehydrierungsreaktionen aufzufassen sind, ist daher nicht begründet.

Viel experimentelle Arbeit wird noch getan werden müssen, um die Kinetik der Polymerisationshemmung qualitativ und quantitativ zu klären; dies gilt sowohl für die schon mehrfach untersuchten Substanzen wie die Chinone, als auch in um so stärkerem Maße für die Hemmung durch Schwefel, Kupfer und ähnliche Substanzen, von deren Wirkungsweise noch wenig bekannt ist.

Die Wirkung von Sauerstoff auf Polymerisationsreaktionen.

Molekularer Sauerstoff gehört zu den Substanzen, die auf verschiedene Weise den Ablauf von Polymerisationsreaktionen beeinflussen. Je nach den Versuchsbedingungen wurden Beschleunigung oder starke Hemmung der Polymerisation beobachtet. Diese eigenartige Doppelrolle hat, bevor sie als solche erkannt war, manche Verwirrung angerichtet. (Wegen der diesbezüglichen Literatur sei auf [10] und [42] verwiesen; vgl. auch [37a]).

Molekularer Sauerstoff ist stark paramagnetisch; diese Tatsache wird als Wirkung der besonderen Bindung der beiden Atome aufgefaßt, an der zwei ungepaarte Elektronen teilhaben. Das Molekül O_2 kann daher gewissermaßen auch als ein ziemlich stabiles Biradikal —O—O— angesehen werden. Diese Auffassung läßt von vornherein erwarten, daß Sauerstoff eine große Reaktionsneigung sowohl gegenüber freien Radikalen als auch gegenüber ungesättigten Verbindungen zeigt. Die Doppelrolle des Sauerstoffs kann daher auf Grund folgender Reaktionen verstanden werden:

1. Reaktion mit dem Monomeren unter Bildung peroxydartiger Verbindungen,

2. Anlagerung an das aktive Polymere (wie bereits S. 127 formuliert).
Das nach 2. gebildete Radikal

$$R - (M)_j - O - O -$$

hat eine nennenswerte Resonanzstabilisierung, d. h., es wird leicht gebildet und ist selbst relativ reaktionsträge. Sauerstoff wird daher schon in verhältnismäßig kleinen Mengen sehr wirkungsvoll mit dem Monomeren um das aktive Polymere konkurrieren; anderseits wird die Anlagerung eines Monomeren an ein Peroxydradikal schwerer erfolgen als die normale Wachstumsreaktion. Die Wahrscheinlichkeit des Kettenabbruchs wird dadurch erhöht. Bei einer Polymerisation mit verhältnismäßig großer Keimbildungsgeschwindigkeit bewirkt also Sauerstoff, daß an Stelle des Polymeren ein „Mischpolymerisat" des Monomeren mit Sauerstoff gebildet wird, wobei die Reaktionsketten verhältnismäßig früh abgebrochen werden, die Polymerisation daher gehemmt wird.

10*

Die auf diese Weise gebildeten Sauerstoff-Mischpolymerisate bzw. ihre Zerfallsprodukte bilden andererseits wieder Polymerisationskeime; solche werden aber auch durch Reaktion des Sauerstoffs mit dem Monomeren gebildet, so daß die Hemmung der Polymerisation unter Umständen sogar überkompensiert werden kann. Eine unter Luft ausgeführte thermische Polymerisation verläuft daher häufig zuerst langsamer („Induktionsperiode"), später sogar etwas schneller als cet. par. bei völliger Abwesenheit von Sauerstoff. Wenn bei Abwesenheit von Sauerstoff nur sehr wenig oder praktisch gar keine Polymerisationskeime entstehen (z. B. Vinylacetat oder Methylmethacrylat ohne Beschleuniger), dann ist die Beschleunigung durch Sauerstoff besonders auffällig. Die Ursache der Keimbildung ist in diesem Falle die Reaktion des Sauerstoffs mit dem Monomeren, wobei primär oder sekundär Radikale gebildet werden, die mit dem Monomeren unter Keimbildung weiterreagieren. Auf diesen Zusammenhang zwischen Autoxydation und Polymerisation ungesättigter Verbindungen hat STAUDINGER schon früh hingewiesen, wobei er auch schon die polymeren Peroxyde als Sauerstoff-Mischpolymerisate aufgefaßt hat[74,75] (siehe auch[58]).

Wie der Angriff des Sauerstoffs auf das Monomere zu formulieren ist, kann noch nicht mit Sicherheit angegeben werden (vgl.[8,12]). Nicht unmöglich erscheint die Bildung von Peroxy-Radikalen

$$O_2 + \underset{\underset{R}{|}}{CH}{=}CH_2 \longrightarrow -\underset{\underset{R}{|}}{CH}-CH_2{-}O{-}O{-},$$

dagegen muß die früher häufig angenommene Bildung eines viergliedrigen Rings

$$\overset{\overset{\textstyle O{-}O}{|\quad\;\,|}}{R{-}CH{-}CH_2}$$

verworfen werden wegen der bei einer solchen Struktur zu erwartenden Ring-Spannung.

Es ist auch noch kaum zu entscheiden, ob die bei Polymerisation unter Sauerstoff festgestellten Oxydationsprodukte des Monomeren (Formaldehyd, Benzaldehyd usw.) als primäre Oxydationsprodukte anzusehen sind und ihnen eine Bedeutung für die Keimbildung zukommt[59], oder ob sie als Zerfallsprodukte der Sauerstoff-Mischpolymerisate oder sonstige Nebenprodukte nur eine sekundäre Rolle spielen[5,8,9].

Der Verbrauch von Sauerstoff bei der Polymerisationshemmung und die Bildung von polymeren Peroxyden sowie deren polymerisationsbeschleunigende Wirkung wurde in vielen Fällen nachgewiesen[4,9,36,49] (s. dagegen[59]). Der Zusammenhang zwischen dem Sauerstoffverbrauch und der Länge der Inhibitionsperiode entspricht Gl. (102), S. 139, wie aus quantitativen Messungen bei der Emulsionspolymerisation von Styrol hervorgeht[9,49] (vgl. S. 224). Peroxyde, die bei Einwirkung von Sauerstoff auf (unter den Versuchsbedingungen nicht polymerisierende) Monomere (Styrol, Vinylacetat, Methylmethacrylat[5], Chloropren[44]) entstehen, sind ebenfalls polymer.

Besonders sauber gelingt die Trennung des polymeren Peroxydes von dem normalen Polymeren bei Inden[36]. Dieses Oxy-Polyinden, das unter Sauerstoff bei 30—40° gewonnen wurde, enthält O_2 und Inden in äquimolaren Mengen, ist also ein 1:1-Mischpolymerisat (mittlerer Polymerisationsgrad 5 bis 7). Die Wirkung dieser Oxypolyindene als Beschleuniger konnte wegen ihrer relativen Stabilität und guten Isolierbarkeit quantitativ untersucht werden; die dabei beobachtete Beschleunigung ist geringer, als nach der stark beschleunigenden Wirkung von Sauerstoff erwartet wurde. Für die Wirkung von Sauerstoff sind also nicht die isolierbaren Oxypolyindene, sondern „labile Primäroxyde", d. h. wahrscheinlich radikalartige Zwischenprodukte, die bei der Einwirkung von O_2 auf das Monomere gebildet werden (siehe oben), verantwortlich[36] (siehe auch [10]). Wie weit dies verallgemeinert werden kann, hängt wohl von der Stabilität des polymeren Peroxyds ab; das besonders instabile Chloroprenperoxyd, das, wie erwähnt, wahrscheinlich ebenfalls polymer ist, ist in seiner Wirkung mit Benzoylperoxyd vergleichbar[44].

In einer kürzlich erschienenen Arbeit haben PATAT und KOLLINSKY [62a] zeigen können, daß Sauerstoff auch bei der Polymerisation von Phosphornitrilchlorid Start und Abbruch der Polymerisation bewirkt. Trotz der völlig anderen chemischen Natur dieses Monomeren sind die Wirkung des Sauerstoffs und der kinetische Ablauf der Polymerisation weitgehend analog wie bei Vinyl-Verbindungen und Dienen.

Literatur.

[1] ALFREY, T. jr., u. C. LEWIS: J. Polym. Sci. 4, 767 (1949).

[2] ALYEA, H. N., J. J. GARTLAND u. H. R. GRAHAM: Ind. Eng. Chem. 34, 458 (1942).

[3] BAMFORD, C. H., u. J. S. DEWAR: Disc. Faraday Soc. 2, 310 (1947).

[4] BARNES, C. E.: J. Amer. chem. Soc. 67, 217 (1945).

[5] BARNES, C. E., R. M. ELAFSON u. G. D. JONES: J. Amer. chem. Soc. 72, 210 (1950).

[6] BARTLETT, P. D., G. S. HAMMOND u. H. KWART: Disc. Faraday Soc. 2, 342 (1947).

[7] BARTLETT, P. D., u. H. KWART: J. Amer. chem. Soc. 72, 1051 (1950).

[7a] BASU, S., J. SEN u. R. PALIT: Proc. roy. Soc. Lond. A 202, 485 (1950).

[8] BOARDMANN, H., u. P. W. SELWOOD: J. Amer. chem. Soc. 72, 1372 (1950).

[9] BOVEY, F. A., u. I. M. KOLTHOFF: J. Amer. chem. Soc. 69, 2143 (1947).

[10] BOVEY, F. A., u. I. M. KOLTHOFF: Chem. Reviews 42, 491 (1948).

[11] BOVEY, F. A., u. I. M. KOLTHOFF: J. Polym. Sci. 5, 569 (1950).

[12] BREITENBACH, J. W.: Naturwiss. 29, 708, 784 (1941).

[13] BREITENBACH, J. W., u. H. L. BREITENBACH: Ber. 75, 505 (1942).

[14] BREITENBACH, J. W., u. H. L. BREITENBACH: Z. phys. Chem. A 190, 361 (1942).

[15] BREITENBACH, J. W., u. K. HOREISCHY: Ber. 74, 1386 (1941).

[16] BREITENBACH, J. W., u. A. MASCHIN: Z. phys. Chem. A 187, 175 (1940).

[17] BREITENBACH, J. W., u. H. SCHNEIDER: Ber. 76, 1088 (1943).

[18] BREITENBACH, J. W., u. H. SCHNEIDER: Mh. Chem. 78, 1 (1948).

[19] BREITENBACH, J. W., u. W. SCHULZ: Mh. Chem. 80, 463 (1949).

[20] BREITENBACH, J. W., A. SPRINGER u. E. ABRAHAMCZIK: Österr. Chem. Z. 41, 182 (1938).

[21] BREITENBACH, J. W., A. SPRINGER u. K. HOREISCHY: Ber. 71, 1438 (1938).

[22] BURNETT, G. M., u. H. W. MELVILLE: Disc. Faraday Soc. 2, 322 (1947).

[23] BURNETT, G. M., u. H. W. MELVILLE: Proc. roy. Soc. Lond. A 189, 456, 481 (1947).

[23a] CARLIN, R. B., u. N. E. SHAKESPEARE: J. Amer. chem. Soc. 68, 876 (1946); R. B. CARLIN u. D. L. HUFFORD: J. Amer. chem. Soc. 72, 4200 (1950).

[24] COHEN, S. G.: J. Amer. chem. Soc. 69, 1057 (1947).

[25] COHEN, S. G.: J. Polym. Sci. **2**, 511 (1947).

[26] CUTHBERTSON, A. C., G. GEE u. E. K. RIDEAL: Proc. roy. Soc. Lond. A **170**, 300 (1938).

[27] EVANS, M. G.: Disc. Faraday Soc. **2**, 271 (1947).

[28] FLORY, P. J.: J. Amer. chem. Soc. **59**, 241 (1937).

[29] FOORD, S. G.: J. chem. Soc. Lond. **1940**, 48.

[30] FRANK, R. L., u. C. E. ADAMS: J. Amer. chem. Soc. **68**, 908 (1946).

[31] GOLDFINGER, G., H. NAIDUS u. H. MARK: J. Amer. chem. Soc. **65**, 995 (1943).

[32] GOLDFINGER, G., I. SKEIST u. H. MARK: J. phys. Chem. **47**, 578 (1943).

[33] GREGG, R. A., D. M. ALDERMAN u. F. R. MAYO: J. Amer. chem. Soc. **70**, 3740 (1948).

[34] GREGG, R. A., u. F. R. MAYO: Disc. Faraday Soc. **2**, 328 (1947).

[35] GREGG, R. A., u. F. R. MAYO: J. Amer. chem. Soc. **70**, 2373 (1948).

[36] GUTMANN, V.: J. Polym. Sci. **3**, 336, 518, 642, 646 (1948).

[37] HARMON, J., T. A. FORD, W. E. HANFORD u. R. M. JOYCE: J. Amer. chem. Soc. **72**, 2213 (1950).

[37a] HOBSON, R. W., u. J. D. D'IANNI: Ind. Eng. Chem. **42**, 1572 (1950).

[38] HULBERT, H. M., R. A. HARMAN, A. V. TOBOLSKY u. H. EYRING: Ann. N. Y. Acad. Sci. **44**, 371 (1943).

[39] JOYCE, R. M., W. E. HANFORD u. J. HARMON: J. Amer. chem. Soc. **70**, 2529 (1948).

[40] KAMENSKAJA, S., u. S. MEDWEDEW: Acta phys. chem. URSS **13**, 565 (1940)

[41] KERN, W.: Fortschr. Chem. Phys. Techn. makrom. St. **2**, 36 (1942).

[42] KERN, W.: Makrom. Chem. **1**, 199 (1947).

[43] KERN, W., u. K. FEUERSTEIN: J. prakt. Chem. **158**, 186 (1941).

[44] KERN, W., E. JOKUSCH u. A. WOLFRAM: Makrom. Chem. **3**, 223 (1949); **4**, 213 (1950).

[45] KHARASCH, M. S., W. NUDENBERG, E. V. JENSEN, P. E. FISCHER u. D. L. MAYFIELD: Ind. Eng. Chem. **39**, 830 (1947).

[46] KIA-KHWE JEN u. H. N. ALYEA: J. Amer. chem. Soc. **55**, 575 (1933).

[47] KLUCHESKY, E. F., u. L. B. WAKEFIELD: Ind. Eng. Chem. **41**, 1768 (1949).

[48] KOLTHOFF, I. M., u. F. A. BOVEY: J. Amer. chem. Soc. **70**, 791 (1948).

[48a] KOLTHOFF, I. M., u. C. E. ADAMS: J. Amer. chem. Soc. **67**, 1672 (1945).

[49] KOLTHOFF, I. M., u. W. J. DALE: J. Amer. chem. Soc. **69**, 441 (1947).

[50] KOLTHOFF, I. M., u. W. E. HARRIS: J. Polym. Sci. **2**, 41 (1947).

[51] KÜCHLER, L.: Makrom. Chem. **2**, 176 (1948).

[52] MACKAY, M. H., u. H. W. MELVILLE: Trans. Faraday Soc. **46**, 63 (1950).

[53] MARVEL, C. S., u. N. A. HIGGINS: J. Polym. Sci. **3**, 448 (1948).

[54] MAY, D. R., u. I. M. KOLTHOFF: J. Polym. Sci. **4**, 735 (1949).

[55] MAYO, F. R.: J. Amer. chem. Soc. **65**, 2324 (1943).

[56] MAYO, F. R.: J. Amer. chem. Soc. **70**, 3689 (1948).

[57] MAYO, F. R., u. R. A. GREGG: J. Amer. chem. Soc. **70**, 1284 (1948).

[58] MEDWEDEW, S., O. KORITZKAYA u. E. ALEXEYEVA: Acta phys. chim. URSS **19**, 457 (1944).

[59] MEDWEDEW, S., u. P. ZEITLIN: Acta phys. chim. URSS **20**, 3 (1945).

[60] MELVILLE, H. W., u. W. F. WATSON: Trans. Faraday Soc. **44**, 886 (1948).

[61] NOZAKI, K.: Disc. Faraday Soc. **2**, 337 (1947).

[62] PATAT, F., u. Mitarb.: Unveröffentl. Versuche 1943/44.

[62a] PATAT, F., u. F. KOLLINSKY: Makrom. Chem. Staudinger-Festband S. 292 (1951).

[63] PRICE, CH. C.: Ann. N. Y. Acad. Sci. **44**, 351 (1943).

[64] PRICE, CH. C.: J. Amer. chem. Soc. **65**, 2380 (1943).

[64a] PRICE, CH. C., u. C. E. ADAMS: J. Amer. chem. Soc. **67**, 1674 (1945).

[65] PRICE, CH. C., u. D. A. DURHAM: J. Amer. chem. Soc. **65**, 757 (1943).

[66] PRICE, CH. C., u. D. H. READ: J. Polym. Sci. **1**, 44 (1946).

[67] SCHULZ, G. V.: Z. phys. Chem. B **44**, 227 (1939).

[68] SCHULZ, G. V.: Ber. **80**, 232 (1947).

[69] SCHULZ, G. V.: Makrom. Chem. **1**, 94 (1947).

[70] SCHULZ, G. V., A. DINGLINGER u. E. HUSEMANN: Z. phys. Chem. B **43**, 385 (1939).

[71] SCHULZ, G. V., u. H. KÄMMERER: Ber. **80**, 327 (1947).

[72] SMITH, W. V.: J. Amer. chem. Soc. **68**, 2059 (1946).

[73] SNYDER, H. R., J. M. STEWART, R. E. ALLEN u. R. J. DEARBORN: J. Amer. chem. Soc. **68**, 1422 (1946).
[74] STAUDINGER, H.: Ber. **58**, 1075 (1925).
[75] STAUDINGER, H., u. L. LAUTENSCHLÄGER: Ann. **488**, 1 (1931).
[76] SUESS, H., K. PILCH u. H. RUDORFER: Z. phys. Chem. A **179**, 361 (1937).
[77] SUESS, H., u. A. SPRINGER: Z. phys. Chem. A **181**, 81 (1938).
[78] WALL, F. T., F. W. BANES u. G. D. SANDS: J. Amer. chem. Soc. **68**, 1429 (1946).
[79] WALLING, CH.: J. Amer. chem. Soc. **70**, 2561 (1948).
[80] WALLING, CH., D. SEYMOUR u. K. B. WOLFSTIRN: J. Amer. chem. Soc. **70**, 2559 (1948).
[81] WELCH, L. M., M. W. SWANEY, A. H. GLEASON, R. K. BECHWITH u. R. F. HOWE: Ind. Eng. Chem. **39**, 826 (1947).
[82] YOSIDA, T., u. T. TITANI: Bull. chem. Soc. Japan **16**, 125 (1941).

3. Beschleunigung der Polymerisation durch Redoxsysteme.

Zufällige Beobachtungen führten zu der Entdeckung, daß die Geschwindigkeit von Polymerisationsreaktionen durch Zugabe von Reduktionsmitteln stark erhöht werden kann.

WINNACKER und PATAT (1937, siehe [16]) versuchten bei der Emulsionspolymerisation von Chloropren, die durch Sauerstoff stark gehemmt wird, die letzten Spuren Sauerstoff durch Zugabe geringer Mengen Bisulfit oder Hyposulfit zu beseitigen. Die Polymerisationsgeschwindigkeit wurde dadurch über die Erwartung stark erhöht. Bald stellte sich aber heraus, daß in diesen und ähnlichen Fällen die Beschleunigung viel größer ist, als durch Ausschalten der letzten O_2-Spuren erklärt werden könnte, und daß die relative Wirksamkeit verschiedener Reduktionsmittel nicht ihrer relativen Fähigkeit, Sauerstoff zu binden, entspricht (z. B. ist in bestimmten Fällen Thiosulfat wirksamer als Bisulfit). Es wurde vielmehr erkannt, daß die Beschleunigung ganz allgemein gesehen auf das Zusammenwirken eines Oxydationsmittels und eines Reduktionsmittels zurückgeführt werden kann, und daher der Name *Redoxkatalyse* geprägt. Nachdem diese Erkenntnis gewonnen war, wurden in systematischen Untersuchungen zahlreiche Kombinationen von Oxydations- und Reduktionsmitteln unter Variation der Konzentrationen und sonstiger Versuchsbedingungen ausprobiert.

Diese Entwicklungsarbeiten fanden ihren Niederschlag bis 1945 nur in internen Werksberichten und Patenten. Patente, die gleichzeitige Anwendung von Peroxyden und (bestimmten) reduzierenden Substanzen zur Beschleunigung von Polymerisationen anführen, gehen bis 1933 zurück, haben jedoch zunächst nicht zu einer allgemeinen Erkenntnis der Redoxkatalyse geführt. KERN hat die Entwicklung der Redoxkatalyse in Deutschland und die dabei gewonnenen Erfahrungen zusammenfassend dargestellt[15,16,17,18,19] (siehe auch[26,27]).

BACON[1] berichtet in einem Überblick über die entsprechende Entwicklung in England, daß dort 1940 ebenfalls die Beschleunigung von Polymerisationen durch reduzierende Substanzen beobachtet und später in gleicher Weise, nämlich als Zusammenwirken von Reduktions- und Oxydationsmittel, gedeutet wurde.

In Amerika hat man sich erst nach 1945 — als die deutschen Verfahren bekannt geworden waren — eingehend mit der Redoxkatalyse beschäftigt, wie aus Bemerkungen in einigen der ersten Arbeiten[30,31] eindeutig hervorgeht.

Die empirischen Ergebnisse können folgendermaßen zusammengefaßt werden:

a) Als Oxydationsmittel sind nicht nur peroxydische Verbindungen wirksam, sondern auch andere, wie z. B. Kaliumpermanganat, Braunstein, Chlorate, Hypochlorite, die ohne Reduktionsmittel keinerlei Wirkung auf die Polymerisationsreaktion ausüben.

b) Auch molekularer Sauerstoff kann unter geeigneten Bedingungen die Rolle des Oxydationsmittels übernehmen, so daß z. B. Polymerisationen in Gegenwart von Sauerstoff (oder Luft) allein durch Reduktionsmittel beschleunigt werden (Autox-Katalyse[18]).

c) Wirksame Reduktionsmittel wurden unter den verschiedensten anorganischen und organischen Verbindungsklassen gefunden (Sulfite, Hyposulfite, Thiosulfate, Sulfoxylate, Sulfinsäuren, tertiäre Amine, Hydrazine, α-Ketole, Endiole und andere). Ausnahmen bilden selbstverständlich solche reduzierende Substanzen, die die Polymerisation selbst hemmen.

d) Als Reduktionsmittel sind in Verbindung mit geeigneten Oxydationsmitteln auch Ferro-Ionen und andere Schwermetallionen, die durch Oxydation in eine höhere Wertigkeitsstufe überführt werden können, sehr wirksam.

e) Außerdem kann die Wirkung von Redoxsystemen durch geringe Mengen löslicher Metallverbindungen noch gesteigert werden, und zwar nicht nur durch solche Metalle, bei denen ein Wertigkeitswechsel möglich ist, wie Fe, Co, Ni, Pb, Mn, Cu, Ce, Ag, sondern auch solche, bei denen dies nicht der Fall ist, wie Zn, Al, Mg, Na (Metallredoxkatalyse[17]; über die Wirkung von Ag-Salzen siehe [34]). Auch Jodid-Ionen können die Wirkung von Redoxsystemen erhöhen[32].

f) Die relative Wirksamkeit bestimmter Redoxsysteme kann bei verschiedenen Monomeren oder verschiedenen Versuchsbedingungen (Emulsion oder Lösung) ganz verschieden sein. Von entscheidendem Einfluß sind vor allem auch die Konzentrationen der Komponenten, so daß zur Erzielung optimaler Wirkung die Konzentrationen aller Komponenten sorgfältig abgeglichen werden müssen.

In der Industrie galt das Interesse bei dieser Entwicklungsarbeit vor allem der Auffindung wirksamer Beschleuniger, die es gestatten, Polymerisationen bei wesentlich tieferen Temperaturen, als früher wirtschaftlich möglich, war, durchzuführen. Grund hierfür sind nicht so sehr verfahrenstechnische Vorteile (Emulsionspolymerisationen bei — 20° C sind an sich schwieriger durchzuführen als bei + 50° C), als vielmehr die bessere Qualität der bei tiefen Temperaturen gewonnenen Polymerisate[13] (siehe auch S. 121). Dieses praktische Ziel wurde durch die Ausarbeitung von Rezepten sehr wirksamer Redoxsysteme erreicht.

Von diesbezüglichen neueren Veröffentlichungen seien Untersuchungen über folgende Redoxsysteme genannt:

1. Organische Peroxyde (besonders $\alpha\alpha'$-Dimethylbenzylhydroperoxyd) mit α-Ketolen oder Endiolen (besonders verschiedenen Zuckern) und Eisen- oder Kobaltsalzen[9,12,24,28,29,30,36].

2. Organische Peroxyde oder Kaliumferricyanid mit Diazothioäthern[9,21,22,35].

3. Organische Peroxyde mit Aminen, vor allem Polyalkylen-Polyaminen[39].

Ein tieferer Einblick in die Kinetik der Redoxbeschleunigung konnte bisher nur in einigen wenigen Fällen gewonnen werden. Allgemein kann als feststehend angesehen werden, daß die beschleunigende Wirkung darauf beruht, daß bei der Reaktion zwischen dem Oxydations- und dem Reduktionsmittel Radikale als Zwischenprodukte auftreten, die bei Anwesenheit polymerisierbarer Verbindungen mit diesen unter Bildung von Polymerisationskeimen reagieren[17]. Die Wirksamkeit eines speziellen Systems hängt dann in hohem Maße davon ab, daß die Geschwindigkeiten der miteinander verkoppelten Reaktionen in einem vernünftigen Verhältnis stehen. Verläuft die Redox-Reaktion zu rasch, so werden die Beschleuniger zu früh verbraucht; eine zu langsame Redox-Reaktion bewirkt eine zu geringe Beschleunigung. Die Reaktion der Radikale mit dem Monomeren muß mit der Reaktion, durch die bei der reinen Redoxreaktion diese Radikale verbraucht werden, konkurrieren können, da sonst wiederum die Hauptmenge der Beschleuniger ohne Nutzen für die Polymerisation verbraucht wird. Abgesehen von der Reaktionsfähigkeit der Komponenten selbst wird die Regulierung der verschiedenen Reaktionsgeschwindigkeiten durch die Konzentration der Komponenten bewirkt, woraus sich deren entscheidender Einfluß ergibt. Die Wirkung mancher Zusätze, deren Anwesenheit sich als notwendig erwiesen hat, ist unter diesem kinetischen Gesichtspunkt zu verstehen und besteht nur darin, die Konzentration eines der Reaktanten genügend groß oder klein zu halten oder eine bestimmte wichtige Komponente zu regenerieren (siehe unten).

Vielleicht das einfachste Beispiel einer Redox-Katalyse ist die Beschleunigung durch Wasserstoffsuperoxyd in Gegenwart von Ferro-Ionen. Es war außerdem die erste Redox-Katalyse, deren Reaktionsmechanismus vollständig aufgeklärt werden konnte[2, 3, 4, 7]. Wasserstoffsuperoxyd oxydiert Ferro-Ionen unter Bildung eines Hydroxyl-Ions und eines Hydroxyl-Radikals:

$$H_2O_2 + Fe^{++} \longrightarrow HO^- + H\!-\!O^- + Fe^{+++}. \tag{I}$$

In Abwesenheit anderer Verbindungen, mit denen die Hydroxylradikale reagieren können, verläuft der Zerfall des Wasserstoffsuperoxyds unter Sauerstoffentwicklung nach folgendem Kettenmechanismus[10] (siehe auch [1a, 5, 31, 38a]).

$$HO\!-\ + H_2O_2 \longrightarrow H_2O + HO_2\!- \tag{III}$$
$$HO_2\!-\ + H_2O_2 \longrightarrow HO\!-\ + H_2O + O_2. \tag{IV}$$
$$HO\!-\ + Fe^{++} \longrightarrow HO^- + Fe^{+++} \tag{II}$$

In Gegenwart polymerisierbarer Verbindungen reagieren die Hydroxylradikale mit diesen unter Bildung von Polymerisationskeimen:

$$HO\!-\ + CH_2\!=\!CHX \longrightarrow HO\!-\!CH_2\!-\!\overset{|}{C}HX \tag{S}$$

Die Sauerstoffentwicklung wird dabei herabgesetzt oder sogar gestoppt. Aus der Geschwindigkeit, mit der Ferri-Ionen gebildet werden, fanden Evans und Mitarbeiter für die Geschwindigkeitskonstante der Reaktion (I) den gleichen Wert

$$k_1 = 1{,}78 \cdot 10^9 \cdot e^{-10000/RT} \qquad (l/Mol \cdot sec)$$

in Gegenwart und in Abwesenheit von Monomeren. Die Aktivierungsenergie für die Radikalbildung ist also mit 10 kcal bei dieser Reaktion wesentlich niedriger als bei einem thermischen Zerfall von Peroxyden (z. B. Benzoylperoxyd $E \sim 30$ kcal).

Wenn die nach (I) gebildeten Hydroxyl-Radikale überwiegend mit Monomerem reagieren, d. h. wenn die Konzentration des Monomeren viel größer ist als die der Ferro-Ionen, so daß die Reaktion IV weitgehend zugunsten der Reaktion (S) unterdrückt ist, gilt für die Polymerisation folgendes Reaktions-Schema:

$$H_2O_2 + Fe^{++} \longrightarrow HO^{\cdot\cdot} + HO{-} + Fe^{+++} \qquad k_1 \qquad (I)$$

$$HO{-} + M \longrightarrow HO{-}M{-} \qquad k_S \qquad (S)$$

$$HO{-}(M)_n{-} + M \longrightarrow HO\,(M)_{n \div 1}{}^{-} \qquad k_W \qquad (W)$$

$$HO{-}(M)_n{-} + HO{-}(M)_m{-} \longrightarrow HO(M)_{n+m}\,OH \qquad k_a \qquad (A)$$

Dieses Schema liefert für die Polymerisationsgeschwindigkeit

$$-\frac{d\,[M]}{d\,t} = k_W \sqrt{\frac{k_1}{k_a}}\,[M]\,[K]_0 / (1 + k_1\,[K]_0\,t) \qquad (106)$$

bzw. integriert

$$\log\left([M]\,/\,[M]_0\right) = \frac{k_W}{\sqrt{k_1\,k_a}}\,\log\left(1 + k_1\,[K]_0\,t\right), \qquad (106a)$$

(wenn die Konzentration von H_2O_2 und Fe^{++} zu Beginn den gleichen Wert $[K]_0$ hat). Versuche mit Methylmethacrylat in wäßriger Lösung bestätigten ausgezeichnet die Gültigkeit der Gleichung (106) bzw. (106a) und damit gleichzeitig die Richtigkeit des angenommenen Reaktionsschemas. Vor allem wird dadurch das Eingreifen der OH-Radikale in den Kettenabbruch nach

$$HO(M)_n{-} + OH{-} \longrightarrow HO(M)_n\,OH \qquad (A')$$

widerlegt.

Wenn der Abbruch nämlich ausschließlich auf diese Weise durch OH-Radikale erfolgen würde, was bei höherer Konzentration dieser Radikale nicht a priori ausgeschlossen werden kann, dann müßte die Polymerisation nach einem ganz anderen Gesetz, nämlich:

$$\frac{1}{[M]} - \frac{1}{[M]_0} = \frac{k_1\,k_W}{k_a'}\cdot t \qquad (107)$$

verlaufen. Außer durch die Umsatzbestimmung wird auch durch die Molgewichtsverteilung des Polymeren bestätigt, daß der Abbruch nicht durch OH-Radikale erfolgt (über den Einfluß von Emulgatoren auf diese Lösungspolymerisation vgl. S. 207).

In Analogie zu dem oben besprochenen Reaktionsmechanismus kann der erste Schritt der Reduktion von Benzoylperoxyd durch Ferroverbindungen[23], die ebenfalls eine starke Beschleunigung der Polymerisation bewirkt, folgendermaßen geschrieben werden*:

$$(C_6H_5COO)_2 + Fe^{++} \longrightarrow C_6H_5COO{-} + C_6H_5COO^- + Fe^{+++}. \qquad (Ia)$$

In Anwesenheit polymerisierbarer Verbindungen reagiert das Radikal $C_6H_5COO{-}$ (evtl. ein aus ihm entstandenes anderes Radikal) mit dem Monomeren unter Bildung von Polymerisationskeimen. Um die Reaktion dieses Radikals mit Fe^{++}, die zu einem rascheren und für die Polymerisation nutzlosen Verbrauch des Benzoylperoxyds führen würde,

---

* Die Ionen-Schreibweise bedeutet hier nur eine einfache Darstellung der Oxydationsstufen und hat nichts mit dem tatsächlichen Reaktionsablauf, der nicht notwendig über Ionen verlaufen muß, zu tun. — Daß die Reaktion organischer Peroxyde mit Ferro-Ionen wenigstens in manchen Fällen komplizierter ist als hier angedeutet, geht aus einer kürzlich veröffentlichten Untersuchung der Reaktion von Cumylhydroperoxyd mit Ferro-Ionen hervor[8a].

zu unterdrücken, muß die Konzentration der Ferroverbindung sehr klein gehalten werden. Aus dieser Forderung ergeben sich für die Praxis die Notwendigkeit weiterer Komponenten und das Einhalten günstiger Konzentrationen zur Erzielung eines wirksamen Redoxsystems. Im besonderen gilt dies für die Emulsionspolymerisation, bei der das Vorhandensein zweier Phasen (wäßrige Lösung und „Ölphase") mit verschiedenen Löslichkeitsverhältnissen berücksichtigt werden muß. Ein typisches Rezept[38] (siehe auch [12, 30]) enthält (außer dem Monomeren und Wasser) folgende Komponenten:

> Benzoylperoxyd
> Ferrosulfat (oder Ferrisulfat)
> Sorbose
> Natriumpyrophosphat
> Natriumstearat.

Für die Rolle, die jeder einzelnen dieser Verbindungen zukommt, haben WALL und SVOBODA[37, 38] auf Grund einer kinetischen Analyse folgendes Bild entwickelt. Benzolperoxyd ist im Monomeren gelöst. Damit die Reaktion (Ia) ablaufen kann, muß daher auch eine öllösliche Eisenverbindung vorhanden sein; diesem Zweck dient neben seiner Funktion als Emulgator das Stearat. Wird als Emulgator eine Verbindung verwandt, die kein öllösliches Eisensalz liefert (z. B. Alkansulfonate), so muß irgendeine Verbindung zugesetzt werden, die für Lösung des Eisens im Monomeren sorgt. Pyrophosphat bindet das Eisen als Komplexsalz, wodurch ein Konzentrationsgleichgewicht für die Eisenverbindungen (Stearat in der Ölphase und Pyrophosphatkomplex in der wäßrigen Lösung) bewirkt wird. Pyrophosphat hat also außer seiner Funktion als Puffersubstanz den Zweck, die Eisenkonzentration in der Ölphase kleinzuhalten. Durch die Reaktion (Ia) wird die Ferroverbindung zur Ferriverbindung oxydiert, für die ebenfalls das Pyrophosphat-Stearat-Gleichgewicht zwischen den beiden Phasen besteht. In der wäßrigen Phase wird die Ferriverbindung aber wiederum durch die Sorbose zur Ferroverbindung reduziert, und so der Cyclus geschlossen. Diese Reduktion ist zwar nicht unbedingt erforderlich, wenn von Anfang an eine genügende Menge Ferroverbindung (und Pyrophosphat) vorhanden ist; aber abgesehen von dem Vorteil, den die durch den Reaktionscyclus nahezu konstant bleibende Ferrokonzentration bietet, hat die Anwendung größerer Mengen von Eisenverbindungen sich als nachteilig auf die Qualität des Polymerisates erwiesen. Schematisch kann das ganze Redoxsystem folgendermaßen dargestellt werden[38]:

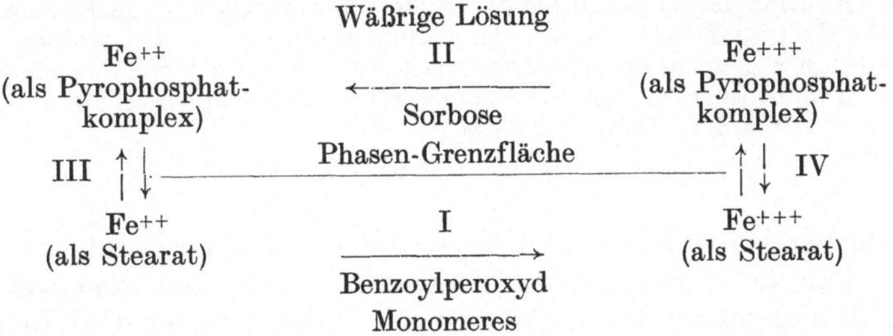

Obwohl dieses Schema auf recht plausible Weise zeigt, wie das Zusammenwirken der verschiedenen Komponenten bei der Redoxkatalyse etwa verstanden werden kann, wird es doch nicht in allen Einzelheiten den Tatsachen gerecht. Vor allem wird die Reaktion des Benzoylperoxyds wahrscheinlich nicht mit einer öllöslichen Eisenverbindung im Monomeren erfolgen, sondern vielmehr im Inneren der Emulgatormicellen[25] (vgl. dazu S. 216).

Als Beispiel für das mangelhafte Funktionieren eines unzweckmäßig zusammengesetzten Redoxsystems sei die Beschleunigung der Emulsionspolymerisation von Butadien-Styrol mit Wasserstoffperoxyd und Natriumferropyrophosphat oder Natriumferripyrophosphat angeführt (Seife als Emulgator)[28]. In diesem Falle sind beide Eisensalze (ohne Anwesenheit eines anderen Reduktionsmittels!) gleich

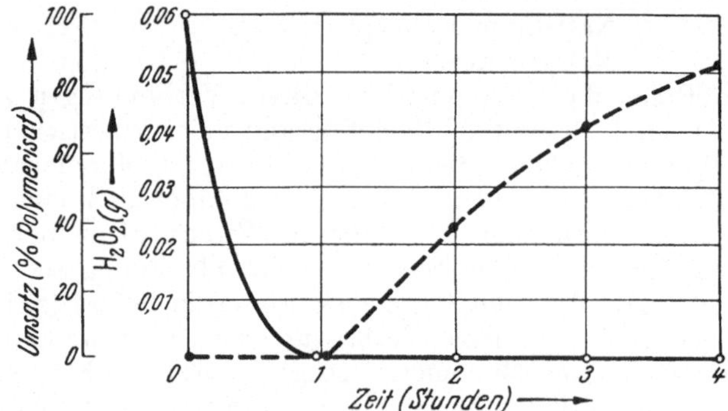

Abb. 19. H_2O_2-Zerfall (———) und Polymerisation (- - - -). (Mischpolymerisation von Butadien-Styrol mit Seife als Emulgator, beschleunigt durch Wasserstoffperoxyd und Natriumferripyrophosphat, 50° C; nach MARVEL u. Mitarb.[15].)

wirksam, da beide mit Wasserstoffperoxyd unter H_2O_2-Zersetzung und O_2-Entwicklung reagieren[10]. Durch diese Reaktion, die sich in der wäßrigen Lösung abspielt, wird die Polymerisation nicht beschleunigt, sondern unterbleibt sogar völlig, wahrscheinlich wegen der Hemmung durch den entstehenden Sauerstoff. Erst wenn alles H_2O_2 zersetzt ist (siehe Abb. 19), setzt Polymerisation ein und zwar eine beschleunigte. Diese Beschleunigung wird offenbar durch organische Peroxyde bewirkt, die während des H_2O_2-Zerfalls vielleicht mit dem Emulgator gebildet werden. Eine Bestimmung der Peroxyde ergab nämlich, daß am Ende der Inhibitionsperiode (bei den der Abb. 19 zugrunde liegenden Bedingungen nach 1 Stunde) keine wasserlöslichen Peroxyde nachgewiesen werden konnten, wohl aber „öl“-lösliche Peroxyde (als aktiver Sauerstoff ausgedrückt etwa 1% des ursprünglichen H_2O_2), die zu Beginn nicht vorhanden waren. In diesem Falle kommt also nur ein geringer Bruchteil des angewandten H_2O_2 auf dem Umwege über organische Peroxyde zur Wirkung; der Effekt ist wesentlich geringer als bei den vorher besprochenen Systemen.

Polymerisation kann auch durch die bei der Photoreduktion von Ferrikomplex-Ionen ([Fe OH]⁺⁺, [Fe Cl]⁺⁺ u. ä.) gebildeten Radikale bewirkt werden[8]. Nach RABINOWITSCH[33] geht dieser photochemische Prozeß unter Übergang eines Elektrons vom Anionenteil des Komplexes zum Ferri-Ion vor sich, wobei aus dem Anion ein neutrales Atom oder Radikal entsteht:

$$[Fe\ OH]^{++} \longrightarrow Fe^{++} + OH^-.$$

Die bisher behandelten Redoxsysteme sind insofern einfach, als bei der Radikale liefernden Reaktion zwischen einem Elektronen-Donator und einem Akzeptor nur eine Art von Radikalen gebildet wird, und zwar vom Akzeptor, während der Donator in die höhere Wertigkeitsstufe übergeführt wird. Bei anderen Systemen wird durch das Auftreten verschiedener Radikale die kinetische Analyse wesentlich komplizierter. Von BACON[1], MORGAN[32] und JOSEFOWITZ und MARK[14] wurde das Redoxsystem Persulfat-Thiosulfat untersucht. In diesem Falle ist der Mechanismus der Reduktion in reiner wäßriger Lösung vom reaktionskinetischen Standpunkt gesehen noch nicht geklärt[20]. Die Bruttoreaktion

$$S_2O_8^{--} + 2\,S_2O_3^{--} \longrightarrow 2\,SO_4^{--} + S_4O_6^{--}$$

ist von erster Ordnung in bezug auf die Persulfat-Konzentration; sie ist in gewöhnlichem destilliertem Wasser etwa doppelt so schnell und viel schlechter reproduzierbar als in doppelt destilliertem Wasser; die Reaktionsgeschwindigkeit zeigt einen positiven Salzeffekt, wird durch Eisen- und Silbersalze, besonders stark aber durch Jodide und Kupfersalze erhöht. Aus diesen Befunden muß man schließen, daß geschwindigkeitsbestimmend die Reaktion eines Persulfations mit einem negativen Ion konstanter Konzentration ist; jedenfalls entspricht die Kinetik *nicht* einer einfachen Aufteilung der Bruttoreaktion in bimolekulare Stufen

$$S_2O_8^{--} + S_2O_3^{--} \longrightarrow SO_4^{--} + SO_4^{=} + S_2O_3^{=} \tag{1}$$

$$\left.\begin{aligned} SO_4^{=} + S_2O_3^{--} &\longrightarrow SO_4^{--} + S_2O_3^{=} \\ 2\,S_2O_3^{=} &\longrightarrow S_4O_6^{--} \end{aligned}\right\} \tag{2}$$

(die 2. und 3. Stufe wird meist zusammengefaßt angegeben und als rasch gegenüber der 1. Stufe angesehen), da dann die Unabhängigkeit der Reaktionsgeschwindigkeit von der Thiosulfat-Konzentration nicht zu verstehen wäre. Wie der geschwindigkeitsbestimmende Schritt dieser Reaktion kinetisch zu formulieren ist, welche kurzlebigen Zwischenprodukte dabei auftreten, ob es sich um eine Spurenkatalyse (z. B. des Persulfatzerfalls) handelt, kann vorläufig nicht angegeben werden.

Die wichtigsten bei der Polymerisation von Vinylverbindungen in wäßriger Lösung in Gegenwart von Persulfat/Thiosulfat erhaltenen experimentellen Ergebnisse sind kurz zusammengefaßt[14,32] (siehe auch[6,11]): die Polymerisationsgeschwindigkeit ist proportional der Potenz 3/2 der Konzentration des Monomeren (nach[14] einer Potenz 1,5—2,0) und proportional einer Potenz von etwa $^1/_2$ der Persulfat-Konzentration (nach[14] eher direkt proportional der Persulfat-Konzentration); sie ist praktisch unabhängig von der Thiosulfatkonzentration (oberhalb einer sehr niedrigen Mindestkonzentration); Kupfer-, Silber-, Ferro- und Jod-Ionen erhöhen die Wirkung dieses Redoxsystems erheblich. Bei einer Aktivierung durch Kupferionen ist cet. par. die Polymerisationsgeschwindigkeit proportional der Wurzel aus der Konzentration der Cu^{++} (Abb. 20); dabei ist zu beachten, daß bei höheren $[Cu^{++}]$ ($> 10^{-3}$ Mol/l) das Thiosulfat sehr rasch verbraucht ist und daß dann die Polymerisationsgeschwindigkeit etwa der durch Persulfat allein katalysierten Polymerisation entspricht. Die Bruttoaktivierungsenergien der mit diesen Systemen beschleunigten Polymerisationen werden bis auf etwa 10 kcal pro Mol erniedrigt. Über den Mechanismus der Reaktionen und über die Art der Zwischenprodukte (Radikale), die schließlich die

Polymerisation der Vinylverbindung bewirken, lassen sich auf Grund dieser Ergebnisse nur Vermutungen anstellen. Nimmt man wie üblich an, daß die Keimbildung durch Reaktion eines Radikals mit einem Molekül des Monomeren erfolgt, dann lassen sich die experimentellen Ergebnisse am einfachsten folgendermaßen deuten:

a) Die Bruttogeschwindigkeit ist[32]

$$-\frac{d\,[M]}{d\,t} = k\,[S_2O_8{}^{--}]^{\frac{1}{2}}\,[M]^{\frac{3}{2}}.$$

Wenn der Abbruch durch Reaktion zweier aktiver Polymerer erfolgt, dann muß die Keimbildungsgeschwindigkeit proportional $[M]$ und $[S_2O_8{}^{--}]$ sein; die Konzentration der keimbildenden Radikale also auch proportional $[S_2O_8{}^{--}]$. Da, wie oben erwähnt, die Geschwindigkeit der Reaktion zwischen Persulfat und Thiosulfat allein ebenfalls proportional $[S_2O_8{}^{--}]$ und unabhängig von $[S_2O_3{}^{--}]$ ist, bestehen keine Bedenken, dieselbe Reaktion für die Lieferung der Radikale verantwortlich zu machen, wobei allerdings weder über den Mechanismus dieser Reaktion noch über die Art der Radikale begründete Vermutungen ausgesprochen werden können. Bei der Polymerisation besteht rein formal auch kein Widerspruch, wenn man die Reaktion (1) und (2) (S. 157)

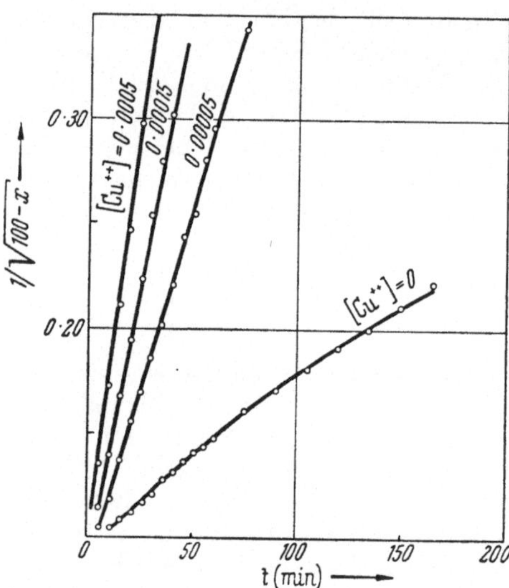

Abb. 20. Polymerisation von Acrylnitril in wäßriger Lösung (0,765 Mol/l) beschleunigt durch Ammoniumpersulfat (0,05 Mol/l), Natriumthiosulfat (0,10 Mol/l) und Cupri-Ionen. (Nach MORGAN[18].)

annimmt und weiter voraussetzt, daß die (quasistationäre) Konzentration von $[SO_4{}^{-}]$ durch diese beiden Reaktionen bestimmt wird und nur ein unbedeutender Bruchteil der Radikale mit dem Monomeren abreagiert. Dann ist nämlich die Radikalkonzentration

$$[SO_4{}^{-}] = \frac{k_1\,[S_2O_8{}^{--}]\,[S_2O_3{}^{--}]}{k_2\,[S_2O_3{}^{--}]} = \frac{k_1}{k_2}\,[S_2O_8{}^{--}]$$

proportional der Persulfatkonzentration und unabhängig von der Thiosulfatkonzentration. Bedenklich ist dabei aber, daß, wie bereits betont, die Persulfat-Thiosulfat-Reaktion in Abwesenheit polymerisierbarer Verbindungen kinetisch nicht durch diese Reaktionen (1) und (2) beschrieben werden kann.

b) Die Bruttogeschwindigkeit ist[14]

$$-\frac{d\,[M]}{d\,t} = k\,[S_2O_8{}^{--}]\,[M]^2.$$

Die einfachste Erklärung ist dann wohl die, daß der Abbruch nicht durch Reaktion zweier aktiver Polymerer, sondern durch Reaktion eines aktiven Polymeren mit einem Molekül irgendeiner kettenabbrechenden Substanz erfolgt. Mit dieser Annahme gilt dann für den Mechanismus der Keimbildung das bereits unter a) Gesagte.

c) Bei der Aktivierung durch Kupferionen ist die Bruttogeschwindigkeit[32]

$$-\frac{d[M]}{dt} = k\,[S_2O_8{}^{--}]^{\frac{1}{2}}\,[Cu^{++}]^{\frac{1}{2}}\,[S_2O_3{}^{--}]^{-\frac{1}{2}}\,[M]^{\frac{3}{2}}$$

Dabei muß allerdings betont werden, daß die hier angegebene Abhängigkeit der Bruttogeschwindigkeit von $[S_2O_8{}^{--}]$ und $[S_2O_3{}^{--}]$ lediglich aus der Tatsache geschlossen wurde, daß die Abnahme der Konzentration des Persulfats (und Thiosulfats) während der Polymerisation sich kinetisch bei Anwesenheit von Cu^{++} nicht bemerkbar macht, im Gegensatz zur nicht durch Cu^{++} aktivierten Reaktion (vgl. Abb. 20; die Kurve 1 weist eine deutliche Krümmung auf, die durch Berücksichtigung einer bimolekularen Abnahme von $S_2O_8{}^{--}$ behoben werden kann; die Meßpunkte der Versuche mit Cu^{++} liegen dagegen auch ohne diese Korrektur gut auf Geraden). Nimmt man wieder gegenseitige Desaktivierung zweier Radikale als Abbruch an, so steht die empirische kinetische Formel mit folgendem Keimbildungsmechanismus im Einklang: die Cupri-Ionen reagieren sehr rasch mit $S_2O_3{}^{--}$ unter Bildung eines Cupro-Thiosulfat-Komplexes; dieses Komplex-Ion bildet in bimolekularer Reaktion mit $S_2O_3{}^{--}$ das für die Keimbildung verantwortliche Radikal (z. B. $SO_4{}^-$), wobei der Komplex wieder zu Cu^{++} und $S_2O_3{}^{--}$ oxydiert wird; die Radikale reagieren im allgemeinen mit $S_2O_3{}^{--}$ (analog Reaktion (2), S. 157) ab, nur ein Bruchteil mit dem Monomeren unter Keimbildung. Im quasistationären Zustand ist dann

$$[SO_4{}^{--}] = k'\,[S_2O_8{}^{--}]\,[Cu^{++}]\,/\,[S_2O_3{}^{--}]$$

und damit in analoger Weise wie bei a) die formale Abhängigkeit der Bruttogeschwindigkeit gedeutet.

Die hier angeführten Deutungsmöglichkeiten mögen für dieses Redoxsystem genügen; sie sollen weniger auf einen wahrscheinlichen Mechanismus hinweisen, als vielmehr zeigen, wie schwach fundiert unsere Vermutungen in dieser Richtung vorläufig noch sind. Ähnliche Verhältnisse gelten für das System Persulfat/Bisulfit[11,14] und andere bisher kinetisch untersuchte Redoxkatalysen[16, 17, 35a]. Im übrigen, vor allem auch in bezug auf eingehendere Mitteilung der experimentellen Ergebnisse, die hier nur grob zusammengefaßt werden konnten, muß auf die zitierten Originalarbeiten verwiesen werden. Die Kürze, mit der die eigentliche Kinetik der Redoxkatalyse hier behandelt wurde, entspricht keineswegs ihrer großen praktischen Bedeutung, sie entspricht vielmehr dem geringen Umfang unseres bisherigen Wissens vom genauen Mechanismus dieser Reaktionen.

Literatur.

[1] BACON, R. G. K.: Trans. Faraday Soc. **42**, 140 (1946).

[1a] BARB, W. G. et al.: Nature (Lond.) **163**, 692 (1949).

[2] BAXENDALE, J. H., S. BYWATERS u. M. G. EVANS: Trans. Faraday Soc. **42**, 675 (1946).

[3] BAXENDALE, J. H., M. G. EVANS u. J. K. KILHAM: Trans. Faraday Soc. **42**, 668 (1946).

[4] BAXENDALE, J. H., M. G. EVANS u. G. S. PARK: Trans. Faraday Soc. **42**, 155 (1946).

[5] BRAY, W. C., u. S. PETERSEN: J. Amer. chem. Soc. **72**, 1401 (1950).

[6] BUNN, D., M. G. EVANS u. J. H. BAXENDALE: Trans. Faraday Soc. **42**, 190 (1946).

[7] EVANS, M. G.: J. chem. Soc. Lond. **1947**, 266.

[8] EVANS, M. G., u. N. URI: Nature (Lond.) **164**, 404 (1949).

[8a] FORDHAM, J. W. L., u. H. L. WILLIAMS: J. Amer. chem. Soc. **72**, 4465 (1950).

[9] FRYLING, C. F., S. H. LANDES, W. M. ST. JOHN u. C. A. URANECK: Ind. Eng. Chem. **41**, 986 (1949).

[10] HABER, F., u. J. WEISS: Proc. roy. Soc. Lond. A **147**, 332 (1939).

[11] HOHENSTEIN, W. P., u. H. MARK: J. Polym. Sci. **1**, 549 (1946).

[12] JOHNSON, P. H., u. R. L. BEBB: J. Polym. Sci. **3**, 389 (1948).

[13] JOHNSON, P. H., R. R. BROWN u. R. L. BEBB: Ind. Eng. Chem. **41**, 1617 (1949)

[14] JOSEFOWITZ, C. D., u. H. MARK: Polym. Bull. **1**, 140 (1945).

[15] KERN, W.: Angew. Chem. A **59**, 168 (1947).

[16] KERN, W.: Makrom. Chem. **1**, 209 (1947).

[17] KERN, W.: Makrom. Chem. **1**, 249 (1947).

[18] KERN, W.: Makrom. Chem. **2**, 48 (1948).

[19] KERN, W.: Angew. Chem. **61**, 471 (1949).

[20] KING, C. V., u. O. F. STEINBACH: J. Amer. chem. Soc. **52**, 4779 (1930).

[21] KOLTHOFF, I. M., u. W. J. DALE: J. Polym. Sci. **3**, 400 (1948).

[22] KOLTHOFF, I. M., u. W. J. DALE: J. Polym. Sci. **5**, 301 (1950).

[23] KOLTHOFF, I. M., u. A. J. MEDALIA: J. Amer. chem. Soc. **71**, 3784, 3789 (1949)

[24] KOLTHOFF, I. M., u. A. J. MEDALIA: J. Polym. Sci. **5**, 391 (1950).

[25] KOLTHOFF, I. M., u. M. YOUSE: J. Amer. chem. Soc. **72**, 3431 (1950).

[26] KONRAD, E.: Angew. Chem. **62**, 491 (1950).

[27] KONRAD, E., u. W. BECKER: Angew. Chem. **62**, 423 (1950).

[28] MARVEL, C. S., R. DEANIN, C. J. CLAUS, M. B. WYLD u. R. L. SEITZ: J. Polym. Sci. **3**, 350 (1948).

[29] MARVEL, C. S., R. DEANIN, B. M. KUHN u. G. B. LANDES: J. Polym. Sci. **3**, 433 (1948).

[30] MARVEL, C. S., R. DEANIN, C. G. OVERBERGER u. B. M. KUHN: J. Polym. Sci. **3**, 128 (1948).

[31] MEDALIA, A. J., u. I. M. KOLTHOFF: J. Polym. Sci. **4**, 377 (1949).

[32] MORGAN, L. B.: Trans. Faraday Soc. **42**, 169 (1946).

[33] RABINOWITSCH, E.: Rev. Mod. Phys. **14**, 112 (1942).

[34] RAINARD, L. W.: J. Polym. Sci. **2**, 16 (1947).

[35] SCHULZE, REYNOLDS u. a.: Indian Rubber World **117**, 739 (1948).

[35a] SULLY, B. D.: J. chem. Soc. Lond. **1950**, 1498.

[36] VANDENBERG, E. J., u. G. E. HULSE: Ind. Eng. Chem. **40**, 932 (1948).

[37] WALL, F. T.: Science (Lancaster, Pa.) **111**, 82 (1950).

[38] WALL, F. T., u. T. J. SWOBODA: J. Amer. chem. Soc. **71**, 919 (1949).

[38a] WEISS, J.: Disc. Faraday Soc. **2**, 212 (1947); J. WEISS u. C. W. HUMPHREY: Nature (Lond.) **163**, 691 (1949).

[39] WHITBY, G. S., N. WELLMANN, V. W. FLOUTZ u. H. L. STEPHENS: Ind. Eng. Chem. **42**, 445, 452 (1950).

4. Mischpolymerisation.

Bei Polymerisation eines Gemisches von zwei (oder mehreren) ungesättigten Verbindungen werden — im allgemeinen — Makromoleküle gebildet, die beide (oder mehrere) Monomere als aufbauende Grundeinheiten enthalten. Ein solches *Mischpolymerisat* ist somit wohl zu unterscheiden von einem *Polymerengemisch*, bei dem Makromoleküle, die entweder nur das eine oder nur das andere Monomere enthalten, eine homogene Mischung (oder Lösung) bilden. Außer der Beobachtung echter

Mischpolymerisate wurde auch schon früh erkannt, daß die Tendenz der Monomeren, in das Mischpolymerisat einzutreten, sehr verschieden ist und keineswegs mit der Neigung der verschiedenen Monomeren zur Reinpolymerisation parallel geht[78,95].

Die Zusammensetzung des Mischpolymerisates, d. h. das Verhältnis der Monomeren im Polymeren ist zwar abhängig von der Zusammensetzung des Monomeren-Gemisches, aus dem das Mischpolymerisat entstanden ist, aber — abgesehen von seltenen Ausnahmen — diesem nicht gleich, sondern zugunsten eines der Monomeren verschoben.

Für sich allein schwer oder gar nicht polymerisierbare Verbindungen geben oft in rascher Reaktion Mischpolymerisate mit einem Monomerenverhältnis von sehr nahe 1:1, unabhängig von der Zusammensetzung der Ausgangsmischung[97] (typische Beispiele hierfür sind Maleinsäureanhydrid mit α-Methylstyrol oder Stilben, Fumarsäureester mit Isobutylen). Umgekehrt zeigen manchmal zwei leicht polymerisierbare Verbindungen geringe Neigung, miteinander Mischpolymerisate zu bilden. Zum Beispiel entsteht aus einem Gemisch von Styrol und Vinylacetat zunächst fast reines Polystyrol und später, wenn das Styrol verbraucht ist, Polyvinylacetat; das auspolymerisierte Produkt gleicht also eher einem Polymerengemisch als einem Mischpolymerisat (Abb. 22a, e. i). Fügt man aber dieser binären Monomerenmischung Acrylsäureester oder Maleinsäureester als dritte Komponente zu, dann wird ein echtes Mischpolymerisat gebildet, das alle drei Monomeren enthält.

Für kinetische Untersuchungen bietet die *Zusammensetzung der Mischpolymerisate* eine wichtige, experimentell bestimmbare Größe, aus der relative Reaktionsfähigkeiten verschiedener Monomerer mit einem aktiven Polymeren abgeleitet werden können. Werden derartige Untersuchungen systematisch und auf breiter Basis durchgeführt, so ist ein tieferer Einblick in den molekularkinetischen Mechanismus der Wachstumsreaktion und darüber hinaus auch anderer Reaktionen der $C\!=\!C$-Bindung zu erhoffen. Aus dem schon recht umfangreichen, bisher vorliegenden experimentellen Material wurden bereits bedeutsame Ansätze in dieser Richtung gewonnen (s. S. 181 ff.). Demgegenüber hat man sich mit der *Polymerisationsgeschwindigkeit bei Mischpolymerisationen* erst in allerletzter Zeit näher beschäftigt. Diese Untersuchungen werden, auf breiter Basis durchgeführt, den Chemismus von Abbruch und Keimbildung aufklären helfen.

Verhältnis der Komponenten in Mischpolymerisaten.

Bei Mischpolymerisation von zwei verschiedenen Monomeren (M_1 und M_2) haben wir zwei Arten von aktiven Polymeren zu unterscheiden je nachdem, ob das aktive Kettenende (d. h. das zuletzt angelagerte Monomere) von einem M_1- oder von einem M_2-Molekül gebildet wird. Wir bezeichnen diese beiden aktiven Polymeren mit $M_1\cdot$ und $M_2\cdot$. Jedes der beiden Radikale kann im nächsten Wachstumsschritt entweder ein M_1- oder ein M_2-Molekül anlagern. Unter der Voraussetzung, daß die Reaktionsfähigkeit dieser Radikale nur von der aktiven Endgruppe und nicht von der Länge und Zusammensetzung der Kette abhängt, haben wir

4 verschiedene Wachstumsreaktionen mit 4 verschiedenen Geschwindigkeitskonstanten* zu unterscheiden:

$$\begin{array}{ll}
\text{Reaktion} & \text{Geschwindigkeit} \\
M_1\cdot + M_1 \longrightarrow M_1\cdot & k_{11}\,[M_1\cdot]\,[M_1] \\
M_1\cdot + M_2 \longrightarrow M_2\cdot & k_{12}\,[M_1\cdot]\,[M_2] \qquad (108) \\
M_2\cdot + M_2 \longrightarrow M_2\cdot & k_{22}\,[M_2\cdot]\,[M_2] \\
M_2\cdot + M_1 \longrightarrow M_1\cdot & k_{21}\,[M_2\cdot]\,[M_1] \;.
\end{array}$$

Wenn ferner die zwei weiteren üblichen Voraussetzungen gelten: die
Kettenlänge ist groß, so daß der Verbrauch der Monomeren bei Start-,
Abbruch- und Übertragungsreaktionen gegenüber der Wachstumsreaktion vernachlässigt werden kann, und die Lebensdauer der aktiven Polymeren ist kurz im Vergleich zur Dauer der gesamten Reaktion, so daß
für die Konzentration der aktiven Zentren ein quasistationärer Zustand
angenommen werden kann, dann ist die Geschwindigkeit, mit der die
beiden Monomeren verbraucht werden

$$-\frac{d\,[M_1]}{d\,t} = k_{11}\,[M_1\cdot]\,[M_1] + k_{21}\,[M_2\cdot]\,[M_1] \tag{109a}$$

$$-\frac{d\,[M_2]}{d\,t} = k_{12}\,[M_1\cdot]\,[M_2] + k_{22}\,[M_2\cdot]\,[M_2]\,, \tag{109b}$$

und für die beiden aktiven Polymeren gilt die Beziehung

$$k_{21}\,[M_2\cdot]\,[M_1] = k_{12}\,[M_1\cdot]\,[M_2]\;. \tag{110}$$

Aus den Gl. (109a), (109b) und (110) folgt unmittelbar die *Mischpolymerisationsgleichung*

$$\frac{d\,[M_1]}{d\,[M_2]} = \frac{[M_1]}{[M_2]}\;\frac{r_1\,[M_1] + [M_2]}{[M_1] + r_2\,[M_2]}\;. \tag{111}$$

wobei zweckmäßig die Parameter*

$$r_1 = k_{11}/k_{12} \quad \text{und} \quad r_2 = k_{22}/k_{21}$$

eingeführt sind.

---

* Die hier benutzte Bezeichnungsweise ist die heute übliche[14]. Bei der Indizierung der Geschwindigkeitskonstanten bezieht sich der erste Index auf das
Radikal, der zweite auf das Monomere. Die Parameter r_1 und r_2 beziehen sich
auf das durch den Index bezeichnete Radikal; im Zähler dieses Verhältnisses steht
immer die Geschwindigkeitskonstante mit zwei gleichen Indices (d. h. aktive Endgruppen und Monomeres sind gleich). Bei Systemen mit mehr als zwei Komponenten (siehe Seite 168) ist eine doppelte Indizierung notwendig. (r_{12}, r_{21}, r_{13} usw.).
Dabei wird durch den ersten Index das Radikal und das eine Monomere, durch
den zweiten Index das andere Monomere des Paares bezeichnet; also

$$r_{13} = \frac{k_{11}}{k_{13}}\;,\quad r_{32} = \frac{k_{33}}{k_{32}}\;\text{usw.}$$

In der früheren Literatur findet man andere Bezeichnungsweisen, die mit der
hier benutzten in folgendem Zusammenhang stehen:

r_1	r_2	
$1/\alpha$	β	ALFREY und GOLDFINGER[5]
σ	μ	MAYO und LEWIS[64]; MELVILLE, NOBLE und WATSON[72]
σ	ϱ	WALL[100].

Die Aufstellung der Gl. (111) war für die experimentelle Untersuchung der Mischpolymerisation von entscheidender Bedeutung. Von den vier Wachstumsreaktionen war DOSTAL[29] bereits 1936 ausgegangen; die von ihm abgeleiteten Formeln für die Polymerisationsgeschwindigkeit und die Zusammensetzung des Mischpolymerisates waren jedoch wegen der großen Zahl von unbekannten Konstanten, die sie enthielten, zur quantitativen Auswertung von Versuchsergebnissen schlecht zu verwenden. NORRISH und BROOKMAN [77] hatten, ebenfalls ausgehend von Gl. (108), eine Formel für die Polymerisationsgeschwindigkeit abgeleitet und an Styrol-Methylmethacrylat-Mischungen geprüft. Ihrer Ableitung liegt die (falsche) Annahme zugrunde, daß die Radikalkonzentration in allen Mischungen mit gleicher Beschleuniger-Konzentration gleich sei. Ihre Versuchsergebnisse konnten zwar durch diese Formel bei geeigneter Wahl der Konstanten wiedergegeben werden, aber diese Konstanten waren nicht in Einklang zu bringen mit den später aus der Zusammensetzung des Mischpolymerisates berechneten[64]. 1941 machte WALL[99] den zweiten entscheidenden Schritt in Richtung auf Gl. (111) durch Einführung der relativen Reaktionsfähigkeiten. Seine Vereinfachung durch Gleichsetzen von $k_{11}/k_{12} = k_{21}/k_{22}$ (gleichbedeutend mit $r_1 \cdot r_2 = 1$) erwies sich aber als zu weitgehend. Einige frühe Versuchsergebnisse[62,63] schienen zwar seine Formel zu bestätigen, aber besonders die Mischpolymerisation solcher Monomerer, die für sich allein nicht polymerisierbar sind, konnte mit einer Formel, die diese Vereinfachung enthielt, nicht gedeutet werden. JENKEL[49] hat (ebenfalls mit Hilfe der vier Wachstumskonstanten) verschiedene Grenzfälle behandelt: das Polymerengemisch ($k_{12} = k_{21} = 0$), das „regelmäßige" Mischpolymerisat ($k_{11} \approx k_{22} \approx 0$), das „unregelmäßige" Mischpolymerisat ($k_{11} = k_{22} = k_{12} = k_{21}$) und schließlich den Fall, daß ein Monomeres gleich schnell mit beiden Radikalen reagiert ($k_{11} = k_{21}$ und $k_{12} = k_{22}$). Experimentell bestimmte JENKEL die Heterogenität der Mischpolymerisate nach vollständiger Polymerisation, indem er sie durch Fällung in 2 Fraktionen zerlegte und deren Zusammensetzung ermittelte. Diese Methode ist mühsam und nicht sehr genau. Auch BRANSON und SIMHA[22] beschränken sich wie WALL und JENKEL durch Gleichsetzen von je zwei der vier Wachstumskonstanten auf einen Grenzfall. 1944 wurden endlich in drei verschiedenen, unabhängigen Arbeiten von ALFREY und GOLDFINGER[5], MAYO und LEWIS[64] und WALL[100] die Gl. (111) und gleichzeitig experimentelle Ergebnisse zur Prüfung dieser Formel angegeben. Kurz darauf haben SIMHA und BRANSON[90] eine eingehendere Berechnung der Mischpolymerisation veröffentlicht, bei der außer dem Einfluß der Endgruppe auf die Wachstumsreaktion auch noch der Einfluß der Zusammensetzung und Größe des aktiven Polymeren, ferner die verschiedenen Arten von Start- und Abbruchsreaktionen mit berücksichtigt werden sollten. In dieser allgemeinen Form kommt die Rechnung aber trotz eines erheblichen mathematischen Aufwandes kaum über den Ansatz hinaus. Zur Vereinfachung wird später ein Mittelwert der Geschwindigkeitskonstanten in bezug auf die Zusammensetzung des aktiven Polymeren gebildet und schließlich sogar die Unterscheidung der aktiven Polymeren in bezug auf die aktive Endgruppe fallen gelassen. Trotz dieser zweifellos zu weit gehenden Vereinfachung sind die erhaltenen Formeln für die Polymerisationsgeschwindigkeit und die Zusammensetzung des Mischpolymerisates zur quantitativen Auswertung von Versuchsergebnissen weniger geeignet als Gl. (111). MELVILLE, NOBLE und WATSON[72] haben etwas später die Kinetik der Mischpolymerisation auf breiter Basis diskutiert und außer Gl. (111) auch die ersten brauchbaren Formeln für die Polymerisationsgeschwindigkeit bei Mischpolymerisationen abgeleitet. Schließlich wurde von GOLDFINGER und KANE[42] eine statistische Ableitung von Gl. (111) angegeben, bei der die Voraussetzung der stationären Radikalkonzentration nicht erforderlich ist; dafür wird nur die Annahme gemacht, daß unendlich lange Ketten in einem Monomeren-Gemisch konstanter Zusammensetzung wachsen. Auf Grund des heute schon ziemlich umfangreichen experimentellen Materials kann die allgemeine Gültigkeit von Gl. (111) als bestätigt angesehen werden, wenn auch vereinzelte Abweichungen noch einer Aufklärung bedürfen[22a].

Gl. (111) gibt das Verhältnis an, in dem die beiden Monomeren in das Polymerisat eingebaut werden, in Abhängigkeit von der Konzentration dieser beiden Monomeren im Reaktionsgemisch; für einen kleinen

Umsatz (bei dem die Zusammensetzung des Monomerengemisches praktisch ungeändert bleibt) ist dieses Verhältnis auch gleich dem Verhältnis m_1/m_2 der Molzahlen der beiden Monomeren im gebildeten Mischpolymerisat („momentane" Zusammensetzung).

Auf die Ermittelung und Bedeutung der beiden Parameter r_1 und r_2 wird weiter unten ausführlich eingegangen (S. 171ff). Sind r_1 und r_2 bekannt, kann man mittels Gl. (111) für jedes beliebige, binäre Monomerengemisch die momentane Zusammensetzung des entstehenden Polymerisates berechnen. Umkehrung von Gl. (111)

$$\frac{[M_1]}{[M_2]} = \frac{1}{2\,r_1}\left\{(x-1)+[(x-1)^2+4\,r_1\,r_2\,x]^{\frac{1}{2}}\right\} \qquad (111\,a)$$

$$\left(x = \frac{d\,[M_1]}{d\,[M_2]} = \frac{m_1}{m_2}\right)$$

gestattet wiederum, diejenige Zusammensetzung des Monomerengemisches zu berechnen, die zur Gewinnung eines Mischpolymerisates, das die beiden Monomeren in dem gewünschten Verhältnis x enthält, vorgegeben werden muß.

Zeigt eines der beiden Monomeren nur eine sehr geringe oder auch praktisch gar keine Neigung zur Reinpolymerisation (k_{22} sehr klein), dann wird der Parameter r_2 experimentell von Null nicht mehr unterschieden werden können. Für solche Fälle vereinfacht sich Gl. (111) zu

$$\frac{d\,[M_1]}{d\,[M_2]} = \frac{m_1}{m_2} = 1 + r_1\,\frac{[M_1]}{[M_2]}\,. \qquad (111\,b)$$

Praktisch erhält man demnach auch bei sehr hohen Konzentrationen von M_2 Mischpolymerisate, die höchstens 50% des Monomeren M_2 enthalten ($m_1/m_2 \geq 1$). Bei Annäherung an den Grenzfall $[M_1] = 0$ verliert aber Gl. (111 b) ihre Gültigkeit, da dann die Voraussetzung, daß der Polymerisationsgrad des Mischpolymerisates sehr groß ist, nicht mehr erfüllt bleibt. Es ist daher sinnlos, die nach Gl. (111 b) konstruierte Mischpolymerisationskurve mit der Ordinate $m_2/(m_1 + m_2) = 0{,}5$ im Punkt $M_2/(M_1 + M_2) = 1$ einmünden zu lassen.

Abb. 21 a—d zeigen die aus Gl. (111) folgende Abhängigkeit der momentanen Zusammensetzung des Mischpolymerisates von der des Monomerengemisches für einige Wertepaare der beiden Parameter r_1 und r_2. Nur an den Schnittpunkten der Kurven mit der Diagonale ist die Zusammensetzung des Mischpolymerisates gleich der des Monomerengemisches. Als Bedingung dafür folgt aus Gl. (111):

$$\frac{[M_1]}{[M_2]} = \frac{r_2-1}{r_1-1}\,. \qquad (112)$$

Nach WALL nennt man solche Monomeren-Gemische „Azeotrop". Azeotrope Monomerengemische behalten im Verlauf der Polymerisation eine konstante Zusammensetzung und liefern daher auch bis zum Schluß ein Mischpolymerisat der gleichen Zusammensetzung. In allen anderen Fällen wird von einem der beiden Monomeren mehr in das Mischpolymerisat eingebaut als der Zusammensetzung des Monomerengemisches

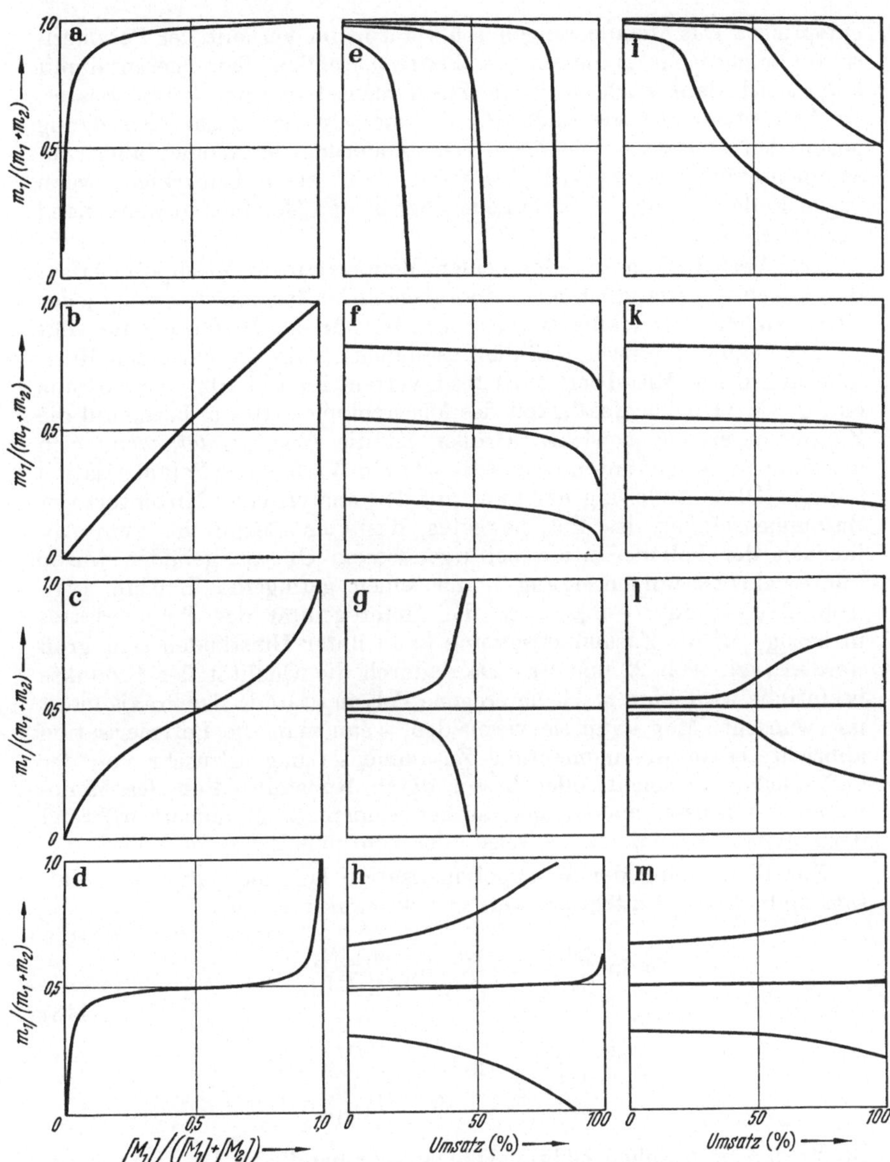

Abb. 21. *Zusammensetzung von Mischpolymerisaten.*

a—d momentane Zusammensetzung in Abhängigkeit von der Zusammensetzung des Monomerengemisches.

e—h momentane Zusammensetzung in Abhängigkeit vom Umsatz (Zusammensetzung der Ausgangsmischung 0,2, 0,5 und 0,8).

i—m integrale Zusammensetzung in Abhängigkeit vom Umsatz (Zusammensetzung der Ausgangsmischung 0,2, 0,5 und 0,8).

a, e, i Styrol-Vinylacetat ($r_1 = 55$, $r_2 = 0,01$).

b, f, k Styrol-p-Methoxystyrol ($r_1 = 1,16$, $r_2 = 0,82$).

c, h, m Styrol-Methylvinylketon ($r_1 = 0,29$, $r_2 = 0,35$).

d, g, l Maleinsäureanhydrid-Stilben ($r_1 = r_2 = 0,03$).

entspricht. Das Monomerengemisch verarmt im Verlaufe der Polymerisation immer mehr an diesem „rascher reagierenden" Monomeren; damit ändert sich dann auch stetig die Zusammensetzung des Polymerisates. In Abb. 21e—h ist die Änderung der momentanen Zusammensetzung gegen den Umsatz aufgetragen. Die Änderung der momentanen Zusammensetzung macht sich besonders dann stark bemerkbar, wenn gegen Ende der Polymerisation eines der beiden Monomeren weitgehend verbraucht ist.

Das Verhältnis m_1/m_2 der beiden Monomeren im Mischpolymerisat drückt selbstverständlich nicht die tatsächliche Zusammensetzung jedes einzelnen Makromoleküls aus, sondern ist nur ein Mittelwert für sehr viele Moleküle. Dadurch, daß die Zusammensetzung der einzelnen Moleküle um diesen Mittelwert statistisch verteilt ist (s. S. 202), wird bereits eine gewisse Ungleichmäßigkeit des Mischpolymerisates in bezug auf die Zusammensetzung bewirkt. Größer ist die *Heterogenität*, wenn sich aus den bereits erwähnten Gründen m_1/m_2 im Verlauf der Polymerisation ändert. Diese Änderung hat zwar auf den analytischen Mittelwert der Zusammensetzung des Polymerisates, das vom Beginn bis zum Abbrechen der Polymerisation bei irgendeinem Umsatz gebildet wurde („integrale Zusammensetzung"), nur einen geringeren Einfluß (vgl. Abb. 21e—h mit i—m); aber die Heterogenität des Polymerisates in bezug auf die Zusammensetzung kann unter Umständen sehr groß werden (vgl. Abb. 22 und [57]). Da dadurch die Qualität der Produkte beeinflußt wird, sind stark heterogene Polymerisate in der Praxis meist unerwünscht. Man kann sie vermeiden, wenn man die Polymerisation abbricht, bevor die momentane Zusammensetzung allzusehr von der anfänglichen abweicht, oder besser durch Konstanthalten des Monomerenverhältnisses, indem das rascher reagierende Monomere während der Polymerisation portionenweise oder kontinuierlich ersetzt wird.

Zur Berechnung der Mischpolymerisation bei einem größeren Umsatz muß Gl. (111) integriert werden. Die exakte Formel [64]

$$\ln \frac{[M_1]}{[M_1]_0} = \frac{r_1}{1-r_1} \ln \frac{[M_1]_0 [M_2]}{[M_1]\,[M_2]_0} - $$

$$- \frac{1-r_1 r_2}{(1-r_1)\,(1-r_2)} \ln \frac{(r_2-1)\dfrac{[M_2]}{[M_1]} - r_1 + 1}{(r_2-1)\dfrac{[M_2]_0}{[M_1]_0} - r_1 + 1} \tag{113}$$

ist für den praktischen Gebrauch nicht sehr handlich. Die Näherungsformel [106]

$$\frac{\ln\,([M_1]\,/\,[M_1]_0)}{\ln\,([M_2]\,/\,[M_2]_0)} = \frac{r_1\,[M_1]_0 + [M_2]_0}{[M_1]_0 + r_2\,[M_2]_0} \tag{114}$$

stimmt gut bei sehr kleinen und bei sehr hohen Umsätzen; bei mittleren Umsätzen stimmt sie nur dann, wenn das Produkt $r_1 \cdot r_2$ nicht zu stark von 1, oder die Zusammensetzung nicht zu sehr von der azeotropen (wenn eine solche existiert) abweicht.

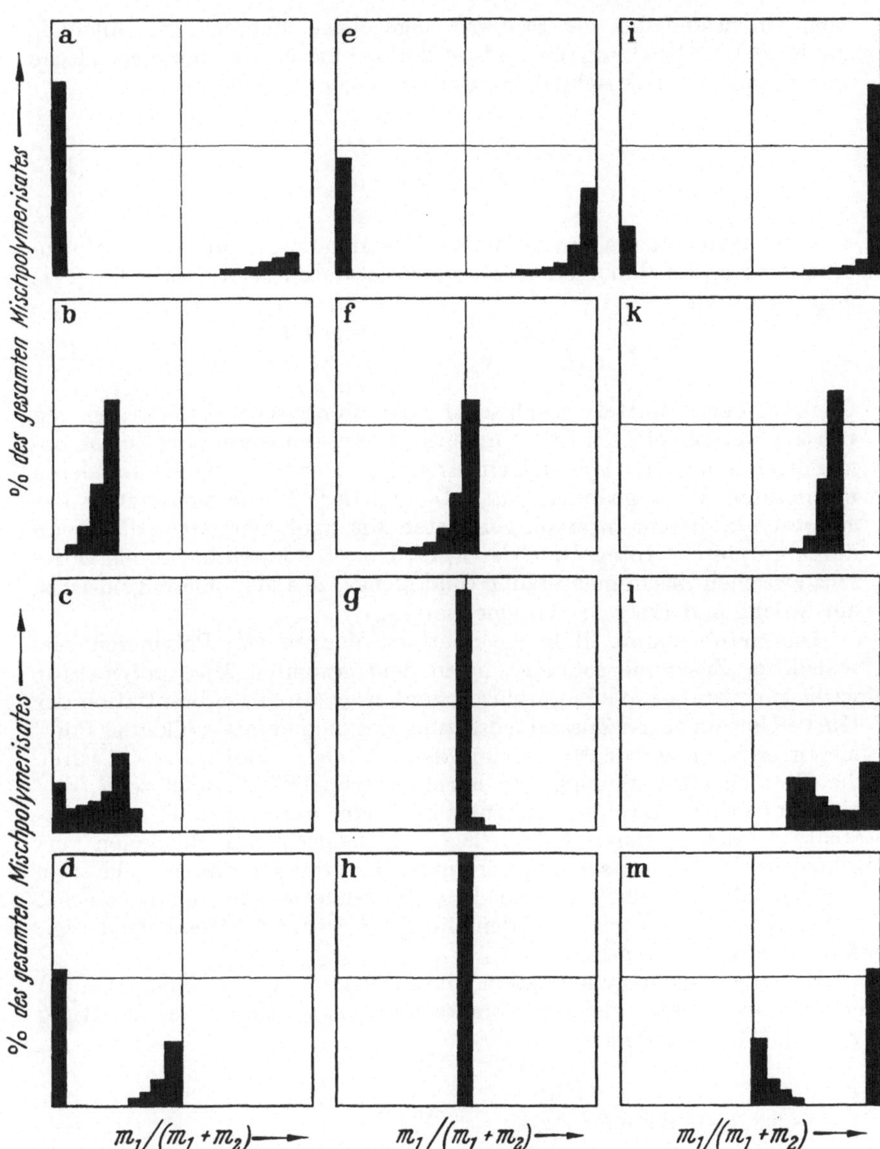

Abb. 22. *Heterogenität von Mischpolymerisation.* Verteilung der Zusammensetzung vollständig auspolymerisierter Mischungen; die Zusammensetzung der Ausgangsmischung (und die *mittlere* Zusammensetzung des Polymerisates) ist 0,2 (links), 0,5 (Mitte) und 0,8 (rechts). Jeder Block hat eine Breite von 0,05 in der Zusammensetzung, seine Höhe gibt den Anteil des gesamten Polymerisates an, dessen Zusammensetzung innerhalb dieser Breite liegt. Die Monomerenpaare sind die gleichen wie in Abb. 21.

Zur Berechnung und Diskussion der mittleren Zusammensetzung und Heterogenität eines Mischpolymerisates in Abhängigkeit von der Zusammensetzung der Ausgangsmischung und vom Umsatz eignet sich wohl am besten die von SKEIST[92] angegebene Methode. In Analogie zur Rayleigh-Gleichung für die Destillation binärer Flüssigkeitsgemische erhält man für die Mischpolymerisation zweier Monomeren:

$$\ln \frac{M}{M_0} = \int\limits_{(f_1)_0}^{f_1} \frac{d f_1}{F_1 - f_1} \; . \tag{115}$$

dabei bedeutet M die Anzahl Mole *beider* Monomerer und f_1 den Molenbruch von M_1 im Monomerengemisch; F_1 ist definiert und nach Gl. (111) gegeben durch:

$$F_1 \equiv \frac{d\,[M_1]}{d\,([M_1] + [M_2])} = \frac{r_1 f_1^2 + f_1 f_2}{r_1 f_1^2 + 2 f_1 f_2 + r_2 f_2^2} \; . \tag{116}$$

Gl. (115) liefert mittels graphischer oder numerischer Integration den Umsatz, der eingetreten ist, wenn sich die Zusammensetzung des Monomerengemisches von irgendeinem Anfangswert auf irgendeinen anderen bestimmten Wert geändert hat. Die mittlere Zusammensetzung des gesamten in diesem Intervall gebildeten Mischpolymerisates erhält man durch graphische Integration der F_1-M_1-Kurve, oder einfacher als Differenz zwischen Zusammensetzung (und Menge) des Monomerengemisches am Anfang und Ende der Polymerisation.

Die Heterogenität (d. h. die relativen Mengen von Polymeren verschiedener Zusammensetzung, die in dem gesamten Mischpolymerisat vorliegen) kann ebenfalls graphisch, und zwar durch Differentiation der Kurve Umsatz gegen Zusammensetzung des momentan gebildeten Polymeren erhalten werden[92]; nur für den „idealen" Fall $r_1 \cdot r_2 = 1$ wurde die Heterogenität in expliziter Form berechnet[99]. Abb. 22 zeigt, daß eine einheitliche Zusammensetzung nur beim azeotropen Gemisch besteht; in allen anderen Fällen liegt ein Gemisch von Molekülen verschiedener Zusammensetzung vor; unter Umständen können auch zwei von einander erheblich verschiedene Zusammensetzungen überwiegen, während die dazwischenliegenden nur ganz wenig vertreten sind (vgl. Abb. 22 a, e, i u. d, m).

Für die Mischpolymerisation eines Systems von n Komponenten erhält man — unter gleichen Voraussetzungen wie sie bei der Ableitung von Gl. (111) gemacht wurden [106]*

$$\frac{d\,[M_1]}{[M_1]\,\triangle_1\,([M_1] + [M_2]/r_{12} + \cdots + [M_n]/r_{1n})} =$$
$$= \frac{d\,[M_2]}{[M_2]\,\triangle_2\,([M_1]/r_{21} + [M_2] + [M_3]/r_{23} + \cdots + [M_n]/r_{2n})} = \cdots = \tag{117}$$
$$= \frac{d\,[M_n]}{[M_n]\,\triangle_n\,([M_1]/r_{n1} + [M_2]/r_{n2} + \cdots + [M_n])} \; .$$

wobei

$$r_{jj} = k_{ii}/k_{ij}$$

---

* Bezüglich der hier angewandten Symbole siehe die Fußnote S. 162.

und

$$\triangle_1 \equiv \begin{vmatrix} -\,1/r_{n1} & 1/r_{21} & \cdots & 1/r_{n-1,1} \\ -\,[M_2]/r_{n2} & (-[M_1]/r_{21}+[M_3]/r_{23}+\cdots+[M_n]/r_{2n}) & \cdots & [M_2]/r_{n-1,2} \\ -\,[M_3]/r_{n3} & [M_3]/r_{23} & \cdots & [M_3]/r_{n-1,3} \\ \hdashline -\,[M_{n-1}]/r_{n,n\,1} & [M_{n-1}]/r_{2n-1} & \cdots & ([M_1]/r_{n-1,1}+\cdots+[M_n]/r_{n-1,n}) \end{vmatrix}$$

Für drei Komponenten gilt danach (siehe auch [6]);

$$\frac{d\,[M_1]}{[M_1]\,([M_1]/r_{21}\,r_{31}+[M_2]/r_{21}\,r_{32}+[M_3]/r_{23}\,r_{31})\,([M_1]+[M_2]/r_{12}+[M_3]/r_{13})} =$$

$$= \frac{d\,[M_2]}{[M_2]\,([M_1]/r_{12}r_{31}+[M_2]/r_{13}r_{32}+[M_3]/r_{13}r_{32})\,([M_1]/r_{21}+[M_2]+[M_3]/r_{23})} =$$

$$= \frac{d[M_3]}{[M_3]\,([M_1]/r_{13}\,r_{21}+[M_2]/r_{12}\,r_{23}+[M_3]/r_{13}\,r_{23})\,([M_1]/r_{31}+[M_2]/r_{32}+[M_3])} \quad . \tag{118}$$

Gl. (117) bzw. (118) gestatten, die Zusammensetzung eines Mischpolymerisates mit mehreren Komponenten aus den Konzentrationen des Monomeren und den verschiedenen r-Werten, die aus binären Mischungen bestimmt werden können, zu berechnen. Bei vier und mehr Komponenten setzt man, die Rechnung vereinfachend, Zahlenwerte vor der Entwicklung der Determinanten ein.

Angewandt und experimentell bestätigt wurde Gl. (117) bzw. (118) bei der Mischpolymerisation der Vierer-Kombination und den vier möglichen Dreier-Kombinationen von Styrol-Methylmethacrylat-Acrylnitril-Vinylidenchlorid[106] (vgl. Tab. 19), ferner bei den Dreierkombinationen Styrol-Vinylchlorid-Methylacrylat und Styrol-Vinylchlorid-Acrylnitril[24].

Die Formeln (117) und (118) sind nicht anwendbar, wenn das System eine oder mehrere Komponenten enthält, die als reine Monomere nicht polymerisieren (d. h. bei denen Anlagerung des Monomeren an ein Kettenende des gleichen Typs praktisch kaum erfolgt; es ist dann für dieses Monomere M_i $k_{ii} \approx 0$ und daher alle $r_{ij} \approx 0$). Für ein ternäres System sind in dieser Hinsicht folgende Fälle zu unterscheiden[7]:

1. Die Komponente M_3 ist allein nicht polymerisierbar ($k_{33} = 0$), gibt aber Mischpolymerisate mit M_1 und M_2 ($k_{31} \neq 0$, $k_{32} \neq 0$). Dann gilt an Stelle von Gl. (118):

$$\frac{d\,[M_1]}{[M_1]\,(R_3\,[M_1]/r_{21}+[M_2]/r_{21}+R_2\,[M_3]/r_{23})\,([M_1]+[M_2]/r_{12}+[M_3]/r_{13})} =$$

$$= \frac{d\,[M_2]}{[M_2]\,(R_3\,[M_1]/r_{12}+[M_2]/r_{12}+[M_3]/r_{13})\,([M_1]/r_{21}+[M_2]+[M_3]/r_{23})} =$$

$$\frac{d\,[M_3]}{[M_3]\,([M_1]/r_{13}\,r_{21}+[M_3]/r_{12}\,r_{23}+[M_2]/r_{12}\,r_{23})\,(R_3\,[M_1]+[M_2])} \tag{119}$$

mit $R_3 = k_{31}/k_{32}$; R_3 muß, nachdem r_{12}, r_{13}, r_{21} und r_{23} aus Mischpolymerisationen der binären Gemische ermittelt sind, durch Polymerisation *eines* ternären Gemisches bestimmt werden.

2. Die Komponenten M_2 und M_3 polymerisieren für sich allein nicht ($k_{22} = k_{33} = 0$), geben aber miteinander und jede mit der Komponente M_1 Mischpolymerisate.

Tabelle 19. *Mischpolymerisation in Gemischen von drei und vier Komponenten. Vergleich der experimentellen Zusammensetzung mit der nach Gl. (117) bzw. (118) berechneten. (Nach* WALLING *und* BRIGGS[106].*)*

Monomeres	im Monomeren-gemisch (Mol-%)	im Polymerisat (Mol-%)	
		gefunden	berechnet
Styrol	31,24	43,4	44,3
Methylmethaycrylat	31,12	39,4	41,2
Vinylidenchlorid	37,64	17,2	14,5
Methylmethacrylat.	35,10	50,8	54,3
Acrylnitril	28,24	28,3	29,7
Vinylidenchlorid	36,66	20,9	16,0
Styrol	34,03	52,8	52,4
Acrylnitril	34,49	36,7	40,5
Vinylidenchlorid	31,48	10,5	7,1
Styrol	35,92	44,7	43,6
Methylmethacrylat.	36,03	26,1	29,2
Acrylnitril	28,05	29,2	27,2
Styrol	53,23	52,6	52,9
Methylmethacrylat.	26,51	20,2	23,2
Acrylnitril	20,26	27,2	23,9
Styrol	28,32	38,4	41,4
Methylmethacrylat.	28,24	23,0	22,7
Acrylnitril	43,44	38,6	35,9
Styrol	27,76	36,4	36,8
Methylmethacrylat.	52,06	40,6	43,8
Acrylnitril	20,18	23,0	19,4
Styrol	25,21	40,7	41,0
Methylmethacrylat.	25,48	25,5	27,3
Vinylidenchlorid	23,91	8,0	6,9
Acrylnitril	25,40	25,8	24,8

Dann gilt an Stelle von Gl. (118):

$$\frac{d\,[M_1]}{[M_1]\,(R_2\,R_3\,[M_1] + R_2\,[M_2] + R_3\,[M_3])\,([M_1] + [M_2]/r_{12} + [M_3]/r_{13})} =$$
$$\frac{d\,[M_2]}{[M_2]\,(R_3\,[M_1]/r_{12} + [M_2]/r_{12} + [M_3]/r_{13})\,(R_2\,[M_1] + [M_3])} = \tag{120}$$
$$\frac{d\,[M_3]}{[M_3]\,(R_2\,[M_1]/r_{13} + [M_2]/r_{12} + [M_3]/r_{13})\,(R_3\,[M_1] + [M_2])}$$

mit $R_2 = k_{21}/k_{23}$ und $R_3 = k_{31}/k_{32}$. R_2 und R_3 müssen aus ternären Mischpolymerisaten ermittelt werden, nachdem r_{12} und r_{13} aus binären Mischpolymerisaten bestimmt wurden.

 3. Die Komponenten M_2 und M_3 polymerisieren weder für sich allein, noch geben sie ein binäres Mischpolymerisat ($k_{22} = k_{33} = k_{23} = k_{32} = 0$). Dann gilt an Stelle von Gl.(118):

$$\frac{d\,[M_1]}{[M_1] + [M_2]/r_{12} + [M_3]/r_{13}} = r_{12}\,\frac{d\,[M_2]}{[M_2]} = r_{13}\,\frac{d\,[M_3]}{[M_3]} . \tag{121}$$

wobei r_{12} und r_{13} aus den binären Gemischen $(M_1 + M_2)$ und $(M_1 + M_3)$ bestimmt werden können.

Der in dieser Hinsicht extremste Fall, der diskutiert und am ternären Mischpolymerisat von Maleinsäureanhydrid mit zwei α-Methylstyrolen verifiziert wurde[112], ist der, bei dem keines der drei Monomeren für sich allein polymerisiert und zwei der Monomeren auch kein binäres Mischpolymerisat bilden (nur die Konstanten k_{12}, k_{13}, k_{21} und k_{31} sind praktisch von Null verschieden). Dann gilt:

$$\frac{d\,[M_2]}{d\,[M_3]} = \frac{k_{12}}{k_{13}}\,\frac{[M_2]}{[M_3]} = \frac{r_{13}}{r_{12}}\,\frac{[M_2]}{[M_3]}, \tag{122}$$

in den Makromolekülen wechselt regelmäßig ein Molekül M_1 mit einem Molekül der beiden anderen Monomeren ab, wobei der relative Anteil dieser beiden Monomeren durch Gl. (122) bestimmt ist.

Für Mischpolymerisation mehrerer Komponenten bei größerem Umsatz wurden an Stelle der Integration von Gl. (117) bzw. (118) Näherungen angegeben und diskutiert[106,92]. Die Zusammensetzung von azeotropen Gemischen in n-Komponenten-Systemen kann aus den r-Werten berechnet werden; für jedes System gibt es höchstens *eine* azeotrope Mischung[106].

Experimentelle Bestimmung der Mischpolymerisationsparameter.

Die beiden in der Mischpolymerisations-Gleichung (111) auftretenden Parameter r_1 und r_2 bieten den experimentellen Zugang sowohl zur praktischen Beherrschung, als auch zum molekularkinetischen Verständnis (vgl. S. 181) der Mischpolymerisation überhaupt. Ihre praktische Bedeutung besteht darin, daß, wenn für ein bestimmtes Monomerenpaar die beiden Parameter bekannt sind, durch Anwendung der Gl. (111) die Zusammensetzung des Mischpolymerisates für jedes beliebige Monomerengemisch oder durch Anwendung von Gl. (111a) das Monomeren-Verhältnis, das zur Erzielung eines Mischpolymerisates bestimmter, gewünschter Zusammensetzung vorgegeben werden muß, ermittelt werden kann. Die gleichen Parameter gestatten im allgemeinen auch die Berechnung der Zusammensetzung von Mischpolymerisaten mit mehr als zwei Komponenten [Gl. (117) bzw. (118) mit den S. 169 angegebenen Einschränkungen]. Günstig für derartige Anwendungen ist ferner der Umstand, daß der Wert der Parameter durch Änderung der Versuchsbedingungen innerhalb weiter Grenzen nicht geändert wird.

Bei Ableitung von Gl. (111) wurden nur die drei S. 161 u. 162 genannten Voraussetzungen gemacht, deren Berechtigung durch die experimentellen Ergebnisse erhärtet wird. Die Möglichkeit, daß nicht nur die Endgruppe, sondern auch noch die vorletzte Einheit der Kette einen Einfluß auf die Reaktionsfähigkeit des aktiven Polymeren hat, wurde ebenfalls diskutiert[75,67]; man hat dann 4 verschiedene Radikale, 8 Wachstumsreaktionen und 4 Parameter zu berücksichtigen. Es gibt jedoch bisher keine experimentellen Ergebnisse, die eine Abänderung der oben gemachten Voraussetzungen in dieser Richtung notwendig erscheinen ließen. Über die Art der aktiven Polymeren, der Keimbildung und des Abbruchs sind bei Ableitung von Gl. (111) keinerlei Annahmen gemacht worden. Gl. (111) sollte daher für eine Polymerisation mit Ionen-Mechanismus ebenso gelten wie für eine mit Radikalmechanismus. Die Parameter beziehen sich allerdings auf ein bestimmtes aktives Polymeres; sie werden daher für ein und dasselbe Monomeren-Paar bei Ionen-Mechanismus andere Werte haben als bei Radikal-Mechanismus[17,38] (vgl. S. 241 u. 249). Die Art der Keimbildung und des Abbruchs, daher auch die Polymerisationsgeschwindigkeit dürften dagegen keinen Einfluß auf die Werte der Parameter haben. Als Verhältnis zweier Geschwindigkeitskonstanten sind die Parameter von der Temperatur abhängig. Diese Abhängigkeit ist aber relativ gering (vgl. Tab. 21, S. 180), so daß sie bei den engen für die Praxis überhaupt in Frage kommenden Temperaturgrenzen nur wenig ins Gewicht fällt. A priori nicht auszuschließen wäre ferner eine Abhängigkeit der Parameter vom Milieu, in dem die Polymerisation abläuft, vor allem von den dielektrischen Eigenschaften, der Viscosität usw. des Lösungsmittels; tatsächlich wurde aber bisher kein derartiger Einfluß beobachtet. Das in dieser Hinsicht am besten untersuchte Monomeren-Paar ist wohl Styrol-Methylmethacrylat [55,64,79,94]. Dabei konnte festgestellt werden, daß die bei gleicher Temperatur ermittelten r-Werte übereinstimmen, gleichgültig, ob die Polymerisation thermisch, photochemisch oder durch Peroxyde angeregt wurde, ob sie sehr langsam oder sehr rasch, in Substanz oder in verschiedenen Lösungsmitteln oder in Emulsion verlief. Wenn in heterogenen Systemen in einzelnen Fällen Ergebnisse erhalten wurden, die mit denen in homogener Phase nicht in Einklang zu stehen scheinen, so ist dies offenbar darauf zurückzuführen, daß das Monomerenverhältnis in den einzelnen Phasen verschieden ist (vgl. auch S. 227 u. 228).

Zur experimentellen Bestimmung der Mischpolymerisations-Parameter eines bestimmten Monomeren-Paares wird man am einfachsten die Zusammensetzung des Mischpolymerisates analytisch feststellen, das aus einem Monomerengemisch bekannter Zusammensetzung bei kleinem Umsatz (also bei praktisch konstantem Monomeren-Verhältnis) gebildet wurde. Die weitaus meisten in Tab. 20 angegebenen Werte wurden auf diese Weise ermittelt.

Besondere Aufmerksamkeit ist bei diesen Versuchen der restlosen Abtrennung des Polymerisates von nicht polymerisiertem Monomeren und vom Lösungsmittel zu widmen, da durch zurückgehaltenes Monomeres oder Lösungsmittel die Analysen-Ergebnisse unter Umständen erheblich verfälscht werden können. Die hierfür geeigneten Methoden sind dieselben wie bereits Seite 33 besprochen, also vor allem mehrmaliges Lösen und Fällen mit einem Fällungsmittel, in dem die Monomeren gut löslich sind, und anschließende Trocknung im Vakuum [64]. In kritischen Fällen kann man sich von der einwandfreien Isolierung des Polymerisates zweckmäßig dadurch überzeugen, daß man ein Polymerisat bekannter Zusammensetzung im Reaktionsgemisch löst und dann der Isolierungs- und Analysen-Methode unterwirft [55].

Die anzuwendende analytische Methode richtet sich nach der Art der beiden Monomeren. Sie ist dann einfach, wenn nur eines der beiden Monomeren ein bestimmtes Element wie Stickstoff oder ein Halogen enthält, so daß aus dem Gehalt des Mischpolymerisates an diesem Element unmittelbar auf die Zusammensetzung geschlossen werden kann. Oft ergeben aber die hierfür üblichen Analysen-methoden (z. B. N-Bestimmung nach KJELDAHL) bei Hochpolymeren nicht ganz richtige Werte, so daß nach Testversuchen eine empirische Korrektur der Ergebnisse notwendig ist [55,79,108]. Auch die Bestimmung charakteristischer Gruppen, z. B. der Acetyl-Gruppe in Vinylacetat-Mischpolymerisaten, wurde mit Erfolg angewandt [68]. In schwierigen Fällen, z. B. wenn es sich um zwei Kohlenwasserstoffe handelt, bei denen die Elementaranalyse keine großen Unterschiede liefert, ist es am einfachsten, die Zusammensetzung des (nach etwas größerem Umsatz) verbliebenen Monomeren-Gemisches mit geeigneten Methoden zu bestimmen und daraus auf die Zusammensetzung des Polymerisates zu schließen. Diese Methode liefert aber nicht immer befriedigende Resultate[56]. Bessere Ergebnisse wurden in solchen Fällen mittels physikalischer Methoden erhalten, z. B. durch Messen des Brechungsindex[47,56,88] oder der U-V-Absorption[60,50,59] des Mischpolymerisates.

Zur Berechnung von r_1 und r_2 mittels Gl. (111) genügt es, die Zusammensetzung des Mischpolymerisates für zwei verschieden zusammengesetzte Monomeren-Mischungen zu bestimmen. Zur Erzielung einer größeren Genauigkeit und vor allem, wenn man die Gültigkeit von Gl. (111) prüfen will, sind mehr Versuche mit verschiedenem Monomeren-Verhältnis notwendig. Zur Auswertung dieser Versuche kann man das Ergebnis in einem Diagramm analog Abb. 21 a bis d eintragen und durch Probieren dasjenige Parameter-Paar ermitteln, das nach Gl. (111) die am besten den Meßpunkten angepaßte Kurve liefert. Einen ersten Anhaltspunkt für die ungefähren Werte von r_1 und r_2 erhält man dabei aus Versuchen mit sehr großem Überschuß eines der beiden Monomeren. Aus Gl. (111) folgt ja, daß $1/r_1$ gleich ist dem Tangens des Neigungswinkels der Mischpolymerisationskurve zur Abszisse im Punkt $[M_2]/[M_1] + [M_2] = 0$ und r_2 gleich ist dem Tangens des Neigungswinkels dieser Kurve zur Ordinate im Punkt $[M_2]/[M_1] + [M_2] = 1$. Die Genauigkeit dieser Abschätzung ist aber, besonders wenn die Mischpolymerisationskurve sehr steil oder flach in die Endpunkte einmündet, gering, so daß eine Verbesserung der ermittelten Werte durch Konstruktion der ganzen Mischpolymerisationskurve und Vergleich mit den Meßpunkten trotzdem notwendig ist. Diese von verschiedenen Autoren praktisch angewandte Methode berücksichtigt recht genau den Beitrag aller einzelnen Meßpunkte zu dem Wert der Parameter; sie ist jedoch, wenn die Genauigkeit der Auswertung nicht hinter der der Meßergebnisse zurückbleiben soll, mühsam, da die Kurven oft nur geringfügige Verschiebungen bei nennenswerten Änderungen der Parameter erfahren; die Anpassung an die Meßpunkte muß daher sehr sorgfältig vorgenommen werden.

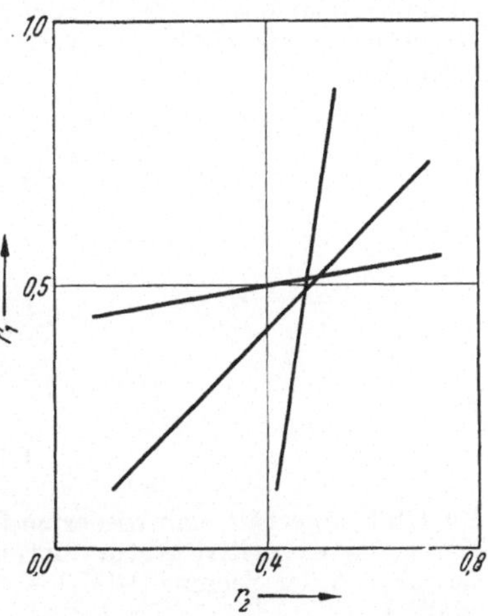

Abb. 23. Graphische Ermittlung der Mischpolymerisations-Parameter. (Drei Versuche mit verschiedenem Komponentenverhältnis der Ausgangsmischung.)

Günstiger in dieser Hinsicht ist die folgende graphische Methode[64]; für jeden einzelnen Versuch ergibt Gl. (111) eine lineare Beziehung zwischen r_1 und r_2:

$$r_2 = \frac{[M_1]}{[M_2]} \left\{ \frac{d\,[M_2]}{d\,[M_1]} \left(1 + \frac{[M_1]}{[M_2]} r_1 \right) - 1 \right\} \tag{123}$$

also im Diagramm r_1 gegen r_2 eine Gerade. Der Schnittpunkt zweier solcher Geraden liefert r_1 und r_2. Bei mehreren Versuchen gewinnt man aus dem Streuen der verschiedenen Schnittpunkte unmittelbar einen Eindruck von der Gültigkeit der Gl. (111) und von der erzielten Genauigkeit der Messungen (vgl. Abb. 23). Mittelpunkt und Radius des kleinsten Kreises, der von allen Geraden berührt oder geschnitten wird, liefern graphisch einen Mittelwert für r_1 und r_2 und eine Fehlergrenze für diese Werte. Bei entsprechender Sorgfalt bei der Isolierung des Polymerisates wird die Fehlergrenze für die r-Werte nur durch die Fehlergrenze der Analysen bestimmt, die bei der graphischen Auswertung relativ einfach berücksichtigt werden kann.

Eine andere graphische Methode, die eine relativ einfache Bestimmung von r_1 und r_2 gestattet und bei der außerdem die beste Anpassung an die experimentellen Werte leicht und genau mit der Methode der kleinsten Quadrate möglich ist, wurde kürzlich von FINEMAN und ROSS[33] angegeben. Gl. (111) läßt sich umformen in

$$\frac{X}{x}(x - 1) = r_1 \frac{X^2}{x} - r_2 \tag{124}$$

oder

$$\frac{x-1}{X} = -r_2 \frac{x}{X^2} + r_1 \tag{124a}$$

$(x = d\,[M_1]/d\,[M_2]$ und $X = [M_1]/[M_2])$,

Trägt man daher $(X/x)\,(x-1)$ gegen X^2/x auf, so erhält man nach Gl. (124) eine Gerade mit der Neigung r_1 und dem Ordinaten-Abschnitt $-r_2$. Im Diagramm $(x-1)/X$ gegen x/X^2 ist nach Gl. (124a) die Neigung der Geraden $-r_2$ und der Ordinaten-Abschnitt r_1. Je nach dem Wert der beiden Parameter wird das eine oder zweite Diagramm zweckmäßiger sein; in kritischen Fällen wird man beide Diagramme zur Kontrolle anwenden.

Bei Umsätzen von mehr als 10—20% ist Gl. (111) nicht mehr anwendbar, auch wenn man anstelle des Monomerenverhältnisses in der Ausgangsmischung einen Mittelwert entsprechend dem halben Umsatz einsetzt. Umformung von Gl. (113) liefert[14]

$$r_2 = \frac{\ln \dfrac{[M_2]_0}{[M_2]} - \dfrac{1}{p} \ln \dfrac{1 - p\,\dfrac{[M_1]}{[M_2]}}{1 - p\,\dfrac{[M_1]_0}{[M_2]_0}}}{\log \dfrac{[M_1]_0}{[M_1]} + \ln \dfrac{1 - p\,\dfrac{[M_1]}{[M_2]}}{1 - p\,\dfrac{[M_1]_0}{[M_2]_0}}} , \tag{125}$$

wobei

$$p = \frac{1-r_1}{1-r_2}.$$

Mit Gl. (125) erhält man wiederum für jeden Versuch im Diagramm r_1 und r_2 eine Kurve, die für positive Werte von r_1 und r_2 (und nur solche sind sinnvoll) durch eine Gerade mit der Neigung $(1/[M_1] - 1/[M_1]_0)/(1/[M_2] - 1/[M_2]_0)$ sehr gut angenähert wird[67].

Sind mehrere Versuche mit der gleichen Ausgangsmischung ausgeführt worden, so kann auf die Verwendung der integrierten Formel [Gl. (113)] verzichtet werden. Trägt man log $[M_1]$ gegen log $[M_2]$ auf, so erhält man (bei nicht zu hohen Umsätzen) eine Gerade, deren Neigung nach

$$\frac{d \log [M_1]}{d \log [M_2]} = \frac{r_1 [M_1] + [M_2]}{[M_1] + r_2 [M_2]} \tag{126}$$

wiederum eine lineare Beziehung zwischen r_1 und r_2 liefert[102]. Liegen einzelne Messungen in einem nicht zu breiten Umsatzintervall, aber bei verhältnismäßig großen Umsätzen, so ist es günstiger, $[M_1]$ gegen $[M_2]$ aufzutragen, eine glatte Kurve durch die Meßpunkte zu legen und für einen Punkt $([M_1], [M_2])$ dieser Kurve die Neigung $(d\,[M_1]/d\,[M_2])$ — am besten mit einer numerischen Methode — zu bestimmen[72]; die Berechnung von r_1 und r_2 kann dann mittels Gl. (111) erfolgen.

Tab. 20 enthält eine Zusammenstellung der Mischpolymerisations-Parameter auf Grund der bisherigen Literatur. Außerdem sei auf eine Reihe von Arbeiten verwiesen, in denen Analysen von Mischpolymerisaten angegeben sind, die aber zur Berechnung beider Parameter nicht ausreichen[39, 60, 61, 79, 85].

Über die Temperaturabhängigkeit der Mischpolymerisations-Parameter liegen bisher zwei Veröffentlichungen vor, deren Ergebnisse in Tab. 21 wiedergegeben sind[55, 43]. Aus der Temperaturabhängigkeit von r_1 erhält man nach

$$r_1 = \frac{A_{11}}{A_{12}}\, e^{-(E_{11} - E_{12})/RT} \tag{127}$$

Tabelle 20. *Mischpolymerisations-Parameter*.*

M_2	r_1	r_2	$r_1 r_2$	T (°C)	Literatur
M_1 = Styrol					
Acrylnitril	0,41 ±0,08	0,04 ±0,04	0,02	60	[54,47,43,25,34]
Acrylsäure	0,15 0,01	0,25 0,02	0,04	60	[25]
Allylacetat	90 10	0,0		60	[66]
Allylchlorid	31,5 4	0,016 0,016	0,5	70	[10]
m-Bromstyrol	0,55 0,03	1,05 0,21	0,58	60	[108]
p-Bromstyrol	0,695 0,02	0,99 0,07	0,69	60	[108]
Butadien	0,78 0,01	1,39 0,03	1,08	60	[56,71,76,47]
n-Butyl-Vinylsulfonat	2,5 1,0	0,13 0,03	0,325	90	[79a]
2-Chlorallylacetat	4,1	0		50	[67*]
2-Chlorallylalkohol	12,5	0		40	[67*]
2-Chlorallylchlorid	5,0 0,8	0,06 0,01	0,3	70	[11,67*]
β-Chloräthylacrylat	0,59 0,03	0,08 0,01	0,047	60	[67*]
2-Chlor-1,3-Butadien	0,052 0,10	8,11 0,34	0,42	60	[67*,4,47]
m-Chlorstyrol	0,64 0,05	1,09 0,23	0,70	60	[108]
o-Chlorstyrol	0,56 0,03	1,64 0,07	0,92	60	[107]
p-Chlorstyrol	0,74 0,03	1,025 0,05	0,76	60	[55]
Citraconsäureanhydrid	0,15 0,02	0,01 0,01		60	[25]
Crotonsäure	20	0		60	[67*]
p-Cyanstyrol	0,28 0,025	1,16 0,13	0,33	60	[108]
Diäthylchlormaleat	2,5	0		70	[15]
Diäthylfumarat	0,30 0,02	0,070 0,007	0,021	60	[55]
Diäthylmaleat	6,52 0,50	0,005 0,01	$< 0,1$	60	[55]
cis-Dichloräthylen	210 15	0		60	[53,8,22a]
trans-Dichloräthylen	37 3	0		60	[53,22a]
2,3-Dichlor-1,3-Butadien	0,041 0,012	10,8 1,2	0,46	60	[67*]
1,1-Dichlor-2,2-Difluoräthylen	1,6	0		45	[70]
2,5-Dichlorstyrol	0,32 0,06	0,08 0,05	0,03	65	[43]
Dimethylaminostyrol	1,02 0,06	0,84 0,05	0,85	60	[108]
Dimethylfumarat	0,21 0,02	0,025 0,015	0,005	60	[53]
Dimethylmaleat	8,5 0,2	0,03 0,01	0,3	60	[53]
Fumarnitril	0,19 0,03	0		60	[53,67*]
Isopren	1,38 0,054	2,05 0,45	2,8	50	[47]
Itaconsäure	0,30	0,20	0,06	70	[37]
p-Jodstyrol	0,62 0,05	1,25 0,30	0,76	60	[108]
Maleinnitril	0,19 0,01	0,0	$< 0,002$	60	[53]
Maleinsäureanhydrid	0,04 0,01	~ 0		80	[12]
Methacrylnitril	0,30 0,10	0,16 0,06	0,05	60	[56]
Methacrylsäure	0,15 0,01	0,7 0,05	0,10	60	[25]
Methallylacetat	71 10	0		60	[66]
Methallylchlorid	22	0		60	[66]
p-Methoxystyrol	1,16 0,09	0,82 0,07	0,95	60	[108]
Methylacrylat	0,75 0,07	0,18 0,02	0,14	60	[55,15]
Methylmethacrylat	0,520 0,026	0,460 0,026	0,24	60	[55,101]
Methylvinylketon	0,29 0,04	0,35 0,02	0,10	60	[56]
Methylvinylsulfid	5,1 1,0	0,12 0,05	0,61	60	[84]
Methylvinylsulfon	2,0 0,5	0,01 0,01		60	[84,67*]
Monoäthylfumarat	0,18 0,10	0,25 0,10	0,045	60	[53]
Monoäthylmaleat	0,13 0,01	0,035 0,01	0,005	60	[53]

* Für Monomerenpaare, deren Parameter mehrfach und mit verschiedenem Ergebnis bestimmt wurden, sind die wahrscheinlich besten Werte oder Mittelwerte angegeben; bezüglich der einzelnen Ergebnisse sei auf die zitierten Originalarbeiten verwiesen. Die mit [67*] gekennzeichneten Werte sind von MAYO und WALLING[67] nach Patentangaben oder unveröffentlichten Versuchen berechnet bzw. mitgeteilt.

Tabelle 20. (Fortsetzung.)

M_2	r_1		r_2		$r_1 r_2$	T (°C)	Literatur
m-Nitrostyrol	0,45	± 0,05	0,85	± 0,1	0,38	75	93
p-Nitrostyrol	0,19	0,02	1,15	0,20	0,22	60	108
Pentachlorstyrol	1,31	0,2	0,10	0,02	0,13	70	3
Tetrachloräthylen	185	20	0			60	28, 22a
Trichloräthylen	16	2	0,0			60	28, 22a
3,3,3-Trichlorpropen	6,9	0,2	0,0	0,02	$< 0,2$	60	67*
Vinylacetat	55	10	0,01	0,01		60	38
Vinyläthyläther	90	20	0			60	56
Vinylcarbazol	5,5	0,8	0,012	0,002	0,07	70	11
Vinylchlorid	17	3	0,02		0,34	60	28, 24
Vinylidenchlorid	1,85	0,05	0,085	0,010	0,16	60	28
2-Vinylpyridin	0,55	0,025	1,14	0,08	0,63	60	107
4-Vinylpyridin	0,62	0,02	0,52	0,06	0,32	80	40
2-Vinylthiophen	0,35	0,025	3,10	0,45	1,09	60	107
Zimtsäuremethylester	1,9	0,2	~ 0			60	67*
M_1 = Methylmethacrylat:							
Acrylnitril	1,35	± 0,1	0,18	± 0,10	0,24	60	54
Allylacetat	23		0			60	63
Allylchloracetat	50		0			75	26
Allylchlorid	41		0			60	66
m-Bromstyrol	0,48	0,02	1,17	0,25	0,56	60	108
p-Bromstyrol	0,395	0,02	1,10	0,25	0,44	60	108
Butadien	0,25	0,03	0,75	0,05	0,19	90	56,109
2-Chlorallylacetat	1,0		0			50	67*
2-Chlorallylalkohol	4,4		0			100	67*
2-Chlorallylchlorid	5,5	0,8	0,017	0,003	0,09	70	11,67*
2-Chlor-1,3-Butadien	0,083	0,007	6,12	0,2	0,51	60	67*
m-Chlorstyrol	0,47	0,075	0,91	0,11	0,43	60	108
o-Chlorstyrol	0,50	0,03	1,37	0,10	0,69	60	107
p-Chlorstyrol	0,415	0,02	0,89	0,05	0,37	60	108,63
p-Cyanstyrol	0,22	0,02	1,41	0,13	0,31	60	108
Diäthylmaleat	20		0			60	66
2,3-Dichlor-1,3-Butadien	0,075	0,015	10,3	1,5	0,69	60	67*
2,5-Dichlorstyrol	0,44		2,25		1,0	68	1
p-Dimethylaminostyrol	0,205	0,02	0,11	0,02	0,023	60	108
Isopropenylacetat	30		0,017		0,5	75	46
p-Jodstyrol	0,36	0,03	0,95	0,20	0,34	60	108
Maleinsäureanhydrid	6,7	0,2	0,02		0,13	75	115
Methacrylnitril	0,67	0,10	0,65	0,06	0,43	60	56
Methallylacetat	10		0			60	66
Methallylchlorid	7,5		0			60	66
p-Methoxystyrol	0,29	0,03	0,32	0,05	0,09	60	108
α-Methylstyrol	0,50	0,03	0,14	0,01	0,07	60	107
m-Methylstyrol	0,53	0,025	0,49	0,02	0,26	60	108
p-Methylstyrol	0,405	0,025	0,44	0,02	0,18	60	108
Methylvinylsulfon	14	2	0			60	67*
m-Nitrostyrol	0,35	0,05	0,85	0,2	0,3	75	93
Pentachlorstyrol	4,0	0,4	0,35	0,05	1,4	70	3
Trichloräthylen	81		0			60	66
Vinylacetat	20	3	0,015	0,015		60	68
Vinylcarbazol	2,0	0,3	0,20	0,03	0,4	70	11
Vinylchlorid	13		0			60	66
Vinylidenchlorid	2,53	0,10	0,24	0,03	0,61	60	54
2-Vinylpyridin	0,395	0,025	0,86	0,06	0,34	60	107

Tabelle 20. (Fortsetzung.)

M_2	r_1	r_2	$r_1 r_2$	T (°C)	Literatur
M_1 = Äthylmethacrylat					
Vinylidenchlorid	2,2	0,35	0,77	68	[1]
M_1 = Butylmethacrylat					
Vinylidenchlorid	2,2	0,35	0,77	68	[1]
M_1 = Vinylacetat					
Acrylnitril	0,061 ± 0,013	4,05 ± 0,3	0,25	60	[68,36]
Allylacetat	0,60 0,15	0,45 0,15	0,3	60	[56]
Allylchlorid	0,7	0,67	0,47	68	[1]
n-Butylvinylsulfonat	0,04 0,01	0,20 0,05	0,005	70	[79a]
Crotonsäure	0,3 0,05	0,01 0,01		68	[25]
Diäthylfumarat	0,011 0,001	0,444 0,003	0,004	60	[53]
Diäthylmaleat	0,17 0,01	0,043 0,005	0,007	60	[53]
cis-Dichloräthylen	6,3 0,2	0,018 0,003	0,11	60	[53,8]
trans-Dichloräthylen	0,99 0,02	0,086 0,010	0,085	60	[53,8]
Isopropenylacetat	1,0	1,0	1,0	75	[46]
Maleinsäureanhydrid	0,055 0,015	0,003	0,00016	75	[115]
Methacrylnitril	0,01 0,01	12 2	< 0,24	70	[36]
Methylacrylat	0,1 0,1	9 2,5		60	[68]
Methylvinylsulfon	0,0 0,01	0,40 0,08	< 0,005	60	[67*,84]
Tetrachloräthylen	6,8 0,5	0		60	[28,1]
Trichloräthylen	0,66 0,04	0,01 0,01	< 0,014	60	[68,8]
3,3,3-Trichlorpropen	0,19 0,04	0,19 0,03	0,036	60	[67*]
Vinyläthyläther.	3,0 0,1	0		60	[68]
Vinylbromid	0,35 0,09	4,5 1,2	1,6	60	[68]
Vinylchlorid	0,23 0,02	1,68 0,08	0,38	60	[68,62,1,46]
Vinylidenchlorid	0 0,03	3,6 0,5	< 0,12	60	[28,1]
M_1 = Acrylnitril					
α-Acetoxystyrol	0,08 ± 0,01	0,4 ± 0,05	0,03	75	[25]
Allylchlorid	3,0 0,2	0,05 0,01	0,15	60	[25]
1,1-Bis-p-Anisyl-Äthylen	0,014 0,002	0		60	[67*]
1,1-Bis-p-Chlorphenyl-Äthylen .	0,024 0,003	0		60	[67*]
Butadien.	0,00 0,04	0,35 0,08	< 0,016	50	[47,102,109]
2 Chlor-1,3-Butadien	0,045 0,004	5,35 0,20	0,24	60	[67*,47]
Crotonsäure	21 10	0		60	[67*]
Diäthylfumarat	8	0		60	[66]
Diäthylmaleat	12	0		60	[66]
2,5-Dichlorstyrol	0,22 0,05	0,07 0,05	0,015	65	[43]
Diphenylacetylen	13,6 1,0	0		60	[28a]
1,1-Diphenyläthylen	0,028 0,003	0		60	[67*]
1-Hexen	12,2 2,4	0		60	[28a]
1-Hexin	5,4 0,5	0		60	[28a]
Isopren	0,03 0,03	0,45 0,05	0,015	50	[47]
Maleinsäureanhydrid	6	0		60	[66]
Methylcinnamat	6 2	0		60	[67*]
α-Methylstyrol	0,06 0,02	0,1 0,02	0,006	75	[36]
Methylvinylketon	0,61 0,04	1,78 0,22	1,1	60	[56]
Phenylacetylen	0,26 0,03	0,33 0,05	0,09	60	[28a]
Tetrachloräthylen	470	0		60	[28]
Trichloräthylen	67	0		60	[66]
3,3,3-Trichlorpropen	12,2 1,2	0,100 0,015	1,2	60	[67*]

Tabelle 20. (Fortsetzung.)

M_2	r_1		r_2		$r_1 r_2$	T (°C)	Literatur
Vinyläthyläther	5		0			60	66
Vinyl-2-Äthylhexanat	12	± 2	0,01	±0,01		30	25
Vinylbenzoat	5,0	0,05	0,05	0,005	0,25	75	25
Vinylchlorid	3,28	0,06	0,02	0,02	< 0,13	60	56,24,87
Vinylformiat	3,0	0,05	0,04	0,005	0,12	60	25
Vinylidenchlorid	0,91	0,10	0,37	0,10	0,34	60	54

$M_1 = \text{Vinylidenchlorid}$

M_2	r_1		r_2		$r_1 r_2$	T (°C)	Literatur
Allylacetat	6		0			60	66
Allylchlorid	3,8		0,26		0,99	68	1
Butadien	< 0,05		1,9 ±	0,2	0,1	5	109
n-Butylvinylsulfonat	7,5	± 0,6	0,065	0,007	0,49	80	79a
Crotonsäure	35	5	0,065	0,005	2,3	60	25
Diäthylfumarat	12,2	2,0	0,046	0,015	0,56	60	28
Diäthylmaleat	40	8	0,0	0,04	< 0,2	60	67*
Dimethallyloxalat	4,8	0,2	0,16	0,01	0,8	40	67*
Isobutylen	1,5		0			60	66
Maleinsäureanhydrid	10		0			60	66
Methallylacetat	2,4		0			60	66
Methallylchlorid	1,1		0			60	66
Methylacrylat	0,99	0,10	0,84	0,06	0,83	60	67*
Methylisopropenylketon	0,15	0,02	4,5	0,1	0,7	60	25
Phenylacetylen	0,1		1,4		0,14	60	67*
Vinyläthyläther	3		0			60	66
Vinylbenzoat	7,0	1	0,1	0,02	0,7		25
Vinylchlorid	1,8	0,5	0,2	0,2		45	86

$M_1 = \text{Methylacrylat}$

M_2	r_1		r_2		$r_1 r_2$	T (°C)	Literatur
Allylacetat	5		0			60	66
1,1-Bis-p-Anisyl-Äthylen	0,049	±0,005	0			60	67*
1,1-Bis-p-Chlorphenyl-Äthylen	0,092	0,006	0			60	67*
Butadien	0,05	0,02	0,76 ±	0,04	0,04	5	109
n-Butyl-Vinylsulfonat	5,0	1,5	0,11	0,03	0,55	70	79a
2-Chlorallylacetat	0,7		0			100	67*
β-Chloräthylacrylat	0,92	0,05	0,95	0,03	0,87	60	67*
2-Chlor-1,3-Butadien	0,081	0,015	11,1	1,4	0,90	60	67*
2,5-Dichlorstyrol	0,15	0,03	3,4	1,4	0,5	70	51
Diphenylacetylen	55	5	0			60	28a
1,1-Diphenyläthylen	0,102	0,006	0			60	67*
1-Hexen	8,5	2	0			60	28a
1-Hexin	11,2	2	0			60	28a
Maleinsäureanhydrid	2,8	0,05	0,02		0,06	75	115
Methylvinylsulfid	0,35	0,04	0,05	0,03	0,017	60	84
Phenylacetylen	0,62	0,02	0,27	0,04	0,17	60	28 a
Tetrachloräthylen	830		0			60	67*
Trichloräthylen	35		0			60	66
Vinyläthyläther	3		0			60	66
Vinylchlorid	9,0		0,083		0,75	50	24

$M_1 = \text{Vinylchlorid}$

M_2	r_1		r_2		$r_1 r_2$	T (°C)	Literatur
Allylacetat	1,16		0			40	67*
n-Butylvinylsulfonat	0,35 ±	0,05	0,30	±0,05	0,105	70	79a
2-Chlorallylacetat	0,7		0			100	67*
Diäthylfumarat	0,12	0,01	0,47	0,05	0,06	60	53
Diäthylmaleat	0,77	0,03	0,009	0,003	0,007	60	53

Tabelle 20. (Fortsetzung.)

M_2	r_1	r_2	$r_1\,r_2$	T (°C)	Literatur
Isobutylen	$2{,}05 \pm 0{,}3$	$0{,}08 \pm 0{,}1$		60	[56,67*]
Isopropenylacetat	2,2	0,25	0,55	65	[46]
Maleinsäureanhydrid	0,29 0,07	0,008	0,0023	75	[115]
Methallylchlorid	0,31	0		45	[67*]
Vinylisobutyläther	2,0 0,2	0,02 0,01	0,04	50	[25]
$M_1 =$ Butadien					
2-Chlor-1,3-Butadien	$0{,}059 \pm 0{,}014$	$3{,}41 \pm 0{,}07$	0,2	50	[47]
p-Chlorstyrol	1,07	0,42	0,5	50	[102]
1-Cyan-1,3-Butadien.	~ 0	1,70		50	[102]
α-Cyanzimmtsäureäthylester . .	0,25	0		35	[67*]
2,5-Dichlorstyrol	0,46 0,01	0,46 0,01	0,2	50	[102]
Methacrylnitril	0,36 0,07	0,04 0,04	0,014	5	[109]
$M_1 =$ p-Chlorstyrol					
p-Methoxystyrol	$0{,}86 \pm 0{,}08$	$0{,}58 \pm 0{,}03$	0,50	60	[108]
α-Methylstyrol	1,48 0,02	0,25 0,05	0,37	74	[44]
p-Methylstyrol	1,15 0,05	0,61 0,03	0,70	60	[108]
m-Nitrostyrol.	0,25 0,05	1,3 0,1	0,32	75	[93]
p-Nitrostyrol	0,70 0,08	0,91 0,37	0,64	60	[108]
$M_1 = \beta$-Chloräthylacrylat					
Allylacetat	$5{,}5 \pm 1{,}0$	0		60	[56]
Methallylacetat	4 1	0		60	[56]
$M_1 =$ 2-Chlor-1,3-Butadien					
Diäthylfumarat	$6{,}65 \pm 0{,}37$	$0{,}025 \pm 0{,}010$	0,17	60	[67*]
1,1-Diphenyläthylen	3,17 0,16	0,00 0,07	$< 0{,}2$	60	[67*]
Isopren	3,65 0,11	0,133 0,025	0,5	50	[47]
$M_1 =$ Maleinsäureanhydrid					
Allylacetat	$< 0{,}13$	$< 0{,}0075$	$< 0{,}001$	35	[20]
2-Chlorallylacetat	0	0		120	[67*]
Isopropenylacetat	0,002	$0{,}032 \pm 0{,}005$	$6{,}10^{\,5}$	75	[115]
Isostilben	$0{,}08 \pm 0{,}08$	0,07 0,07		60	[53]
Stilben	0,03 0,03	0,03 0,03		60	[53]
$M_1 =$ Tetrafluoräthylen					
Äthylen	0,85	0,15		80	[67*]
Isobutylen	$< 0{,}3$	0,0		80	[67*]
Chlortrifluoräthylen	1,0	1,0		60	[67*]
$M_1 =$ 2-Chlorallylacetat					
Acrylsäure	0	1,0		100	[67*]
$M_1 =$ 2-Chlorallylalkohol					
Methacrylsäure	0	4,5		100	[67*]
$M_1 =$ 2-Chlorallylchlorid					
Methacrylsäure	0	4,0		100	[67*]
$M_1 =$ o-Chlorstyrol					
Anethol	22 ± 8	$0 \pm 0{,}01$		70	[2]

Tabelle 20. (Fortsetzung.)

M_2	r_1	r_2	$r_1\,r_2$	$\frac{T}{(°C)}$	Literatur
$M_1 =$ Chlortrifluor-Äthylen					
Vinylfluorid	1,2	0,8		80	[67*]
$M_1 =$ Diäthylfumarat					
3,3,3-Trichlorpropen	$1,10 \pm 0,10$	$1,46 \pm 0,35$	1,6	60	[67*]
$M_1 =$ 2,3-Dichlor-1,3-Butadien					
1,1-Diphenyläthylen	$4,35 \pm 0,45$	0		60	[67*]
$M_1 = \alpha$-Methylstyrol					
Methacrylnitril	$0,1 \pm 0,02$	$0,06 \pm 0,02$	0,006	75	[36]

Tabelle 21. *Temperaturabhängigkeit der Mischpolymerisations-Parameter* [43, 55, 67].

M_1 (Typ des Radikals)[1]	r_1 60° C	r_1 131° C	$\Delta E_{11} - \Delta E_{12}$ kcal/Mol	A_{11}/A_{12}
Styrol	$0,520 \pm 0,026$	$0,590 \pm 0,026$	$0,48 \pm 0,25$	$1,06 \pm 0,30$
Methylmethacrylat	0,460　0,260	0,536　0,026	0,58　0,28	1,10　0,34
Styrol	0,747　0,028	0,825　0,005	0,38　0,14	1,31　0,16
Methylacrylat	0,182　0,016	0,238　0,005	1,02　0,34	1,39　0,49
Styrol	6,52　0,05	5,48　0,56	$-0,66$　0,48	2,55　1,26
Maleinsäure-Diäthylester . . .	$< 0,01$			
Styrol	0,301　0,024	0,400　0,014	1,07　0,32	1,50　0,50
Fumarsäure-Diäthylester . . .	0,0697　0,004	0,0905　0,0008	0,99　0,29	0,31　0,14
Styrol	0,742　0,030	0,816　0,015	0,36　0,17	1,27　0,24
p-Chlorstyrol	1,032　0,030	1,042　0,015	0,035　0,12	1,22　0,18

M_1 (Typ des Radikals)[1]	41·5° C	65° C	86,5° C	$\Delta E_{11} - \Delta E_{12}$ kcal/Mol	A_{11}/A_{12}
Styrol	0,19	0,32	0,40	$4,1 \pm 0,9$	33 bis 570
Dichlorstyrol[2]	0,22	0,08	0,04	$-8,3$　2,2	10^{-8} bis 10^{-5}
Styrol	0,37	0,46	0,50	1,4　0,2	20 bis 66
Acrylnitril	0,04	0,03	0,01	$-2,3$　0,5	< 0.002
Dichlorstyrol[2]	0,09	0,07	0,06	$-3,2$　0,1	$2 \cdot 10^{-5}$ bis 0,06
Acrylnitril	0,26	0,21	0,19	$-1,1$　0,3	0,009 bis 0,18

[1] Jedes der Monomeren eines Paares abwechselnd als M_1 genommen.
[2] Wahrscheinlich 2-5-Dichlorstyrol.

die Differenz der Aktivierungsenergie ($E_{11}-E_{12}$) und das Verhältnis der temperaturunabhängigen Faktoren A_{11}/A_{12} für die beiden Geschwindigkeitskonstanten k_{11} und k_{12}. Diese Unterscheidung zwischen dem Einfluß der Aktivierungsenergie und dem der sterischen Bedingungen auf die Geschwindigkeit der verschiedenen Wachstumsreaktionen ist eine wichtige Unterlage für die theoretische Diskussion dieser Reaktionen. Die Temperaturabhängigkeit von r ist aber wie aus Tab. 21 hervorgeht, verhältnismäßig gering, so daß auch bei sehr sorgfältigen Messungen die Fehlergrenzen für ($E_{11}-E_{12}$) und (A_{11}/A_{12}) prozentual stark ins Gewicht fallen. Nach den Ergebnissen der einen Arbeit[55] werden die relativen Reaktionsfähigkeiten der verschiedenen Monomeren durch geringe Unterschiede der Aktivierungsenergien bestimmt. Nur bei den Fumarsäure- und Maleinsäureestern unterscheiden sich auch — aber ebenfalls in sehr geringem Maße — die Häufigkeitsfaktoren; dieser Effekt liegt in der Richtung, die bei sterischer Hinderung der Wachstumsreaktion durch die zweite Estergruppe zu erwarten ist. Im Gegensatz dazu wurden von GOLD-FINGER und STEIDLITZ[43] in allen Fällen große Unterschiede in den temperaturunabhängigen Faktoren gefunden, die nicht ohne weiteres zu verstehen sind. Eine genauere Diskussion der Versuchsfehler[67] brachte keine Klärung. Solange nicht weitere Messungen der Temperaturabhängigkeit von r vorliegen, muß daher die grundlegende Frage, wie weit die Unterschiede in der Geschwindigkeit der verschiedenen Wachstumsreaktionen auf Differenzen der Aktivierungsenergien oder auf eine Verschiedenheit der sterischen Bedingungen zurückzuführen sind, offen gelassen werden.

Relative Reaktionsfähigkeiten der Monomeren.

Die beiden Parameter r_1 und r_2 sind laut Definition das Verhältnis der Geschwindigkeitskonstanten zweier Wachstumsreaktionen, nämlich der beiden Reaktionen eines Radikals, dessen aktives Kettenende von einem bestimmten Monomeren gebildet wird, einmal mit dem gleichen Monomeren und zweitens mit dem anderen Monomeren. Ist $r_1 > 1$, so bedeutet dies, daß das Radikal $(M_1 \cdot)$ cet. par. leichter ein dem aktiven Kettenende gleiches Molekül (M_1) anlagert als ein Molekül des anderen Monomeren (M_2). Für $r_1 < 1$ gilt das Gegenteil, ein Molekül des anderen Monomeren (M_2) wird leichter angelagert. Ist $r_1 = 1$, so ist die Reaktion keines der beiden Monomeren mit dem Radikal $M_1 \cdot$ kinetisch bevorzugt. Ein Blick auf die in Tab. 20 enthaltenen r-Werte zeigt, daß ebenso r-Werte von der Größenordnung 10^2 vorkommen wie solche, die experimentell von Null nicht unterscheidbar sind; viele Werte liegen zwischen diesen Extremen, darunter sind auch solche, die sehr nahe bei 1 liegen. Da ein binäres Gemisch durch zwei solcher Parameter charakterisiert wird, kann man — zunächst rein formal — eine Einteilung in drei extreme Typen von binären Mischpolymerisaten nach dem Wert des Produktes $r_1 \cdot r_2$ vornehmen:

1.) $r_1 \cdot r_2 = 1$. In diesem Falle ist also

$$r_1 = k_{11}/k_{12} = k_{21}/k_{22} = 1/r_2\,,$$

d. h. die relativen Reaktionsfähigkeiten der beiden Monomeren gegenüber den beiden Radikalen sind gleich („ideale" Mischpolymerisation[100]). Gl. (111) vereinfacht sich zu

$$\frac{d\,[M_1]}{d\,[M_2]} = r_1 \frac{[M_1]}{[M_2]} \tag{128}$$

oder

$$\ln \frac{[M_1]}{[M_1]_0} = r_1 \ln \frac{[M_2]}{[M_2]_0}\,,$$

Beispiele: Styrol-Butadien, Styrol-Vinylthiophen, Methylmethacrylat-2,5-Dichlorstyrol.

Sind bei der idealen Mischpolymerisation außerdem r_1 und r_2 nahe 1, so entspricht die Zusammensetzung des Mischpolymerisates stets ungefähr der des Monomerengemisches. [Beispiele: Vinylacetat-Isoprenylacetat, Styrol-p-Methoxystyrol (vgl. Abb. 21b, S. 165).] Der andere Extremfall der idealen Mischpolymerisation ist der, bei dem der eine Parameter sehr groß und der andere sehr klein gegen 1 ist [Beispiele: Styrol-Vinylacetat (vgl. Abb. 21a, S. 165)]. Aus einem Gemisch vergleichbarer Mengen eines solchen Monomeren-Paares entsteht zunächst ein Mischpolymerisat, das fast ausschließlich vom rascher reagierenden Monomeren gebildet wird; später, wenn dieses Monomere nahezu vollständig verbraucht ist, besteht das Polymerisat fast nur noch aus dem anderen Monomeren (Abb. 21e).

2.) $r_1 \cdot r_2 \ll 1$. Im Extremfall sind beide Parameter praktisch Null, d. h. beide Radikale addieren nur Moleküle des nicht ihrem aktiven Kettenende entsprechenden Monomeren. Dadurch entstehen Ketten mit regelmäßigem Wechsel der beiden Monomeren („alternierende" Mischpolymerisation). Das Verhältnis der beiden Monomeren im Polymerisat ist über einen weiten Konzentrationsbereich des Monomerengemisches sehr nahe 1, denn für den Extremfall $r_1 = r_2 = 0$ gilt an Stelle von Gl. (111)

$$\frac{d\,[M_1]}{d\,[M_2]} = 1 \tag{129}$$

Beispiele: Maleinsäureanhydrid — Stilben (vgl. Abb. 21d), Maleinsäureanhydrid — Allylacetat.

3.) $r_1 \cdot r_2 \gg 1$. Jedes Radikal reagiert vorzüglich mit dem Monomeren, das dem aktiven Kettenende gleicht; es besteht Tendenz zur unabhängigen Polymerisation der beiden Polymeren und das Produkt ist schon bei kleinen Umsätzen im wesentlichen ein Gemisch der beiden Reinpolymerisate. *Ein derartiges Verhalten zweier Monomerer ist bisher nicht beobachtet worden.*

Ein Blick auf die Tab. 20 zeigt, daß die Mehrzahl der bisher untersuchten Monomerenpaare zwischen den Grenzfällen der idealen und der streng alternierenden Mischpolymerisation liegt; es ist meist $0 < r_1 r_2 < 1$. Offenbar sind es zwei Phänomene, die das Verhalten der Monomeren bei der Mischpolymerisation charakterisieren und die sich in den beiden Grenzfällen rein herausstellen: das eine ist die *allgemeine Reaktionsfähigkeit der Monomeren mit Radikalen*, das andere die *Tendenz zum alternierenden Wachstum.*

Bei der idealen Mischpolymerisation ist allein die allgemeine Reaktionsfähigkeit der Monomeren maßgebend. Es wird z. B. ein Styrol-Molekül cet. par. rund 100 mal leichter an ein aktives Polymeres angelagert als ein Vinylacetat-Molekül, gleichgültig ob das aktive Ende des Radikals von einer Styrol- oder von einer Vinylacetat-Einheit gebildet ist. Diese größere Reaktionsfähigkeit des Styrol-Moleküls verglichen mit Vinylacetat bestätigt sich auch im allgemeinen gegenüber anderen Radikalen. Ein quantitatives Maß hierfür bilden die Geschwindigkeitskonstanten. Soweit die Geschwindigkeitskonstanten (k_{11} und

k_{22}) der Wachstumsreaktion für Reinpolymerisation bekannt sind (vgl. S. 113 ff.), kann man aus den Parametern r auch die beiden anderen Geschwindigkeitskonstanten (k_{12} und k_{21}) ausrechnen. Tab. 22 zeigt die so berechneten absoluten Geschwindigkeitskonstanten der Wachstumsreaktion von vier Monomeren mit den entsprechenden Radikalen[67]. Man sieht, daß ein Styrolmolekül mit allen vier Radikalen rund 100mal rascher reagiert als ein Vinylacetat-Molekül.

Tabelle 22. *Geschwindigkeitskonstanten der Wachstumsreaktionen bei 60° C[67].* *(Liter/Mol · sec.)*

Monomeres	Radikal			
	Styrol	Methyl-methacrylat	Methyl-acrylat	Vinylacetat
Styrol	176	789	11500	~ 370000
Methylmethacrylat	338	367		~ 250000
Methylacrylat	235		2100	~ 37000
Vinylacetat	3,2	18,3	233	3700

Die Zahl der Monomeren, für die die absolute Größe der Geschwindigkeitskonstanten bekannt ist, ist leider noch sehr gering. Die reziproken Werte von r liefern aber unmittelbar *relative* Werte der Geschwindigkeitskonstanten für die Reaktionen verschiedener Monomerer mit ein und demselben Radikal. Tab. 23 gibt für eine größere Zahl von Monomeren diese relativen Reaktionsfähigkeiten wieder[66,67]. Vergleichbar sind immer nur die Werte einer Spalte, da diese sich auf ein und dasselbe Radikal beziehen, dessen aktives Ende von dem am Kopf der Spalte angegebenen Monomeren gebildet wird. Die Monomeren sind von oben nach unten nach abnehmender Reaktionsfähigkeit angeordnet. In großen Zügen nehmen auch die Zahlenwerte in den einzelnen Spalten von oben nach unten ab. Daß dies nicht regelmäßig der Fall ist, beruht darauf, daß die meisten Monomerenpaare nicht mehr der idealen Mischpolymerisation entsprechen, und daher die Tendenz zum alternierenden Wachstum mehr oder weniger stark zum Ausdruck kommt (siehe unten).

An Hand von Tab. 22 können wir auch die Reaktionsfähigkeit zweier Radikale gegenüber einem bestimmten Monomeren-Molekül vergleichen. Man sieht, daß ein Vinylacetat-Radikal mit den vier verschiedenen Monomeren rund 1000mal rascher reagiert, als ein Styrol-Radikal. Dieser Vergleich der Reaktionsfähigkeiten der verschiedenen Radikale ist leider nur an Hand der absoluten Geschwindigkeitskonstanten möglich. (Die Zahlenwerte innerhalb einer Zeile von Tab. 23 sind nicht unmittelbar miteinander vergleichbar, da sie auf verschiedene k_{11} bezogen sind!)

Der Extremfall der rein alternierenden Mischpolymerisation tritt bei solchen Monomeren auf, die für sich kaum polymerisieren. Die Wachstumsgeschwindigkeit des betreffenden Radikals mit dem gleichen Monomeren ist sehr gering; trotzdem werden andere Monomere von diesem Radikal verhältnismäßig leicht angelagert. Diese Bevorzugung des vom aktiven Kettenende verschiedenen Monomeren, die oben als „Tendenz zum alternierenden Wachstum" bezeichnet wurde, ist jedoch keineswegs auf die für sich allein nicht polymerisierbaren Monomeren beschränkt. Sie ist vielmehr auch bei anderen Monomeren sehr häufig

Tabelle 23. *Relative Reaktionsfähigkeiten von Monomeren*

Monomeres \ Radikal	Butadien [a]	Styrol	Isopropenyl-acetat	Vinylacetat	Allylacetat	Allylchlorid	Vinylchlorid
Chloropren	16	19					
1,1-Diphenyläthylen							
2,5-Dichlorstyrol	2,2	5					
Butadien [a]	1,0	1,3					
α-Methylstyrol							
Styrol	0,7	1,0		>50	>50	>30	30
Phenylacetylen							
Methylmethacrylat	1,3	1,9	60	70	>50		
Methylvinylketon		3,5					
Methacrylnitril	2,8	4		>50			
Acrylnitril	3	2,4		18		20	>15
β-Chloräthylacrylat		1,7			>50		
Methylacrylat	1,3	1,3		>5			12
Vinylidenchlorid	0,5	0,54		>30		4	5
Methylvinylsulfon		0,4		>50			
Methylvinylsulfid		0,2					
Methallylchlorid		0,05		8			3
Isobutylen							0,5
Methallylacetat		0,014					
Vinylchlorid		0,05	4	3,5			1,0
Allylchlorid		0,03		1,4		1,0	
Vinylacetat		0 02	1,0	1,0	2,2	1,5	0,5
Allylacetat		0,01		1,7	1,0		0,9
Isopropenylacetat			1,0	1,0			0,45
Vinyläthyläther		0,01		0,3			0,5 b)
3,3,3-Trichlorpropen		0,14		5,3			
Maleinsäureanhydrid		>20		18	>130		3,5
Diäthylfumarat		3,3		90			8
Diäthylmaleat		0,17		6			1,3
Crotonsäure		0,05		3			
Trichloräthylen		0,06		1,5			
trans-Dichloräthylen		0,03		1,0			
cis-Dichloräthylen		0,005		0,17			
Tetrachloräthylen		0,005		0,16			

a) Einschließlich Isopren; die Resultate für Isopren und Butadien zeigen keine Unterschiede.　b) Vinylisobutyläther.

mehr oder weniger ausgeprägt festzustellen. Wie Tab. 20 ausweist, sind in der überwiegenden Zahl der bisher untersuchten Monomeren-paare beide Parameter r kleiner als 1. Man kann die verschiedenen Monomeren auf Grund der Daten der Tab. 20 in einer Reihe derart anordnen, daß die Tendenz zum alternierenden Wachstum zweier Mono-merer mit dem Abstand dieser Monomeren innerhalb der Reihe zu-nimmt ($r_1 \cdot r_2 \approx 1$ für benachbarte Monomere; $r_1 \cdot r_2 \to 0$ mit wachsen-dem Abstand).

In Tab. 24 ist eine solche Reihe aufgestellt[66,67]. Im allgemeinen ist die Erwar-tung, daß die Produkte $r_1 \cdot r_2$ in den Spalten von oben nach unten und in den Zeilen *gegenüber aktiven Polymeren* (nach MAYO, LEWIS und WALLING [66,67]).

Chloropren	2,5-Dichlor-styrol	Methyl-methacrylat	Vinyliden-chlorid	Methylacrylat	β-Chloräthyl-acrylat	Methacryl-nitril	Acrylnitril	Diäthyl-fumarat	Maleinsäure-anhydrid
1,0		12		12			22	40	
0,32				10			36		
	1,0	2,3		7			5		
0,3	2,2	4,0	> 20	20		25	20		
		2,0				17	17		
0,12	1,3	2,2	12	5,5	12	6	20	14	> 100
			10	1,6			4		
0,16	0,44	1,0	4			1,5	5,5		50
							1,6		
		1,5				1,0			
0,19	14	0,74	2,7				1,0		
				1,1	1,0				
0,09	0,3		1,0	1,0	1,2				50
		0,4	1,0	1,2			1,1	22	
		0,07							
				3					
		0,14	0,9						
			0,7	0 18					
		0 1	0,4		0,25				
		0,07	0,5	0,11			0,30	2,1	120
		0,02	0,26				0,33		
		0,05	0,25	0,11		0,08	0,2	2,3	300
		0,04	0,17	0,2	0,18				
		0,03							500
			0,3	0,3			0,2		
							0,082	0,90	
		0,15	0,1	0,36			0,16		1,00
0,15			0,08				0,12	1,0	
		0,05	0,025				0,08		
			0,03				0,05		
		0,01		0,03			0,015		
				0 001			0,002		

von rechts nach links abnehmen, erfüllt. Abweichungen von dieser Norm deuten auf besondere Effekte (z. B. sterische Hinderung), die in dem speziellen Fall eine Rolle spielen. Eine derartige Anordnung bietet eine Unterlage für die theoretische Diskussion der alternierenden Tendenz (siehe unten). Sie kann aber auch in Fällen, wo der experimentelle Fehler bei kleinen r-Werten sehr groß ist, dazu helfen, den r-Wert genauer festzulegen. Zum Beispiel ist für Vinylacetat-Methylacrylat $r_1 = 0,1 \pm 0,1$ und $r_2 = 9 \pm 2,5$ gefunden worden[68]; da nach Tab. 24 für dieses Monomerenpaar $r_1 \cdot r_2 \approx 0,3$ sein soll, dürfte der richtige Wert für r_1 näher bei 0,03 als bei 0,1 liegen.

Die Tab. 23 und 24 gestatten auch die *Schätzung* der Mischpolymerisationsparameter eines nicht experimentell untersuchten Monomeren-Paares, wenn nur beide Monomere dieses Paares in den Tabellen enthalten sind.

Die Tabellen 20 bis 24 bieten bereits eine recht breite experimentelle Basis für eine molekularkinetische Diskussion der Wachstumsreaktion.

Tab. 24. *Reihenfolge der Monomeren in bezug auf ihre Tendenz zur alternierenden Mischpolymerisation* (nach Mayo, Lewis und Walling [66,67]). Die in der Tabelle angeführten Zahlen bedeuten das Produkt $r_1 \cdot r_2$ (bei 50—80° C) für die beiden am Kopf der Spalten und rechten Rand der Zeilen angegebenen Monomeren. Die in Klammer beigefügten Zahlen sind die e-Werte nach Price (vgl. Abb. 24).

Monomer	α-Methylstyrol	Butadien	Styrol	Isopropenylacetat	Vinylacetat	Vinylchlorid	Chloropren	2,5-Dichlorstyrol	Methylmethacrylat	Vinylidenchlorid	Methylacrylat	Methylvinylketon	β-Chloräthylacrylat	Methacrylnitril	Acrylnitril	Fumarsäurediäthylester	Maleinsäureanhydrid
α-Methylstyrol (—0,6)																	
Butadien (—0,8)																	
Styrol (—0,8)		1,0															
Isopropenylacetat																	
Vinylacetat (—0,3)				1,0													
Vinylchlorid (0,2)			0,34	0,55	0,63												
Chloropren		0,2	0,4														
2,5-Dichlorstyrol		0,2	0,16														
Methylmethacrylat (0,4)	0,07	0,19	0,24	0,5			0,7	1,0									
Vinylidenchlorid (0,6)		< 0,1	0,16		< 0,12				0,61								
Methylacrylat (0,6)		0,04	0,14			0,75	0,9	0,5		0,8							
Methylvinylketon (0,7)			0,10														
β-Chloräthylacrylat (0,9)			0,06								0,9						
Methacrylnitril (1,0)	0,006	0,014	0,06		< 0,24				0,43								
Acrylnitril (1,1)	0,006	0,02	0,02		< 0,25	< 0,13	0,24	0,015	0,24	0,34		1,1					
Fumarsäurediäthylester (1,5)			0,02		0,004	0,06	0,17			0,56							
Maleinsäureanhydrid				0,00006	0,0002	0,002			0,13	0,6							

Diese Zahlen haben jedoch noch einen Nachteil: die Mischpolymerisationsparameter (und auch die absoluten Geschwindigkeitskonstanten k_{ij}) sind Größen, die für ein bestimmtes *Paar* von Monomeren gelten. Eine Erleichterung der Diskussion und ein besseres Verständnis des Zusammenhanges zwischen der Struktur des Monomeren und seinem reaktionskinetischen Verhalten wäre offenbar dann möglich, wenn es gelänge, an Stelle dieser Wechselwirkungsgrößen aus den Versuchen solche Größen abzuleiten, die *nur von der Struktur eines der beiden reagierenden Monomeren abhängen und daher charakteristische Konstanten für ein individuelles Monomeres darstellen.* In dieser Absicht gehen Alfrey und Price[16] (siehe auch [36,82,83]) von der weiter unten noch näher diskutierten Vorstellung aus, daß die Aktivierungsenergie der Wachstumsreaktionen im wesentlichen durch Resonanzphänomene und durch die Wechselwirkung effektiver Ladungen (in der Doppelbindung des Monomeren und im Radikal) bestimmt wird. Sie machen den Ansatz

$$k_{12} = P_1\,Q_2\,e^{-e_1 e_2}, \quad (130)$$

wobei P_1 die (allgemeine) Reaktionsfähigkeit des Radikals $M_1\cdot$ und Q_2 die des Monomeren M_2 charakterisieren und e_1 bzw. e_2 mit den tatsächlichen Ladungen e' nach

$$e_1 = e_1' / \sqrt{\varepsilon\, 1\, k\, T} \tag{131}$$

(ε = „effektive" Dielektrizitätskonstante, 1 = Entfernung der Ladungen im Übergangszustand, k = Boltzmann-Konstante, T = abs. Temperatur) zusammenhängen soll. Für die Mischpolymerisationsparameter gilt dann

$$r_1 = \frac{Q_1}{Q_2}\, e^{-e_1(e_1-e_2)}$$
$$r_2 = \frac{Q_2}{Q_1}\, e^{-e_2(e_2-e_1)} \; . \tag{132}$$

Danach kann man nun aus den r-Werten für jedes einzelne Monomere Q und e ermitteln. Allerdings erhält man nur relative Werte für diese beiden Größen. Von den $n(n-1)$ Gleichungen für die Parameter r für alle möglichen Kombinationen von n Monomeren sind nur $2(n-1)$ Gleichungen unabhängig; da daraus n Q-Werte und n e-Werte berechnet werden sollen, müssen zwei dieser Werte willkürlich festgesetzt werden. PRICE hat in seiner neueren Zusammenstellung[83] für Styrol $Q = 1{,}0$ und $e = -0{,}8$ willkürlich gewählt. Anstelle einer umfangreichen Tabelle der r-Werte für die verschiedenen Monomeren-Paare kann man nun ein Q-e-Diagramm zeichnen, in dem jedes Monomere durch einen Punkt charakterisiert ist, wie dies in Abb. 24 für 31 Monomere geschehen ist. (Der Parameter Q nimmt nur positive Werte an, während für e positive und negative Werte möglich sind.)

Der praktische Vorteil dieser Charakterisierung besteht vor allem darin, daß die beiden neuen Parameter Q und e einem bestimmten Monomeren eigentümlich sind und sein Verhalten in allen möglichen Kombinationen mit anderen Monomeren beschreiben. Die Parameter r müssen für jedes Monomeren*paar* experimentell bestimmt werden. Sind dagegen die Q- und e-Werte für eine Reihe, sagen wir z. B. zehn verschiedene Monomere bekannt, so genügt es, für ein weiteres Monomeres Q und e aus der Mischpolymerisation mit einem *einzigen* dieser Monomeren zu ermitteln, um die Parameter r für die Kombinationen mit den anderen neun Monomeren daraus zu berechnen. Selbstverständlich ist auch die Berechnung mehrkomponentiger Systeme mittels der Q- und e-Werte möglich[36].

Diese praktischen Vorteile sind aber erkauft durch eine ziemlich weitgehende Schematisierung der einzelnen Faktoren, die die Geschwindigkeitskonstante bestimmen. Ein möglicher Einfluß sterischer Hinderung wird z. B. durch Gl. (130) nicht berücksichtigt. Der Parameter e ist als gleich für das Monomere M_1 und für das Radikal $M_1^{\cdot}$ angenommen. (WALL[103] unterscheidet dagegen zwischen einem Parameter e_1 für das Monomere und einem e_1^* für das Radikal. Der praktische Nachteil, den die Einführung eines weiteren Parameters bedeutet, konnte aber vorläufig nicht durch eine bessere Wiedergabe der experimentellen Ergebnisse gerechtfertigt werden.) Jedenfalls ist es nicht verwunderlich, daß die Q- und e-Werte, die für ein und dasselbe Monomere aus verschiedenen Mischpolymerisationen ermittelt wurden, oft nur mit sehr bescheidener Genauigkeit übereinstimmen (vgl. die von PRICE aufgestellte Tabelle in[83]). Dadurch wird aber die *praktische* Brauchbarkeit von Gl. (132) kaum beeinträchtigt, da in den meisten praktischen Fällen die Genauigkeit, mit der man die Parameter r aus Q und e berechnen kann, völlig ausreicht.

Für die Verwendung von Q und e als quantitative Unterlagen zur theoretischen Diskussion fallen aber zwei andere Tatsachen schwerer ins Gewicht. Die Q-Werte können auch *relativ* nicht eindeutig festgelegt werden, sondern sind, wie leicht einzusehen, von dem Bezugswert der e-Werte abhängig[82]; dadurch wird jede molekularkinetische Diskussion der allgemeinen Reaktionsfähigkeit der Monomeren, die sich auf die Q-Werte stützen will, von vornherein mit einer erheblichen Unsicherheit belastet. Auch die Deutung von e als unmittelbares Maß der elektrostatischen Wechselwirkung freier Ladungen an der für die Addition maßgebenden Stelle im Molekül des Monomeren und im Radikal ist mit den experimentellen Ergebnissen nicht in Einklang zu bringen[111]. Nach Gl. (131) müßte e sich mit der Dielektrizitätskonstanten ändern. Wenn auch die „effektive" Dielektrizitätskonstante nicht der Dielektrizitätskonstanten des Lösungsmittels gleichgesetzt werden kann, so sollte sie doch stark von dieser abhängen. Bei der Mischpolymerisation Styrol-Methylmethacrylat wurden jedoch in Benzol ($\varepsilon = 2{,}28$), Methanol

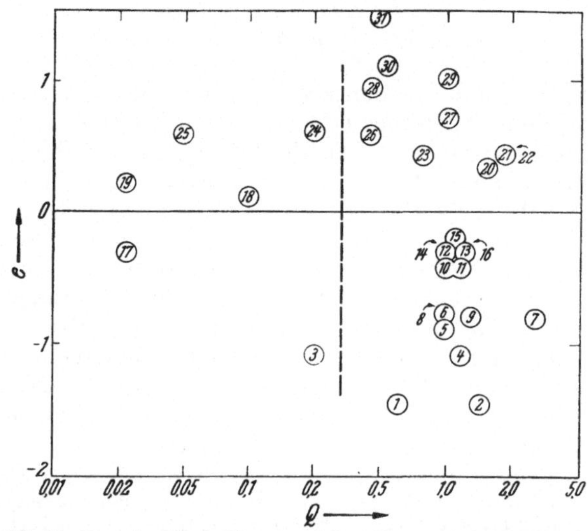

Abb. 24. Q- und e-Werte für verschiedene Monomere (nach PRICE[83]).

1 α-Methylstyrol, 2 p-Dimethylaminostyrol, 3 Isobutylen, 4 p-Methoxystyrol, 5 p-Methylstyrol, 6 m-Methylstyrol, 7 α-Vinylthiophen, 8 Styrol, 8 Butadien, 10 p-Chlorstyrol, 11 p-Jodstyrol, 12 m-Chlorstyrol, 13 o-Chlorstyrol, 14 p-Bromstyrol, 15 m-Bromstyrol, 16 α-Vinylpyridin, 17 Vinylacetat, 18 Vinylbromid, 19 Vinylchlorid, 20 p-Cyanstyrol, 21 p-Nitrostyrol, 22 2,5-Dichlorstyrol, 23 Methylmethacrylat, 24 Vinylidenchlorid, 25 Allylchlorid, 26 Methylacrylat, 27 Methylvinylketon, 28 β-Chloräthylacrylat, 29 Methacrylnitril, 30 Acrylnitril, 31 Diäthylfumarat.

($\varepsilon = 33{,}7$) und Acetonitril ($\varepsilon = 38{,}8$) dieselben Werte für die Parameter r gefunden, während nach Gl. (131) und (132) ein weit außerhalb der Fehlergrenze liegender Unterschied in den drei Lösungsmitteln zu erwarten wäre[55].

Wir werfen nun die Frage auf, welcher Zusammenhang zwischen der Struktur der verschiedenen Monomeren und der Geschwindigkeit der Wachstumsreaktion besteht. Alle Monomeren sind Äthylenderivate; die Unterschiede müssen daher auf einen Einfluß der verschiedenen Substituenden zurückführbar sein. Dieser Einfluß der Substituenden ist ein dreifacher:

1. Der Energieinhalt des Moleküls und des durch Anlagerung des Monomeren gebildeten Radikals wird durch Resonanzenergie erniedrigt. Diese Resonanzstabilisierung ist beim Radikal stärker als beim Molekül.

Für den Übergangszustand dürfte die Resonanzenergie zwischen der des Moleküls und der des Radikals liegen. Daher ist zu erwarten, daß die Aktivierungsenergie der Wachstumsreaktion um so kleiner ist, je größer die Resonanzenergie. Die Resonanzenergie ist z. B. beim Styrol größer als bei Vinylacetat. Daher ist die Reaktionsfähigkeit von Styrol mit einem bestimmten Radikal größer als die von Vinylacetat mit dem gleichen Radikal (vgl. Tab. 22). An Hand der Tab. 23 kann man eine Reihenfolge der verschiedenen Substituenden aufstellen nach dem Maß, in dem diese Substituenden die Reaktionsfähigkeit erhöhen:

$$-C_6H_5 > -CH{=}CH_2 > -COCH_3 > -CN > -COOR > -Cl >$$
$$> -CH_2X > -OOCCH_3 > -OR\,.$$

Aus dieser Reihenfolge erkennt man bereits, daß Konjugation die Reaktionsfähigkeit des Monomeren erhöht. Man kann allgemein feststellen: ein Monomeres wird um so leichter mit einem Radikal reagieren, je stabiler das bei dieser Anlagerung entstehende Radikal ist, und diese Stabilität ist in erster Linie auf die Resonanzenergie zurückzuführen, die wiederum durch Anzahl und relative Beiträge der verschiedenen mesomeren Formen bestimmt wird. Betrachtet man umgekehrt die Reaktionsfähigkeit verschiedener Radikale mit ein und demselben Monomeren, so sieht man, daß das stabilere Radikal weniger leicht reagiert; nach Tab. 22 ist z. B. die Reaktionsfähigkeit des Vinylacetat-Radikals rund 1000mal größer als die des Styrolradikals. Im allgemeinen liefern die reaktionsfähigsten Monomeren die reaktionsträgsten Radikale und umgekehrt.

Man kann sich diese Verhältnisse am einfachsten an Hand von Potentialkurven klarmachen. Für die Wachstumsreaktion kann man schematisch schreiben:

$$\text{ww}\overset{|}{\underset{|}{C}}{-} \quad \overset{|}{\underset{|}{C}}{=\!=}\overset{|}{\underset{|}{C}} \longrightarrow \text{ww}\overset{|}{\underset{|}{C}}{-\!-}\overset{|}{\underset{|}{C}}{-\!-}\overset{|}{\underset{|}{C}}{-}\,.$$

$$\longleftarrow x_1 \longrightarrow \ \leftarrow x_2 \rightarrow \qquad\qquad \leftarrow x_1 \rightarrow \ \leftarrow x_2 \rightarrow$$

Sie wird also geometrisch durch die beiden Abstände x_1 und x_2 und energetisch durch die Potentialfläche über der Ebene mit den Koordinaten x_1 und x_2 beschrieben. Da aber x_2, der Abstand der C-Atome der Doppelbindung im Übergangszustand, sich kaum von dem im isolierten Molekül unterscheidet, kann man zur Charakterisierung der Reaktion an Stelle der Potentialfläche die Potentialkurve für konstantes x_2 heranziehen.

In Abb. 25 sind diese Kurven schematisch gezeichnet; dabei wurden, da es sich nur darum handelt, die Wirkung eines Resonanzeffektes im Prinzip herauszustellen, alle entsprechenden Potentialkurven parallel gezeichnet und die Resonanzenergie des Monomeren halb so groß wie die des Radikals angenommen. Man entnimmt der Abbildung, daß die größte Aktivierungsenergie und die kleinste Reaktionswärme auftritt bei der Reaktion eines unstabilisierten Radikals mit einem stabilisierten Monomeren. Umgekehrt ist bei der Reaktion eines stabilisierten Radikals mit einem unstabilisierten Monomeren die Aktivierungsenergie am

größten und die Reaktionswärme am kleinsten. Eine eingehendere,
theoretische Diskussion dieser Verhältnisse wurde von EVANS und Mitarbeitern gegeben[31, 32]. Danach wird die Aktivierungsenergie einer
Wachstumsreaktion, verglichen mit der analogen Reaktion von Äthylen
und einem Polyäthylenradikal, um den Betrag

$$\varDelta E = \alpha \, \varDelta W = \alpha \, (R_a + R_m - R_e) \tag{133}$$

erniedrigt. Dabei bedeutet: $\varDelta W$ die entsprechende Änderung der Polymerisationswärme, R_a die Resonanzenergie des ursprünglichen Radikals,
R_m die des Monomeren und R_e die des durch Anlagerung entstehenden Radikals; α ist eine Konstante, deren numerischer Wert ungefähr 0,4 ist.

Für die Wachstumsreaktionen eines Radikals mit zwei verschiedenen Monomeren M_1 und M_2 ergibt sich aus Gl. (133) ein Unterschied in den Aktivierungsenergien von

$$E_1 - E_2 = {}= \alpha \, [R_{m1} - R_{e1} - (R_{m2} - R_{e2})]$$

Der von PRICE (siehe oben) eingeführte Q-Wert sollte danach durch

$$Q = \exp (R_e - R_m)/RT$$

bestimmt sein.

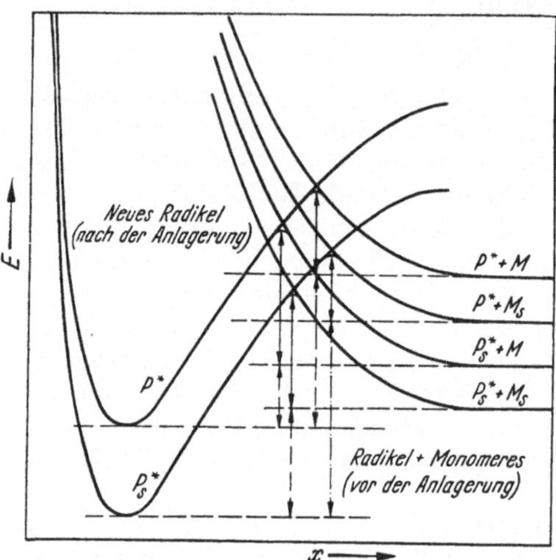

Abb. 25. Schematische Potentialkurven für die Wachstumsreaktion. (Nach EVANS u. Mitarb.[31,32],
MAYO und WALLING[57].)

Der Index S bedeutet Resonanzstabilisierung.
Ausgezogene, senkrechte Linien zwischen Pfei-
len geben die Aktivierungsenergie an, strich-
punktierte die Polymerisationswärme.

Für die Wachstums-
reaktion zweier verschiede-
ner Radikale $M_1\cdot$ und $M_2\cdot$ mit
einem bestimmten Monomeren ist die Differenz der Aktivierungsenergie

$$E_1 - E_2 = \alpha \, (R_{e\,1} - R_{e\,2}),$$

d. h. die Reaktionsfähigkeit eines Radikals ist um so größer, je geringer
die Resonanzstabilisierung; die Reaktionsfähigkeit des Monomeren
spielt hierbei keine Rolle.

2. Substituenden im Äthylenmolekül haben einen Einfluß auf die
räumliche Verteilung der π-Elektronen; sie wirken elektronenanziehend
oder -abstoßend; dadurch bewirken sie eine positive oder negative
Ladung der Doppelbindung. Diese Wirkung der Substituenden entspricht
der Wirkung auf die Ladungsverteilung im Benzolkern, wie sie zur Erklärung der Substitutionsregel herangezogen wird. Man kann annehmen, daß
diese Wirkung beim Olefin und beim entsprechenden Radikal eine ähnliche ist. Wird die Ladungsdichte der Doppelbindung durch einen Substituenden nennenswert beeinflußt, so daß eine effektive positive oder

negative Ladung der Doppelbindung und des ungesättigten C-Atoms im Radikal bewirkt wird, dann erschwert eine elektrische Abstoßung die Annäherung des Monomeren und des Radikals zum Übergangszustand. Solche Monomere werden daher eine geringere Neigung zur Reinpolymerisation zeigen. In demselben Maße aber, in dem die Anlagerung des gleichen Monomeren erschwert wird, wird die Anlagerung eines anderen Monomeren, bei dem die Ladung der Doppelbindung entgegengesetzt ist, begünstigt. Es ist danach eine ausgeprägte Tendenz zur Alternierung zwischen solchen Monomeren zu erwarten, bei denen eine stärkere entgegengesetzte Ladung in der Doppelbindung durch die Substituenden bewirkt wird. Anschaulich lassen sich diese Verhältnisse wieder an Hand der Potentialkurven darstellen, wie sie in Abb. 26 schematisch gezeichnet sind. Die Abstoßungskurve wird gegenüber der zwischen einem neutralen Molekül und einem neutralen Radikal (Kurve 1) steiler, wenn die beiden Reaktionspartner gleiche Ladungen tragen (Kurve 2), und flacher, wenn sie

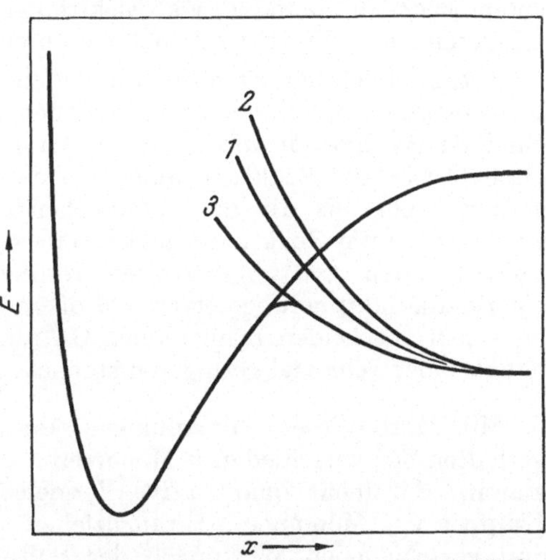

Abb. 26. Schematische Potentialkurven für die Wachstumsreaktion mit polarer Wechselwirkung zwischen Monomerem und aktivem Polymeren (siehe Text, nach Evans u. Mitarb.[31],[32]).

entgegengesetzte Ladungen tragen (Kurve 3). Dementsprechend ist die Aktivierungsenergie in dem ersten Fall erhöht, in dem zweiten erniedrigt.

Nach der Art, wie die Ladungsverteilung der Doppelbindung beeinflußt wird, kann man drei Gruppen von Substituenden unterscheiden:

a) Solche Substituenden, die an die Doppelbindung negative Ladung abgeben wie $-OOCCH_3$, $-OCH_3$, $-NH_2$, $-CH_3$, $-CH=CH_2$ oder $-C_6H_5$.

b) Solche, die der Doppelbindung negative Ladung entziehen und ihr daher eine positive Gesamtladung erteilen, wie $-Cl$, $-COOR$, $-NO_2$ oder $-CN$.

c) Solche Substituenden, die die Elektronenverteilung nicht nennenswert beeinflussen, wie H und F; hierher sind auch Kombinationen von zwei Substituenden zu zählen, von denen einer der Gruppe a) und der zweite der Gruppe b) angehört, die sich in ihrer Wirkung ungefähr kompensieren, wie CH_3 und Cl oder C_6H_5 und CN.

In der Anordnung der Monomeren nach der Tendenz zum alternierenden Wachstum (Tab. 24) stehen an einem Ende der Reihe Äthylenderivate mit Substituenden der Gruppe a) und am anderen Ende solche mit Substituenden der Gruppe b). Es besteht somit tatsächlich eine Parallele zwischen der Tendenz zum alternierenden Wachstum und dem Unterschiede der Ladung der Doppelbindung.

Andererseits spricht aber die bereits erwähnte Tatsache, daß die Dielektrizitätskonstante des Mediums keinen Einfluß auf die Mischpolymerisationsparameter hat, gegen die Vorstellung, daß die Alternation durch Wechselwirkung fixierter Ladungen im Monomeren-

Molekül und im Radikal zustande kommt. Dadurch wird zwar nicht die allgemein anerkannte Anschauung widerlegt, daß irgendwelche polaren Effekte für die Alternation verantwortlich sind. Nach den erwähnten Ergebnissen sollte es sich aber eher um eine Polarisation oder Ladungsverschiebung handeln, die im normalen Zustand des Radikals und Monomeren-Molekül nicht vorliegt, sondern erst bei Annäherung zum Übergangszustand auftritt. Eine andere Erklärung, die die Tendenz zum alternierenden Wachstum auf die Fähigkeit der Monomeren (und der entsprechenden Radikale) als Elektronen-Donator bzw. -Acceptor zu fungieren zurückführt, wird später besprochen werden.

3. Schließlich bewirken Substituenden — vor allem solche, die an den Kohlenstoffatomen sitzen, zwischen denen bei der Wachstumsreaktion die Bindung geschlossen wird — eine sterische Hinderung der Reaktion. Deshalb wird die Reaktionsfähigkeit eines 1-2-disubstituierten Äthylens geringer sein als die des entsprechenden 1-substituierten (s. S. 195). Ebenso wird die Reaktionsfähigkeit eines Radikals durch einen zweiten Substituenden am ungesättigten Kohlenstoffatom (z. B. Vinylidenchlorid-Radikal) herabgesetzt[30]. Größere Substituenden, die aber nicht an einem der beiden reagierenden C-Atome sitzen, haben, wenn überhaupt, einen sehr viel geringeren sterischen Einfluß[1, 25].

Mit Hilfe dieser Vorstellungen kann man das Polymerisationsverhalten der verschiedenen Monomeren qualitativ in großen Zügen erklären. Für mehr quantitative Vergleiche ist es zweckmäßig, solche Gruppen von Monomeren heranzuziehen, bei denen eine der genannten drei verschiedenen Wirkungen der Substituenden vorwiegend in Erscheinung tritt. Eine solche Gruppe von Monomeren sind z. B. die verschiedenen m- und p-substituierten Styrole[108]. Die Unterschiede in der Reaktionsfähigkeit dieser Verbindungen gegenüber bestimmten Radikalen sind vor allem geeignet, die Wirkung der polaren Eigenschaften der Doppelbindung auf die Wachstumsreaktion zu prüfen.

Für den Einfluß der verschiedenen Substituenden im Benzolkern auf die Geschwindigkeit anderer polarer Reaktionen der Seitenkette liegt Vergleichsmaterial in größerem Umfang vor. HAMMETT[45] konnte zeigen, daß man den Einfluß verschiedener Substituenden durch die Beziehung

$$\ln k_0/k = \sigma \varrho \tag{134}$$

beschreiben kann; dabei sind k_0 und k die Geschwindigkeits- (oder Gleichgewichts-)Konstanten für die Reaktion der unsubstituierten und der substituierten Verbindung, σ eine Konstante für jeden bestimmten Substituenden und ϱ eine Konstante für jede bestimmte Reaktion.

Dementsprechend ist in Abb. 27 der Logarithmus der relativen Reaktionsfähigkeiten verschiedener substituierter Styrole mit Radikalen vom Typ Styrol, Methylmethacrylat und Maleinsäureanhydrid gegen den HAMMETTschen σ-Wert dieser substituierten Styrole aufgetragen. Wie Abb. 27 zeigt, ist für die Wachstumsreaktionen mit dem Styrol-Radikal die lineare Beziehung entsprechend Gl. (134) gut erfüllt. Wenn auch

eine genauere Diskussion[67,108,110] der einzelnen relativen Reaktionsfähigkeiten lehrt, daß auch in diesem Falle die polaren Eigenschaften
der Doppelbindung nicht ganz allein für die Unterschiede der Reaktionsfähigkeit verantwortlich sind, so ergeben sich doch keine Bedenken,
diese Unterschiede im wesentlichen als Auswirkung einer elektrostatischen Wechselwirkung zwischen dem Radikal und der Doppelbindung
bei Annäherung zum Übergangszustand zu deuten, wobei die durch die
verschiedenen Substituenden im Benzolkern bedingte verschiedene
Ladungsdichte der Doppelbindung zur Geltung kommt.

Größere Deutungsschwierigkeiten bestehen aber bei
den Wachstumsreaktionen der
Radikale vom Typ Methylmethacrylat und Maleinsäureanhydrid. Zwar läßt sich nach
Abb. 27 auch für diese beiden
Fälle noch eine Gerade durch
die Meßpunkte im Bereich
positiver σ-Werte legen; zwischen den negativen σ-Werten
und den beobachteten hohen
relativen Reaktionsfähigkeiten
von p-Methoxystyrol, p-Dimethylaminostyrol und p-Methylstyrol ist aber offensichtlich keine Beziehung herzustellen. Von den in Abb. 27
charakterisierten Paarungen
befolgen also gerade diejenigen
mit der größten Tendenz zur
Alternierung, deren Verhalten
am stärksten durch polare
Wechselwirkung bedingt sein

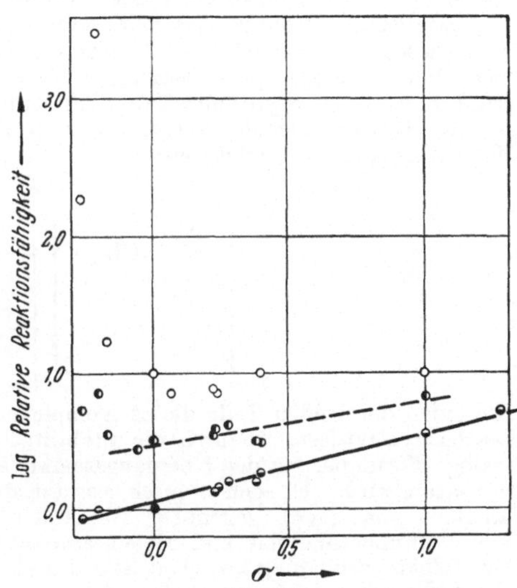

Abb. 27.
Zusammenhang zwischen dem HAMMETTschen σ-Wert
und der relativen Reaktionsfähigkeit verschiedener
substituierter Styrole bei Addition an Radikale von
Styrol (◓), Methylmethacrylat (◍) und Maleinsäureanhydrid (○, mit α-Methylstyrolen!). (Nach WALLING
u. Mitarb.[67,108,110].)

sollte (wenn die S. 186ff. geschilderte Ansicht von PRICE richtig ist), nicht
die für polare Reaktionen gültige Gl. (134). PRICE[83] meint zwar, daß
eine ausgezeichnete Korrelation zwischen den Konstanten σ und den
e-Werten besteht, und daß es a priori richtiger ist, σ mit dem „polaren
Faktor" der Mischpolymerisation zu vergleichen, als mit der relativen
Reaktionsfähigkeit. Bei näherer Betrachtung der Zahlenwerte[83,112]
kann aber auch dieser Ausweg keineswegs befriedigen. WALLING und
Mitarbeiter[108,112] zogen vielmehr den Schluß, daß die eigentliche Ursache für die Tendenz zum alternierenden Wachstum nicht in einfacher
elektrostatischer Wechselwirkung, sondern in einem ganz anderen Effekt
zu suchen ist. Sie nehmen an, daß bei Annäherung an den Übergangszustand ein Elektron von dem Radikal an das Molekül oder umgekehrt
abgegeben wird; dabei entsteht ein (nicht gebundener) Komplex, der
durch eine größere Zahl von Resonanzformen beider Teile stabilisiert
ist. Die Tendenz zum alternierenden Wachstum zweier Monomerer

würde demnach abhängen von der Fähigkeit der beiden Monomeren (und der entsprechenden Radikale), als Elektronen-Donator bzw. als Elektronen-Acceptor zu wirken, und außerdem von der Größe der Resonanzenergie, die zur Stabilisierung des Übergangskomplexes verfügbar ist. Die beträchtliche Erhöhung der Reaktionsfähigkeit von Styrol durch eine p-Dimethylamino-, p-Methoxy- und p-Methyl-Gruppe könnte dann durch eine zusätzliche Zahl von Resonanzformen gedeutet werden [67,108].

Inspiriert wurde diese Deutung durch die Parallele zwischen der Neigung zweier Monomerer zum alternierenden Wachstum und zur Bildung farbiger Molekülverbindungen, auf die in diesem Zusammenhang schon früher von anderer Seite hingewiesen worden war [20]. Solche Molekül-Komplexe entstehen u. a. aus aromatischen Verbindungen und ungesättigten Verbindungen mit konjugierten Carbonylgruppen, z. B. aus Styrol und Maleinsäureanhydrid. Man nimmt an [114], daß sie aus zwei Radikal-Ionen gebildet sind, die durch Abgabe eines Elektrons vom Styrol an Maleinsäureanhydrid entstehen:

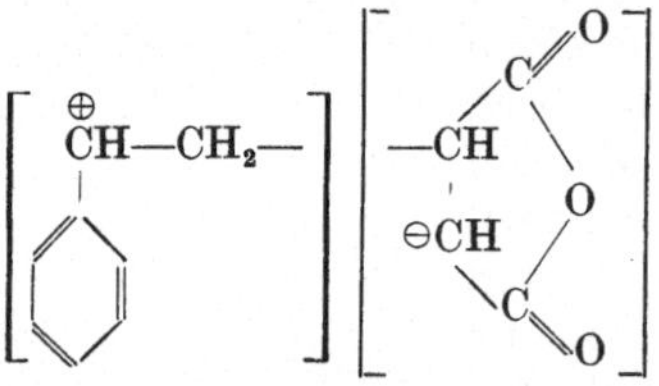

$$\left[\overset{\oplus}{C}H-CH_2-\big|C_6H_5\right]\left[\begin{array}{c}-CH\diagup{C}\diagdown{O}\diagup{O}\\ \ominus CH\diagdown{C}\diagup{O}\end{array}\right]$$

Für jeden der beiden Teile dieses Komplexes gibt es nun eine ganze Reihe von Resonanzstrukturen, wodurch die Stabilität des Komplexes bewirkt wird. Die analoge Formulierung des Übergangszustandes bei der alternierenden Mischpolymerisation wird auch noch dadurch gestützt, daß Substituenden, die die Reaktionsfähigkeit von Styrol gegenüber Radikalen mit konjugierten Carbonylgruppen (wie Methylmethacrylat und Maleinsäureanhydrid) erhöhen, auch die Stabilität der Molekülverbindung zwischen Styrol und Maleinsäureanhydrid, Trinitrobenzol oder Chloranil zu steigern scheinen [108].

In diesem Zusammenhange wurde auch die Möglichkeit diskutiert, daß streng alternierende Mischpolymerisation nicht nach Gl. (108) durch Anlagerung eines einzelnen Moleküls, sondern durch Addition eines Komplexes der beiden Monomeren zustande kommt:

$$M_1 + M_2 \rightleftharpoons (M_1 M_2)$$

$$\sim\sim M_2\cdot + (M_1 M_2) \rightarrow \sim\sim M_2 M_1 M_2\cdot$$

Alle verfügbaren Unterlagen, vor allem die Unabhängigkeit der r-Werte von der Verdünnung mit Lösungsmittel, sprechen aber gegen einen solchen Mechanismus [79,110].

Auch verschiedene Inhibitoren (vor allem Chinone) geben mit Styrol und anderen Monomeren solche Molekülverbindungen. Die große Reaktionsfähigkeit dieser Inhibitoren mit aktiven Polymeren könnte daher in analoger Weise gedeutet werden wie die alternierende Mischpolymerisation. Ob eine bestimmte Verbindung ein alternierendes Mischpolymerisat bildet oder ob sie die Polymerisation hemmt, hängt dann lediglich davon ab, ob die Resonanzstabilisierung des durch die Anlagerung dieser Verbindung entstandenen Radikals ausreicht, um eine weitere Reaktion mit den Monomeren zu verhindern [20].

Eine andere Gruppe von Monomeren, nämlich die chlorierten Äthylene demonstrieren die durch Substituenden bewirkte sterische Hinderung[8, 28]. Tab. 25 enthält die relativen Reaktionsfähigkeiten aller chlorierten Äthylene gegenüber Styrol-, Vinylacetat- und Acrylnitril-Radikalen. Man entnimmt dieser Tabelle: Ein zweites Chlor am 1-Kohlenstoffatom erhöht die Reaktionsfähigkeit (vgl. Vinylidenchlorid mit Vinylchlorid); dies ist offenbar durch die größere Resonanzenergie des disubstituierten Monomeren zu deuten; auch die Polarität und die Neigung, als Elektronen-Acceptor zu fungieren, wird durch den zweiten Substituenden erhöht. Dagegen setzt 2-Substitution die Reaktionsfähigkeit der Doppelbindung erheblich herab (vgl. cis- und trans-Dichloräthylen mit Vinylchlorid und Trichloräthylen mit Vinylidenchlorid). Diese Wirkung des 2-Substituenden kann wohl nur als sterische Hinderung verstanden werden. Die Wirkung eines zweiten 1-Substituenden und eines 2-Substituenden heben sich gegenseitig etwa auf (vgl. Vinylchlorid und Trichloräthylen). Am kleinsten ist gegenüber allen Radikalen die Reaktionsfähigkeit von cis-Dichloräthylen und von Tetrachloräthylen.

Der Unterschied zwischen cis- und trans-Dichloräthylen ist offenbar eine Folge des verschiedenen Energieinhalts der beiden Isomeren. Die geometrische Isomerie wird durch Anlagerung an ein Radikal aufgehoben; Mischpolymerisate von Vinylacetat mit cis-Dichloräthylen und mit trans-Dichloräthylen haben die gleiche sterische Konfiguration[69]. Man kann annehmen, daß dies auch schon für den Übergangszustand der Wachstumsreaktion gilt. Wenn dies der Fall ist, dann sollte die energiereichere, weniger stabile Form die kleinere Aktivierungsenergie, also die größere Reaktionsfähigkeit aufweisen. Bei den Dichloräthylenen ist tatsächlich die weniger stabile trans-Verbindung die reaktionsfähigere.

Bei anderen geometrischen Isomeren ist diese Erwartung dagegen nicht bestätigt worden[63, 53]. Dies kann entweder darauf zurückzuführen sein, daß im Übergangszustand die geometrische Isomerie noch besteht und erst — wenn überhaupt — beim entstehenden Radikal aufgehoben ist; auf diese Weise könnte man z. B. erklären, daß Fumarnitril und Maleinnitril keinen Unterschied in der Reaktionsfähigkeit gegenüber dem Styrol-Radikal zeigen. Eine andere Ursache müßte aber für die Diäthylester der Fumar- und Maleinsäure gesucht werden, bei denen die stabilere trans-Verbindung 6 bis 40 mal reaktionsfähiger ist. Wahrscheinlich hängt dies damit zusammen, daß bei der trans-Verbindung beide Carbonylgruppen mit der C—C-Doppelbindung komplanar sein können, während bei der cis-Verbindung

Tabelle 25. *Relative Reaktionsfähigkeiten der Chloräthylene mit verschiedenen aktiven Polymeren*[28].

Monomeres	Radikal			
	Vinylacetat	Styrol	Acrylnitril	Diäthyl-fumarat
Vinylidenchlorid	> 7,5	9,2	3,6	10,5
Vinylchlorid	1,0	1,0	1,0	1,0
Trichloräthylen	0,34	1,06		
trans-Dichloräthylen	0,12	0,27		
cis-Dichloräthylen	0,018	0,039		
Tetrachloräthylen	0,017	0,046	0,0035	

aus Raummangel höchstens eine der beiden Carbonylgruppen in einer Ebene mit der C-C-Doppelbindung liegen kann. Man nimmt an, daß wegen der nicht ebenen Form der cis-Verbindung entweder eine größere sterische Hinderung[80,81] oder eine geringere Resonanzstabilisierung (geringere Zahl gleichberechtigter Strukturen!)[53,65] auftritt. Beim Stilben ist es ähnlich, es können ebenfalls nur bei der trans-Form beide Phenylgruppen gleichzeitig in einer Ebene mit der Doppelbindung liegen; trans-Stilben ist stabiler und trotzdem etwas reaktionsfähiger als cis-Stilben.

Damit sind in den wesentlichen Zügen die theoretischen Vorstellungen vom Mechanismus der Wachstumsreaktion, die aus der experimentellen Untersuchung der Mischpolymerisation gewonnen werden konnten, beschrieben. Bezüglich einer noch weiter ins Einzelne gehenden Diskussion, die hier aus räumlichen Gründen nicht gegeben werden kann, sei auf die zitierte Literatur verwiesen. Auch die Übertragung der für die Wachstumsreaktion gewonnenen Erkenntnisse auf andere Reaktionen freier Radikale kann hier nur erwähnt werden[67,80,104,113]; soweit diese Reaktionen im Zusammenhang mit Polymerisationsreaktionen stehen, wurden sie bereits an anderer Stelle dieses Buches behandelt.

Polymerisationsgeschwindigkeit bei Mischpolymerisation.

Die Gl. (109a) und (109b), S. 162, geben die Geschwindigkeit an, mit der die beiden Monomeren M_1 und M_2 verbraucht werden; ihre Summe liefert somit die gesamte Polymerisationsgeschwindigkeit. Zur Eliminierung der in diesen Gleichungen enthaltenen Radikalkonzentrationen steht außer Gl. (110) auch die für den stationären Zustand geltende Gleichheit von Keimbildung und Kettenabbruch zur Verfügung. Lassen wir zunächst die spezielle kinetische Form der Keimbildung unberücksichtigt, so können wir für bimolekularen Abbruch diese Beziehung folgendermaßen formulieren:

$$v_s = k_{a\,11}\,[M_1\cdot]^2 + 2\,k_{a\,12}\,[M_1\cdot]\,[M_2\cdot] + k_{a\,22}\,[M_2\cdot]^2; \qquad (135)$$

dabei sind die drei Abbruchsreaktionen

$$M_1\cdot + M_1\cdot \xrightarrow{\;k_{a11}\;} M_x$$

$$M_2\cdot + M_2\cdot \xrightarrow{\;k_{a22}\;} M_x$$

$$M_1\cdot + M_2\cdot \xrightarrow{\;k_{a12}\;} M_x$$

berücksichtigt. v_s bedeutet die gesamte Keimbildungsgeschwindigkeit. Gegenüber der Reinpolymerisation tritt bei der Mischpolymerisation auch eine Abbruchsreaktion zwischen zwei ungleichen Radikalen auf („cross termination"). Aus Gl. (109a), (109b), (110) und (135) erhält man für die Polymerisationsgeschwindigkeit

$$-\frac{d\,([M_1] + [M_2])}{d\,t} = \frac{(k_{21}\,k_{11}\,[M_1]^2 + 2\,k_{12}\,k_{21}\,[M_1]\,[M_2] + k_{22}\,k_{12}\,[M_2]^2)\,v_s^{\frac{1}{2}}}{(k_{a11}\,k_{21}^2\,[M_1]^2 + 2\,k_{a12}\,k_{12}\,k_{21}\,[M_1]\,[M_2] + k_{a22}\,k_{12}^2\,[M_2]^2)^{\frac{1}{2}}}. \qquad (136)$$

In einer Gl. (136) ähnlichen Form wurde die Polymerisationsgeschwindigkeit auch von SIMHA und BRANSON berechnet[90,91]. Diese Formel ist aber wegen der vielen darin enthaltenen unbekannten Geschwindigkeitskonstanten praktisch kaum verwendbar. Für den praktischen Gebrauch ist es vielmehr zweckmäßig — wie schon bei der Berechnung der Zusammensetzung von Mischpolymerisaten in Gl. (111) geschehen —, Verhältnisse von Geschwindigkeitskonstanten als Parameter einzuführen. Nach MELVILLE und Mitarbeitern [72] werden außer den bereits verwendeten Verhältnissen r_1 und r_2 ferner definiert:

$$\delta_1 = k_{a11}^{\frac{1}{2}}/k_{11}, \quad \delta_2 = k_{a22}^{\frac{1}{2}}/k_{22}$$

$$\Phi = k_{a12}/(k_{a11}\,k_{a22})^{\frac{1}{2}}. \tag{137}$$

Führt man diese Parameter in Gl. (136) ein, so erhält man:

$$-\frac{d([M_1] + [M_2])}{dt} =$$

$$= \frac{(r_1[M_1]^2 + 2[M_1][M_2] + r_2[M_2]^2)\,v_s^{\frac{1}{2}}}{(r_1^2\delta_1^2[M_1]^2 + 2\Phi r_1 r_2\delta_1\delta_2[M_1][M_2] + r_2^2\delta_2^2[M_2]^2)^{\frac{1}{2}}}. \tag{136a}$$

Bei der hier nach [105] gegebenen Ableitung der Polymerisationsgeschwindigkeit wurde im Gegensatz zu [72] ein evtl. Einfluß der Größe des aktiven Polymeren auf die Geschwindigkeitskonstanten nicht berücksichtigt (vgl. dazu S. 82 u. 132); außerdem beschränken wir uns auf den Abbruch durch gegenseitige Desaktivierung zweier Radikale, der bei Makropolymerisation fast ausschließlich vorkommt. Bezüglich der für andere Abbruchsmechanismen gültigen Formeln sei auf die Originalarbeit [72] verwiesen (siehe auch [19]).

Gl. (136a) enthält noch fünf Parameter, von denen r_1 und r_2 aus der Zusammensetzung des Mischpolymerisates, δ_1 und δ_2 aus der Geschwindigkeit der Reinpolymerisation der beiden Monomeren bestimmt werden können. Messung der Mischpolymerisationsgeschwindigkeit (bei bekannter Keimbildungsgeschwindigkeit!) gestattet somit die Ermittelung des fünften Parameters Φ, der ein Maß für den Abbruch zwischen zwei ungleichen Radikalen darstellt, verglichen mit dem Abbruch zwischen gleichartigen Radikalen.

Für solche Monomerenpaare, bei denen einer der beiden Parameter r sehr klein und daher nicht mit hinreichender Genauigkeit bestimmbar ist, z. B. für Styrol-Vinylacetat, kann auch Φ nicht aus der Polymerisationsgeschwindigkeit nach Gl. (136a) ermittelt werden. Wenn $r_2 = 0$, kann aber Gl. (136a) durch

$$-\frac{d([M_1] + [M_2])}{dt} = \left([M_1] + \frac{2}{r_1}[M_2]\right)\frac{v_s^{1/2}}{\delta_1} \tag{138}$$

ersetzt werden. Gl. (138) ist als gute Näherung für die Polymerisationsgeschwindigkeit für alle Mischungsverhältnisse außer für solche, die nur wenig M_1 enthalten, anzusehen [105].

Die Integration von Gl. (136a) wurde für den speziellen Fall $\Phi = 1$ [72] und auch für den allgemeinen Fall [23] durchgeführt. Praktische Bedeutung dürften diese Formeln aber kaum gewinnen, denn, abgesehen von ihrer Kompliziertheit, ist die Bestimmung der Polymerisationsgeschwindigkeit aus einem größeren Umsatzintervall schon deshalb nicht ratsam, weil bei vielen Monomeren die Geschwindigkeitskonstanten der Abbruchsreaktion mit zunehmendem Umsatz kleiner werden, ein Umstand, der bei Integration von Gl. (136a) nicht berücksichtigt ist.

Von den in Gl. (136a) vorkommenden Konstanten sind drei, nämlich r_1, r_2 und Φ charakteristisch für die Mischung, d. h. für Reaktionen, die nur in Monomeren-*Gemischen* auftreten. Der Einfluß, den diese drei Konstanten auf die Geschwindigkeit der Mischpolymerisation haben, geht aus Abb. 28 hervor. Nach den weiter unten besprochenen Ergebnissen ist Φ im allgemeinen größer als 1, d. h. der Abbruch zwischen ungleichen Radikalen ist cet. par. rascher als zwischen gleichartigen. Der Einfluß von Φ allein besteht somit darin, daß durch den Zusatz eines zweiten Monomeren die Polymerisationsgeschwindigkeit herabgesetzt wird (vgl. Abb. 28, Kurve 1). Bei idealer Mischpolymerisation mit r-Werten, die von 1 stark verschieden sind, wird dieser Effekt noch dadurch gesteigert, daß der Einfluß der beiden Parameter r im gleichen Sinne wirkt (vgl. Abb. 28, Kurve 2).

Ein typisches Beispiel für einen solchen Fall ist das Paar Styrol-Vinylacetat [105]. Styrol-Moleküle werden, wie bereits erwähnt, in diesem Gemisch bevorzugt an Radikale angelagert; dadurch entstehen aber Styrol-Radikale, die wiederum wesentlich reaktionsträger sind als Vinylacetat-Radikale (vgl. Tab. 22, S. 183). Ein Zusatz von 2% Styrol bewirkt bereits, daß die Polymerisationsgeschwindigkeit um den Faktor $\sim$ 50 gegenüber der des reinen Vinylacetat herabgesetzt wird. Umgekehrt verringert aber auch Vinylacetat die an sich kleinere Polymerisationsgeschwindigkeit des reinen Styrols,

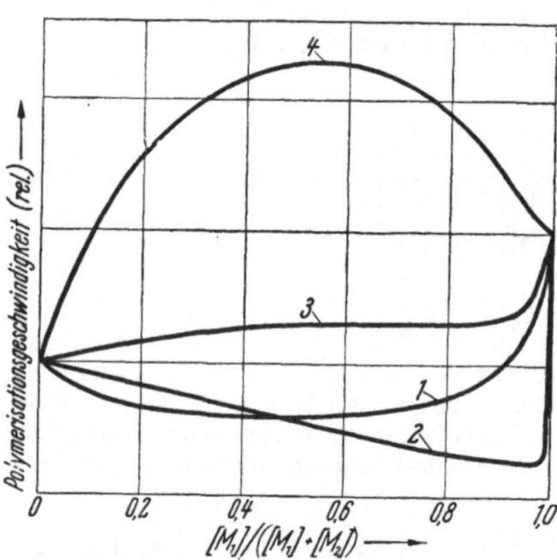

Abb. 28. Polymerisationsgeschwindigkeit in Abhängigkeit von der Zusammensetzung des Monomerengemisches bei verschiedenen Werten der Mischpolymerisations-Parameter. (Berechnet nach Gl. (136a) mit $v_s =$ const, $\delta_1/\delta_2 = 0,5$, $\Phi = 10$ und $r_1 = r_2 = 1$ (Kurve 1), $r_1 = 0,1$, $r_2 = 10$ (Kurve 2), $r_1 = r_2 = 0,3$ (Kurve 3), $r_1 = r_2 = 0,1$ (Kurve 4).

weil das reaktionsträgere Vinylacetat sozusagen als inertes Verdünnungsmittel wirkt. Kurve 2 (Abb. 28) ist typisch für diese Art von Monomerengemischen.

Mit zunehmender Tendenz zur Alternierung wird die Geschwindigkeit der Wachstumsreaktion im Gemisch gegenüber der Reinpolymerisation erhöht; die gesteigerte Wachstumsgeschwindigkeit und die erhöhte Abbruchsgeschwindigkeit im Gemisch wirken nun gegeneinander. Wenn $r_1 \cdot r_2 \sim 1/\Phi$, kompensieren sich beide Wirkungen etwa (Abb. 28, Kurve 3). Bei sehr kleinen Werten des Produktes $r_1 \cdot r_2$ ist die Polymerisationsgeschwindigkeit im Gemisch erheblich größer als die der beiden Reinpolymerisationen, da die Steigerung der Wachstumsreaktion die der Abbruchsreaktion überwiegt (Abb. 28, Kurve 4). Ein solcher Verlauf der Polymerisationsgeschwindigkeit ist typisch für ein Gemisch von Monomeren, die allein nur sehr langsam polymerisieren, aber eine ausgesprochene Tendenz zur Mischpolymerisation zeigen, z. B. Allylacetat-Maleinsäureanhydrid [20].

Die wesentliche Voraussetzung für eine experimentelle Bestimmung von Φ mit Hilfe von Gl. (136a) ist, daß die Geschwindigkeit der Keimbildung sowie δ_1 und δ_2 bekannt sind *. WALLING[105] hat deshalb die Mischpolymerisationsgeschwindigkeit unter Verwendung von 2-Azo-bisisobutylnitril als Beschleuniger gemessen (vgl. S. 103) und findet

für Styrol-Methylmethacrylat $\Phi = 50$

und für Styrol-Methylacrylat $\Phi = 13,$

d. h. die Abbruchsreaktion zwischen zwei ungleichen Radikalen verläuft wesentlich rascher als die zwischen gleichartigen Radikalen. MELVILLE und VALENTINE[74] verwenden zur Radikalbildung den photochemischen Zerfall von Benzoylperoxyd und bestimmen die Keimbildungsgeschwindigkeit als Quotient aus Polymerisationsgeschwindigkeit und Polymerisationsgrad. Diese Methode setzt voraus, daß keine Kettenübertragung auftritt und der Abbruch durch Disproportionierung und nicht durch Kombination der beiden reagierenden Radikale erfolgt. Es läßt sich zeigen, daß die bei Styrol und Methylmethacrylat tatsächlich auftretende Kettenübertragung das Resultat kaum über die experimentelle Fehlergrenze hinaus beeinflussen kann. Dagegen scheint die beobachtete „Keimbildungsgeschwindigkeit" darauf hinzuweisen, daß *Kombination* von aktiven Polymeren als Abbruch eine Rolle spielt. Der Quotient $v_{\mathrm{Br}}/\overline{P}$ ändert sich nämlich nicht linear mit der Zusammensetzung des Monomerengemisches. Eine Deutungsmöglichkeit dieses Verhaltens wäre die, daß *gleichartige Radikale durch Disproportionierung desaktiviert werden, ungleichartige dagegen kombinieren.* Bei Berücksichtigung dieser Tatsache folgt aus den Versuchen von MELVILLE und VALENTINE $\Phi = 30$ für Styrol-Methylmethacrylat, während für den Fall, daß alle Radikale durch Disproportionierung desaktiviert werden, $\Phi = 14$ wäre. Der erste Wert liegt näher bei dem von WALLING gefundenen. (Da WALLING die Keimbildungsgeschwindigkeit nicht mit Hilfe des Polymerisationsgrades bestimmt, ist sein Wert für Φ selbstverständlich unabhängig davon, ob Kombination auftritt oder nicht.)

Bei anderen Monomerenpaaren wurde, soweit überhaupt auswertbare Messungen von Mischpolymerisationsgeschwindigkeiten bisher vorliegen, ebenfalls $\Phi > 1$ gefunden[17a, 18, 67, 74]**.

Soweit man aus einem so wenig umfangreichen experimentellen Material überhaupt allgemeine Schlüsse ziehen darf, scheint also die Reaktion zwischen zwei ungleichen Radikalen cet. par. rascher zu verlaufen als zwischen zwei gleichartigen, wobei als weiterer Unterschied dazu kommen könnte, daß ungleichartige Radikale im Gegensatz zu gleichartigen durch Kombination desaktiviert werden. Die bevorzugte Kombination ungleichartiger Radikale tritt auch bei anderen Reaktionen

---

* Angaben über die Polymerisationsgeschwindigkeit von Monomerengemischen [27,57,64,77,89] sind daher für eine kinetische Auswertung unbrauchbar, solange nicht die Geschwindigkeit der Startreaktion ebenfalls bekannt ist.

** GINDIN, ABKIN und MEDWEDEW[41] haben auch die Polymerisationsgeschwindigkeit von Butadien-Acrylnitril gemessen. Gegen diese Arbeit sind aber sowohl in experimenteller als auch in kinetischer Hinsicht berechtigte Einwände erhoben worden[67].

auf (siehe dazu [21] und die dort angegebene Literatur). Man kann in dieser Bevorzugung des ungleichartigen Partners eine Parallele zur alternierenden Wachstumsreaktion sehen und annehmen, daß in beiden Fällen ähnliche Effekte, nämlich polare Eigenschaften des Reaktionspartners oder Donator-Acceptor-Wechselwirkung eine Rolle spielen.

Die Kenntnis aller in Gl. (136a) vorkommenden Konstanten für das Monomeren-Paar Styrol-Methylmethacrylat gestattet nun, auch die Geschwindigkeit der Startreaktion für ein bestimmtes Gemisch dieser beiden Monomeren aus der Polymerisationsgeschwindigkeit zu berechnen. Dies ist besonders interessant für die thermische Mischpolymerisation, bei der die Keimbildung durch bimolekulare Reaktion zweier Monomerer erfolgt. Von den Geschwindigkeitskonstanten der drei Startreaktionen:

$$M_1 + M_1 \longrightarrow {}^*M_1 M_1^* \qquad k_{s11} [M_1]^2$$
$$M_2 + M_2 \longrightarrow {}^*M_2 M_2^* \qquad k_{s22} [M_2]^2 \qquad (139)$$
$$M_1 + M_2 \longrightarrow {}^*M_1 M_2^* \qquad k_{s12} [M_1] [M_2]$$

sind zwei von den beiden Reinpolymerisationen her bekannt (vgl. S. 110). Die dritte k_{s12} kann daher aus der Geschwindigkeit der Mischpolymerisation berechnet werden.

WALLING[105] fand auf diese Weise im Mittel von drei Versuchen $k_{s12}/k_{s11} = 2{,}8$, d. h. die Keimbildung zwischen einem Styrol- und einem Methylmethacrylat-Molekül ist cet. par. 2,8mal rascher als zwischen zwei Styrolmolekülen. Auch hier findet man also wieder die Reaktion zwischen den ungleichen Partnern bevorzugt. Nach WALLING soll daher auch bei der thermischen Keimbildung, ebenso wie bei der alternierenden Wachstumsreaktion, die Resonanzenergie des durch Übertritt eines Elektrons entstehenden Übergangskomplexes (s. S. 194) die Aktivierungsenergie herabsetzen. Daß die thermische Keimbildung im reinen Styrol um mehrere Zehnerpotenzen rascher ist als die von Methylmethacrylat (bei anderen Monomeren ist eine rein thermische Keimbildung überhaupt noch nicht beobachtet worden; vgl. S. 95), soll weiter dadurch erklärt werden, daß Styrol sowohl als Elektronen-Donator als auch als -Acceptor fungieren kann. Dabei wurde aber offenbar übersehen, daß der große Unterschied der Geschwindigkeitskonstanten für die thermische Keimbildung in Styrol und Methylmethacrylat nicht durch eine entsprechend kleinere Aktivierungsenergie, sondern vor allem durch einen sehr viel größeren Häufigkeits-Faktor beim Styrol zustande kommt (vgl. S. 110).

Kettenübertragung bei Mischpolymerisation.

Bei Ableitung von Gl. (111) wurden als mögliche Reaktionen zwischen einem Radikal und einem Monomeren-Molekül nur die 4 Wachstumsreaktionen berücksichtigt. Bei Kettenübertragung durch das Monomere kommen dazu noch vier analoge Übertragungsreaktionen in

Konkurrenz zu den Wachstumsreaktionen:

$$\begin{aligned}
\dot{M}_1 + M_1 &\longrightarrow P + \dot{M}_1 \\
\dot{M}_1 + M_2 &\longrightarrow P + \dot{M}_2 \\
\dot{M}_2 + M_1 &\longrightarrow P + \dot{M}_1 \\
\dot{M}_2 + M_2 &\longrightarrow P + \dot{M}_2 \;.
\end{aligned} \qquad (140)$$

Definiert man ε als das Verhältnis der Geschwindigkeitskonstanten einer dieser Übertragungsreaktionen zu der der entsprechenden Wachstumsreaktion:

$$\begin{aligned}
\varepsilon_{11} &= k_{\ddot{u}11}/k_{w11} \\
\varepsilon_{12} &= k_{\ddot{u}12}/k_{w12} \\
\varepsilon_{22} &= k_{\ddot{u}22}/k_{w22} \\
\varepsilon_{21} &= k_{\ddot{u}21}/k_{w21} \,,
\end{aligned} \qquad (141)$$

so erhält man unter sonst gleichen Voraussetzungen an Stelle von Gl. (111) den Ausdruck[72]:

$$\frac{d\,[M_1]}{d\,[M_2]} = \frac{[M_1]}{[M_2]} \; \frac{r_1\left(\dfrac{1+\varepsilon_{11}}{1+\varepsilon_{12}}\right)[M_1] + [M_2]}{[M_1] + r_2\left(\dfrac{1+\varepsilon_{22}}{1+\varepsilon_{21}}\right)[M_2]} \,. \qquad (142)$$

Solange der Polymerisationsgrad des gebildeten Mischpolymerisats groß ist — und dies war eine ausdrückliche Voraussetzung bei der Ableitung von Gl. (111) und daher auch von Gl. (142) —, ist $\varepsilon \ll 1$. Es ist daher anzunehmen, daß die Faktoren $(1 + \varepsilon_{11})/(1 + \varepsilon_{12})$ und $(1 + \varepsilon_{22})/(1 + \varepsilon_{21})$ praktisch nicht ins Gewicht fallen, und daß die mit Hilfe von Gl. (111) experimentell bestimmten r-Werte das reine Verhältnis der Geschwindigkeitskonstanten der Wachstumsreaktion wiedergeben, auch dann, wenn (in nicht zu großem Ausmaß) eine Kettenübertragung durch das Monomere erfolgt.

Kettenübertragung durch Lösungsmittel oder Regler bei Mischpolymerisation kann formal wie die Übertragung bei Reinpolymerisation behandelt werden (vgl. S. 130). In den Gleichungen für den Verbrauch des Reglers im Verhältnis zu dem des Monomeren [Gl. (101), S. 131] bzw. für den mittleren Polymerisationsgrad [Gl. (100), S. 130] ist aber an Stelle der Übertragungskonstanten eine „*Übertragungsfunktion*" einzusetzen, die außer von den Übertragungskonstanten der einzelnen Monomeren C_1 und C_2 auch von deren Konzentration und von den Parametern r_1 und r_2 abhängt. Der explizite Ausdruck für diese Funktion für ein binäres Gemisch wurde zuerst von SMITH [in formaler Anlehnung an Gl. (101), S. 131] abgeleitet und auch experimentell bestätigt[94]; danach ist die Übertragungsfunktion C gegeben durch

$$\frac{d \ln [L]}{d \ln ([M_1] + [M_2])} \equiv C = \frac{r_1\,C_1\,M_1 + r_2\,C_2\,M_2}{r_1\,M_1^2 + 2\,M_1 M_2 + r_2\,M_2^2}\,, \qquad (143)$$

wobei M_1 und M_2 hier die Molenbrüche der beiden Monomeren im Monomeren-Gemisch bedeuten. Die später von ALFREY und HARDY[9] [in formaler Anlehnung an Gl. (100), S. 130] abgeleitete Funktion K entspricht, wie sich durch Umformen der Ausdrücke leicht zeigen läßt, genau der Übertragungsfunktion C nach Gl. (143).

Der individuelle Aufbau
der Makromoleküle eines Mischpolymerisates.

Die Mischpolymerisations-Gleichung liefert — darauf wurde schon hingewiesen — nicht die tatsächliche Zusammensetzung der einzelnen Makromoleküle, sondern einen statistischen Mittelwert für sehr viele solcher Moleküle. Die Streuung der Zusammensetzung der einzelnen, innerhalb eines kleinen Umsatz-Intervalls gebildeten Moleküle um diesen Mittelwert ist um so geringer, je größer der Polymerisationsgrad; außerdem ist die Streuung bei stark alternierenden Mischpolymerisaten kleiner als bei idealer. SIMHA und BRANSON[90] haben für die Verteilungsfunktion der Zusammensetzung allgemeine Formeln abgeleitet, die dann von STOCKMAYER[96] durch Einführung einer Abweichung von der mittleren Verteilung und näherungsweisen Berechnung der Summen-Ausdrücke auf eine handlichere Form gebracht wurden. Auf eine Wiedergabe dieser Rechnungen und der Endformeln kann unter Hinweis auf die Originalarbeiten verzichtet werden, zumal eine experimentelle Ermittlung dieser Verteilungsfunktion vorläufig kaum möglich sein dürfte. Interessant in diesem Zusammenhang ist lediglich die Frage, von welcher Größenordnung diese Streuung der Zusammensetzung im allgemeinen ist, bzw. wann mit einer größeren Breite der Streuung zu rechnen sein wird. Für eine solche Abschätzung gilt, daß die Zusammensetzung von rund 90 Gew.-% des Mischpolymerisates von der nach Gl. (111) berechneten mittleren Zusammensetzung $p_0 = \dfrac{m_1}{m_1 + m_2}$ bzw. $q_0 = \dfrac{m_2}{m_1 + m_2}$ um nicht mehr als

$$\Delta < (2\, p_0\, q_0\, \varkappa / \overline{P})^{\frac{1}{2}}$$
$$\left(\text{mit } \varkappa = \frac{(r_1\, [M_1] + r_2\, [M_2])^2}{r_1\, [M_1]^2 + 2\, [M_1]\, [M_2] + r_2\, [M_2]^2} \right) \tag{144}$$

abweicht.

Um ein einfaches Zahlenbeispiel anzugeben: Für ein Mischpolymerisat aus einem äquimolekularen Gemisch zweier Monomerer mit den Parametern $r_1 = r_2 = 1$ und dem Polymerisationsgrad $\overline{P} = 100$, ist die mittlere Zusammensetzung gleich 0,50, und rund 90 Gew. % dieses Polymerisates haben eine Zusammensetzung zwischen 0,43 und 0,57; für $\overline{P} = 1000$ sind die Grenzen 0,478 und 0,522 und für $\overline{P} = 10000$ 0,497 und 0,503. Es sei noch bemerkt, daß $\overline{P}$ hier an Stelle der kinetischen Kettenlänge gesetzt ist, was zu berücksichtigen ist, wenn sich diese beiden Größen infolge Kettenübertragung unterscheiden.

Größeres Interesse als die Abweichung der Zusammensetzung der einzelnen Makromoleküle von der mittleren Zusammensetzung des Mischpolymerisates können unter Umständen die Schwankungen im Aufbau eines einzelnen Makromoleküls entlang seiner Kette beanspruchen. Während bei streng alternierenden Monomeren wegen des regelmäßigen Wechsels der beiden Monomeren

$$\text{---} A\,B\,A\,B\,A\,B\,A\,B$$

solche Schwankungen nicht zu erwarten sind, ist bei idealer Mischpolymerisation die Reihenfolge der Monomeren innerhalb einer Kette statistisch verteilt:

$$\text{---} A\,B\,A\,A\,B\,B\,B\,A \quad \text{oder} \quad \text{---} B\,A\,A\,A\,B\,B\,A\,B \quad \text{usw.}$$

Die Wahrscheinlichkeit dafür, daß in einem Mischpolymerisat Folgen einer bestimmten Anzahl von Einheiten des einen Monomeren auftreten, kann folgendermaßen berechnet werden[5] (siehe auch[98,100]): Die Wahrscheinlichkeit für das Eintreten jeder der 4 Wachstumsreaktionen ist

$$W_{11} = r_1\,[M_1]/(r_1\,[M_1] + [M_2])$$
$$W_{12} = [M_2]/(r_1\,[M_1] + [M_2])$$
$$W_{22} = r_2\,[M_2]/([M_1] + r_2\,[M_2])$$
$$W_{21} = [M_1]/([M_1] + r_2\,[M_2]).$$

$$\tag{145}$$

Die Wahrscheinlichkeit dafür, daß eine Folge von genau n M_1-Einheiten entsteht, d. h. daß ein aktives Polymeres genau n mal hintereinander ein Molekül von M_1 anlagert, ist dann gegeben durch:

$$W_1\,(n) = W_{11}^{(n-1)}\,W_{12} \tag{146}$$

und ebenso für eine Folge von n M_2-Einheiten

$$W_2\,(n) = W_{22}^{(n-1)}\,W_{12}. \tag{146a}$$

Die Ausdrücke, die man durch Einsetzen von Gl. (145) in Gl. (146) bzw. (146a) erhält, sind (bis auf einen Normierungsfaktor) auch gleichzeitig die Verteilungsfunktionen der M_1- und M_2-Folgen. Als Mittelwert für die Längen der Folgen erhält man:

$$\bar{n}_1 = \sum_1^\infty n\,W_{11}^{(n-1)}\,W_{12} / \sum_1^\infty W_{11}^{(n-1)}\,W_{12} = 1/W_{12} = (r_1\,[M_1] + [M_2])/[M_2]$$

$$\bar{n}_2 = \sum_1^\infty n\,W_{22}^{(n-1)}\,W_{21} / \sum_1^\infty W_{22}^{(n-1)}\,W_{12} = 1/W_{21} = ([M_1] + r_2\,[M_2])/[M_1].$$

$$\tag{147}$$

Aus Gl. (147) und Gl. (111) folgt weiter, daß — wie es selbstverständlich sein muß —

$$\bar{n}_1/\bar{n}_2 = d\,[M_1]/d\,[M_2] = m_1/m_2\,. \tag{148}$$

Die Verteilungsfunktion für die Folgen-Längen wurde auch für den Fall, daß nicht nur die Endgruppe, sondern auch noch die vorletzte Einheit der Kette einen Einfluß auf die Reaktionsfähigkeit des aktiven Polymeren ausübt, abgeleitet[75]. Hier ergibt sich vielleicht eine Möglichkeit, experimentell zu prüfen, ob ein solcher Einfluß vorliegt oder nicht[*]. Das Ausmaß gewisser intramolekularer Reaktionen des Polymeren, z. B. die Dechlorierung von Vinylchlorid-Mischpolymeren oder die Lakton-Bildung nach Verseifung der Mischpolymerisate von Vinylacetat mit Acrylsäureestern, hängt von der Länge der Folgen ab. Die mathematische Behandlung derartiger Reaktionen im Zusammenhang mit der Länge der Folgen wurde durchgeführt[13, 52, 75]; entsprechende experimentelle Untersuchungen sind aber bisher nicht mitgeteilt worden.

---

[*] Die mittlere Zusammensetzung der Mischpolymerisate, hat wie Seite 171 erwähnt, bisher keinen Anhaltspunkt dafür geboten.

Der mittlere Polymerisationsgrad und die Verteilungsfunktion des Polymerisationsgrades wurde in grundsätzlich gleicher Weise berechnet [90, 73, 96], wie für Reinpolymerisation geschildert (vgl. S. 69 ff.). Eine praktische Anwendung, durch experimentelle Bestimmung der Molgewichtsverteilung von Mischpolymerisaten ist bisher nicht erfolgt.

Literatur.

[1] AGRON, P., T. ALFREY jr., J. BOHRER, H. HAAS u. H. WECHSLER: J. Polym. Sci. 3, 157 (1948).
[2] ALFREY, T. jr., L. AROND u. C. G. OVERBERGER: J. Polym. Sci. 4, 539 (1949).
[3] ALFREY, T. jr., u. W. H. EBELKE: J. Amer. chem. Soc. 71, 3235 (1949).
[4] ALFREY, T. jr., A. I. GOLDBERG u. W. P. HOHENSTEIN: J. Amer. chem. Soc. 68, 2464 (1946).
[5] ALFREY, T. jr., u. G. GOLDFINGER: J. chem. Phys. 12, 205 (1944).
[6] ALFREY, T. jr., u. G. GOLDFINGER: J. chem. Phys. 12, 322 (1944).
[7] ALFREY, T. jr., u. G. GOLDFINGER: J. chem. Phys. 14, 115 (1946).
[8] ALFREY, T. jr., u. S. GREENBERG: J. Polym. Sci. 3, 297 (1948).
[9] ALFREY, T. jr., u. V. HARDY: J. Polym. Sci. 3, 500 (1948).
[10] ALFREY, T. jr., u. J. G. HARRISON jr.: J. Amer. chem. Soc. 68, 299 (1946).
[11] ALFREY, T. jr., u. S. L. KAPUR: J. Polym. Sci. 4, 215 (1949).
[12] ALFREY, T. jr., u. E. LAVIN: J. Amer. chem. Soc. 67, 2044 (1945).
[13] ALFREY, T. jr., C. LEWIS u. B. MAGEL: J. Amer. chem. Soc. 71, 3793 (1949).
[14] ALFREY, T. jr., F. R. MAYO u. F. T. WALL: J. Polym. Sci. 1, 581 (1946).
[15] ALFREY, T. jr., E. MERZ u. H. MARK: J. Polym. Sci. 1, 37 (1946).
[16] ALFREY, T. jr., u. C. C. PRICE: J. Polym. Sci. 2, 101 (1947).
[17] ALFREY, T. jr., u. H. WECHSLER: J. Amer. chem. Soc. 70, 4266 (1948).
[17a] ARLMAN, E. J., u. H. W. MELVILLE: Proc. roy. Soc. Lond. A 203, 301 (1930).
[18] ARLMAN, E. J., H. W. MELVILLE u. L. VALENTINE: Rec. Trav. chim. Pays-Bas et Belg. (Amsterd.) 68, 945 (1949).
[19] BAMFORD, C. H., u. M. J. S. DEWAR: J. chem. Phys. 17, 1188 (1949).
[20] BARTLETT, P. D., u. K. NOZAKI: J. Amer. chem. Soc. 68, 1495 (1946).
[21] BARTLETT, P. D., u. K. NOZAKI: J. Amer. chem. Soc. 69, 2299 (1947).
[22] BRANSON, H., u. R. SIMHA: J. chem. Phys. 11, 297 (1943).
[22a] BREITENBACH, J. W., A. SCHINDLER u. CH. PFLUG: Mh. Chem. 81, 21 (1950).
[23] DE BUTTS, E. H.: J. Amer. chem. Soc. 72, 411 (1950).
[24] CHAPIN, E. C., G. E. HAM u. R. G. FORDYCE: J. Amer. chem. Soc. 70, 538 (1948).
[25] CHAPIN, E. C., G. E. HAM u. C. L. MILLS: J. Polym. Sci. 4, 597 (1949).
[26] COHEN, S. G., u. D. B. SPARROW: J. Polym. Sci. 3, 693 (1948).
[27] CONN, W. R., u. H. T. NEHER: J. Polym. Sci. 5, 355 (1950).
[28] DOAK, K. W.: J. Amer. chem. Soc. 70, 1525 (1948).
[28a] DOAK, K. W.: J. Amer. chem. Soc. 72, 4681 (1950).
[29] DOSTAL, H.: Mh. Chem. 69, 424 (1936).
[30] EVANS, A. G., u. M. POLANYI: Nature (Lond.) 152, 738 (1943).
[31] EVANS, M. G.: Disc. Faraday Soc. 2, 271 (1947).
[32] EVANS, M. G., J. GERGELY u. E. C. SEAMAN: J. Polym. Sci. 3, 866 (1948).
[33] FINEMAN, M., u. S. D. ROSS: J. Polym. Sci. 5, 259 (1950).
[34] FORDYCE, R. G.: J. Amer. chem. Soc. 69, 1903 (1947).
[35] FORDYCE, R. G., u. E. C. CHAPIN: J. Amer. chem. Soc. 69, 581 (1947).
[36] FORDYCE, R. G., E. C. CHAPIN u. G. E. HAM: J. Amer. chem. Soc. 70, 2489 (1948).
[37] FORDYCE, R. G., u. G. E. HAM: J. Amer. chem. Soc. 69, 695 (1947).
[38] FOSTER, F. C.: J. Polym. Sci. 5, 369 (1950).
[39] FRANK, R. L., C. E. ADAMS, J. R. BLEGEN, P. V. SMITH, A. E. JUVE, C. H. SCHROEDER u. M. M. GOFF: Ind. Eng. Chem. 40, 420 (1948).
[40] FUOSS, R. M., u. G. I. CATHERS: J. Polym. Sci. 4, 97 (1949).
[41] GINDIN, L., A. ABKIN u. S. MEDWEDEW: J. phys. Chem. URSS 21, 1269 (1947).

[42] GOLDFINGER, G., u. T. KANE: J. Polym. Sci. **3**, 462 (1948).
[43] GOLDFINGER, G., u. M. STEIDLITZ: J. Polym. Sci. **3**, 786 (1948).
[44] DE HAES, L., u. G. SMITH: Erscheint in Bull. Soc. chim. Belg. (zitiert in [67]).
[45] HAMMETT, L. P.: Phys. Org. Chem. Kap. VII. New York a. London: McGraw-Hill Book Company Inc. 1940.
[46] HART, R., u. G. SMETS: J. Polym. Sci. **5**, 55 (1950).
[47] HENNERY-LOGAN, K. R. u. R. V. V. NICHOLLS: Erscheint in Canad. J. Res. (zitiert in [67]).
[49] JENKEL, E.: Z. phys. Chem. A **190**, 24 (1942).
[50] LAITINEN, H. A., F. A. MILLER u. T. D. PARKS: J. Amer. chem. Soc. **69**, 207 (1947).
[51] LEONHARD, F., W. P. HOHENSTEIN u. E. MERZ: J. Amer. chem. Soc. **70**, 1283 (1948).
[52] LEWIS, C., u. H. HAAS: J. Polym. Sci. **4**, 665 (1949).
[53] LEWIS, F. M., u. F. R. MAYO: J. Amer. chem. Soc. **70**, 1533 (1948).
[54] LEWIS, F. M., F. R. MAYO u. W. F. HULSE: J. Amer. chem. Soc. **67**, 1701 (1945).
[55] LEWIS, F. M., C. WALLING, W. CUMMINGS, E. R. BRIGGS u. F. R. MAYO: J. Amer. chem. Soc. **70**, 1519 (1948).
[56] LEWIS, F. M., C. WALLING, W. CUMMINGS, E. R. BRIGGS u. W. J. WENISCH: J. Amer. chem. Soc. **70**, 1527 (1948).
[57] MACLEAN, D. B., H. MORTON u. R. V. V. NICHOLLS: Ind. Eng. Chem. **41**, 1622 (1949).
[58] MARK, H.: Angew. Chem. **61**, 313 (1949).
[59] MARVELL, C. S., W. J. BAILEY u. G. E. INSKEEP: J. Polym. Sci. **1**, 275 (1946).
[60] MARVEL, C. S. et al.: Ind. Eng. Chem. **40**, 2371 (1948).
[61] MARVEL, C. S. et al.: Ind. Eng. Chem. **39**, 1486 (1947).
[62] MARVEL, C. S. et al.: J. Amer. chem. Soc. **64**, 2356 (1942).
[63] MARVEL, C. S., u. G. L. SCHERTZ: J. Amer. chem. Soc. **65**, 2057 (1943); **66**, 2135 (1944).
[64] MAYO, F. R., u. F. M. LEWIS: J. Amer. chem. Soc. **66**, 1594 (1944).
[65] MAYO, F. R., F. M. LEWIS u. C. WALLING: Disc. Faraday Soc. **2**, 285 (1947).
[66] MAYO, F. R., F. M. LEWIS u. C. WALLING: J. Amer. chem. Soc. **70**, 1529 (1948).
[67] MAYO, F. R., u. C. WALLING: Chem. Reviews **46**, 191 (1950).
[68] MAYO, F. R., C. WALLING, F. M. LEWIS u. W. F. HULSE: J. Amer. chem. Soc. **70**, 1523 (1948).
[69] MAYO, F. R., u. K. E. WILZBACH: J. Amer. chem. Soc. **71**, 1124 (1949).
[70] MCBEE, E. T., H. M. HILL u. G. B. BACHMAN: Ind. Eng. Chem. **41**, 70 (1949).
[71] MEEHAN, E. J.: J. Polym. Sci. **1**, 318 (1946).
[72] MELVILLE, H. W., B. NOBLE u. W. F. WATSON: J. Polym. Sci. **2**, 229 (1947).
[73] MELVILLE, H. W., B. NOBLE u. W. F. WATSON: J. Polym. Sci. **4**, 629 (1949).
[74] MELVILLE, H. W., u. L. VALENTINE: Proc. roy. Soc. Lond. **200**, 37, 358 (1950).
[75] MERZ, E., T. ALFREY jr. u. G. GOLDFINGER: J. Polym. Sci. **1**, 75 (1946).
[76] MITCHEL, J. M., u. H. L. WILLIAMS: Canad. J. Res. **27** F, 35 (1949).
[77] NORRISH, R. G. W., u. E. F. BROOKMAN: Proc. roy. Soc. Lond. A **171**, 147 (1939).
[78] NORRISH, R. G. W., u. E. F. BROOKMAN: Proc. roy. Soc. Lond. A **163**, 205 (1939).
[79] NOZAKI, K.: J. Polym. Sci. **1**, 455 (1946).
[79a] OVERBERGER, C. G., D. E. BALDWIN u. H. P. GREGOR: J. Amer. chem. Soc. **72**, 4864 (1950).
[80] PRICE, C. C.: J. Polym. Sci. **1**, 83 (1946).
[81] PRICE, C. C.: Mechanisms of Reactions at Carbon-Carbon Double Bonds. Interscience, New York 1946.
[82] PRICE, C. C.: Disc. Faraday Soc. **2**, 304 (1947).
[83] PRICE, C. C.: J. Polym. Sci. **3**, 772 (1948).
[84] PRICE, C. C., u. J. ZOMLEFER: J. Amer. chem. Soc. **72**, 14 (1950).
[85] PROBER, M.: J. Amer. chem. Soc. **72**, 1036 (1950).
[86] REINHARDT, R. C.: Ind. Eng. Chem. **35**, 422 (1943).
[87] RUGELEY, E. W., T. A. FIELD jr. u. G. H. FREMON: Ind. Eng. Chem. **40**, 1724 (1948).

[88] SCHULZE, W. A., u. W. W. CROUCH: J. Amer. chem. Soc. **74**, 3891 (1948).

[89] SEYMOUR, R. B., F. F. HARRIS u. J. BANUM jr.: Ind. Eng. Chem. **41**, 1509 (1949).

[90] SIMHA, R., u. H. BRANSON: J. chem. Phys. **12**, 253 (1944).

[91] SIMHA, R., u. L. A. WALL: J. Res. Natl. Bur. Standards **41**, 521 (1948).

[92] SKEIST, I.: J. Amer. chem. Soc. **68**, 1781 (1946).

[93] SMETS, G., u. A. RECKENS: Rec. Trav. chim. Pays-Bas et Belg. (Amsterd.) **68**, 983 (1949).

[94] SMITH, W. V.: J. Amer. chem. Soc. **68**, 2069 (1946).

[95] STAUDINGER, H., u. J. SCHNEIDER: Ann. **541**, 151 (1939).

[96] STOCKMAYER, W. H.: J. chem. Phys. **13**, 199 (1945).

[97] WAGNER-JAUREGG, T.: Ber. **63**, 3213 (1930).

[98] WALL, F. T.: J. Amer. chem. Soc. **62**, 803 (1940).

[99] WALL, F. T.: J. Amer. chem. Soc. **63**, 1862 (1941).

[100] WALL, F. T.: J. Amer. chem. Soc. **66**, 2050 (1944).

[101] WALL, F. T.: (zitiert in MAYO u. WALLING[67]).

[102] WALL, F. T., R. W. POWERS, G. D. SANDS u. G. S. STENT: J. Amer. chem. Soc. **70**, 1031 (1948).

[103] WALL, L. A.: J. Polym. Sci. **2**, 542 (1947).

[104] WALLING, C.: J. Amer. chem. Soc. **70**, 2561 (1948).

[105] WALLING, C.: J. Amer. chem. Soc. **71**, 1930 (1949).

[106] WALLING, C., u. E. R. BRIGGS: J. Amer. chem. Soc. **67**, 1774 (1945).

[107] WALLING, C., E. R. BRIGGS u. K. B. WOLFSTIRN: J. Amer. chem. Soc. **70**, 1543 (1948).

[108] WALLING, C., E. R. BRIGGS, K. B. WOLFSTIRN u. F. R. MAYO: J. Amer. chem. Soc. **70**, 1537 (1948).

[109] WALLING, C., u. J. A. DAVISON: Erscheint in J. Amer. chem. Soc. (zitiert in[67]).

[110] WALLING, C., u. F. R. MAYO: Disc. Faraday Soc. **2**, 295 (1947).

[111] WALLING, C., u. F. R. MAYO: J. Polym. Sci. **3**, 895 (1948).

[112] WALLING, C., D. SEYMOUR u. K. B. WOLFSTIRN: J. Amer. chem. Soc. **70**, 1544 (1948).

[113] WALLING, C., D. SEYMOUR u. K. B. WOLFSTIRN: J. Amer. chem. Soc. **70**, 2559 (1948).

[114] WEISS, J.: J. chem. Soc. Lond. **1942**, 245.

[115] DE WILDE, M. C., u. G. SMETS: J. Polym. Sci. **5**, 253 (1950).

5. Polymerisation in heterogenen Systemen.

Bei Polymerisationen treten heterogene Systeme auf, wenn die Polymerisation in einem Medium erfolgt, in dem

a) das Polymerisat schwer oder unlöslich ist,

b) das Monomere und das Polymere schwer löslich sind.

Im Falle a) fällt das gebildete Polymere aus, wobei je nach dem Grad der Löslichkeit bzw. Quellbarkeit ein Gel oder ein Niederschlag entsteht. Im allgemeinen werden die polymeren Moleküle eher dazu neigen, Moleküle des Monomeren zu binden, als Moleküle des Lösungsmittels, so daß nach einem gewissen Umsatz das Monomere in zwei Phasen vorliegt: molekulardispers gelöst im Lösungsmittel und gebunden bzw. eingeschlossen in dem gequollenen Polymeren; beide Phasen unterscheiden sich kinetisch wesentlich in der großen bzw. geringen Beweglichkeit und Zugänglichkeit der Moleküle. Zwischen einem guten Lösungsmittel und einem ausgesprochenen Fällungsmittel für das Polymerisat gibt es meist zahlreiche Übergänge, d. h. Lösungsmittel, in denen das Polymerisat zwar nicht ausfällt, in denen aber ähnliche kinetische Effekte auftreten wie in Fällungsmitteln.

Im Falle b) liegt das Monomere in einer getrennten Phase vor, die
für die Durchführung der Polymerisation in kleine Tröpfchen dispergiert
wird. Die Dispergierung erfolgt entweder ohne oder mit Hilfe von (ober-
flächenaktiven) Emulgatoren; man unterscheidet danach Polymerisationen in *Suspension* oder in *Emulsion*. Abgesehen von einem Unterschiede in der Tröpfchengröße [1 bis 10^{-3} cm mittlerer Tröpfchendurch-
messer bei Suspensionen und 10^{-3} bis 10^{-5} cm bei Emulsionen; wahrscheinlich lassen sich noch feinere Suspensionen (siehe z. B. [1]) und
gröbere Emulsionen herstellen, so daß die Bereiche sich sogar teilweise
überschneiden] bestehen zwischen diesen beiden wichtigen Polymeri-
sationstypen sowohl praktisch in der Anwendung und in den Eigenschaften der Produkte, als auch reaktionskinetisch Unterschiede, so daß
die verschiedene Bezeichnung und auch die Behandlung in zwei getrennten Abschnitten gerechtfertigt erscheint.

Polymerisation in Fällungsmitteln.

Polymerisation verschiedener Monomerer (Methylmethacrylat, Vinylidenchlorid, Acrylnitril, Methylacrylat, Styrol) in wäßriger Lösung mit
H_2O_2-Fe^{++} als Beschleuniger verläuft anfangs nach der S. 154 angegebenen Kinetik [3,4,22]. Das Polymerisat fällt aber sofort aus und koaguliert.
Die Polymerisation kommt dann schon bei einem Umsatz von etwa 40%
zum Stillstand [4]. Die Ursache dafür, daß die Polymerisation nicht
weiter verläuft, muß in der Koagulation des Polymeren gesehen werden;
wird diese nämlich durch Zusatz von Emulgatoren verhindert, so geht
die Polymerisation bis nahezu 100% (vgl. S. 220). Wahrscheinlich enthält
das Koagulat des Polymeren auch alles restliche Monomere, so daß die
in der wäßrigen Lösung aus H_2O_2 und Fe^{++} gebildeten Radikale keine
Gelegenheit mehr finden, mit Molekülen des Monomeren unter Keimbildung zu reagieren.

Die Polymerisation von unverdünntem Methylmethacrylat (mit
Benzoylperoxyd) zeigt eine zunehmende Polymerisationsgeschwindigkeit
ab etwa 10—20% Umsatz [70,71]. Dieser Geschwindigkeitsanstieg tritt auf,
wenn die Viscosität des Reaktionsgemisches merklich zugenommen hat,
und ist von einem Temperaturanstieg begleitet; er wurde daher als
Temperatureffekt (infolge ungenügender Ableitung der Polymerisationswärme bei höher viscosem Medium) gedeutet [66]. Diese Deutung konnte
aber durch streng isotherme Reaktionsführung widerlegt werden [72,73].
Eine Klärung wurde durch Polymerisation von Methylmethacrylat in
verschiedenen Verdünnungsmitteln angebahnt [67]. Dabei zeigte sich, daß
die Geschwindigkeitszunahme besonders ausgeprägt in solchen Verdünnungsmitteln auftritt, die Polymethylmethacrylat sehr schlecht
lösen (Fällungsmittel), während in sehr guten Lösungsmitteln der Effekt
nur noch eben erkennbar ist (s. Abb. 29). NORRISH und SMITH [67] sehen
daher die Ursache für die Geschwindigkeitssteigerung in *einer Verminderung der Abbruchsreaktion bei größerer Zähigkeit des Mediums*. Hierfür spricht vor allem auch die Messung der Polymerisationsgrade.
In Substanz steigt der Polymerisationsgrad nach Auftreten der

Beschleunigung an [66, 73, 83]. Abb. 30 zeigt diesen Effekt für die Perlpolymerisation, die in dieser Hinsicht der Substanzpolymerisation völlig analog ist. Die Verteilungsfunktion des Polymerisationsgrades ist bei Polymerisaten, die vor der Beschleunigung ausgefällt wurden, normal, zeigt aber bei später ausgefällten Polymeren deutlich ein zweites Maximum bei höheren Polymerisationsgraden [21, 83]. Bei den in Abb. 29 wiedergegebenen Versuchen mit Verdünnungsmitteln haben die während der beschleunigten Polymerisation ausgefällten Polymerisate in der Reihenfolge 1 bis 10 fallenden Polymerisationsgrad [67]. Offensichtlich geht also der „autokatalytische" Anstieg der Polymerisation parallel mit der Bildung höhermolekularer Polymerer. Es ist sehr leicht einzusehen, daß der Abbruch, sofern er in der gegenseitigen Desaktivierung zweier aktiver Polymerer besteht, durch größere Zähigkeit des Mediums mehr behindert wird als die Wachstumsreaktion. Bei dieser müssen ja nur die relativ leicht beweglichen Moleküle des Monomeren an die aktiven Stellen des Polymeren gelangen, dagegen müssen bei der Abbruchsreaktion zwei verhältnismäßig große Moleküle mit ihren aktiven Stellen in Kontakt kommen. Dies

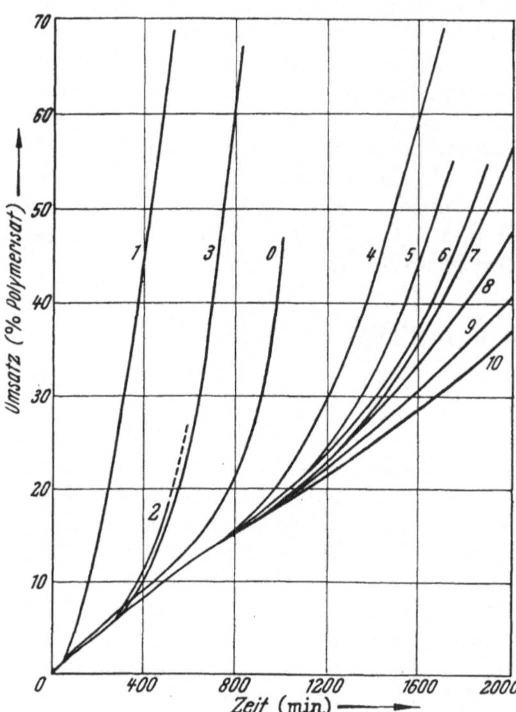

Abb. 29. Polymerisation von Methylmethacrylat (40 Vol.%) in verschiedenen Lösungsmitteln (40° C). (Nach NORRISH und SMITH [67].)

0	unverdünnt	
1	Butylstearat	
2	Heptan	Fällungsmittel für das Polymere
3	Cyclohexan	
4	Amylacetat	
5	n-Amylalkohol	schlechte Lösungsmittel für das Polymere
6	Äthylacetat	
7	Tetrachlorkohlenstoff	
8	Benzol	
9	Chloroform	gute Lösungsmittel für das Polymere
10	Methylenchlorid	

wird nicht nur durch die größere Zähigkeit des Mediums erschwert, welche die Diffusion der Makromoleküle im ganzen behindert, sondern auch durch die geringere innere Beweglichkeit des Polymeren. In sehr guten Lösungsmitteln hat das Makromolekül die Gestalt eines sehr lockeren, vom Lösungsmittel (bzw. Monomeren) durchspülten und leicht beweglichen Knäuels, das durch die Mikro-BROWNsche Bewegung ständig seine Gestalt ändert. In Fällungsmitteln dagegen ist das Makromolekül ein ziemlich festes, kaum durchspültes Knäuel mit sehr geringer innerer Beweglichkeit.

Daß der autokatalytische Anstieg der Polymerisationsgeschwindigkeit in Fällungsmitteln besonders ausgeprägt ist, kann auch noch folgenden Grund haben. Das entstandene Polymere scheidet sich sofort in kolloidaler Form ab und nimmt dabei Monomeres aus der Lösung durch Quellung auf, so daß sich die Polymerisation schon bald überwiegend in den gequollenen Polymerisat-Teilchen abspielt. Dort ist aber die Konzentration des Monomeren wesentlich höher als im Gesamtvolumen. Außer der Viscosität würde demnach auch noch ein Konzentrations-

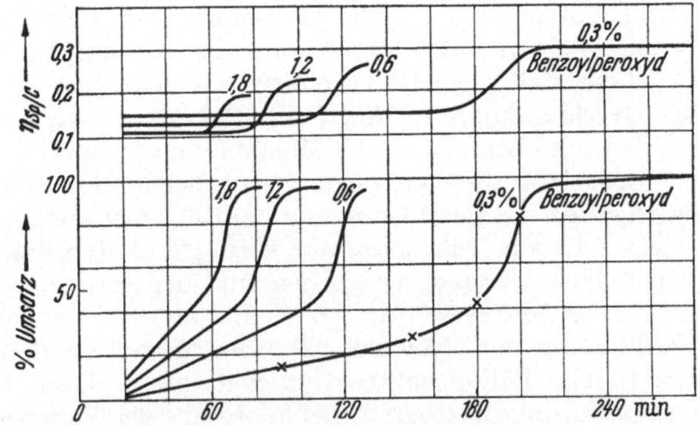

Abb. 30. Polymerisation von Methylmethacrylat in Suspension (70—73° C). Oben: Viscosität der jeweils isolierten Polymerisate. Unten: Umsatz-Zeit-Kurven. (Nach TROMMSDORFF u. Mitarb.[83].)

effekt für die Beschleunigung eine Rolle spielen[73]. Diese Vorstellung leitet unmittelbar zu der für Emulsionspolymerisationen entwickelten über. Auch in Emulsion verläuft die Polymerisation überwiegend in den gequollenen Polymerisat-Teilchen (vgl. S. 217).

Für die Steigerung der Polymerisationsgeschwindigkeit bei gleichzeitiger Erhöhung des Polymerisationsgrades wurde von MELVILLE[15] die Bezeichnung *Gel-Effekt* vorgeschlagen. Daß die eben gegebene Erklärung richtig ist, konnte noch durch andere Ergebnisse bestätigt werden. Zunächst konnte festgestellt werden, daß der Gel-Effekt um so weniger ausgeprägt ist, je geringer der Polymerisationsgrad der zuerst gebildeten Polymeren, d. h. in allen Fällen höherer Keimbildungsgeschwindigkeit (durch größere Beschleuniger-Konzentration[73], größere Lichtintensität[15] oder höhere Temperatur[15, 72, 73]). Ferner konnte TROMMSDORFF zeigen, daß Zusatz einer im übrigen indifferenten Substanz (Cellulosetripropionat), die die Viscosität des Mediums erhöht, den Gel-Effekt erheblich verstärkt[83]. Erfolgt der Abbruch nicht zwischen zwei aktiven Polymeren, sondern durch Reaktion eines aktiven Polymeren mit einem (kleinen) Molekül einer kettenabbrechenden Substanz, so ist der Gel-Effekt erwartungsgemäß wesentlich geringer[73]. Schließlich ergab auch die direkte Messung der einzelnen Geschwindigkeitskonstanten (vgl. S. 117), daß bei Eintreten des Gel-Effektes die Geschwindigkeitskonstante der Abbruchsreaktion kleiner wird, während die der Wachstumsreaktion innerhalb der Versuchsfehler gleich bleibt.

Diese Feststellung wurde zuerst von BURNETT und MELVILLE [14,15] bei Vinylacetat gemacht, konnte aber für dieses Monomere von MATHESON und Mitarbeitern [62] nicht bestätigt werden. Dagegen fanden die Letzteren bei Methylmethacrylat bei einem Umsatz von 33%, bei dem die Polymerisationsgeschwindigkeit bereits auf das 10fache des Anfangswertes gestiegen ist, k_w praktisch unverändert, k_a aber um einen Faktor 100—150 kleiner als zu Beginn der Polymerisation.

Die bisher geschilderten Untersuchungen des Gel-Effektes wurden mit Methylmethacrylat und Vinylacetat angestellt. Bei anderen Monomeren sind analoge Beobachtungen gemacht worden, wobei jedoch das Ausmaß, in dem der Gel-Effekt in Erscheinung tritt, sehr verschieden ist. Bei der Substanzpolymerisation von Acrylsäure und Acrylnitril, deren Polymere im Monomeren nicht löslich sind, ist die Geschwindigkeitssteigerung so stark, daß es meist zu einem wahrhaft explosionsartigen Polymerisationsverlauf kommt. Auch die Polymerisation von Vinylchlorid [5, 54, 23], bei der ebenfalls ein im Monomeren unlösliches Polymerisat gebildet wird, läßt die typischen Kennzeichen des Gel-Effektes erkennen. Dagegen ist die Beschleunigung bei Butylmethacrylat, in dem das Polymerisat sehr gut löslich ist, nur gering [83]. Polymerisation von Methylisopropenylketon ergab, verglichen mit der Substanzpolymerisation, wesentlich größere Geschwindigkeit und höhere Polymerisationsgrade bei Verdünnung mit Cyclohexan [41]. Bei Methylvinylketon führt die Polymerisation in Fällungsmitteln zu höhermolekularen Polymerisaten als in guten Lösungsmitteln, wobei allerdings der Polymerisationsgrad (und die Polymerisationsgeschwindigkeit) in Fällungsmitteln noch immer niedriger ist als cet. par. in Substanz [85]. Die Polymerisation von Vinylidenchlorid ist wegen der sehr geringen Löslichkeit des Polymeren im Monomeren und wegen der Neigung zur Kristallisation des Polymeren ein besonders hervorstechendes Beispiel für eine heterogene Polymerisation dieser Art [15a]; darauf sind die völlig unmöglichen Werte für Aktivierungsenergie und Häufigkeitsfaktor der Wachstums- und der Abbruchsreaktion (vgl. S. 118) zurückzuführen, die mit der üblichen Berechnungsweise erhalten wurden. Es ist aber bemerkenswert, daß diese heterogene Polymerisation trotzdem in der formalen Abhängigkeit von [M], I_{abs} und T, sowie in den Absolutwerten der Geschwindigkeitskonstanten k_w und k_a (bei 25° C) den homogenen Polymerisationen völlig gleicht [15a]. Besonders wenig Neigung für den Gel-Effekt zeigt Styrol. Daß das Molgewicht von Polystyrol bei Polymerisation in einem sehr guten Lösungsmittel (Benzol) und in einem ausgesprochenen Fällungsmittel (Äthylalkohol) praktisch gleich gefunden wurde [53], kann zwar wegen der hohen Polymerisationstemperatur nicht als stichhaltig angesehen werden (die Versuche wurden bei 140—200° C durchgeführt; auch bei Methylmethacrylat verschwindet der Gel-Effekt oberhalb 120° C [83] und bei der Photopolymerisation von Vinylacetat in n-Hexan ist er schon bei 65° C nicht mehr zu beobachten [15]). Bei 60° C und sehr verdünnten Lösungen von Styrol (10%) in Methanol wurde dagegen ein deutlicher, aber sehr schwacher Gel-Effekt beobachtet (s. a. [55]).

Der erhebliche graduelle Unterschied, den die verschiedenen Monomeren in bezug auf den Gel-Effekt zeigen, hängt offenbar nicht allein von der mehr oder weniger guten Löslichkeit des Polymeren im Monomeren ab, sondern es spielt auch die strukturbedingte innere Beweglichkeit des Polymeren eine Rolle. Affinität des Polymeren zum Monomeren (und evtl. zum Lösungsmittel) sowie die innere Beweglichkeit des Polymeren bestimmen letzten Endes die Form und Starrheit des Knäuels, das das polymere Molekül bildet, und damit das Maß, in dem das Zusammentreffen der aktiven Stellen des wachsenden Polymeren behindert ist.

Vielleicht ist auch die verhältnismäßig rasche Polymerisation, die BREITENBACH und Mitarbeiter im Inneren stark vernetzter Polymerisate („inhomogene Polymerisate") beobachtet haben, auf eine Verminderung der Abbruchsreaktion durch Fixieren der wachsenden Ketten bedingt, also dem Gel-Effekt nahe verwandt[11,13].

Polymerisation in Suspension (Perlpolymerisation).

Bei der Polymerisation in Suspension wird das Monomere (oder ein Monomerengemisch) in einem Medium, in dem es nicht löslich ist (meist Wasser oder eine wäßrige Lösung*) durch Schütteln oder Rühren dispergiert. Das Mengenverhältnis Monomeres zu Wasser wird meist $1:2$ bis $1:4$ genommen. Beschleuniger-Zusatz und Erwärmen führt zur Polymerisation der einzelnen Monomeren-Tröpfchen. Sobald ein Teil des Monomeren polymerisiert ist (von etwa 20—30% Umsatz an), zeigen die Tröpfchen starke Tendenz zur Agglomeration, so daß die Suspension nicht mehr allein durch Rühren und Schütteln aufrecht erhalten werden kann.

Ein Zusammenfließen der Tröpfchen während der Polymerisation kann auf folgende Weise wirksam verhindert werden:

a) Zusatz einer kleinen Menge ($< 1\%$) eines Stoffes, der in dünnen Schichten auf der Oberfläche der Tröpfchen deren Neigung zum Zusammenfließen herabsetzt, für die Polymerisation selbst indifferent ist und nach der Polymerisation einfach (durch Waschen) von der Oberfläche der Perlen wieder entfernt werden kann. Als solche „Verteilungsmittel" oder Suspensions-Stabilisatoren finden Verwendung: schwer lösliche anorganische Salze, sowie verschiedene natürliche und synthetische Hochpolymere.

b) Erhöhung der Grenzflächenspannung zwischen Wasser und dem Monomeren durch Lösung von Elektrolyten im Wasser.

c) Angleichen der Dichte des Dispersionsmittels an die des Monomeren-Polymeren.

d) Erhöhung der Viscosität der Dispersionsmittel (z. B. Verwendung von Glycerol-Wasser $1:3$ an Stelle von reinem Wasser).

Zur Versuchstechnik bei Perlpolymerisation siehe[45].

Gegenüber der Blockpolymerisation hat die Perlpolymerisation den Vorzug der wesentlich leichteren Beherrschung des Polymerisationsverlaufs, vor allem in bezug auf die Temperaturregulierung; im Gegensatz zur

---

* Bezüglich der Verwendung von Fluor-Kohlenwasserstoffen als Suspensionsmedium siehe[16].

Emulsionspolymerisation und Lösungspolymerisation bereitet aber die Isolierung eines *sehr reinen* Polymerisates keine Schwierigkeiten.

Als Beschleuniger eignen sich Peroxydbeschleuniger, die im Monomeren löslich sind; wasserlösliche Perverbindungen bewirken (im Gegensatz zur Emulsionspolymerisation) nur eine um eine Größenordnung geringere Polymerisationsgeschwindigkeit[46]. Ebenso ist die Wirkung wasserlöslicher Inhibitoren (Ammoniumrhodanid) bei der Perl-Polymerisation kleiner als bei der Emulsionspolymerisation[83].

Quantitative kinetische Untersuchungen von Polymerisationen in Suspension sind bisher nur sehr wenig durchgeführt worden. Die Polymerisationsgeschwindigkeit von Styrol mit Benzoylperoxyd als Beschleuniger zeigt die gleiche Proportionalität mit der Wurzel aus der Peroxydkonzentration wie in Substanz[46]. Der Absolutwert der Geschwindigkeit in Suspension (2,8 Mol/Ltr.-Stunde bei 80° C mit 1,5% Peroxyd) ist im Rahmen der Vergleichsmöglichkeit von gleicher Größenordnung wie der unter entsprechenden Bedingungen in Substanz gefundene; aus Messungen zwischen 60 und 90° C wurde eine Brutto-Aktivierungsenergie von 23 kcal berechnet. Ein Einfluß des Tröpfchendurchmessers konnte im Bereich größerer Tröpfchen ($\varnothing > 1$ mm) nicht festgestellt werden; bei kleineren Tröpfchen ($< 0,1$ mm) liegen keine quantitativen Messungen vor, sondern nur eine qualitative Beobachtung, nach der die Zeit bis zur vollständigen Polymerisation mit abnehmendem Teilchendurchmesser kürzer wird[46].

Auch bei Methylmethacrylat ist die Polymerisationsgeschwindigkeit in Suspension und in Substanz größenordnungsgemäß gleich (vgl. [83], Abb. 1 u. 2); bei diesem Monomeren scheint jedoch die Geschwindigkeit eher proportional der Beschleunigerkonzentration, als proportional der Wurzel aus der Beschleunigerkonzentration zuzunehmen (vgl. [83], Abb. 2). Die Größe der Polymerisat-Perlen entspricht der Größe der ursprünglichen Monomerentröpfchen, die wiederum von Art und Stärke des mechanischen Dispergierens, von Art und Menge des Verteilungsmittels und anderen Versuchsbedingungen abhängt; Durchmesser von 10^{-3} bis 1 cm wurden erhalten.

Betrachtet man alles in allem, so ergibt sich, daß die Perl-Polymerisation innerhalb der Monomerentröpfchen verläuft, ebenso wie eine Substanzpolymerisation, nur mit dem Unterschied, daß die gesamte Masse des Monomeren eben in viele kleine Tröpfchen zerteilt ist. Reaktionskinetisch ist daher die Perlpolymerisation einfach als „wassergekühlte Blockpolymerisation" zu verstehen.

Emulsionspolymerisation.

Die Emulsionspolymerisation, das technisch wichtigste Polymerisationsverfahren, ist zugleich das komplizierteste in bezug auf die Zusammensetzung des Reaktionsgemisches und daher auch in bezug auf die Vielfalt der das Reaktionsgeschehen beeinflussenden Faktoren. Mindestens vier, meist aber acht bis zehn verschiedene Substanzen werden dem Reaktionsgemisch zugesetzt*: Monomere, Wasser, Emulgatoren, Beschleuniger, Regler, Aktivatoren, Puffersubstanzen. Bei der Empfindlichkeit der Polymerisationsreaktion und der Beschleunigerwirkung gegen Fremdstoffe ist es daher nicht verwunderlich, daß allein schon das qualitative Verstehen vieler Effekte außerordentlich schwierig war. Dazu kommt, daß die meisten Arbeiten auf diesem Gebiet von vornherein auf eine Verbesserung der Rezepte abgestellt waren und daher weniger Wert darauf gelegt wurde, unter möglichst einfachen und damit einigermaßen übersehbaren Bedingungen die kinetischen Grundlagen herauszuarbeiten, als vielmehr durch immer neue Variation der Zusammensetzung des Reaktionsgemisches Ausbeute und Qualität der Produkte zu steigern. Dabei wurde auf überwiegend empirischem Wege eine ungeheure Entwicklungsarbeit geleistet, der wir den heutigen technisch hohen Stand der Emulsionspolymerisation verdanken**.

Die folgenden schon früh in der Praxis gemachten Erfahrungen können als kennzeichnend für Emulsionspolymerisationen angesehen werden:

1. Die Polymerisationsgeschwindigkeit ist unter entsprechenden Bedingungen im allgemeinen größer als in Substanz, Lösung oder Suspension.

2. Der Polymerisationsgrad ist gleichzeitig höher.

3. Wasserlösliche Beschleuniger sind im allgemeinen wirkungsvoller als solche, die im Monomeren gelöst sind.

4. Der Durchmesser der Latex-Partikel (Polymerisat-Teilchen) ist in der auspolymerisierten Emulsion um mindestens eine Größenordnung kleiner als der der Monomerentröpfchen in der ursprünglichen Emulsion.

5. Die Polymerisation setzt meist nicht sofort, sondern erst nach einer kürzeren oder längeren Zeit ein (Inhibitionsperiode).

6. Die Polymerisationsgeschwindigkeit bleibt über einen größeren Bereich — oft bis mehr als 50% Umsatz — konstant („nullte Ordnung“).

Besonders die Punkte 1—3 bilden einen charakteristischen Unterschied gegenüber der Suspensionspolymerisation. Will man versuchen, diesen Unterschied kinetisch zu verstehen, so ist zunächst, da es sich um ein heterogenes System handelt, die Frage zu beantworten, wo, d. h. in welcher Phase oder an welcher Grenzfläche, die Reaktion bzw. die einzelnen Teilreaktionen überhaupt stattfinden. In Suspension sind die einzelnen Monomeren-Tröpfchen der Ort der Polymerisation. Der

---

* Das im folgenden mehrfach erwähnte amerikanische Standard-Rezept zur Herstellung von GRS-Gummi enthält:

　　180 g Wasser
　　100 g Monomeres (75 g Butadien und 25 g Styrol)
　　　5 g Emulgator (Seife)
　　0,3 g Beschleuniger (Kaliumpersulfat)
　　0,5 g Regler (Laurylmerkaptan)
　　Temperatur 50° C.

Einen guten Überblick über die zahlreichen Variationsmöglichkeiten, Zweck und praktische Wirkung der verschiedenen Zusätze gibt [81].

** Ohne Anspruch auf Vollständigkeit sind unter [86] eine Reihe neuerer diesbezüglicher Arbeiten zusammengestellt.

im Punkt 3 der obigen Zusammenstellung zum Ausdruck kommende Unterschied zwischen Emulsions- und Suspensions-Polymerisation deutet bereits darauf hin, daß die Emulsionspolymerisation *nicht innerhalb der Monomerentröpfchen* stattfindet.

Die unter 1. genannte Beschleunigung der Polymerisation durch die Anwesenheit von Emulgator schien auf eine Analogie zur heterogenen Katalyse hinzuweisen. Es war daher naheliegend, die Grenzfläche, d. h. die *Oberfläche der Monomeren-Tröpfchen* als Reaktionsort oder wenigstens als den Ort der Startreaktion anzusehen[82]*. Moleküle des Emulgators sind an der Oberfläche der Monomeren-Tröpfchen orientiert adsorbiert; sie bewirken einmal eine große Gesamt-Oberfläche, weil sie das Zusammenfließen der kleinen Tröpfchen hindern, und zweitens eine Orientierung, vielleicht auch Polarisation der Moleküle des Monomeren an der Grenzfläche. Beide Wirkungen könnten die Ursache für die größere Reaktionsgeschwindigkeit sein. Daß diese Vorstellung — mindestens bei der Mehrzahl der Monomeren — nicht richtig sein kann, wurde durch einfache Modellversuche gezeigt, bei denen das Monomere nicht emulgiert, sondern nur mit der Flotte (wäßrige Lösung von Emulgator, Beschleuniger, evtl. Puffersubstanzen usw.) unterschichtet wurde, oder bei denen Monomeres und Flotte völlig getrennt waren und nur über den Gasraum in Verbindung standen[24, 33, 37, 47, 48, 83].

Bei derartigen Versuchen wurde immer Polymerisation in der Flotte beobachtet (Trübung und später Ausflocken des Polymeren). Größere Löslichkeit des Monomeren bewirkt ebenso wie die Anwesenheit eines Emulgators in der Flotte, daß die Trübung rascher und stärker auftritt. Es wurde daraus geschlossen, daß bei der Emulsionspolymerisation das Polymere nicht in den Monomeren-Tröpfchen, sondern innerhalb der Flotte gebildet wird, im Gegensatz zur Suspensionspolymerisation[24]. Variiert man aber bei derartigen Versuchen die Art des Monomeren und des Beschleunigers sowie die Konzentrationen in der Flotte etwas mehr**, so sieht man bald, daß die Löslichkeiten dieser beiden Substanzen eine entscheidende Rolle spielen. Bei Chloropren z. B. überzieht sich unter bestimmten Versuchsbedingungen die Grenzfläche mit einer deutlich erkennbaren Haut von Polymerisat. In anderen Fällen konnte erreicht werden, daß mehr als 90% der Polymerisation in der Schicht des Monomeren stattfindet. Man muß daher aus diesen Modellversuchen schließen, daß die Polymerisation dort erfolgt, wo Monomeres und Beschleuniger in ausreichender Konzentration vorhanden sind, bzw. wo die vom Beschleuniger gebildeten Radikale mit Monomerem zusammentreffen und günstige Wachstumsbedingungen vorfinden. Bei Verwendung eines wasserlöslichen Beschleunigers entstehen die Radikale innerhalb der Flotte; ist außerdem das Monomere sehr wenig in Wasser löslich, so haben nur die Keime eine Chance zu wachsen,

---

* Polymerisation an einer Grenzfläche war bei der Polymerisation von gasförmigem Butadien über einer Lösung von H_2O_2 beobachtet worden[34]. — Aus dieser Vorstellung von der Wirkung der Oberfläche entsprang auch die Idee, den Einfluß von Aktivkohle auf die Emulsionspolymerisation zu untersuchen[12].
** Unveröffentlichte Versuche von F. Patat und Mitarbeitern.

die an die Grenzfläche des Monomeren gelangen; Polymerisation findet
dann nur an der Grenzfläche bzw. im Monomeren statt. Die Wirkung des
Emulgators besteht dann in erster Linie darin, die Konzentration
des Monomeren in der Flotte zu erhöhen. Dies geschieht durch
„Solubilisation", d. h. durch Aufnahme von Molekülen des Monomeren in das Innere der Emulgator-Micellen (siehe unten). Man
kann daraus bereits den Schluß ziehen, daß in einer Emulsion Polymerisation sowohl in den Tröpfchen als auch in der Flotte stattfindet (s. a.[40]);
an welchem dieser beiden Orte das Polymere *vorwiegend* entsteht,
hängt ebenso wie bei den Modellversuchen von den Löslichkeitsverhältnissen (einschließlich der Solubilisation) des Monomeren *und* des Beschleunigers ab. Eine typische Emulsionspolymerisation liegt aber gerade dann vor, wenn diese Verhältnisse bewirken, daß die Polymerisation
überwiegend innerhalb der Flotte vor sich geht; im anderen Falle
handelt es sich um eine Suspensionspolymerisation*.

Wir müssen nun den Ausdruck „innerhalb der Flotte" etwas näher
analysieren.

Die meisten Monomeren sind in Wasser nur wenig löslich; daher ist
es von vornherein sehr unwahrscheinlich, daß die Polymerisation in
einer so verdünnten Lösung mit der beobachteten großen Geschwindigkeit und unter Bildung hochmolekularer Polymerisate verläuft, auch
wenn man an Polarisation des Monomeren durch die Wassermoleküle[24]
oder ähnliche Effekte denken wollte. Diese Vermutung wird bestätigt
durch eine quantitative Untersuchung der Styrolpolymerisation in
wäßriger Lösung (ohne Emulgator)[8]. Nun enthält eine Emulsion außerdem noch *Emulgator-Micellen*, in derem Inneren Moleküle des Monomeren eingelagert sind, und, wenn schon etwas Polymerisat gebildet
wurde, auch *Latex-Partikel*, das heißt sehr kleine Partikel des in Wasser
unlöslichen Polymeren, die ebenfalls eine beträchtliche Menge des Monomeren durch Quellung aufnehmen (s. Abb. 31).

Durch Röntgenbeugung an verhältnismäßig konzentrierten Seifenlösungen wurde
das Vorhandensein lamellarer Groß-Micellen nachgewiesen; diese bestehen aus
Doppelschichten parallel orientierter Seifen-Moleküle bzw. -Ionen, deren polare
Gruppen nach außen zum Wasser und deren Kohlenwasserstoffketten nach innen
gerichtet sind. Bei geringerer Seifen-Konzentration verschwindet die Ordnung der
Doppelschichten; das Röntgendiagramm liefert einen neuen, etwas kleineren Abstand
(etwa die doppelte Länge der Seifenmoleküle), der als Durchmesser runder Klein-
Micellen gedeutet wird. Eine solche Micelle enthält größenordnungsmäßig 100 Seifenmoleküle, sie ist in ihrer selbständigen Beweglichkeit kaum gehindert und von
ziemlich geringer Dichte. Bei noch kleineren Konzentrationen verschwinden auch
diese Micellen, und zwar innerhalb eines so engen Konzentrationsbereichs, daß man
von einer kritischen Micell-Konzentration (KMK) sprechen kann, unterhalb der
keine Micellen mehr vorhanden sind. Mit Hilfe der Änderung der Lichtabsorption
im sichtbaren (Farbumschlag) oder der Fluorescenz im ultravioletten Licht (Löschung
der Fluorescenz durch die freien Ionen, nicht aber durch die Micellen!) kann
man das Vorhandensein von Mizellen prüfen und damit die KMK bestimmen.
Sie hängt ab von der chemischen Natur des Emulgators (z. B. nimmt sie bei Emulgatoren mit Kohlenwasserstoffketten logarithmisch mit wachsender Kettenlänge

---

* Diese Unterscheidung zwischen Emulsions- und Suspensionspolymerisation
nach dem kinetischen Gesichtspunkt des Reaktionsortes ist zweckmäßiger als eine
solche nach der Art des Verteilungsmittels, des Dispersionsgrades u. ä.

ab) sowie von gelösten Salzen, Alkoholen usw. Die gemessenen Werte der KMK liegen in der Größenordnung von 1 bis 10^{-4} Molen Emulgator pro Liter. Bei Anwesenheit von Kohlenwasserstoffen nimmt, wie das Röntgendiagramm zeigt, der Durchmesser der Micellen zu; Moleküle des Kohlenwasserstoffs werden im Inneren der Micellen eingelagert. Die Zahl der Kohlenwasserstoffmoleküle, die maximal von einer Micelle aufgenommen werden können, ist kleiner, aber doch von gleicher Größenordnung wie die Zahl der Seifenionen, die die Micelle bilden; die insgesamt von einer Emulgatorlösung aufgenommene Menge Kohlenwasserstoff ist dadurch

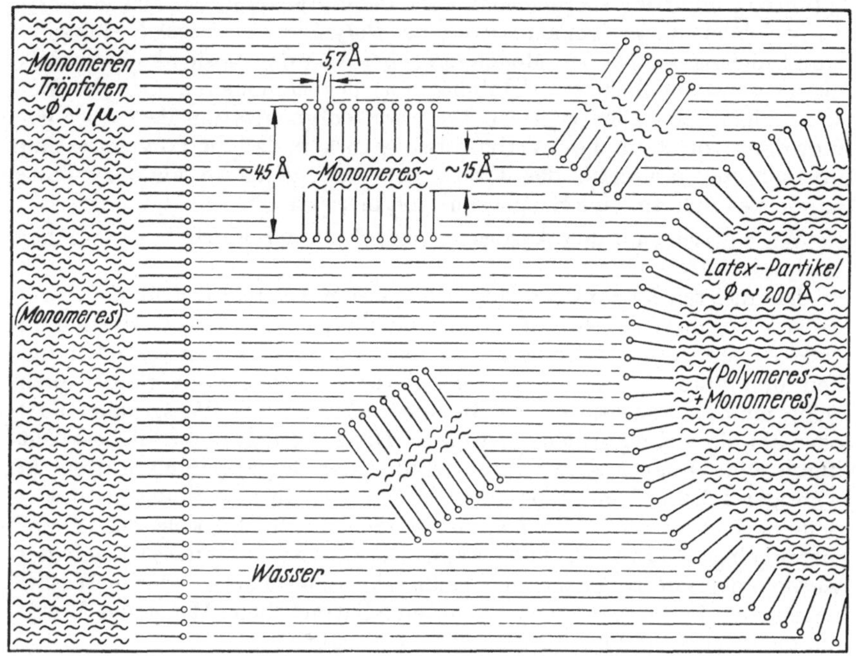

Abb. 31.
Emulsionspolymerisation. Monomerentröpfchen, Latexpartikel und Micellen stark schematisiert.

beträchtlich größer, als der Löslichkeit des Kohlenwasserstoffs in Wasser entsprechen würde *(Solubilisation)*. Moleküle mit polaren Gruppen (Alkohole, Amine usw.) werden nicht wie Kohlenwasserstoffe im Inneren der Micellen eingelagert, sondern zwischen den einzelnen Seifenionen parallel zu diesen, mit der polaren Gruppe ebenfalls zum Wasser gerichtet. Obwohl alle diese mit der Micellbildung, Solubilisation usw. zusammenhängenden Fragen für die Emulsionspolymerisation interessant sind, ist eine eingehendere Behandlung in diesem Rahmen nicht möglich (siehe den kürzlich erschienenen zusammenfassenden Bericht[56]).

Auf die Bedeutung der Emulgator-Micellen für die Emulsionspolymerisation sowie auf die Tatsache, daß die Hauptmenge des Polymeren in den Latex-Partikeln gebildet wird, wurde von verschiedenen Seiten[3,24, 31,33,48,68,83,84], besonders von HARKINS[35-38] hingewiesen. Nach HARKINS hat man sich vom Ablauf der Emulsionspolymerisation folgendes qualitatives Bild zu machen:

Die günstigsten Verhältnisse für die Polymerisation liegen anfangs in den Micellen vor; dort wird daher zuerst aus den in den Micellen vorhandenen Molekülen des Monomeren Polymeres gebildet. Da eine einzelne Micelle nur größenordnungsmäßig 100 Moleküle des Monomeren enthält, kann ein Wachstum zu höheren Polymerisationsgraden nur dann erfolgen, wenn durch Diffusion mehr Monomeres herbeigeschafft wird. Als Reservoir für diesen Nachschub dienen die Monomeren-Tröpfchen sowie andere Micellen, in denen kein Polymerisationskeim vorhanden ist. Das größer wachsende Polymere sprengt dann aber den Rahmen der Micelle, d. h. die Micelle mit eingelagertem Monomerem (und jetzt auch Polymerem) geht über in ein Polymerisatteilchen, das außer dem Polymeren auch Monomeres enthält, und an dessen Oberfläche eine orientierte Schicht Emulgator adsorbiert ist, die die Koagulation dieser Latex-Partikel verhindert. Die zuerst gebildeten Latex-Partikel sind klein, sie haben nur größenordnungsmäßig 100 Å Durchmesser; die Oberfläche der Latex-Partikel in ihrer Gesamtheit ist daher sehr groß. Je mehr Latex-Partikel entstehen, um so mehr Emulgator wird durch Adsorption an ihrer Oberfläche festgelegt; dadurch sinkt die Konzentration des noch freien Emulgators schließlich unter die kritische Micellkonzentration; die Micellen verschwinden vollständig. Bei den zur Emulsionspolymerisation normalerweise angewandten Emulgatormengen ist dies schon bei einem Umsatz in der Gegend von 20% der Fall. Die Latex-Partikel, deren Zahl von da an kaum mehr zunimmt, haben aber inzwischen schon die Rolle der Micellen als Ort, an dem die Polymerisation vorwiegend stattfindet, übernommen. Das Verhältnis Polymeres zu Monomerem in den Latex-Partikeln ist zu Anfang der Polymerisation wesentlich größer als dem Brutto-Umsatz entspricht, da ja die Hauptmenge des Monomeren noch immer in den Monomeren-Tröpfchen vorliegt; die Polymerisation verläuft daher von Anfang an in einem Medium, das nach den Ausführungen auf Seite 209 eine Erhöhung der Geschwindigkeit und des Polymerisationsgrades bewirkt (Geleffekt). Das durch die Polymerisation in den Latex-Partikeln verbrauchte Monomere wird wiederum durch Diffusion nachgeliefert; das Reservoir für diesen Nachschub sind nun nur noch die Monomeren-Tröpfchen. Die Größe der Latex-Partikel wächst, bis (in der Gegend von 50% Umsatz) auch die Monomeren-Tröpfchen aufgebraucht sind. Nun polymerisiert das in den Latex-Partikeln vorhandene Monomere aus; Zahl und Größe der Latex-Partikel ändern sich kaum mehr.

Zur Vertiefung dieses noch qualitativen Bildes seien hier einige quantitative Zusammenhänge angeführt, die wesentlich zur Aufstellung und Begründung der HARKINSschen Theorie beigetragen haben:

1. Eine 20%ige Kaliumoleat-Lösung solubilisiert bei 25° C 0,88% Styrol (gegenüber einer Löslichkeit von 0,022% in reinem Wasser[32]). Durch Polymerisation einer solchen klaren Lösung erhält man ein Polystyrol, dessen Polymerisationsgrad um einen Faktor von der Größenordnung 100 größer ist als die Zahl der Styrol-Moleküle, die nach Abschätzung in einer einzelnen Micelle vorhanden waren. Die auspolymerisierte Lösung kann nun wieder Styrol (etwa die gleiche Menge wie zuerst) solubilisieren usw. Im Röntgendiagramm[37,38,52] sieht man, daß der Durchmesser der Micellen durch die Solubilisation von z. B. 43 Å auf 55 Å zunimmt und durch die Polymerisation wieder auf 43 Å zurückgeht; neuerliche Solubilisation führt wieder zu einer Zunahme um etwa den gleichen Betrag und Polymerisation wieder zu der entsprechenden Abnahme. Daraus muß man schließen,

daß nur in größenordnungsmäßig $1^0/_{00}$ bis 1% aller Micellen Polymerisation stattfindet. Alle anderen Micellen geben Styrol durch Diffusion an diese Micellen ab,

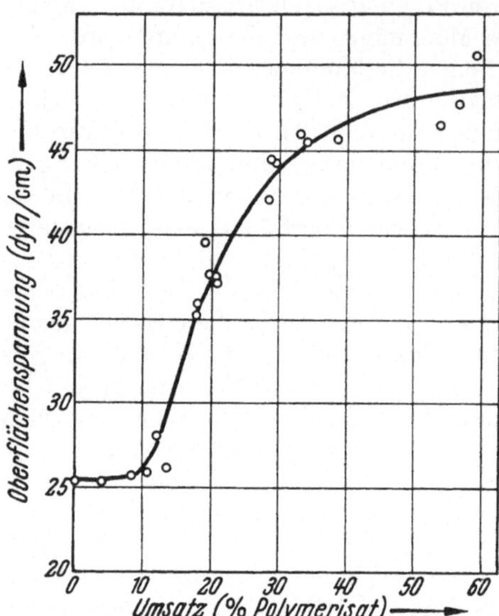

Abb. 32. Änderung der Oberflächenspannung einer Emulsion während der Polymerisation. (Nach HARKINS und ADINOFF[26].)

sind daher nach der Polymerisation leer und können wieder Styrol aufnehmen. Ist in den Micellen wesentlich weniger Monomeres enthalten als der Sättigung entspricht, dann ist die Abdiffusion offenbar erschwert, denn die Polymerisation führt dann zu wesentlich niedrigeren Molgewichten[28].

Eine Abschätzung der Verhältnisse bei einer normalen Emulsionspolymerisation ergab ebenfalls, daß die Zahl der gebildeten LatexPartikel nur etwa $1/_{700}$ der ursprünglich vorhandenen Micellen beträgt[38].

2. Experimentelle Unterlagen für die Abnahme der Menge Emulgator, die nicht an einer Grenzfläche adsorbiert, ist im Verlauf der Polymerisation wurden nach zwei verschiedenen Methoden erhalten:

a) Abb. 32 zeigt die Oberflächenspannung einer polymerisierenden Emulsion in Abhängigkeit vom Umsatz[37, 38]. Während der ersten 10—20% Umsatz ist die Oberflächenspannung konstant (ungefähr entsprechend der einer reinen Emulgatorlösung), nimmt dann aber von einem bestimmten Umsatz an sehr stark zu. Bei diesem Umsatz ist offenbar die gesamte vorhandene Menge Emulgator an den Teilchen-Grenzflächen adsorbiert. (Eine weitere Vergrößerung dieser Grenzflächen führt dann dazu, daß die von einem Emulgator-Molekül besetzte Oberfläche zunimmt, wodurch die Emulsionen unter Umständen recht instabil werden können.)

b) Abb. 33 zeigt die Abnahme der Konzentration des nicht adsorbierten Emulgators (Kaliumlaurat) während der Polymerisation von Styrol bei 40,7°C[37, 38]. Bei Verwendung der normalen Emulgatormenge verschwinden die Micellen bei einem Umsatz von 23%, die Monomeren-Tröpfchen bei 50%. Mit der doppelten Emulgatormenge wird die KMK überhaupt nicht unterschritten, die Monomeren-Tröpfchen sind aber schon bei einem Umsatz von 30% verbraucht.

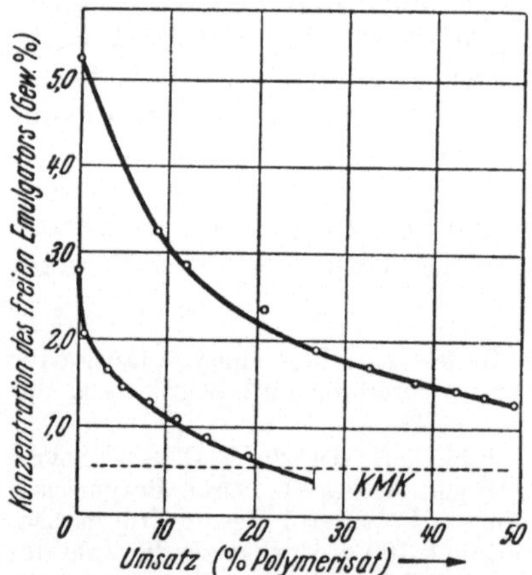

Abb. 33. Abnahme des freien Emulgators (Kaliumlaurat) während einer Emulsionspolymerisation. (Nach CORRIN und ROGINSKY[25].)

3. Die Abnahme der Phase des reinen Monomeren wurde analytisch ermittelt (Unterbrechung der Polymerisation bei verschiedenen Umsätzen, Scheidung der beiden Phasen und Bestimmung des Monomeren in jeder der beiden Phasen). Eine andere Möglichkeit, das Verschwinden der Phase des reinen Monomeren festzustellen, besteht in der Beobachtung des Dampfdruckes über der Emulsion, der

bei einem bestimmten Umsatz (parallel mit dem Verschwinden der Monomeren-Tröpfchen) rasch absinkt. Der Umsatz, bei dem das Verschwinden der selbständigen Monomeren-Phase beobachtet wurde, war recht nahe 50% bei Methylmethacrylat[3], Styrol[25, 37], Butadien und Butadien-Styrol 3:1[64], nach einigen Beobachtungen auch unbeeinflußt von Variationen der Emulgatorkonzentration und Temperatur[64], nur bei Vinylchlorid 75%[25].

4. Der mittlere Durchmesser aller in einer Emulsion vorhandenen Teilchen nimmt während der Polymerisation ab. Daß diese Abnahme eine direkte Folge der Polymerisation ist, ergibt sich daraus, daß während der Inhibitionszeit und nach Unterbrechen der Polymerisation keine Änderung der mittleren Teilchengröße zu beobachten ist. Nach Punkt 4 (S. 213) ist die Zahl der Latex-Partikel etwa 1000 mal größer als die Zahl der zu Beginn vorhandenen Monomeren-Tröpfchen[47, 74]. Die Ursache für die Abnahme der mittleren Teilchendurchmesser ist demnach hauptsächlich in dem Ersatz der großen Monomeren-Tröpfchen durch die kleinen Latex-Partikel zu sehen. (Daneben wird selbstverständlich auch der Durchmesser der Monomeren-Tröpfchen durch Diffusion des Monomeren in die Micellen und Latex-Partikel kleiner.) Direkte elektronen-mikroskopische Ausmessung ergab z. B. bei kleinem Umsatz (6%) nur 200 Å als Durchmesser der Latex-Partikel[38].

5. Das Mengenverhältnis Monomeres zu Polymerem (M/P) in den Latex-Partikeln ist, sobald nur noch Latex-Partikeln in der Emulsion vorhanden sind, natürlich einfach aus dem Umsatz zu berechnen:

$$\frac{M}{P} = (100 - u)/u, \, (u = \text{Umsatz in}\,\%)$$

Solange aber noch Monomeren-Tröpfchen (und evtl. auch Micellen) da sind, die ja einen Teil des Monomeren und kaum Polymeres enthalten, muß M/P kleiner sein als nach obiger Formel. Bestimmungen von M/P[3, 44, 37, 38] haben ergeben, daß das Verhältnis schon bei Umsätzen von nur 10% meist kleiner ist als 3, daß es mit steigender Emulgatorkonzentration zunimmt und mit steigendem Umsatz abnimmt.

Die Löslichkeit des Monomeren in kleinen Polymerisat-Teilchen ist im Gleichgewicht bestimmt durch den Einfluß des gelösten Polymeren auf die Aktivität des Monomeren und durch den Einfluß der Oberflächenspannung sehr kleiner Teilchen. Im Gleichgewicht ist daher das Verhältnis M/P um so größer, je größer der mittlere Durchmesser der einzelnen Teilchen[77]. Ob das während der Polymerisation gemessene Verhältnis M/P diesem echten Gleichgewicht entspricht, oder ob es ein dynamisches Verhältnis ist, das aus der Konkurrenz von Polymerisations- und Diffusionsgeschwindigkeit resultiert, ist noch schwer zu entscheiden. Einzelne Befunde sprechen mehr für ein echtes Gleichgewicht[3, 64]; die Abnahme von M/P mit dem Umsatz (bei Anwesenheit von Monomeren-Tröpfchen!) spricht dagegen, wenn man nicht eine beträchtliche Änderung der Natur des Polymeren mit dem Umsatz annehmen will.

In diesem Zusammenhang muß eine Arbeit von CORRIN erwähnt werden[19]. CORRIN berechnet die Polymerisationsgeschwindigkeit, indem er die Emulsionspolymerisation als Substanzpolymerisation in den Latex-Partikeln betrachtet. Er setzt die Polymerisationsgeschwindigkeit proportional der Potenz 3/2 der Monomeren-Konzentration in den Latex-Partikeln und diese Konzentration einfach gleich dem Verhältnis M/P. Diese Rechnung erscheint in mehrfacher Hinsicht bedenklich: 1. kann man wahrscheinlich die Polymerisation in so kleinen Partikeln nicht einfach mit einer Substanzpolymerisation vergleichen (die Keimbildung erfolgt außerhalb der Partikel und es sind selten mehr als ein aktives Polymeres in einer einzelnen Partikel vorhanden). 2. ist der Polymerisationsverlauf in konzentrierten Lösungen bis zu höheren Umsätzen nicht durch die Potenz 3/2, sondern eher durch die erste wiederzugeben. 3. ist M/P in einem Bereich, in dem dieses Verhältnis nahe 1 ist, sicher nicht der geeignete Wert für die Konzentration des Monomeren. Diese Bedenken können auch nicht durch die angeführten experimentellen Ergebnisse, die mit den berechneten Formeln in Einklang zu stehen scheinen, zerstreut werden.

Wir werden im folgenden sehen, daß praktisch alle kinetischen Messungen an Emulsionspolymerisationen mit der HARKINSschen Ansicht über den Reaktionsort und den qualitativen Ablauf des Reaktionsgeschehens vereinbar sind und daß auch eine quantitative Kinetik der Emulsionspolymerisation auf dieser Hypothese aufgebaut werden kann. Es sollen nun zunächst experimentelle Ergebnisse, die bei kinetischen Untersuchungen erhalten wurden, behandelt werden.

Ein exakter quantitativer Vergleich der Polymerisationsgeschwindigkeiten in Emulsion und in anderen Medien läßt sich leider in den seltensten Fällen ziehen, da in Emulsion meist mit ganz anderen Beschleunigern gearbeitet wird. Angaben, daß die Polymerisation in Emulsion um Faktoren von der Größenordnung 10^3 bis 10^4 rascher verläuft als in Substanz, sind ohne Zweifel nicht dem „Emulsionseffekt" allein, sondern einem wirksameren Beschleunigungsmechanismus zuzuschreiben (Redoxkatalyse!) auch dann, wenn nicht *bewußt* eine andere Art der Beschleunigung angewandt wurde.

Ein Fall, bei dem die Polymerisation unter sonst völlig vergleichbaren Bedingungen: 1. in wäßriger Lösung, 2. in Lösung unter Zusatz von Emulgator, 3. in Emulsion untersucht wurde, ist die Polymerisation von Methylmethacrylat mit einem H_2O_2-$FeSO_4$-Redoxsystem als Beschleuniger[3,4]. Die Kinetik dieser Polymerisation in wäßriger Lösung wurde bereits besprochen (S. 154 u. 207). Zusatz eines Emulgators (Cetyltrimethylammoniumbromid) bewirkt eine Steigerung der Polymerisationsgeschwindigkeit und des Endumsatzes. Die Polymerisation, die ohne Emulgator schon bei 40% Umsatz unter Koagulation des Polymeren zum Stillstand kommt, verläuft nun bis zu fast 100%. Schon eine Emulgatorkonzentration von 0,003% (10^{-5} Mol/l) genügt zu einer Verdoppelung der Polymerisationsgeschwindigkeit; bei 1% Emulgator ist der Faktor 11, bei 3% nur noch 8. Der Reaktionsmechanismus und die Brutto-Aktivierungsenergie werden dabei durch den Emulgator nicht geändert. Besonders zu betonen ist, daß hier Emulgatormengen wirksam sind, die um mehr als eine Zehnerpotenz unter der kritischen Micellkonzentration liegen*. Wird mehr als die lösliche bzw. solubilisierte Menge Methylmethacrylat angewandt, so daß der Überschuß als Monomeren-Tröpfchen emulgiert ist, dann ist die Anfangs-Polymerisationsgeschwindigkeit unabhängig von der Menge der Monomeren-Phase und gleich der einer gesättigten Lösung, die die gleiche Menge Emulgator enthält (Abb. 34). Insgesamt wurden die Ergebnisse folgendermaßen gedeutet: In Wasser ist Polymethylmethacrylat so wenig löslich, daß es unmittelbar bei der Bildung ausfällt; Kettenabbruch erfolgt durch Koagulation zweier solcher noch aktiver Polymerisat-Teilchen. Anwesenheit von Emulgator verzögert diese Koagulation und führt zur Bildung kleiner Latex-Partikel, die Monomeres aufnehmen. Da das Monomere nun überwiegend in den Latex-Partikeln polymerisiert, hat ein als Monomerentröpfchen vorhandener Überschuß keinen Einfluß auf die Polymerisationsgeschwindigkeit. Die Monomeren-Tröpfchen verschwinden schon bei einem Umsatz von 50%, daher sinkt dann auch die Konzentration des Monomeren unter den Sättigungswert; andererseits wird der Abbruch durch die zunehmende Viscosität im Innern der Latex-Partikel

---

* Analoge Ergebnisse erhielt LIND mit Acrylonitril (s.[38]).

immer mehr erschwert. Diese Vorstellung wird noch dadurch gestützt, daß der Polymerisationsgrad in Emulsion erheblich größer ist als in Lösung, und daß er im Verlauf in Emulsions-Polymerisation zunimmt, während er in Lösung konstant bleibt.

Werden in Wasser schwer lösliche Monomere in einer wäßrigen Lösung eines Beschleunigers ohne Zusatz von Emulgator dispergiert, so ist die Polymerisationsgeschwindigkeit zu Beginn extrem klein[61], steigt aber allmählich und mit zunehmendem Umsatz immer stärker an. Qualitativ den gleichen Verlauf zeigt die Umsatz-Zeit-Kurve auch, wenn mit sehr kleinen Emulgator-Konzentrationen (unterhalb der kritischen Micellkonzentration) gearbeitet wird[38]; (vgl. auch Abb. 35). Die gebildeten Latex-Partikel sind bei diesen Versuchen schon bei Umsätzen unter 1% ziemlich groß (häufigster Durchmesser um 2000 Å [37,38]).

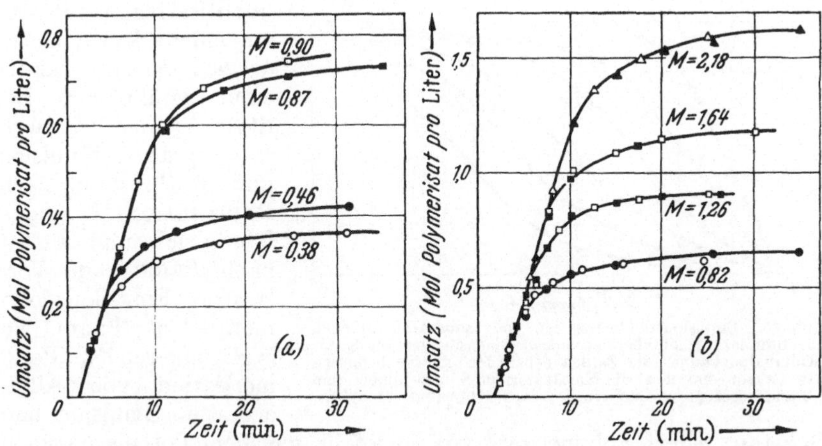

Abb. 34. Emulsionspolymerisation von Methylmethacrylat mit 1% (a) und 3% (b) Emulgator und verschiedenen Mengen des Monomeren. (Nach BAXENDALE, EVANS und KILHAM[3].)

Messungen der Polymerisationsgeschwindigkeit bei verschiedenen Emulgatorkonzentrationen ergaben meist eine starke Zunahme der Polymerisationsgeschwindigkeit mit der Emulgatorkonzentration, solange diese verhältnismäßig niedrig ist, und eine geringere Zunahme und sogar wieder ein Absinken bei hohen Emulgatorkonzentrationen[3,20,68]. KOLTHOFF fand, daß bei Styrol mit Kaliumpersulfat als Beschleuniger die Polymerisationsgeschwindigkeit proportional der Wurzel aus der Seifenkonzentration ansteigt[59]. Viele Rezepte mit geringer Seifenkonzentration ergeben eine fast lineare Abhängigkeit der Polymerisationsgeschwindigkeit von der Emulgatorkonzentration[33]. Den Einfluß der Konzentration von Kaliumdodekanat auf die Polymerisation von Isopren-Styrol (Standard-Rezept) zeigt Abb. 35[38].

Verschiedene Autoren fanden eine geringere Temperaturabhängigkeit der Polymerisationsgeschwindigkeit (d. h. eine niedrigere Brutto-Aktivierungsenergie) bei Emulsionspolymerisationen im Vergleich zu homogenen Systemen[47,48,68,69,84]. Bei den oben geschilderten Versuchen mit Methylmethacrylat ist dies nicht der Fall[3,4].

Die chemische Natur der Emulgatoren spielt eine mehr untergeordnete Rolle, solange sie nicht direkt in den Reaktionsmechanismus eingreifen[17,18]. Mehrfach ungesättigte Fettsäuren (z. B. Linol- und Linolen-Säure) und ihre Seifen wirken oft hemmend und sind dann als Emulgatoren ungeeignet[17]. Die gut geeigneten Emulgatoren sind unter den Substanzen zu finden, die besonders stark solubilisieren.

Der p_H-Wert der Flotte hat einen indirekten Einfluß auf die Polymerisation, wenn die kolloidchemischen Eigenschaften des Emulgators oder die zur Keimbildung führenden Reaktionen (z. B. bei Redoxkatalysen) durch eine Verschiebung des p_H geändert werden. Häufig sind (meist allerdings geringfügige) Änderungen des p_H-Wertes beim Emulgieren des Monomeren sowie beim Einsetzen und im Verlauf der Polymerisation beobachtet worden[33, 69]; eine Erklärung hierfür ist wohl in der Lösung von Bestandteilen des Emulgators (z. B. freien Fettsäuren bei Seifen) im Monomeren oder in dem Einfluß der Solubilisation auf die elektrochemischen Eigenschaften der Ionen-Micellen, vor allem auch in der Bildung von Säureionen beim Zerfall von peroxydischen Beschleunigern und in ähnlichen sekundären Effekten zu suchen[33].

Für die Erhöhung des Polymerisations-Grades durch die Anwesenheit von Emulgator sind in der Literatur noch weniger Unterlagen für quantitative Vergleiche zu finden. Methylmethacrylat wurde bereits oben erwähnt[3, 83]. Bei Styrol ist der Polymerisationsgrad in Emulsion und in Substanz nach BREITENBACH[10] ungefähr gleich, und nimmt nach PRICE[69] im Verlauf der Emulsionspolymerisation kaum zu (vgl. dagegen[74]). Polymerisation von Allylacetat in Emulsion und Substanz liefert Polymerisate von ungefähr gleichem Polymerisationsgrad[2].

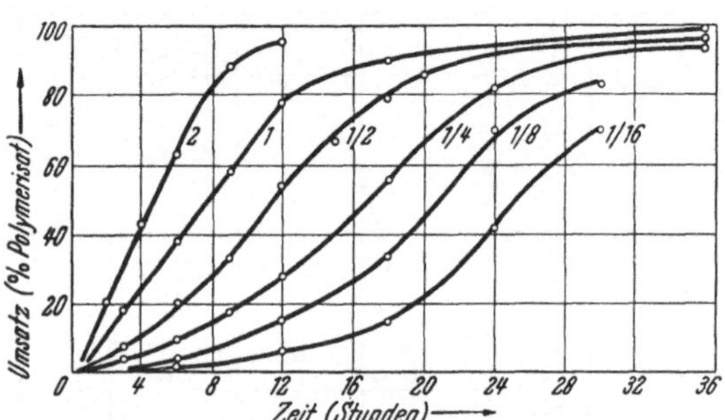

Abb. 35. Emulsionspolymerisation von Isopren-Styrol nach dem Standardrezept, aber mit verschiedenen Mengen Emulgator (Kaliumdodekanat; die Zahlen neben den Kurven bedeuten den Faktor, um den die Emulgatormenge gegenüber dem Standardrezept variiert wurde; nach KOLTHOFF, siehe[26]).

Die „Induktionsperiode" (Punkt 5, S. 213) wird durch die Anwesenheit von Fremdstoffen bewirkt (vor allem durch Sauerstoff oder auch nicht restlos entfernte Stabilisatoren und durch andere in Spuren vorhandene Verunreinigungen). Bei Verwendung reinster Substanzen und unter völligem Ausschluß von O_2 verschwindet die Inhibitionsperiode[59]. Verschiedene gegenteilige Befunde[48, 49, 69, 74, 84] dürften sicher auf unzulängliche Reinheit der Materialien oder unvollständigen O_2-Ausschluß zurückzuführen sein. Sind die Verunreinigungen durch Reaktion mit Radikalen verbraucht, so setzt Polymerisation ein, und zwar fast immer mit der gleichen Geschwindigkeit, unabhängig von der Dauer der Inhibitionsperiode[58, 59, 69]. Oft steigert sich die Polymerisationsgeschwindigkeit nach der Inhibitionsperiode nur allmählich auf ihren maximalen Wert und erreicht diesen erst bei einem Umsatz von etwa 10%[47, 74]. Dies dürfte auf noch vorhandene Reste der Verunreinigung oder auch auf Produkte, die durch Reaktion der Inhibitoren mit Radikalen gebildet wurden und ebenfalls die Polymerisation hemmen oder verzögern, zurückzuführen sein.

Die naheliegende Deutung für den über eine längere Zeit linearen Verlauf der Umsatz-Zeit-Kurve (Punkt 6 S. 213; siehe dazu Abb. 34, 36 und die Kurven 2 und 1 in Abb. 35) ist die, daß eine konstante Anzahl aktiver Zentren in einem Medium wächst, in dem die Konzentration bzw. Aktivität des Monomeren konstant ist[69]; solange Monomeren-Tröpfchen vorhanden sind, von denen aus der Nachschub des Monomeren erfolgt, ist das Letztere in der Flotte der Fall. Zweifellos spielen aber auch noch andere Einflüsse mit, die mit der heterogenen Aufteilung des ganzen Systems, der Viscosität u. a. zusammenhängen. Eine eingehendere Diskussion erübrigt sich aber durch den Hinweis auf die weiter unten behandelte Kinetik (s. S. 229 f.). MONTROLS Versuch[65],auf Grund der hier gegebenen Deutung der Inhibitionsperiode und der konstanten Polymerisationsgeschwindigkeit den (S-förmigen) Verlauf der Umsatz-Zeit-Kurve quantitativ zu fassen, fußt auf falschen Annahmen über Reaktionsort, Bedeutung der Größe der Monomeren-Tröpfchen usw. und muß daher als überholt angesehen werden.

Als Beschleuniger für die Emulsionspolymerisation werden meist wasserlösliche, peroxydische Verbindungen bzw. Redoxsysteme angewandt. Die Keimbildung erfolgt dann wahrscheinlich in der (echten) wäßrigen Lösung und ihre Geschwindigkeit ist proportional der Konzentration des Beschleunigers. Dies kann man vor allem aus der Länge der Inhibitionsperiode in Abhängigkeit von der Beschleuniger- und Emulgatorkonzentration (siehe unten) schließen[6, 7, 59]. Bruchstücke des Beschleunigermoleküls werden in das Polymere eingebaut, ebenso wie bei der Polymerisation in Substanz oder Lösung[2, 50, 51, 78, 79]. Bei Verwendung von Persulfat hält die dabei entstehende hydrophile Endgruppe das Makromolekül kolloidal in Wasser suspendiert; es entstehen unter geeigneten Bedingungen auch ohne Anwendung von Emulgatoren sehr stabile Latices, die durch Säuren oder Salze nicht koagulierbar sind und deren Rückstand nach Eintrocknen sehr wasserquellbar, in manchen Fällen sogar wieder dispergierbar ist[50, 51, 83]. Der Verbrauch des Beschleunigers während der vollständigen Polymerisation ist häufig so gering, daß seine Konzentration als zeitlich konstant angesehen werden kann[58, 69]. Bei Allylacetat gilt in Emulsion die gleiche lineare Beziehung zwischen der Konzentration des Monomeren und der des Beschleuniger im Verlauf der Polymerisation wie in Substanz[2]. Aus all diesen Versuchen ergibt sich für den Mechanismus der Keimbildung durch peroxydische Beschleuniger in Emulsion keine Besonderheit, die auf einen grundsätzlichen Unterschied gegenüber der Substanz- oder Lösungspolymerisation hindeuten würde (siehe auch[8]). Auch für die Polymerisationsgeschwindigkeit von Styrol in Emulsion wurde die gleiche Proportionalität mit der Wurzel aus der Beschleuniger-Konzentration gefunden[58, 69] wie in Substanz oder Lösung (siehe dazu aber S. 231).

Die Wirkung hemmender Substanzen bei der Emulsionspolymerisation weist — verglichen mit der Wirkung der gleichen Stoffe auf die Substanzpolymerisation — in quantitativer Hinsicht teilweise charakteristische Unterschiede auf, die auf den Grad der Löslichkeit des zugesetzten Stoffes im Wasser und im Monomeren zurückgeführt werden können[6, 7, 57]. m-Dinitrobenzol, ein typischer „Verzögerer", der im Monomeren löslich ist, vermindert die Polymerisationsgeschwindigkeit und den Polymerisationsgrad bei der Emulsionspolymerisation ebenso wie in Substanz oder Lösung. Anders verhält sich 3,5-Dinitrobenzoesäure, die je nach dem p_H im Wasser (ionisiert) oder im Monomeren (als freie Säure) löslich ist. Dementsprechend bewirkt sie in der gleichen Emulsionspolymerisation bei $p_H = 9$ nur eine sehr geringe Verzögerung und zeigt praktisch gar keinen Einfluß auf den Polymerisationsgrad; dagegen ist sie bei $p_H = 1$ ebenso wirksam wie m-Dinitrobenzol.

Diese Unterschiede in der Verzögerer-Wirkung sind zu verstehen, wenn man berücksichtigt, daß die Keimbildung in der wäßrigen Lösung erfolgt, das Wachstum aber in einer „Öl“-Phase, wohin die Keime bald nach ihrer Bildung gelangen. Die im Wasser gelösten Moleküle

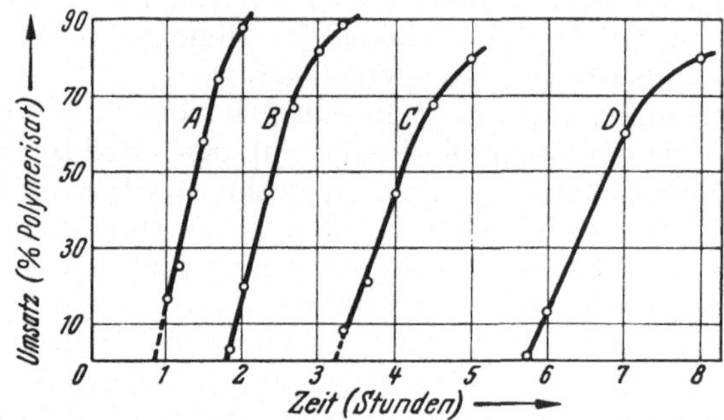

Abb. 36. Emulsionspolymerisation von Styrol. Einfluß der Konzentration des Beschleunigers (Kaliumpersulfat) auf die Länge der durch Sauerstoff bewirkten Inhibitionsperiode und auf die Polymerisationsgeschwindigkeit. (Nach KOLTHOFF und DALE[59].) (Persulfatkonzentration: 0,6 (A), 0,3 (B), 0,15 (C) und 0,075 (D) % des Monomeren.)

eines Verzögerers haben höchstens einmal die Chance einen Keim abzufangen, *bevor* er in die Ölphase und damit zu nennenswertem Wachstum gelangt ist; deshalb ist die Wirkung auf die Polymerisationsgeschwindigkeit gering und der Polymerisationsgrad wird kaum beeinflußt. Die in der Ölphase gelösten Moleküle eines Verzögerers haben dagegen, ebenso wie bei der Substanz- bzw. Lösungspolymerisation, während der ganze Dauer des Wachstums eines aktiven Polymeren die Möglichkeit, mit ihm zu reagieren und dadurch das weitere Wachsen dieser Kette abzubrechen.

Im Gegensatz zu den „Verzögerern“ reagieren die typischen „Inhibitoren“ sehr rasch mit dem aktiven Polymeren (s. S. 137 ff.); sie können daher — gleichgültig ob ihre Wasserlöslichkeit groß (Sauerstoff, p-Benzochinon) oder gering (Chloranil) ist — die Polymerisationskeime abfangen, entweder bevor oder kurz nachdem diese die Ölphase erreicht haben. Eine geringere Wirksamkeit eines Inhibitors wäre — abgesehen von sekundären Einflüssen wie Unbeständigkeit in der Flotte u. a. — nur dann zu erwarten, wenn die Keimbildung in der Ölphase erfolgt, der Verhinderer aber praktisch nur in der wäßrigen Lösung vorhanden ist; ein derartiger Fall ist bisher nicht bekannt.

Bei der Emulsionspolymerisation von Styrol mit $K_2S_2O_8$ als Beschleuniger bewirken sowohl O_2 [6,7,59,69] als auch p-Benzochinon [7,9] (unter geeigneten Versuchsbedingungen, die sekundäre Einflüsse ausschließen) eine scharf ausgeprägte Inhibitionsperiode, während der der Inhibitor verbraucht wird und deren Länge proportional der Menge des Inhibitors, verkehrt proportional der Menge des Beschleunigers* (vergl. Abb. 36) und kaum von der Emulgatormenge abhängig ist; dadurch wird bestätigt, daß die Keimbildung fast ausschließlich in der wäßrigen Phase vor sich geht und ihre Geschwindigkeit proportional der Persulfat-Konzentration ist.

Sieht man in der Geschwindigkeit, mit der ein Inhibitor während der Inhibitionsperiode verbraucht wird, ein Maß für die Keimbildungsgeschwindigkeit (siehe auch S. 111), so zeigt ein Vergleich des Chinon-Verbrauches bei der Polymerisation von Styrol in Emulsion und in Substanz wiederum, daß die größere Polymerisationsgeschwindigkeit in Emulsion nicht auf vermehrte Keimbildung zurückgeführt werden kann[7] (s. Tab. 26).

Tabelle 26. *Vergleich der Keimbildungsgeschwindigkeit und der Polymerisationsgeschwindigkeit von Styrol in Emulsion und in Substanz (nach* Bovey *und* Kolthoff[7]*).*

	Chinonverbrauch während der Inhibitionsperiode als Maß für die Keimbildungsgeschwindigkeit (Mol/Liter Stunde)	Polymerisationsgeschwindigkeit (Mol/Liter Stunde)
In Emulsion (5% Dodecylaminhydrochlorid als Emulgator, $p_H = 1$, 0,3% $K_2S_2O_8$ als Beschleuniger, 50° C)	$5{,}7 \cdot 10^{5}$	3,48
In Substanz (90° C ohne Beschleuniger)	$2{,}2 \cdot 10^{4}$	0,117

Ein quantitativer Vergleich der *Reglerwirkung* einerseits bei der Substanzpolymerisation von Styrol, Methylmethacrylat und Butadien, andererseits bei der Emulsionspolymerisation dieser Monomeren ergab für eine Reihe von Merkaptanen die gleiche Übertragskonstante in Substanz und in Emulsion, für andere Merkaptane war die Übertragungskonstante in Emulsion erheblich niedriger als in Substanz[75] (vgl. Abb. 37). Zur ersten Gruppe gehören die Merkaptane mit niedrigem Molgewicht (mit höchstens 10 C-Atomen für die primären und höchstens 12 C-Atomen für die tertiären Merkaptane), zur zweiten Gruppe die Merkaptane mit höherem Molgewicht. Interessant für die Deutung dieses Verhaltens ist der Einfluß verschiedener Versuchsbedingungen[60,75]: bei dem zur zweiten Gruppe gehörenden primären n-Dodecylmerkaptan wird die Reglerwirkung verstärkt durch stärkeres Rühren oder Schütteln, durch Erhöhung der Emulgatormenge, durch Erhöhung des p_H-Wertes der Flotte, durch Verdünnung des Monomeren mit Lösungsmitteln, die entweder als inerte Verdünnung die Polymerisationsgeschwindigkeit herabsetzen (Benzol, Ligroin) oder aber lösungsvermittelnd wirken

---

* Bei der Emulsionspolymerisation von Butadien und Butadien(75)-Styrol(25) unter gleichen Bedingungen ist die Länge der Inhibitionsperiode verkehrt proportional der Wurzel aus der Persulfat-Konzentration (bisher nicht eingehend veröffentlichte Versuche von J. M. König, zitiert von Bovey und Kolthoff[7]).

(Hexanol), sowie durch Verwendung von in situ gebildeter Seife an
Stelle von fertiger Seife, d. h. durch Emulgierung mit Fettsäure (im
Monomeren gelöst) und Lauge (in der Flotte). Alle diese Versuchsbedingungen zeigen dagegen keinen Einfluß auf die Reglerwirkung von
tertiärem Dodecylmerkaptan, das zur anderen Gruppe gehört. Dieses
unterschiedliche Verhalten der verschiedenen Merkaptane kann folgendermaßen gedeutet werden: die zur zweiten Gruppe zählenden
Merkaptane reagieren in den Latexpartikeln rascher ab, als sie durch
Diffusion nachgeliefert werden können, daher ist ihre Wirkung kleiner,
als man auf Grund der insgesamt zugesetzten Menge und ihrer Über-
tragungswirkung bei der Polymerisation in homogener Phase erwarten
sollte; andererseits wird ihre Wirkung durch solche Versuchsbedingungen, die den Transport des Reglers durch die wäßrige Lösung begünstigen, erhöht. Bei der ersten Gruppe reicht die Transportgeschwindig-
keit schon bei normalen Versuchsbedingungen aus, um das Verteilungs-
gleichgewicht aufrecht-zuerhalten, eine Steige-

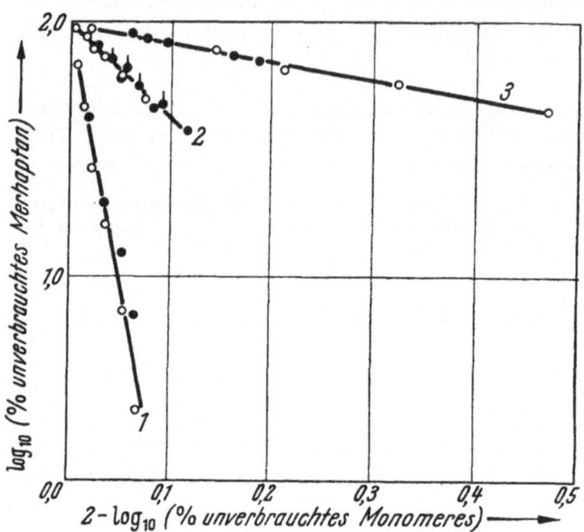

Abb. 37. Vergleich der Übertragungskonstanten einiger
Merkaptane in Substanz und in Emulsion. (Nach SMITH [75].)

1 Styrol und n-Amylmerkaptan (C = 20)
2 Styrol und tert-Butylmerkaptan (C = 4)
3 Methylmethacrylat und n-Amylmerkaptan (C = 0,8)
○ Emulsionspolymerisation bei 40—50° C
●, ● Substanzpolymerisation bei 62,5 und 100° C.

rung der Reglerwirkung durch Begünstigung des Transports ist daher
nicht mehr möglich. Die Parallelität zwischen Diffusionsgeschwindigkeit
einerseits und dem Verbrauch während der Polymerisation und der
Reglerwirkung anderseits konnte durch Messung dieser drei Größen an
fünf isomeren Merkaptanen (mit je 12 C-Atomen) bestätigt werden[30].

Erwähnt sei hier noch, daß die Regler für die in den Micellen statt-
findende Polymerisation kaum zur Wirkung kommen können. Da bei
den üblicherweise zur Verwendung kommenden Reglermengen die Zahl
der insgesamt vorhandenen Reglermoleküle kleiner ist als die der Micellen, und da auch nur ein kleiner Bruchteil aller Micellen ein wachsendes
Polymeres enthält, ist die Wahrscheinlichkeit sehr gering, daß in einer
Micelle ein Polymerisationskeim und ein Reglermolekül gleichzeitig vorhanden sind. Dies ist aber nicht wichtig, denn die Gefahr der Bildung
hochpolymerer vernetzter Produkte besteht nicht zu Beginn der Polymerisation, sondern hauptsächlich dann, wenn der Rest des Monomeren
in den schon viel Polymerisat enthaltenden Latexpartikeln auspolymeri-
siert.

Mischpolymerisate von zwei Monomeren, die beide in Wasser sehr wenig löslich sind, haben bei der Substanz- und bei den Emulsionspolymerisation die gleiche Zusammensetzung, die nur von dem Mengenverhältnis der beiden Monomeren in der Ausgangsmischung abhängt. Untersucht man dagegen ein Monomeren-Paar (z. B. Styrol-Itakonsäure), von dem das eine Monomere kaum, das andere aber sehr leicht in Wasser löslich ist, so findet man, daß das in Emulsion gebildete „Misch-Polymerisat" fast ausschließlich aus dem wasserunlöslichen Monomeren besteht, ganz abweichend von der Zusammensetzung des Mischpolymerisates der gleichen Monomeren, das man in Substanz bzw. in Lösung erhält[28]. Bei dem in Abb. 38 wiedergegebenen Beispiel Styrol-Acrylnitril[27] ist Acrylnitril schon beträchtlich löslicher in Wasser als Styrol. Daher weicht die in Emulsion erhaltene Zusammensetzung etwas von der in Substanz ab, wenn man wie in Abb. 38 auf der Abscisse das *vorgegebene* Monomeren-verhältnis aufträgt. Je größer das Verhältnis Flotte zu Monomeren ist, um so stärker ist auch der Unterschied zwischen beiden Kurven[29].

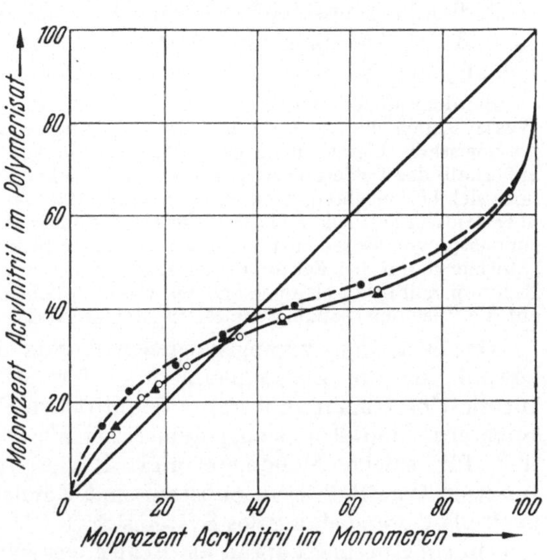

Abb. 38. Mischpolymerisation Styrol-Acrylnitril. Momentane Zusammensetzung des Polymerisates in Abhängigkeit von dem vorgegebenen Monomeren-Verhältnis. (Nach FORDYCE und CHAPIN[27].)

● Substanzpolymerisation mit 0,05% Benzoylperoxyd, 75° C.
○ Emulsionspolymerisation mit 0,1% Benzoylperoxyd, 60° C.
▲ Emulsionspolymerisation mit 0,2% Kaliumpersulfat, 75° C.

Bezieht man aber die Zusammensetzung auf das tatsächliche Monomerenverhältnis in der „Öl-Phase", das man aus dem vorgegebenen Verhältnis und dem experimentell bestimmten Verteilungskoeffizienten[76] ausrechnen kann, dann kommen die beiden Kurven für Substanz und Emulsionspolymerisation auch bei großem Verhältnis Flotte zu Monomeren innerhalb der Versuchsfehler zur Deckung. Diese quantitative Übereinstimmung wurde festgestellt bei Umsätzen von 4%, 15% und 50%[26], bei Verwendung von öllöslichen ebenso wie von wasserlöslichen Beschleunigern (Benzoylperoxyd und Kaliumpersulfat[27]) und, was besonders bemerkenswert ist, bei Verwendung verschiedener Emulgatoren, darunter anionischen, kationischen und nicht ionisierten[29]. Wenn das Wachstum nicht in den Monomeren-Tröpfchen, sondern in den Micellen bzw. Latex-Partikeln vor sich gehen soll, dann muß man daraus schließen, daß das Verhältnis der Monomeren in diesen drei Orten ständig im Gleichgewicht ist.

Die Zusammensetzung der in Benzol und in Emulsion gewonnenen Mischpolymerisate von Styrol und Methylmethacrylat wurde kürzlich[84a] mit dem genauen Verhältnis der beiden Monomeren in den Monomeren-Tröpfchen, in der echten wäßrigen Lösung und in den Micellen verglichen. Danach kommen als Reaktionsort die Micellen nur ganz zu Beginn der Polymerisation, die echte Lösung — wie zu erwarten — gar nicht in Frage. Die Zusammensetzung der Mischpolymerisate entspricht vielmehr dem Monomerenverhältnis in den Monomeren-Tröpfchen; wahrscheinlich liegt dasselbe Verhältnis aber auch in den Latex-Partikeln vor, so daß die Annahme, daß dort die Polymerisation fast auschließlich abläuft, auch durch diese Versuche nicht widerlegt ist.

Bei dem Monomeren-Paar Butadien-Styrol, die ebenfalls beide sehr wenig im Wasser löslich sind, zeigt die Zusammensetzung des in Emulsion gebildeten Mischpolymerisates Unterschiede gegenüber dem in homogener Phase erhaltenen, die außerhalb der Fehlergrenze liegen sollten[63] (siehe auch[43]). Eine Übereinstimmung ließe sich herbeiführen, wenn man annimmt, daß das Monomerenverhältnis (gegenüber dem vorgegebenen) am Orte der Wachstumsreaktion um einen Faktor 1,2—1,3 zugunsten von Butadien verschoben ist. Auch hier hat eine Änderung der Emulgatormenge um den Faktor 16, der Reglermenge um den Faktor 4 und Ersatz von Kaliumpersulfat durch einen anderen wasserlöslichen Beschleuniger keinen Einfluß auf die Zusammensetzung des Mischpolymerisates.

Da nach den vorangegangenen Absätzen (in bestimmten Fällen) sowohl für die Zusammensetzung der Mischpolymerisate als auch für die Übertragungskonstante quantitative Übereinstimmung zwischen Substanz- und Emulsionspolymerisation besteht, kann man erwarten, daß für solche Monomere und Regler auch die Übertragungsfunktion (vgl. S. 201) in Substanz und Emulsion gleich ist. Die experimentelle Untersuchung des Systems Styrol-Methylmethacrylat in Emulsion mit n-Amylmerkaptan als Regler bestätigte diese Erwartung[75].

Die reaktionskinetischen Ergebnisse stehen also im wesentlichen im Einklang mit der Seite 217 entwickelten Vorstellung vom Reaktionsort. Es bleibt nun noch übrig, die Erhöhung der Polymerisationsgeschwindigkeit und des Polymerisationsgrades, also den typischen Emulsionseffekt, zu deuten. Dafür kommen zwei Effekte in Frage:

1. Die Polymerisation verläuft in sehr kleinen, isolierten Partikeln.

2. Die Polymerisation verläuft in einem Medium, dessen Gehalt an Polymerem schon im Anfangsstadium der Polymerisation verhältnismäßig hoch ist.

Beide Effekte bewirken, daß die Geschwindigkeit der Abbruchsreaktion kleiner wird und daher Polymerisationsgeschwindigkeit und Polymerisationsgrad ansteigen. Der an zweiter Stelle genannte Effekt ist bereits in einem früheren Abschnitt eingehend besprochen worden (Gel-Effekt). Es besteht kein Zweifel, daß er auch in den Latex-Partikeln eine gewisse Rolle spielt. Da aber dieser Effekt nicht bei allen Monomeren in gleichem Maße auftritt, in sehr geringem Maße z. B. bei Styrol (vgl. S. 210), kann er nicht als die einzige Ursache für den „Emulsionseffekt" angesehen werden.

Durch einfache Überlegung kann man sich klar machen, daß eine Aufteilung einer in homogener Phase polymerisierenden Substanz in immer kleinere, isolierte Bereiche schließlich dazu führt, daß die Zahl dieser Bereiche größer ist als die Zahl der im stationären Zustand vorhandenen aktiven Polymeren. Es ist dann in jedem einzelnen Bereich im Durchschnitt weniger als ein aktives Polymeres vorhanden. Ein Abbruch, für den das Zusammentreffen von zwei aktiven Polymeren erforderlich ist, wird daher erschwert. Bei der äußerst geringen stationären Konzentration der aktiven Polymeren genügt bereits eine Aufteilung des Monomeren in Partikel von 10^{-4}—10^{-5} cm Durchmesser, um diesen Zustand herbeizuführen[42]. In Suspension wird eine so feine Dispergierung nicht erreicht. In Emulsion sind aber die Micellen und Latex-Partikel noch erheblich kleiner. (Es wurde bereits erwähnt [vgl. S. 218], daß nur ein Bruchteil aller Micellen ein aktives Polymeres enthält.) Nahezu gleichzeitig und unabhängig von einander haben HAWARD[42] und SMITH und EWART[80] gezeigt, daß allein durch diese Aufteilung des Monomeren die Erhöhung der Polymerisationsgeschwindigkeit und des Polymerisationsgrades bei der Emulsionspolymerisation verstanden werden kann, vorausgesetzt, daß der Abbruch zwischen zwei Radikalen erfolgt. Es ist daher als eine schöne Bestätigung dieser Auffassung anzusehen, daß bei der Polymerisation von Allylacetat, bei der der Abbruch durch Reaktion mit dem Monomeren erfolgt, der Polymerisationsgrad in Substanz und in Emulsion gleich ist, und auch die Polymerisationsgeschwindigkeit, die wegen der verschiedenen Beschleuniger allerdings nicht streng vergleichbar ist, keinen wesentlichen Unterschied erkennen läßt.

Bei der quantitativen Behandlung der Emulsionspolymerisation auf Grund der eben entwickelten Vorstellung sind zwei Probleme zu lösen[80]:

1. Wieviele Latex-Partikel werden in einer bestimmten Emulsion gebildet (bis die Micellen verschwunden sind)?

2. Welche Faktoren bestimmen die Polymerisationsgeschwindigkeit in den einzelnen (isolierten) Latex-Partikeln?

Die Behandlung der ersten Frage bringt eine rechnerische Komplikation dadurch mit sich, daß die Zahl der durch eine Grenzflächeneinheit diffundierenden Keime verkehrt proportional dem Radius der betreffenden Partikel ist; d. h. man dürfte nicht mit der Gesamtoberfläche aller Teilchen rechnen, sondern müßte das ganze Spektrum der Größenverteilung in jeder Phase der Polymerisation berücksichtigen. Diese Schwierigkeit wurde durch zwei Näherungen umgangen, denen die Annahmen zugrunde liegen: a) die Keime treten, solange Micellen vorhanden sind, überhaupt nur in diese und nicht in Latex-Partikeln ein, b) durch jede Grenzflächeneinheit diffundieren gleichviel Keime unabhängig von der Größe der Partikel. Die Rechnung liefert dann für beide Näherungen die Formel

$$N = k \left(\frac{\varrho}{\mu}\right)^{2/5} (a_s\,S)^{3/5} , \qquad (149)$$

wobei nur der Wert der numerischen Konstanten k einmal mit 0,53 und das andere Mal mit 0,37 herauskommt. Dabei bedeutet:

N die Zahl der Latex-Partikel, die insgesamt von Beginn der Polymerisation bis zum Verschwinden der Micellen in einem Kubikzentimeter wäßriger Phase gebildet werden,

ϱ die Anfangsgeschwindigkeit der Keimbildung pro cm³ der wäßrigen Phase,
   μ die (zeitlich konstante) Volumzunahme der Latex-Partikel infolge der Polymerisation,
   a_s die von 1 g Emulgator besetzte Grenzfläche,
   S die gesamte Emulgatormenge pro cm³ Wasser.

Die Polymerisationsgeschwindigkeit in einer isolierten Partikel hängt ab von der Zahl wachsender Polymerer, die im Mittel in einer Partikel vorhanden sind; im stationären Zustand wird diese Zahl bestimmt einerseits durch die Geschwindigkeit, mit der Radikale aus der wäßrigen Lösung, in der sie gebildet werden, in die Partikel eindiffundieren, anderseits durch die Geschwindigkeit des Kettenabbruchs (innerhalb der Partikel) und evtl. auch durch die Geschwindigkeit, mit der sie aus der Partikel wieder in die wäßrige Lösung herausdiffundieren. Diese Abwanderung von wachsenden Polymeren wird praktisch aber nicht ins Gewicht fallen, sondern wahrscheinlich sehr klein gegenüber den beiden anderen Geschwindigkeiten sein, d. h. alle Radikale, die in eine Partikel eintreten, werden dort so lange wachsen, bis beim Zusammentreffen zweier Radikale innerhalb dieser Partikel Desaktivierung beider Radikale erfolgt. Es sind dann zwei Grenzfälle zu unterscheiden: Der erste wird vorliegen, wenn der Abbruch verhältnismäßig rasch erfolgt, sobald ein zweites Radikal eindiffundiert. Dann wird im stationären Zustand immer gerade die Hälfte aller vorhandenen Partikel ein wachsendes Polymeres enthalten, wie man auch ohne Rechnung leicht durch folgende Überlegung einsehen kann: wenn gerade die Hälfte aller Partikel „besetzt" ist, ist die Wahrscheinlichkeit, daß ein neuankommender Keim in eine radikalfreie oder in eine besetzte Partikel eintritt, gleich groß; in dem einen Fall wird aber durch diesen Eintritt eine freie Partikel besetzt, im anderen Falle eine vorher besetzte (durch den rasch erfolgenden Abbruch) wieder frei; im Mittel wird daher an der Besetzung gerade der Hälfte aller Partikel nichts mehr geändert. Die Polymerisations-Geschwindigkeit in der ganzen Emulsion kann dann einfach gesetzt werden

$$v_{Br} = k_w [M] \frac{N}{2}, \tag{150}$$

wobei N die Zahl aller in der Emulsion vorhandenen Latex-Partikel und [M] die Konzentration des Monomeren in diesen Partikeln bedeutet. Die Polymerisationsgeschwindigkeit ist also proportional N, und die Wirkung des Emulgators besteht einfach darin, eine möglichst große Zahl kleiner, isolierter Reaktionsorte zu schaffen. Aus v_{Br}, N und [M] kann man k_w, die Geschwindigkeitskonstante der Wachstumsreaktion ausrechnen.

Der zweite Grenzfall sieht vor, daß der Abbruch verhältnismäßig langsam erfolgt. Dann wird sich innerhalb jeder Partikel eine stationäre Radikal-Konzentration einstellen. Die Polymerisationsgeschwindigkeit ist in diesem Falle gegeben durch

$$v_{Br} = k_w [M] (V_p \varrho'/2 k_a)^{\frac{1}{2}} \tag{151}$$

(V_p ist das Gesamtvolumen aller Partikel, ϱ' die Geschwindigkeit des Eintritts von Keimen aus der Lösung in (alle) Partikel; beide Größen sind bezogen auf 1 cm³ wäßrige Lösung bzw. auf die darin suspendierten Partikel.) Ist die Zahl der Partikel so groß, daß praktisch alle in der Lösung gebildeten Keime in eine Partikel eintreten, dann ist $\varrho' = \varrho$; die Polymerisationsgeschwindigkeit hängt dann nur noch vom Gesamtvolumen der Phase, in der das Wachstum erfolgt, ab; der Grad der Dispersion dieser Phase ist gleichgültig.

Man kann in dem ersten Grenzfall bzw. in Gl. (150) das charakteristische Verhalten der Emulsionspolymerisationen sehen. Eine experimentelle Prüfung der Gl. (149) und (150) für die Emulsionspolymerisation von Styrol ergab[77]:

1. Die Zahl der Latexpartikel in einer Emulsion, die *keine* Micellen enthält, ändert sich um nicht mehr als 30%, wenn noch 70mal mehr Polymeres in diesen Partikeln gebildet wird als ursprünglich vorhanden war.

2. Die Polymerisationsgeschwindigkeit pro Partikel ist a) unabhängig von der Zahl der Partikel, b) unabhängig von der mittleren Größe der Partikel, c) unabhängig von der Konzentration des Beschleunigers (Kaliumpersulfat), d) abhängig von der Temperatur (30—60° C) entsprechend einer Aktivierungsenergie von 11,7 kcal.

Unter Anwendung von Gl. (150) ergibt sich für die Geschwindigkeitskonstante der Wachstumsreaktion (Styrol):

$$k_w = 3,5 \cdot 10^{10}\, e^{-11{,}700/RT}\ \text{Liter Mol}^{-1}\ \text{sec}^{-1}$$

(vgl. dazu Tab. 14, Seite 118).

3. Die Zahl der Latex-Partikel, die pro Gramm Emulgator und Kubikzentimeter Wasser während der Polymerisation gebildet werden, ist a) proportional der Potenz $^2/_5$ der Persulfat-Konzentration, b) verkehrt proportional der Potenz $^2/_5$ der Emulgatorkonzentration.

In allen Fällen wurde also die theoretische Erwartung bestätigt.

Auf einen Punkt sei noch besonders hingewiesen. Wenn, wie anzunehmen ist, die Keimbildungsgeschwindigkeit in der wäßrigen Phase proportional der Beschleunigerkonzentration ist, dann muß nach Gl. (149) und (150) die Polymerisationsgeschwindigkeit proportional der Potenz 2/5 dieser Konzentration sein und nicht, wie Seite 223 angegeben, proportional der Wurzel aus der Beschleunigerkonzentration. Tatsächlich paßt bei den Messungen von KOLTHOFF und DALE[58, 59] die Potenz 2/5 eindeutig besser zu den Versuchsergebnissen als die Potenz 1/2 (s. a.[61]).

In einer neuen Arbeit[78] hat SMITH nach drei experimentell völlig verschiedenen Methoden die Zahl der pro Kubikzentimeter und sec gebildeten Polystyrol-Moleküle bestimmt, nämlich

a) aus der Zahl der Schwefelatome (aus $K_2S_2O_8$), die pro Sekunde im Polystyrol eingebaut werden,

b) aus der Zahl der gebildeten Latex-Partikel nach Gl. (149),

c) aus der Polymerisationsgeschwindigkeit und dem Molgewicht.

Die Versuche wurden bei 4 Temperaturen zwischen 30 und 90° C mit zwei verschiedenen Konzentrationen des Emulgators und Beschleunigers ausgeführt. Die Übereinstimmung (zwar bei einigen der Versuche nur als größenordnungsmäßig anzusprechen) liefert eine weitere Stütze für die Gl. (149) zugrunde liegende Theorie.

Damit scheint die Kinetik der Emulsionspolymerisation in den Grundzügen geklärt und die Richtung für die weitere experimentelle Forschung auf diesem Gebiete gegeben zu sein. Bei den praktisch interessierenden Polymerisationen in Emulsion aber sind drei kinetisch komplizierte Vorgänge innig verwoben: eine Keimbildung durch Redoxsysteme, das Eingreifen von Fremdstoffen in die Polymerisation und die Reaktion in einem heterogenen Medium. Mag auch jeder dieser Vorgänge für sich im Prinzip geklärt und unter sehr einfachen und übersehbaren Bedingungen auch quantitativ faßbar sein, so sind wir doch noch weit davon entfernt, den komplizierten Gesamtvorgang einer Emulsionspolymerisation im einzelnen quantitativ zu verstehen.

Literatur.

[1] ABERE, J., G. GOLDFINGER, H. NAIDUS u. H. MARK: Ann. N. Y. Acad. Sci. 44, 267 (1943).
[2] BARTLETT, P. D., u. K. NOZAKI: J. Polym. Sci. 3, 216 (1948).
[3] BAXENDALE, J. H., M. G. EVANS u. J. KILHAM: J. Polym. Sci. 1, 466 (1946).
[4] BAXENDALE, J. H., M. G. EVANS u. J. KILHAM: Trans. Faraday Soc. 42, 668 (1946).
[5] BENGOUGH, W. I., u. R. G. W. NORRISH: Nature (Lond.) 163, 325 (1949); Proc. roy. Soc. Lond. A 200, 301 (1950).
[6] BOVEY, F. A., u. I. M. KOLTHOFF: J. Amer. chem. Soc. 69, 2143 (1947).
[7] BOVEY, F. A., u. I. M. KOLTHOFF: Chem. Reviews 42, 491 (1948).
[8] BOVEY, F. A., u. I. M. KOLTHOFF: J. Polym. Sci. 5, 487 (1950).
[9] BOVEY, F. A., u. I. M. KOLTHOFF: J. Polym. Sci. 5, 569 (1950).
[10] BREITENBACH, J. W.: Kolloid-Z.. 109, 119 (1945).
[11] BREITENBACH, J. W., u. H. P. FRANK: Mh. Chem. 78, 293 (1948).
[12] BREITENBACH, J. W., u. H. PREUSSLER: J. Polym. Sci. 4, 751 (1949).
[13] BREITENBACH, J. W., H. PREUSSLER u. H. KARLINGER: Mh. Chem. 80, 150 (1949).
[14] BURNETT, G. M., u. H. W. MELVILLE: Nature (Lond.) 150, 553 (1946).
[15] BURNETT, G. M., u. H. W. MELVILLE: Proc. roy. Soc. Lond. A 189, 494 (1947).
[15a] BURNETT, J. D., u. H. W. MELVILLE: Trans. Faraday Soc. 46, 976 (1950).
[16] CARR, E. L., u. P. H. JOHNSON: Ind. Eng. Chem. 41, 1588 (1949).
[17] CARR, C. W., I. M. KOLTHOFF, E. J. MEEHAN u. R. J. STERNBERG: J. Polym. Sci. 5, 191 (1950).
[18] CARR, C. W., I. M. KOLTHOFF, E. J. MEEHAN u. D. E. W. WILLIAMS: J. Polym. Sci. 5, 201 (1950).
[19] CORRIN, M. L.: J. Polym. Sci. 2, 257 (1947).
[20] DEANIN, R., R. D. LINDSAY u. S. E. LEVENTER: J. Polym. Sci. 3, 421 (1948).
[21] v. ERIKSSON, A. F.: Acta chem. scand. 3, 1 (1949).
[22] EVANS, M. G.: J. chem. Soc. Lond. 1947, 266.
[23] FIERZ. DAVID, H. E., u. H. CH. ZOLLINGER: Helvet. chim. Acta 28, 1197 (1945).
[24] FIKENTSCHER, H.: Angew. Chem. 51, 433 (1938).
[25] FIKENTSCHER, H., u. H. HERRLE: Angew. Chem. A 59, 174 (1947).
[26] FORDYCE, R. G.: J. Amer. chem. Soc. 69, 103 (1947).
[27] FORDYCE, R. G., u. E. C. CHAPIN: J. Amer. chem. Soc. 69, 581 (1947).
[28] FORDYCE, R. G., u. G. E. HAM: J. Amer. chem. Soc. 69, 695 (1947).
[29] FORDYCE, R. G., u. G. E. HAM: J. Polym. Sci. 3, 891 (1948).
[30] FRANK, R. L., P. V. SMITH, F. E. WOODWARD, W. B. REYNOLDS u. P. J. CANTERINO: J. Polym. Sci. 3, 39 (1948).
[31] FRILETTE, V. J., W. P. HOHENSTEIN u. H. MARK: Abstracts of 108th Meeting of Amer. chem. Soc. New York, 12. Sept. 1944.
[32] FRILETTE, V. J., u. W. P. HOHENSTEIN: J. Polym. Sci. 3, 22 (1948).
[33] FRYLING, C. F., u. E. W. HARRINGTON: Ind. Eng. Chem. 36, 114 (1944).
[34] GEE, G., C. B. DAVIES u. H. W. MELVILLE: Trans. Faraday Soc. 35, 1298 (1939).
[35] HARKINS, W. D.: J. chem. Phys. 13, 381 (1945).
[36] HARKINS, W. D.: J. chem. Phys. 14, 47 (1946).

[37] HARKINS, W. D.: J. Amer. chem. Soc. **69**, 1428 (1947).
[38] HARKINS, W. D.: J. Polym. Sci. **5**, 217 (1950).
[39] HARKINS, W. D., u. R. S. STEARNS: J. chem. Phys. **14**, 215 (1946).
[40] HAUSER, E. A., u. E. PERRY: J. phys. Coll. Chem. **52**, 1175 (1948).
[41] HAWARD, R. N.: J. Polym. Sci. **3**, 10 (1948).
[42] HAWARD, R. N.: J. Polym. Sci. **4**, 273 (1949).
[43] HENNERY-LOGAN, K. R., u. R. V. V. NICHOLLS: Canad. J. Res. im Druck; zit. von MAYO u. WALLING: Chem. Reviews **46**, 191 (1950).
[44] HERZFELD, S. H., A. ROGINSKY, M. L. CORRIN u. W. D. HARKINS: J. Polym. Sci. **5**, 207 (1950).
[45] HOHENSTEIN, W. P.: Polym. Bull. **1**, 13 (1945).
[46] HOHENSTEIN, W. P., u. H. MARK: J. Polym. Sci. **1**, 127 (1946).
[47] HOHENSTEIN, W. P., u. H. MARK: J. Polym. Sci. **1**, 549 (1946).
[48] HOHENSTEIN, W. P., S. SIGGIA u. H. MARK: Indian Rubber World **111**, 173 (1944).
[49] HOHENSTEIN, W. P., F. VINGIELLO u. H. MARK: Indian Rubber World **110**, 291 (1944).
[50] HOPFF, H., S. GOEBEL u. R. KERN: Makrom. Chem. **4**, 240 (1950).
[51] HOPFF, H., u. R. KERN: Angew. Chem. A **159**, 173 (1947).
[52] HUGHES, E. W., W. M. SAWYER u. J. R. VINOGRAD: J. chem. Phys. **13**, 131 (1945).
[53] JENKEL, E., u. S. SÜSS: Naturwiss. **29**, 339 (1941)
[54] JENKEL, E., H. ECKMANNS u. R. RUMBACH: Makrom. Chem. **4**, 15 (1949)
[55] JOSOFOWITZ, D., u. H. MARK: Polym. Bull. **1**, 140 (1945).
[56] KLEVENS, H. B.: Chem. Reviews 47, 1 (1950).
[57] KOLTHOFF, I. M., u. F. A. BOVEY: J. Amer. chem. Soc. **70**, 791 (1948).
[53] KOLTHOFF, I. M., u. W. J. DALE: J. Amer. chem. Soc. **67**, 1672 (1945).
[59] KOLTHOFF, I. M., u. W. J. DALE: J. Amer. chem. Soc. **69**, 441 (1947).
[60] KOLTHOFF, I. M., u. W. E. HARRIS: J. Polym. Sci. **2**, 41, 49 (1947).
[61] KOLTHOFF, I. M., u. A. J. MEDALIA: J. Polym. Sci. **5**, 391 (1950).
[62] MATHESON, M. S., E. E. AUER, E. B. BIVILACQUA u. E. J. HART: J. Amer. chem. Soc. **71**, 497, 2610 (1949).
[63] MEEHAN, E. J.: J. Polym. Sci. **1**, 318 (1946).
[64] MEEHAN, E. J.: J. Amer. chem. Soc. **71**, 628 (1949).
[65] MONTROL, E. W.: J. chem. Phys. **13**, 337 (1945).
[66] NORRISH, R. G. W., u. E. F. BROOKMAN: Proc. roy. Soc. Lond. A **171**, 147 (1939).
[67] NORRISH, R. G. W., u. R. R. SMITH: Nature (Lond.) **150**, 336 (1942).
[68] PATAT, F.: Z. Elektrochem. **47**, 688 (1941).
[69] PRICE, CH. C., u. C. E. ADAMS: J. Amer. chem. Soc. **67**, 1674 (1945).
[70] SCHULZ, G. V., u. F. BLASCHKE: Z. phys. Chem. B **50**, 305 (1941).
[71] SCHULZ, G. V., u. F. BLASCHKE: Z. Elektrochem. **47**, 749 (1941).
[72] SCHULZ, G. V., u. F. BLASCHKE: Z. phys. Chem. B **51**, 75 (1942).
[73] SCHULZ, G. V., u. G. HARBORTH: Makrom. Chem. **1**, 106 (1947).
[74] SIGGIA, S., W. P. HOHENSTEIN u. H. MARK: Indian Rubber World **111**, 436 (1945).
[75] SMITH, W. V.: J. Amer. chem. Soc. **68**, 2059, 2064, 2069 (1946).
[76] SMITH, W. V.: J. Amer. chem. Soc. **70**, 2177 (1948).
[77] SMITH, W. V.: J. Amer. chem. Soc. **70**, 3695 (1948).
[78] SMITH, W. V.: J. Amer. chem. Soc. **71**, 4077 (1949).
[79] SMITH, W. V., u. H. N. CAMPBELL: J. chem. Phys. **15**, 338 (1947).
[80] SMITH, W. V., u. R. H. EWART: J. chem. Phys. **16**, 592 (1948).
[81] STARKWEATHER, H. H. et al.: Ind. Eng. Chem. **39**, 210 (1947).
[82] STAUDINGER, H., u. W. FROST: Ber. **68**, 2351 (1935).
[83] TROMMSDORFF, E., H. KÖNLE u. P. LAGALLY: Makrom. Chem. **1**, 169 (1948).

[84] VINOGRAD, J. R., et al.: Abstracts of 108th Meeting of the Amer. chem. Soc. New York 13. Sept. 1944.

[84a] WALL, F. T., R. E. FLORIN, u. C. J. DELBECQ: J. Amer. chem. Soc. **72**, 4769 (1950).

[85] WHITE, T., u. R. N. HAWARD: J. chem. Soc. Lond. **1943**, 25.

[86] AZORLOSA, J. L.: Ind. Eng. Chem. **41**, 1626 (1949).

BACHMANN, G. B., H. B. HASS u. E. J. KAHLER: Ind. Eng. Chem. **41**, 135 (1949).

CARR, C. W., I. M. KOLTHOFF, E. J. MEEHAN, R. J. STENBERG u. D. E. WILLIAMS: J. Polym. Sci. **5**, 191, 201 (1950).

DEANIN, R., R. D. LINDSAY u. E. E. LEVENTER: J. Polym. Sci. **3**, 421 (1948).

FRANK, R. L. et al.: Ind. Eng. Chem. **39**, 887, 893 (1947).

FRANK, R. L. et al.: J. Polym. Sci. **3**, 50, 58 (1948).

FRYLING, C. F.: Ind. Eng. Chem. **40**, 928 (1948).

FRYLING, C. F. et al.: Ind. Eng. Chem. **41**, 986 (1949); **42**, 2164 (1950).

GOULD, CH. W., u. G. E. HULSE: Ind. Eng. Chem. **41**, 1021 (1949).

HARRIS, W. E., u. I. M. KOLTHOFF: J. Polym. Sci. **2**, 72, 82 (1947).

HOPFF, H., S. GOEBEL u. R. KERN: Makrom. Chem. **4**, 240 (1950).

JOHANSON, A. J., u. L. A. GOLDBLATT: Ind. Eng. Chem. **40**, 2086 (1948).

JOHANSON, A. J., F. L. McKENNON u. L. A. GOLDBLATT: Ind. Eng. Chem. **40**, 500 (1948).

JOHNSON, P. H., u. R. L. BEBB: J. Polym. Sci. **3**, 389 (1948).

JURHENKO, T. J., G. N. GROMOWA u. W. B. HAIZER: J. chim. gen. (russ.) **16**, 78, 1505 (1946).

KOLTHOFF, I. M., u. W. J. DALE: J. Polym. Sci. **3**, 400 (1948).

LAUNDRY, R. W., u. R. F. McCANN: Ind. Eng. Chem. **41**, 1568 (1949).

MARQUARDT, D. N., R. H. POIRIER u. L. B. WAKEFIELD: Ind. Eng. Chem. **41**, 1475 (1949).

MARVEL, C. S. et al.: J. Polym. Sci. **3**, 128, 181, 350, 354, 433 (1948); **4**, 583 (1949).

MARVEL, C. S. et al.: Ind. Eng. Chem. **39**, 1486 (1947); **40**, 2371 (1948).

MARVEL, C. S., u. D. J. SHIELDS: J. Amer. Soc. **72**, 2289 (1950).

MAST, W. C., u. C. H. FISHER: Ind. Eng. Chem. **41**, 790 (1949).

MAST, W. C., L. T. SMITH u. C. H. FISHER: Ind. Eng. Chem. **37**, 365 (1945).

McKENNON, F. L., A. J. JOHANSON, E. T. FIELD u. R. V. LAWRENCE: Ind. Eng. Chem. **41**, 1296 (1949).

MITCHEL, I. M., R. SPOLSKY u. H. L. WILLIAMS: Ind. Eng. Chem. **41**, 1592 (1949)

RABJOHN, N. et al.: J. Polym. Sci. **2**, 488 (1947).

RAINARD, W. L.: J. Polym. Sci. **2**, 16 (1947).

SALOMON, G., u. C. KONINGSBERGER: J. Polym. Sci. **1**, 364 (1946).

SCHOENE, D. L., A. J. GREEN, E. R. BURNS u. G. R. VILA: Ind. Eng. Chem. **38**, 1246 (1946).

SCHULZE, W. A., W. B. REYNOLDS u. a.: Indian Rubber World **117**, 739 (1948).

SCHULZE, W. A., C. M. TUCKER u. W. W. CROUCH: Ind. Eng. Chem. **41**, 1599 (1949).

SCOTT, G. W., u. H. W. WALKER: Ind. Eng. Chem. **41**, 194 (1949).

SMITH, H. S. et al.: Ind. Eng. Chem. **41**, 1584 (1949).

SPOLSKY, R., u. H. L. WILLIAMS: Ind. Eng. Chem. **42**, 1847 (1950).

VANDENBERG, E. J., u. G. E. HULSE: Ind. Eng. Chem. **40**, 932 (1948).

WALL, F. T., u. T. J. SWOBODA: J. Amer. chem. Soc. **71**, 919 (1949).

WHITBY, G. S., N. WELLMANN, V. W. FLOUTZ u. H. L. STEPHENS: Ind. Eng. Chem. **42**, 445, 452 (1950).

WILLIS, J. M., L. B. WAKEFIELD, R. H. POIRIER u. E. M. GLYMPH: Ind. Eng. Chem. **40**, 2210 (1948).

WILSON, J. W., u. E. S. PFAU: Ind. Eng. Chem. **40**, 530 (1948).

IV. Polymerisationsreaktionen mit Ionen-Mechanismus.

1. Carboniumionen-Mechanismus.

Die in diesem Kapitel behandelten Polymerisationsreaktionen unterscheiden sich von den bisher besprochenen schon durch die Art der Katalysatoren, durch die sie bewirkt werden, dann aber auch dadurch, daß nur eine bestimmte Gruppe der bisher besprochenen Monomeren mit Hilfe dieser Katalysatoren hochmolekulare Produkte liefert. Die wirksamen Katalysatoren sind bis auf wenige Ausnahmen Metallhalogenide oder Säuren; da die ersteren von ihrer Verwendung bei Synthesen nach FRIEDEL-CRAFTS her bekannt sind, werden in der Literatur neben „Säure-Katalyse" häufig auch die Bezeichnungen „Friedel-Crafts-Katalyse" bzw. „Friedel-Crafts-Polymerisation" zur Kennzeichnung dieser Art von Polymerisationsreaktionen verwendet. Die wichtigsten auf diese Weise leicht polymerisierbaren Monomeren sind: Isobutylen, Vinylalkyläther, daneben noch Styrol, α-Methylstyrol, Inden u. ä. Bis auf Styrol sind es also gerade solche Monomere, die mit Hilfe von Radikalen nur schwer oder gar nicht polymerisierbar sind. Anderseits konnte mit Friedel-Crafts-Katalysatoren keine Polymerisation von Vinylacetat, Vinylchlorid, Acrylsäure und Acrylsäureestern — also von Monomeren, die mit Radikalen sehr leicht polymerisierbar sind, — erzielt werden.

Abgesehen von der Art der Monomeren und der Katalysatoren unterscheidet sich die Polymerisation unter dem Einfluß von Friedel-Crafts-Katalysatoren auch sonst in einigen charakteristischen Zügen von der Radikal-Polymerisation. Die Polymerisation verläuft bei tiefen Temperaturen, bis hinunter zu — 120° C, noch mit großer Geschwindigkeit; wirklich hochmolekulare Produkte werden meist erst bei diesen tiefen Temperaturen erhalten. Die Brutto-Aktivierungsenergie ist, wie danach zu erwarten, klein. Benzoylperoxyd ist entweder wirkungslos oder verzögert sogar die Polymerisation. Sauerstoff und Hydrochinon haben keinerlei hemmende Wirkung. In Lösungsmitteln mit hoher Dielektrizitätskonstante ist die Polymerisationsgeschwindigkeit und (manchmal, aber nicht immer) auch der Polymerisationsgrad sehr viel größer als cet. par. in Lösungsmitteln mit kleiner DK. Die Zusammensetzung von Mischpolymerisaten, die aus dem gleichen Monomeren-Gemisch einmal mit Benzoylperoxyd oder einem anderen Radikale liefernden Beschleuniger und zum anderen mit Friedel-Crafts-Katalysatoren hergestellt werden, ist meist ganz verschieden. Vielfach wurde beobachtet, daß die Wirksamkeit der Katalysatoren von der Anwesenheit geringer Mengen einer dritten Substanz entscheidend abhängt (Co-Katalysatoren).

Ungeachtet der nicht zu unterschätzenden technischen Bedeutung dieser Art von Polymerisationsreaktionen ist ihre Kinetik noch nicht annähernd in dem Umfang erforscht wie die der Radikalpolymerisationen. Quantitative kinetische Daten sind bisher nur wenig bekannt. Das beruht nicht zuletzt darauf, daß es bei diesen Reaktionen schwierig ist, überhaupt reproduzierbare Ergebnisse zu erhalten und eindeutige, übersehbare Versuchsbedingungen zu erzwingen.

Katalysatoren.

Katalysatoren für Polymerisationsreaktionen, die vermutlich nach einem Carboniumionen-Mechanismus verlaufen, sind:

Halogenide: BF_3, BCl_3, BBr_3, $Al\ Cl_3$, $Al\ Br_3$, $Al\ J_3$, $Sn\ Cl_4$, $Ti\ Cl_4$.

Säuren: konz. Schwefelsäure, Phosphorsäure u. ä.

ferner: Jod, Schwefeldioxyd, Silberperchlorat, Triphenylmethylchlorid u. ä.

Der technisch bei weitem wichtigste dieser Katalysatoren ist Bortrifluorid, da diese Verbindung sich fast immer als wirkungsvollste erwiesen hat. Die Wirksamkeit der Katalysatoren ist sehr verschieden. Bei Isobutylen ist die Polymerisation mit BF_3 ($-78°$ C) innerhalb von Sekunden beendet und dabei werden Polymerisationsgrade von 2—3000 erzielt; dagegen erhält man unter sonst gleichen Bedingungen mit $SnCl_4$ in 50 Stunden nur eine Ausbeute von 20% bei einem Polymerisationsgrad von 2—400[57]. Die wirkungsvolleren Katalysatoren erhöhen also gleichzeitig die Polymerisationsgeschwindigkeit und den Polymerisationsgrad.

Ordnet man die Katalysatoren nach abnehmender Wirksamkeit, so ergeben sich für verschiedene Monomere verschiedene Reihenfolgen:

Isobutylen: $BF_3 > AlBr_3 > TiCl_4 > TiBr_4 > BCl_3 > BBr_3 > SnCl_4 >$ konz. H_2SO_4

Styrol: $SbCl_5 \gg SnCl_4 > BCl_3$

Vinyl-Butyl-Äther: $SnCl_4 \gg SbCl_5$.

Verschiedentlich wurde für die Konzentration des Katalysators und auch für das Monomere ein Schwellenwert beobachtet, bei dessen Unterschreitung die Polymerisation kaum merklich verläuft[57,70,10,51]. Je wirksamer der Katalysator, um so niedrigere Schwellenwerte wurden für Katalysator *und* Monomeres gefunden[57]. Bei Bortrifluorid konnte die Mindestkonzentration durch sorgfältige Reinigung von 0,03% auf 0,006% herabgedrückt werden[51]. Bei Zinntetrachlorid ist dieser Schwellenwert um so größer, je größer die Konzentration des Co-Katalysators Wasser; dies beruht wahrscheinlich auf der Bildung eines mehrfachen Hydrates, das unlöslich und inaktiv ist[51]. Ein Einbau des Katalysators in das Polymere wurde bei Styrol mit $SnBr_4$ festgestellt[41].

Co-Katalysatoren.

In mehreren Fällen wurde beobachtet, daß das Monomere mit dem Katalysator allein, vorausgesetzt, daß beide sorgfältig gereinigt und getrocknet sind, keine Polymerisation ergibt*. Erst wenn eine geringe Menge einer dritten Substanz anwesend ist, tritt Polymerisation ein[14,15,16,17,18,20,21,54,58,56,51]. Folgende Substanzen wurden als wirkungsvolle Co-Katalysatoren gefunden: Wasser, konz. Schwefelsäure, Oleum, Aceton Diäthyläther, Essigsäure, Trichloressigsäure. Dabei wurden aber auch spezifische Unterschiede festgestellt; z. B. wirkt Essigsäure bei Isobutylen mit BF_3 als Co-Katalysator[15,18], nicht aber bei demselben Monomeren mit $TiCl_4$ in Hexanlösung[54].

---

* Schon früher war beobachtet worden, daß extrem reines $AlCl_3$ bei verschiedenen Reaktionen, z. B. auch bei der Polymerisation von Äthylen[38], als Katalysator unwirksam ist. Reste von Chlorwasserstoff scheinen in diesen Fällen als Co-Katalysator zu wirken, im Gegensatz zu den hier besprochenen Reaktionen[33,58].

Abb. 39 zeigt den Einfluß kleiner Mengen Wassers auf die Polymerisationsgeschwindigkeit von Isobutylen mit $SnCl_4$ in Chloräthyl bei —78° C[51]. Unter diesen Bedingungen ist nach Abb. 39 die Polymerisationsgeschwindigkeit direkt proportional der Konzentration des Co-Katalysators. Auch ohne absichtlich zugesetztes Wasser verläuft die Polymerisation noch mit einer Geschwindigkeit, die einem Gehalt von etwa 0,015% Wasser entspricht; trotz sorgfältiger Reinigung aller Substanzen konnte leider nicht mit Sicherheit ausgeschlossen werden, daß doch geringfügige Verunreinigungen als Co-Katalysator wirksam waren.

Es wurde beobachtet, daß sich die Co-Katalysatoren mit dem Katalysator in etwa äquimolekularen Mengen verbinden[15,19,21]. Die Bildung eines solchen Komplexes führt aber nicht immer zu einer Aktivierung des Katalysators, wie das Beispiel $NH_3 + BF_3$ zeigt[21]. Von Bedeutung für die Art, in der der Co-Katalysator in den Reaktionsmechanismus eingreift, ist die Beobachtung, daß eine bestimmte genügend kleine Menge des Co-Katalysators nur einen begrenzten Umsatz bewirkt; das

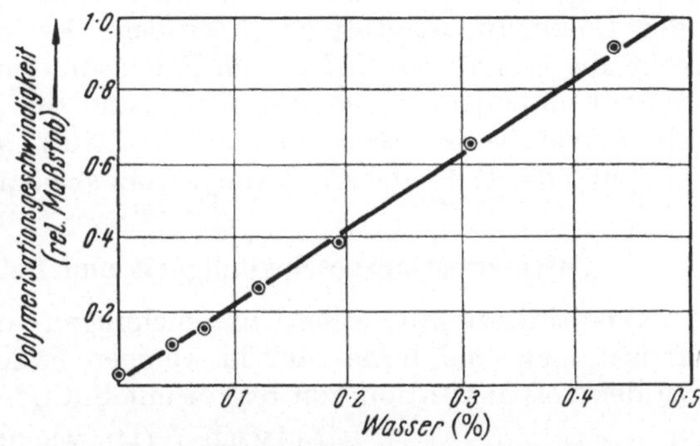

Abb. 39. Wasser als Co-Katalysator bei der Polymerisation von Isobutylen mit $SnCl_4$ (nach NORRISH u RUSSEL[51]).

würde bedeuten, daß der Co-Katalysator (wahrscheinlich beim Kettenstart) verbraucht und nicht wieder regeneriert wird[14,54,56]. Trichloressigsäure (als Co-Katalysator) wurde im Polymerisat eingebaut gefunden[56]. Anderseits fanden EVANS und MEADOWS[15], daß bei der Polymerisation von gasförmigem Isobutylen mit BF_3 als Katalysator sowie Wasser oder Essigsäure als Co-Katalysator weder der Katalysator noch der Co-Katalysator verbraucht wird, jedenfalls nicht in Mengen, die auch nur annähernd mit der Zahl der gebildeten Polyisobutylen-Moleküle vergleichbar wären. In der gleichen, sehr aufschlußreichen Arbeit konnte weiter gezeigt werden, daß von den Additionsverbindungen von BF_3 und Essigsäure nur der krystalline Komplex Polymerisation bewirkt. Dieser Komplex ist nur bei einem Überschuß von BF_3 stabil und zersetzt sich, wenn dieser Überschuß fehlt, unter Bildung des stabileren Komplexes $BF_3 (CH_3 COOH)_2$, der für die Polymerisation unwirksam ist.

Die Co-Katalysatoren oder ihre Komplexverbindungen mit den Katalysatoren bilden oft eine getrennte Phase, d. h. sie sind bei den tiefen Temperaturen als Nebel, Suspension winziger Kryställchen oder an der Gefäßwand niedergeschlagen[15,18,64,57]. Der Additions-Komplex von $TiCl_4$ und Trichloressigsäure ist dagegen in Hexan auch noch bei — 85° C genügend löslich; dies ist für kinetische Untersuchungen deshalb wichtig, weil dann Komplikationen durch Heterogenität einzelner Teilreaktionen nicht zu fürchten sind[54].

Diese bisherigen Ergebnisse haben zwar die Vermutung über den Mechanismus der Keimbildung durch Friedel-Crafts-Katalysatoren in eine bestimmte Richtung gelenkt, sie runden sich aber noch nicht zum vollständig geschlossenen Bild über das Zusammenspiel von Katalysator und Co-Katalysator. Vor allem ist die Frage, ob reines Haloidsalz allein überhaupt als Katalysator wirken kann, noch nicht ganz geklärt. Wenn auch in verschiedenen Fällen scheinbar eine dritte Komponente nicht erforderlich ist, so könnte dies auf eine sehr geringe notwendige Konzentration des Co-Katalysators zurückzuführen sein. Außerdem ist es bei den meisten typischen Friedel-Crafts-Katalysatoren äußerst schwierig, vielleicht unmöglich, die letzten Spuren von Feuchtigkeit oder Halogenwasserstoff zu beseitigen. Es ist daher die Möglichkeit nicht ausgeschlossen, daß in den Fällen, in denen nicht absichtlich eine dritte Komponente zugefügt wurde, und die Polymerisation trotzdem mit nennenswerter Geschwindigkeit abläuft, solche Reste von Verunreinigung die Rolle des Co-Katalysators spielen[16, 31, 51, 33, 34].

Polymerisationsgeschwindigkeit und Polymerisationsgrad.

Quantitative kinetische Untersuchungen von Carboniumionen-Polymerisationen sind bisher nur in wenigen Fällen durchgeführt worden. Bei der Polymerisation von Styrol mit $SnCl_4$[77, 79] wurde gefunden

$$- d\,[M]/dt \sim [K]\,[M]_0\,[M]^3$$

$$\overline{P} \sim [M]_0^{\frac{1}{2}}.$$

Die Bruttoaktivierungsenergie beträgt höchstens 3 kcal/Mol; die Polymerisationsgrade sind verhältnismäßig niedrig (~ 20). Die auffällig hohe Ordnung wurde durch ein besonderes Reaktionsschema gedeutet[59], konnte aber in einer neueren Arbeit[53] nicht bestätigt werden. Es wurde vielmehr nun gefunden

$$v_{Br} \sim [K]\,[M]^2$$

$$\overline{P} \sim [M].$$

Diese formale Abhängigkeit erhält man wiederum für einen Mechanismus mit Keimbildung durch eine Reaktion zwischen M und K und mit einem Abbruch durch spontane Desaktivierung.

Auch die thermische Polymerisation von Styrol in Thymol ist eine Reaktion dritter Ordnung in bezug auf das Monomere; der Polymerisationsgrad ist dabei verhältnismäßig niedrig[49]. Es wurde daher vermutet, daß dieser Polymerisation ein Ionen-Mechanismus zugrunde liegt, bewirkt durch den Säure-Charakter des Lösungsmittels. Die ähnliche Polymerisation in Kresol wird aber durch Zufügen stärkerer Säuren nicht beschleunigt und durch Benzochinon gehemmt[73]. Wahrscheinlicher ist, daß die Polymerisationen in phenolischen Lösungsmitteln über Radikale verlaufen und daß die ungewöhnliche Kinetik und der niedrige Polymerisationsgrad auf Kettenübertragung und Verzögerung durch das Lösungsmittel beruhen[73].

Von den Vinyläthern erwies sich Vinyl-2-Äthylhexyl-Äther als am besten geeignet für kinetische Untersuchungen[11] (siehe auch[64]), da seine

Polymerisation weniger stürmisch verläuft als z. B. die von Vinyl-n-Butyl-Äther[10]*. Eingehend untersucht wurde die durch Jod katalysierte Polymerisation; dabei wurde

$$v_{Br} \sim [K]^2\,[M]$$

und eine Bruttoaktivierungsenergie von 10 kcal/Mol in Petroläther und 16 kcal/Mol in Dichloräthylen gefunden. Das Molgewicht des Polymerisates war bei allen Versuchen ungefähr gleich, unabhängig von der Konzentration des Monomeren und des Katalysators. Auf ein Molekül des Polymeren entfallen im Mittel 1,37 Atome Jod und etwa eine halbe Doppelbindung; es wird vermutet, daß der Unterschied dieser beiden Zahlen gegenüber Eins auf partieller Jodierung der Doppelbindungen beruht.— Mit Zinntetrachlorid, Silberperchlorat oder Triphenylmethylchlorid als Katalysator ist

$$v_{Br} \sim [K]\,[M]^2\,;$$

das Molgewicht der Polymerisate nimmt mit steigender Konzentration des Monomeren zu, und zwar proportional bei $SnCl_4$ und weniger als proportional bei $AgClO_4$.

Auch für die Polymerisation der Vinyläther konnte ein Schema aufgestellt werden, das formal die gefundenen Abhängigkeiten der Polymerisationsgeschwindigkeit und des Polymerisationsgrades wiedergibt und mit den sonstigen Versuchsergebnissen in Einklang steht[11]. Die Keimbildung durch Jod ist danach:

$$2\,J_2 \longrightarrow J^+ + J_3^-$$

$$J_3^- + CH_2{=}C \begin{smallmatrix} H \\ \\ OR \end{smallmatrix} \longrightarrow JCH_2{-}C \begin{smallmatrix} H \\ \oplus \\ OR \end{smallmatrix} + J_2.$$

Für die anderen Katalysatoren wurde Addition eines Katalysatormoleküls bzw. Triphenylmethylions an die Doppelbindung unter Bildung eines Carboniumions angenommen. Bei $SnCl_4$ hat man wegen der höheren Molgewichte und wegen der zwei Doppelbindungen, die für jedes Molekül des Polymeren festgestellt sind, auch die Bildung eines zweifachen Carboniumions durch Addition eines Moleküls $SnCl_4$ an zwei Moleküle des Monomeren erwogen:

$$\begin{smallmatrix} RO \\ \\ H \end{smallmatrix}{>}C{=}CH_2 + SnCl_4 + H_2C{=}C{<}\begin{smallmatrix} OR \\ \\ H \end{smallmatrix} \longrightarrow$$

$$\longrightarrow \begin{smallmatrix} \oplus \\ RO \\ H \end{smallmatrix}{>}C{-}CH_2\,(SnCl_4)\,H_2C{-}C{<}\begin{smallmatrix} OR \\ \oplus \\ H \end{smallmatrix}.$$

Der Abbruch muß monomolekular angesetzt werden, wobei an die spontane Abspaltung eines Protons oder eines anderen positiven Fragments gedacht werden kann. Die Tatsache, daß der Polymerisationsgrad in bezug auf das Monomere einmal von erster, in anderen Fällen von nullter oder einer dazwischen liegenden Ordnung ist, kann man durch Kettenübertragung durch das Monomere erklären. Je nach dem, ob das Wachstum der einzelnen aktiven Polymeren überwiegend durch die Abbruchsreaktion oder durch die Übertragungsreaktion beendet wird, erhält man für den Polymerisationsgrad die erste oder die nullte Ordnung.

---

* ELEY und PEPPER[10] glauben, bei der Polymerisation von Vinyl-Butyl-Äther eine „echte" Induktionsperiode feststellen zu können, d. h. ein allmähliches Anwachsen der Konzentration der aktiven Zwischenprodukte. Nach den Erfahrungen, die bei Radikalpolymerisation mit „Induktionsperioden" gemacht wurden, sollte man aber vielleicht doch noch strengere Maßstäbe an Versuchstechnik und Ergebnisse legen, bevor ein solcher Schluß gerechtfertigt erscheint (siehe dazu [28a] S. 3892).

Die sehr sorgfältige Untersuchung[25] der Polymerisation von Propylen mit $AlBr_3$—HBr bei—80° C ergab

$$-\frac{d\,[M]}{d\,t} = \frac{k\,\varkappa\,[K]\,[M]}{1 + \varkappa\,[M]}$$

Zur Deutung dieser Abhängigkeit wurde angenommen, daß zwischen den aktiven Polymeren und dem Monomeren sich zunächst ein reversibles Assoziationsgleichgewicht bildet (Gleichgewichtskonstante $\varkappa$) und daß der eigentliche Wachstumsschritt in der spontanen Umlagerung dieses Additionskomplexes besteht. (Eine andere Deutungsmöglichkeit siehe[47].)

Sowohl bei der Polymerisation von α-Methylstyrol mit $SnCl_4$ als auch bei der Polymerisation von Vinyl-Octyl-Äther mit Jod als Katalysator wurde ein exponentielles Ansteigen der Polymerisationsgeschwindigkeit mit der Dielektrizitätskonstanten des Lösungsmittels gefunden [52,11] (vgl. Abb. 40). Im ersteren Falle war auch der Polymerisationsgrad in Lösungsmitteln mit hohen DK erheblich größer, im zweiten Falle war dagegen kein Einfluß der DK auf das Molgewicht zu beobachten. Interessant ist die unterschiedliche Wirkung des Co-Katalysators: Spuren Wasser vermindern in Lösungsmitteln mit hoher DK die Polymerisationsgeschwindigkeit, im Gegensatz zu der Wirkung in Lösungsmitteln von niedriger DK. Vielleicht ist der wirksame Katalysator in dem einen Falle $SnCl_4$ und im anderen Falle ein Hydrat[53].

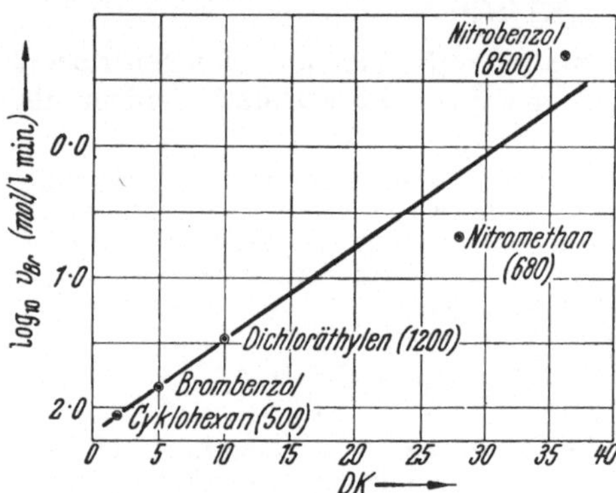

Abb. 40. Polymerisation von α-Methylstyrol mit $SnCl_4$. Einfluß der Dielektrizitätskonstanten des Lösungsmittels auf die Polymerisationsgeschwindigkeit und auf den Polymerisationsgrad (Molgewichte in Klammer). (Nach PEPPER[52].)

Da Friedel-Crafts-Polymerisationen häufig in Lösungsmitteln durchgeführt werden, deren DK nennenswert größer ist als die des Monomeren, ändert sich bei Variation der Konzentration des Monomeren auch die DK des Mediums, wodurch die Abhängigkeit der Polymerisationsgeschwindigkeit von [M] kompliziert wird. Bei der Polymerisation von Isobutylen in Dichloräthylen ($SnCl_4$ als Katalysator) durchläuft die Polymerisationsgeschwindigkeit mit zunehmender Verdünnung ein Maximum bei etwa 30% Monomerem; dies ist sicher wenigstens zum Teil als Wirkung der DK zu deuten[51]. Vielleicht gilt eine analoge Erklärung auch für folgenden Befund[71]: wird Isobutylen in verschiedenen Konzentrationen in einem „inerten" Lösungsmittel polymerisiert, so steigt das Molgewicht des Polymeren mit abnehmender Konzentration des Monomeren exponentiell an und fällt nach einem Maximum (bei etwa 80% Lösungsmittel) wieder steil ab.

Die Zunahme des Polymerisationsgrades mit der DK des Mediums kann wahrscheinlich nicht auf einer Steigerung der Wachstumsgeschwindigkeit beruhen, denn die Geschwindigkeiten von einfachen Reaktionen zwischen Ionen und neutralen Molekülen nehmen mit steigender DK ab.

Es müßte also die Abbruchsgeschwindigkeit in stärkerem Maße kleiner werden; dies ist dann zu erwarten, wenn der Abbruch durch bimolekulare Reaktion eines positiven und eines negativen Ions erfolgt.

Bei langsamer Polymerisation von Isobutylen mit $SnCl_4$ wurde im späteren Verlauf der Reaktion eine Beschleunigung beobachtet. Diese Beschleunigung tritt nur auf, wenn die Konzentration des Co-Katalysators (H_2O) sehr klein ist, und ist um so stärker, je kleiner diese Konzentration ist. Der Effekt scheint mit der Bildung höhermolekularer Polymerisate parallel zu laufen und wurde daher in Analogie zu dem bei Radikal-Polymerisationen beobachteten Geleffekt (vgl. S. 209) als Verzögerung der bimolekularen Abbruchsreaktion durch größere Viscosität des Mediums gedeutet [51].

Hemmung der Friedel-Crafts-Polymerisation wurde beobachtet bei Zusatz von Halogenwasserstoffen [70, 78], Schwefelwasserstoff [70], Paraffinen und Olefinen [51], Äthern und Alkoholen [10, 51, 57] und vor allem von Aminen [28a]. Eine nähere Untersuchung der Polymerisationshemmung liegt bisher nur für die Wirkung verschiedener Amine auf die durch $SnCl_4$ katalysierte Polymerisation von Styrol vor [28a]; der hierbei beobachtete Einfluß der Dielektrizitätskonstanten des Lösungsmittels spricht für die Bildung von Ammoniumionen, auf deren im Vergleich zu den Carboniumionen größerer Stabilität die hemmende Wirkung der Amine beruht [28a].

Außer diesen wenigen, etwas ausführlicher wiedergegebenen kinetischen Ergebnissen, sind in der angegebenen Literatur * noch manche Beobachtungen mitgeteilt, die vielfach mit unseren bisherigen Kenntnissen vom Mechanismus der Friedel-Crafts-Polymerisation gar nicht oder höchstens nur mit ad hoc gemachten Hypothesen gedeutet werden können. Eine bloße Aufzählung würde unnötigen Raum beanspruchen, zumal eine kritische Diskussion der heute noch als ganz spezifisch anmutenden Effekte erst möglich sein wird, wenn mehr quantitatives Material bekannt ist, vor allem über den Verbrauch und Einbau von Katalysatoren und Co-Katalysatoren, über das Ausmaß der Kettenübertragung, über den Einfluß des Mediums (Dielektrizitätskonstante, Viscosität usw.) auf Wachstum und Abbruch, über die Hemmung durch Fremdstoffe usw.

Mischpolymerisation.

Die Zusammensetzung von Mischpolymerisaten, die mit Friedel-Crafts-Katalysatoren hergestellt sind, ist sehr verschieden von der der Produkte, die aus dem gleichen Monomerengemisch mit Radikalen gebildet werden [2, 3, 4, 23, 26, 29, 32, 43, 74] (vergl. Abb. 41). Bei den meisten Monomerenpaaren ist der Unterschied in der relativen Reaktionsfähigkeit so groß, daß das Mischpolymerisat fast zu 100% aus dem einen Monomeren besteht; die wenigsten nach einem Carboniumionen-Mechanismus gebildeten Mischpolymerisate enthalten beide Monomere in vergleichbaren Mengen. Das einzige Mischpolymerisat dieser Art, das größere technische Bedeutung besitzt, ist Isobutylen-Isopren (Butyl-Gummi) [75].

---

* Außer den bereits zitierten Arbeiten siehe auch [7, 32, 34, 61, 65, 69, 72].

Die Monomerenpaare, für die die Mischpolymerisationsparameter r_1 und r_2 bestimmt wurden und bei denen damit gleichzeitig die Gültigkeit der Mischpolymerisationsgleichung [Gl. (111), S. 162] auch für die Carboniumionen-Polymerisation bestätigt werden konnte, sind in Tab. 27 zusammengestellt.

Wenn man versucht, aus den wenig umfangreichen Daten eine Reihenfolge der Monomeren nach abnehmender Reaktionsfähigkeit aufzustellen, so sieht diese Reihe ganz anders aus, als die in Tab.23, S.184 für Mischpolymerisation mit Radikalmechanismus angegebene[48]. An der Spitze stehen mit größter Reaktionsfähigkeit p-Methoxystyrol und Vinyläther, gefolgt von Isobutylen und α-Methylstyrol. Am Ende mit sehr geringer Reaktionsfähigkeit gegenüber Carboniumionen stehen Vinylacetat, Vinylchlorid, Methylmethacrylat, Acrylnitril und Diäthylfumarat. Die Unterschiede in der Reaktionsfähigkeit in dieser Reihe sind größer als beim Radikalmechanismus. Bemerkenswerterweise ist bisher eine Tendenz zum alternierenden Wachstum bei Carboniumionen nicht beobachtet worden.

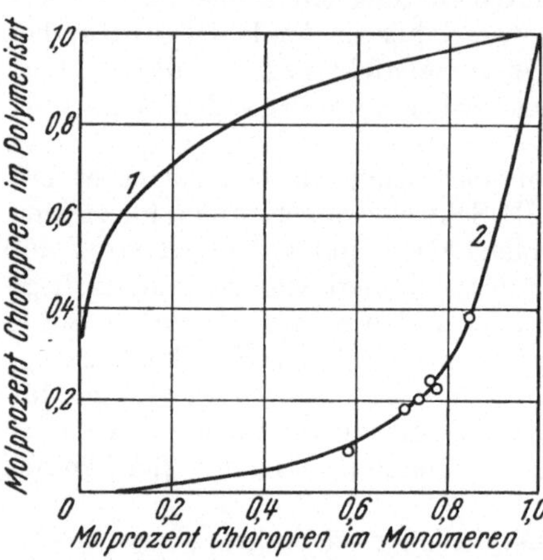

Abb. 41. Zusammensetzung des Mischpolymerisates von Chloropren und Styrol in Abhängigkeit vom Monomerenverhältnis bei Radikal-Polymerisation (1) und bei Carboniumionen-Polymerisation (2). (○ Messungen von FOSTER[26].)

Tabelle 27.

Monomere		Parameter		Versuchsbedingungen			Lite-ratur
M_1	M_2	r_1	r_2	Katalysator	Lösungsmittel	Temp. (° C)	
Styrol	p-Chlorstyrol	$2,7 \pm 0,3$	$0,35 \pm 0,05$	$Sn\,Cl_4$	CCl_4	$+ 30$	4
Styrol	2-5-Dichlor-styrol	$14,8 \pm 2$	$0,25 \pm 0,15$	$Al\,Cl_3$	C_2H_5Cl	0	23
Styrol	Methyl-methacrylat	$10,5$	$0,1$	$SnBr_4$	Nitro-benzol	$+ 25$	42
Styrol	Vinylacetat	$8,25$	$0,015$		Nitro-benzol	$+ 25$	42
Styrol	Chloropren	$15,6$	$0,24$	BF_3-Ätherat	Cyclo-hexan	$- 18$	26
α-Methyl-styrol	p-Chlorstyrol	28 ± 2	$0,12 \pm 0,03$	$SnCl_4$		$- 78$	29
o-Chlorstyrol	Anethol	$0,03 \pm 0,005$	18 ± 3	$SnCl_4$	CCl_4	0	2
Isobutylen	Isopren	$2,5 \pm 0,5$	$0,4 \pm 0,1$	$AlCl_3 + CH_3Cl$	C_2H_4	$- 103$	*
Isobutylen	Butadien	115 ± 15	$0,01 \pm 0,01$	$AlCl_3 + CH_3Cl$	C_2H_4	$- 103$	*
Isobutylen	Vinylacetylen	8	$0,13$	BF_3		$- 100$	*
1-Butylen	2-Butylen	$0,15 \pm 0,05$	$3,1 \pm 0,7$	$Al\,Cl_3$		$- 5$	48a

* Aus Patentangaben berechnet[48].

Mechanismus.

Einige der besprochenen experimentellen Ergebnisse geben bereits einen qualitativen Hinweis auf den Mechanismus, der den Friedel-Crafts-Polymerisationen wahrscheinlich zugrunde liegt. Erstens handelt es sich ebenso wie bei der Radikalpolymerisation um eine Kettenreaktion; dafür spricht einmal die Tatsache, daß sofort nach Einsetzen der Polymerisation hochmolekulare Produkte vorliegen, und zweitens die negative und positive Katalyse durch Substanzen in sehr kleinen Konzentrationen. Ein Unterschied besteht aber in der Natur der aktiven Zwischenprodukte, wie aus den Mischpolymerisationsergebnissen zwangsläufig gefolgert werden muß. Der Einfluß der Dielektrizitätskonstanten des Mediums auf die Polymerisationsgeschwindigkeit deutet auf einen Ionencharakter der Zwischenprodukte*. Näheres über die Natur dieser ionenartigen Zwischenprodukte läßt sich aus der Art der Monomeren und der Katalysatoren schließen.

Die mit Friedel-Crafts-Katalysatoren polymerisierbaren Monomeren haben eine „elektronenreiche" oder „negative" Doppelbindung, hervorgerufen durch Substituenden, die als elektronenabstoßend bekannt sind, wie Alkyl-, Aryl- oder Äthergruppen. Da bei Monomeren mit elektronenbindenden Substituenden, wie Chlor, Carbonylgruppen usw. keine Friedel-Crafts-Polymerisation beobachtet wurde, muß man schließen, daß die elektronenreiche Doppelbindung eine Voraussetzung für diese Art von Polymerisation ist.

Ein Vergleich des Verhaltens von Äthylen, Propylen und Isobutylen gegenüber Friedel-Crafts-Katalysatoren läßt eine starke Zunahme der Bereitwilligkeit zur Polymerisation erkennen. Evans und Polanyi[20] haben für diese drei Verbindungen die „Protonen-Affinität", d. h. die Affinität der Reaktion

$$\overset{\oplus}{H} + CH_2{=}C\!\!\diagup_{\!\!R}^{\!\!R} \longrightarrow CH_3{-}C\!\!\diagup_{\!\!R}^{\!\!\overset{\oplus}{R}} \qquad (P_1)$$

und die „Atom-Affinität" der Reaktion

$$H + CH_2{=}C\!\!\diagup_{\!\!R}^{\!\!R} \longrightarrow CH_3{-}C\!\!\diagup_{\!\!R}^{\!\!-} \qquad (A_1)$$

abgeschätzt. Die in Tab. 28 wiedergegebenen Werte zeigen, daß die Protonen-Affinität von Äthylen zu Isobutylen beträchtlich zunimmt im Gegensatz zur Atomaffinität. Die im gleichen Sinne zunehmende Bereitschaft zur Polymerisation ist danach bei einem Carboniumionen-Mechanismus verständlich, nicht aber bei einem Radikal-Mechanismus. (Die Carboniumionen-Affinität geht mit der Protonen-Affinität parallel.) Bei unsymmetrischen Äthylenderivaten sind die Affinitäten P_1 und P_2 (bzw. A_1 und A_2) für die Addition an die beiden Kohlenstoffatome 1 und 2 verschieden. Da für Isobutylen P_1 wesentlich größer ist als P_2, erfolgt

---

* Es sind auch Gründe geltend gemacht worden, die darauf hinweisen, daß die aktiven Polymeren zwar stark polarer Natur, aber nicht direkt als Ionen anzusprechen sind[36].

die Addition des angreifenden Ions sehr bevorzugt am unsubstituierten Kohlenstoffatom, d. h. an der CH_2-Gruppe.

Tabelle 28. *Proton- und Atom-Affinität von Olefinen (kcal)*[20].

	P_1	P_2	A_1	A_2
Äthylen	152	152	40	40
Propylen	175,5	168,5	42,5	36,5
iso-Butylen	189	168	42	34

Polyisobutylen, das bei tiefen Temperaturen hergestellt wurde, hat tatsächlich eine sehr regelmäßige Kopf-Schwanzstruktur [23, 24, 39, 70]. Das ist deshalb bemerkenswert, weil bei dieser Struktur eine starke sterische Behinderung der Methylgruppen vorliegt, die bei einer Kopf-Kopf-Schwanz-Schwanz-Struktur wesentlich geringer wäre[13, 19]. Ein Maß für die sterische Hinderung gibt die Differenz der (ohne Berücksichtigung der sterischen Hinderung) berechneten und der experimentell gefundenen Polymerisationswärme; 19,5 gegenüber 12,8 kcal/Mol[19]. Trotzdem ist die regelmäßige Kopf-Schwanz-Struktur begünstigt, weil die Kopf-Kopf-Addition bei Carboniumionen endotherm ist.

Mit sterischer Hinderung ist ferner zu erklären, daß Diisobutylen in Gegenwart von BF_3 auch bei tiefen Temperaturen keine höhermolekularen Produkte als $C_{16}H_{32}$ liefert [19, 70]*.

Die wirksamen Katalysatoren sind elektrophile Verbindungen, die mit Molekülen, die ihrerseits ein Elektronenpaar verfügbar haben, einen Additionskomplex bilden können. Ein solcher Komplex zwischen einem elektrophilen Salz und einem Äthylenderivat kommt dadurch zustande, daß durch Polarisation der Doppelbindung das π-Elektronenpaar an einem der beiden C-Atome der Doppelbindung stabilisiert wird. Die Anlagerung von BF_3 z. B. an Isobutylen führt somit zu einem (Hetero-) Carboniumion [36, 37, 59, 76]

$$F\ddot{:}\ddot{B} + :CH_2:C\begin{smallmatrix}CH_3\\|\\|\\CH_3\end{smallmatrix} \longrightarrow F\ddot{:}\ddot{B}:CH_2:C\begin{smallmatrix}CH_3\\|\\|\\CH_3\end{smallmatrix} \oplus .$$

Unter Berücksichtigung dieser Tatsachen lassen sich nun spezielle Schemata aufstellen, die formal den experimentellen Ergebnissen von Fall zu Fall gerecht werden. Einige solche Schemata wurden bereits erwähnt (vgl. S. 238 ff.).

Das Eingreifen von Co-Katalysatoren wurde durch folgenden Mechanismus gedeutet (am Beispiel der Polymerisation von Isobutylen mit $TiCl_4$ als Katalysator und H_2O als Co-Katalysator):

Kettenstart:

$$TiCl_4 + H_2O \longrightarrow TiCl_4 \cdot H_2O$$

$$TiCl_4H_2O + CH_2{=}C\begin{smallmatrix}CH_3\\ \\CH_3\end{smallmatrix} \longrightarrow CH_3{-}C\begin{smallmatrix}CH_3\\\oplus\\CH_3\end{smallmatrix} + TiCl_4OH^{\ominus}$$

---

* Bei der Polymerisation von Isobutylen mit BF_3 wirkt Diisobutylen als Kettenüberträger[35].

Wachstum:

$$\text{mmC} \underset{\text{CH}_3}{\overset{\text{CH}_3}{\Big\langle}} \oplus + \text{CH}_2 = \text{C} \underset{\text{CH}_3}{\overset{\text{CH}_3}{\Big\langle}} \longrightarrow \text{mmC} \underset{\text{CH}_3}{\overset{\text{CH}_3}{\Big\langle}} \text{——CH}_2\text{—C} \underset{\text{CH}_3}{\overset{\text{CH}_3}{\Big\rangle}} \oplus$$

Abbruch:

$$\text{mmCH}_2\text{—C} \underset{\text{CH}_3}{\overset{\text{CH}_3}{\Big\langle}} \oplus + \text{TiCl}_4\text{OH} \ominus \longrightarrow \text{mmCH} = \text{C} \underset{\text{CH}_3}{\overset{\text{CH}_3}{\Big\langle}} + \text{TiCl}_4\text{H}_2\text{O}$$

$$\text{oder} \ .\longrightarrow \ \text{mmCH}_2\text{—C} \overset{\text{CH}_3}{\underset{\text{CH}_3}{\text{—OH}}} + \text{TiCl}_4$$

Übertragung:

$$\text{mmCH}_2\text{—C} \underset{\text{CH}_3}{\overset{\text{CH}_3}{\Big\langle}} \oplus + \text{CH}_2 = \text{C} \underset{\text{CH}_3}{\overset{\text{CH}_3}{\Big\langle}} \longrightarrow \text{mmCH} = \text{C} \underset{\text{CH}_3}{\overset{\text{CH}_3}{\Big\langle}} + \text{CH}_3\text{—C} \underset{\text{CH}_3}{\overset{\text{CH}_3}{\Big\langle}} \oplus$$

Dieses Schema enthält gegenüber früheren (vgl. [59]) einige wesentlich neue Züge. Die Keimbildung erfolgt durch Anlagerung nur eines Protons. In keiner Phase der Polymerisation besteht eine Verbindung zwischen dem Katalysator und dem Monomeren bzw. Polymeren; der Katalysator wird weder eingebaut noch verbraucht. Dagegen wird der Co-Katalysator bei einer der beiden Abbruchsreaktionen verbraucht; dabei wird ein Polymerisat gebildet, das eine Hydroxylgruppe und keine Doppelbindung enthält. Als experimentell nachprüfbare Konsequenz müßte also entweder jedes Molekül des Polymeren eine Doppelbindung enthalten oder aber ein Molekül des Co-Katalysators pro gebildetem Molekül verbraucht werden. Bei der Polymerisation von gasförmigem Isobutylen ist das Letztere sicher nicht der Fall. Der Nachweis von Doppelbindungen im Polymerisat ist durch Bromierung nicht gelungen[15]. Aber spektroskopische Untersuchungen im Infraroten an niedrigmolekularen Polyisobutylenen, die mit BF_3 als Katalysator und D_2O als Co-Katalysator hergestellt waren, sprechen sehr dafür, daß die erste der beiden Abbruchsreaktionen, nämlich Abgabe eines Protons unter Entstehen einer Doppelbindung, richtig ist[8].

Der Abbruch wurde als bimolekulare Reaktion zweier Ionen mit entgegengesetzter Ladung angesetzt. Eine solche Art der Abbruchsreaktion könnte durch den erwähnten Einfluß der Dielektrizitätskonstanten nahegelegt sein. Zur Erklärung des Geleffektes müßte der Abbruch aber zwischen zwei größeren Molekülen, also zwischen zwei aktiven Polymeren erfolgen. NORRISH und RUSSEL[51] haben in diesem Zusammenhang einen Mechanismus zur Diskussion gestellt, bei dem die aktiven Polymeren teils negative, teils positive Ionen sind, die nach

$$\text{SnCl}_4\,\text{H}_2\text{O} + 2\,\text{CH}_2 = \text{C} \underset{\text{CH}_3}{\overset{\text{CH}_3}{\Big\langle}} \longrightarrow \text{CH}_3\text{—C} \underset{\text{CH}_3}{\overset{\text{CH}_3}{\Big\langle}} \oplus + \overset{\ominus}{\text{C}}\text{H}_2\text{—C} \underset{\text{CH}_3}{\overset{\text{CH}_3}{\Big\langle}} \text{SnCl}_4\,\text{OH}$$

gebildet werden; der Abbruch soll durch gegenseitige Neutralisation eines positiven und eines negativen aktiven Polymeren erfolgen.

Sollte ein Mechanismus nach diesem Schema für verschiedene Friedel-Crafts-Katalysatoren gelten, so müßte die Wirksamkeit der Katalysatoren mit der Säurestärke ihrer Hydrate zusammenhängen. Anzeichen

dafür, daß dies der Fall ist, sind vorhanden [57]. Hohe Säurestärke bewirkt
rasche Keimbildung, hohe Basenstärke des Anions $TiCl_4OH^\ominus$ erhöht
wiederum die Abbruchsgeschwindigkeit. Da die Säurestärke des Hydrates und die Basenstärke des Anions verkehrt proportional sind, wäre
es zu verstehen, daß der wirksámere Katalysator raschere Polymerisation und gleichzeitig höhere Polymerisationsgrade liefert.

Für eine eingehendere Prüfung und Diskussion dieses oder anderer möglicher Ionen-Mechanismen scheinen aber die experimentellen Ergebnisse
vorläufig doch noch nicht ausreichend zu sein (vgl. hierzu [31, 34, 48a, 55]).

2. Carbanionen-Mechanismus.

Eine andere besondere Gruppe von Katalysatoren für Polymerisationsreaktionen bilden die Alkalimetalle und alkaliorganische Verbindungen. Die durch Alkalimetalle katalysierte Polymerisation von
Dienen hatte ursprünglich größere technische Bedeutung als Methode zur
Gewinnung synthetischen Gummis, hat aber ihre Bedeutung weitgehend
eingebüßt zugunsten der inzwischen zu hoher Vollkommenheit entwickelte
Emulsionspolymerisation mit Hilfe von Redox-Systemen. Vom kinetischen Standpunkt besteht ein Interesse an diesen Polymerisationsreaktionen, weil sie einen besonderen Typ darstellen, der von den
Polymerisationsreaktionen mit Radikal- oder Carboniumionen-Mechanismus verschieden ist. Daß trotzdem ihre Kinetik noch verhältnismäßig
wenig geklärt ist, hängt offenbar damit zusammen, daß das Interesse der
Technik an der durch Alkali katalysierten Polymerisation bereits stark
nachgelassen hatte, als die kinetische Aufklärung der Polymerisationsreaktionen ihre ersten wirklichen Erfolge aufweisen konnte.

Die ersten eingehenden Untersuchungen der Einwirkung von Alkalialkylen und Alkalimetallen auf Diene wurden von ZIEGLER und Mitarb.
ausgeführt [80, 82, 83]. Nach diesen Autoren entstehen bei Einwirkung von
Alkalialkylen (wie Phenylisopropyl-Kalium, Triphenylmethyl-Natrium,
Phenyl- und Benzyl-Lithium) auf Butadien primär Zwischenprodukte
der folgenden Form

$$Na—CH_2—CH\!=\!CH—CH_2—R$$

Die weitere Reaktion soll dann so vor sich gehen, daß ein zweites Molekül
Butadien zwischen das Alkaliatom und den Kohlenwasserstoff eingelagert
wird und so fort:

$$Na—C_4H_6—R + C_4H_6 \longrightarrow Na—C_4H_6—C_4H_6—R \longrightarrow \cdots Na—(C_4H_6)_n—R$$

Bei der Einwirkung von Alkalimetall auf Diene konnten ZIEGLER
und Mitarbeiter nachweisen, daß primär ein 1-4-Addukt gebildet wird

$$Na—CH_2—CH\!=\!CH—CH_2—Na.$$

Die weitere Reaktion soll dann, analog der geschilderten Reaktion von
Alkalialkylen, durch Einlagerung weiterer Butadien-Moleküle zwischen
die Alkali-Atome und den Kohlenwasserstoffrest erfolgen:

$$Na—C_4H_6—Na + C_4H_6 \longrightarrow Na—C_4H_6—C_4H_6—Na \longrightarrow \cdots usw.$$

Bei der Einwirkung von Lithium auf Dimethylbutadien konnten die
einzelnen niedermolekularen Produkte leicht voneinander unterschieden

werden, da die einzelnen Stufen ziemlich langsam verlaufen. Bei Natrium und Butadien verläuft jedoch der Wachstumsprozeß zu rasch, so daß die niedermolekularen Zwischenprodukte nicht mehr erfaßt werden können. Immerhin sind die Analogien groß genug, so daß auf einen gleichen Mechanismus in beiden Fällen geschlossen wurde. Als Kritik dieser Vorstellungen[66] wurde vor allem darauf hingewiesen, daß die von ZIEGLER isolierten Zwischenprodukte bei großem Überschuß des Katalysators und geringen Konzentrationen des Monomeren nachgewiesen wurden, also unter Bedingungen, unter denen keine hochmolekularen Produkte entstehen. Auch wenn die Makropolymerisation nach einem Radikalmechanismus[73, 59, 6] verlaufen sollte (siehe unten), wäre bei großem Alkaliüberschuß die Bildung der von ZIEGLER isolierten niedermolekularen Produkte verständlich.

EISTERT[9] hat im Zusammenhang mit der durch Alkali-Metall oder alkaliorganische Verbindungen katalysierten Polymerisation zuerst darauf hingewiesen, daß die Anlagerungsprodukte von Alkalialkylen an das Monomere als Ionenkomplex, bestehend aus einem Carbanion und einem Alkaliion, z. B.

$$\left[C_6H_5\!-\!CH_2\!-\!CH\!=\!CH\!-\!\overset{\ominus}{CH_2} \right] \overset{\oplus}{Li},$$

aufzufassen sind. Das Kohlenwasserstoffion besitzt ein überzähliges Elektronenpaar, wodurch die weitere Anlagerung eines Moleküls des Monomeren ermöglicht wird.

MORTON und Mitarbeiter[50] haben in neuerer Zeit die Einwirkung von alkaliorganischen Verbindungen auf Butadien und Styrol sowie deren Methyl- bzw. Phenylderivate in ähnlicher Weise, wie dies bereits von ZIEGLER und Mitarbeitern geschehen ist, untersucht. Obwohl durch diese Arbeiten das Versuchsmaterial in verschiedener Richtung sehr erweitert wurde, konnten in Bezug auf die Kinetik keine grundsätzlich neuen Gesichtspunkte gewonnen werden.

Die Polymerisation von Butadien[1] und Isopren[6] mit metallischem Natrium verläuft sowohl mit gasförmigen als auch mit flüssigen bzw. gelösten Monomeren heterogen an der Oberfläche des Katalysators bzw. in der Schicht des Polymeren, die bald nach Einsetzen der Reaktion den Katalysator bedeckt. Wird das Alkalimetall von dem Monomeren und dem bereits gebildeten Polymeren getrennt, so erfolgt in dem Gemisch der beiden Letzteren kein weiteres Wachstum. Das gebildete Polymere enthält auch kein Alkalimetall. Diese beiden Tatsachen sprechen eindeutig gegen die ZIEGLERsche Hypothese einer stufenweisen metallorganischen Synthese. In Bezug auf die Konzentration des Monomeren innerhalb der an der Oberfläche des Katalysators befindlichen Schicht des Polymeren ist die Polymerisation von Butadien und Isopren ungefähr von der ersten Ordnung. Toluol und Benzol setzen den Polymerisationsgrad und auch die Polymerisationsgeschwindigkeit herab; schon wenige Prozent Toluol genügen, um ein lösliches Polymerisat zu erhalten. Die näheren Einzelheiten dieser Wirkung deuten auf eine Kettenübertragung. Sauerstoff hemmt die Polymerisation. BOLLAND[6] glaubt aus seinen Versuchen schließen zu können, daß die Polymerisation von Isopren mit Natrium nach einem Radikalmechanismus erfolgt. Die Adsorption von Isopren an der Na-Oberfläche soll unter Bildung eines Radikals

$$Na-CH_2-\underset{\underset{CH_3}{|}}{C}=CH-CH_2-$$

erfolgen, das zur weiteren Anlagerung von Isoprenmolekülen befähigt ist. Das Wachstum soll stattfinden, solange dieses Radikal adsorbiert ist. Bei der Desorption des Polymeren wird die Natrium-Kohlenstoffbindung gelöst. Dadurch würde verständlich, daß einerseits das Polymere, sowie es von der Natrium-Oberfläche getrennt ist, kein Natrium enthält, und daß zweitens eine kleine Menge Natrium genügt, um viel Isopren zu polymerisieren, wesentlich mehr als ein Molekül des Polymeren je Natrium-Atom. Beides steht in Übereinstimmung mit dem Experiment. Es wurde bereits erwähnt, daß zwischen dem von BOLLAND angenommenen Radikalmechanismus und den Befunden von ZIEGLER kein Widerspruch zu bestehen braucht. Gegen diese Vorstellungen, wie überhaupt gegen jeden Mechanismus, der freie Radikale als Zwischenprodukte vorsieht, spricht aber ein Vergleich der mit Alkalimetall und der mit Radikalen hergestellten Polydiene in Bezug auf den Anteil der 1-2 und 1-4-Addition. Bei Polymerisationen, die über Radikale verlaufen, ist das Verhältnis zwischen 1-2- und 1-4-Addition bei Butadien etwa 1:4[40] (siehe auch[45]), und dieses Verhältnis ändert sich nur wenig mit der Polymerisationstemperatur[30] (vgl. S. 121). Bei der Polymerisation von Butadien mit Alkalimetallen oder alkaliorganischen Verbindungen ist dieses Verhältnis aber stark von der Temperatur abhängig, so daß bei sehr tiefen Temperaturen (—50° C) praktisch nur 1-2-Addition und bei sehr hohen Temperaturen (+100° C) fast nur 1-4-Addition auftritt[62, 67, 81]. Bei dem von BOLLAND vorgeschlagenen Mechanismus wäre ein solcher Unterschied unverständlich, denn wenn das reaktionsfähige Ende eines aktiven Polymeren den Charakter eines freien Radikals hätte, dann sollte es bei größerer Kettenlänge für die 1-2- oder 1-4-Addition gleichgültig sein, ob am anderen Ende ein Na-Atom oder ein Peroxyd-Fragment hängt.

Eine kinetische Untersuchung der durch Phenylisopropylkalium katalysierten Polymerisation von Butadien[44] hat ergeben, daß die Reaktion nach einem Kettenmechanismus verläuft, wobei die Keimbildung an der Wand aus adsorbierten Molekülen des Katalysators und Butadien, das Wachstum in Lösung erfolgt. Der Abbruch (unter Regeneration des Katalysators) soll stattfinden a) an der Wand zwischen aktivem Polymerem und adsorbiertem Butadien, b) in Lösung durch monomolekulare Abspaltung. Die Aktivierungsenergie der Polymerisation beträgt 7,5 kcal/Mol, ein Wert, der in der gleichen Größenordnung auch bei ähnlichen Polymerisationen gefunden wurde.

Die bisher besprochenen Ergebnisse bezogen sich auf Butadien, Styrol und deren Derivate. Wesentlich andere Ergebnisse wurden mit Monomeren wie Methacrylnitril, Methylmethacrylat u. ä. erhalten. BEAMANN[5] konnte zeigen, daß Methacrylnitril mit Grignard-Verbindungen (z. B. Butyl- oder Phenyl-Magnesium-Bromid), Triphenylmethyl-Natrium oder mit Natrium in flüssigem Ammoniak gelöst bei

tiefen Temperaturen in sehr rascher Reaktion hochpolymere Produkte
liefert. Wenn Methacrylnitril zu einer Lösung von Natrium in flüssigen
Ammoniak zugegeben wird, wird es sofort und quantitativ zu einem
Produkt vom Molgewicht $\sim 10^5$ polymerisiert. Isobutylen, α-Methylstyrol
und Butadien sind mit Natrium in flüssigem Ammoniak nicht polymerisierbar, Styrol gibt nur niedermolekulare Produkte, Vinylacetat und Methylacrylat liefern viskose Öle, und Methylmethacrylat ein Polymerisat vom
Molgewicht 16000 oder größer (siehe auch [22, 63]). Die große Geschwindigkeit bei tiefen Temperaturen, die Art der Katalysatoren und die Unterschiede in der Bereitwilligkeit zur Polymerisation bei den verschiedenen
Monomeren sprechen eindeutig dafür, daß diese Polymerisationen nach
einem Carbanionen-Mechanismus verlaufen:

$$A{:}^{\ominus} + CH_2{=}C{\begin{smallmatrix}R\\[4pt]R'\end{smallmatrix}} \longrightarrow A{-}CH_2{-}C{\begin{smallmatrix}R\\[2pt]:^{\ominus}\\[2pt]R'\end{smallmatrix}} \longrightarrow \cdots$$

($A{:}^{\ominus}$ ist das negative Fragment eines Katalysators, das die Polymerisation einleitet).

Ein wesentliches Argument für die besondere Art des Mechanismus
dieser Polymerisationen liefert wiederum die Zusammensetzung der
Mischpolymerisate. Diese ist nämlich bei Polymerisation mit den in
diesem Abschnitt besprochenen Katalysatoren wesentlich verschieden
von der der Mischpolymerisate, die mit Hilfe von Radikalen oder Friedel-
Crafts-Katalysatoren gewonnen wurden [27, 45, 68, 74]. In Tab. 29 sind die
bisher ermittelten, nach Gl. (111) berechneten Parameter für Carb-
anionen-Mischpolymerisate zusammengestellt. Durch diese Untersuchungen wurde gleichzeitig die Gültigkeit der Mischpolymerisations-
gleichung auch für den Carbanionen-Mechanismus erhärtet. Aus den
wenigen bis jetzt verfügbaren Mischpolymerisationsdaten für den Carbanionen-Mechanismus ergibt sich eine Reihenfolge der Monomeren nach
abnehmender Reaktionsfähigkeit gegenüber Carbanionen: Acrylnitril,
Methacrylnitril, Methylmethacrylat, Styrol, Butadien, die sich von
den entsprechenden Reihen für den Radikal- und den Carboniumionen-

Tabelle 29.

M_1	M_2	r_1	r_2	Literatur
Methylmethacrylat	Methacrylnitril	$0{,}67 \pm 0{,}2$	$5{,}2 \pm 1{,}0$	27
Styrol	Methylmethacrylat	$0{,}123$	$6{,}4$	42
Styrol	Vinylacetat	$0{,}01$	$0{,}1$	42

Mechanismus grundsätzlich unterscheidet. Im Gegensatz zu der Reihenfolge für den Carboniumionen-Mechanismus zeigen hier solche Monomere die größte Reaktionsfähigkeit, die durch nucleophile Substituenden gekennzeichnet sind.

Butadien und Styrol, die beiden Monomeren, mit denen wir uns am
Anfang dieses Abschnittes beschäftigt haben, sind gerade solche Monomere, die sehr wenig Neigung zeigen nach einem Carbanionen-Mechanismus zu polymerisieren. Wie weit die bei Methacrylnitril oder Methylmethacrylat gewonnenen Ergebnisse auf Butadien oder Styrol anwendbar

sind, läßt sich nicht ohne weiteres sagen. Immerhin deutet die Zusammensetzung der Mischpolymerisate darauf hin, daß auch bei der durch Alkalimetall katalysierten Polymerisation von Styrol oder Butadien ein Carbanionen-Mechanismus wirksam ist. Man erhält nämlich aus einem äquimolaren Gemisch von Styrol und Methylmethacrylat mit Friedel-Crafts-Katalysatoren fast reines Polystyrol, mit Alkali-Metall fast reines Polymethylmethacrylat, und mit Peroxyd ein 1:1-Mischpolymerisat. Ebenfalls auf einen Carbanionen-Mechanismus weist die Tatsache hin, daß die durch Natrium oder Benzyl-Natrium katalysierte Polymerisation von Butadien und Isopren durch Kohlendioxyd gehemmt wird [61].

Gerade weil aber die Kohlenwasserstoffe (Butadien, Styrol u. ä.) wenig Neigung zeigen, unter Bedingungen, die für einen Carbanionen-Mechanismus besonders typisch sind, zu polymerisieren, ist die Möglichkeit nicht auszuschließen, daß die Polymerisation dieser Monomeren mit Alkalimetall nach einem anderen Mechanismus verläuft. Welcher Art dieser Mechanismus aber sein könnte, das muß durch eingehendere kinetische Untersuchungen geklärt werden.

Literatur.

[1] ABKIN, A., u. S. MEDVEDEV: Trans. Faraday Soc. **32**, 286 (1936); J. phys.Chem (russ.) **13**, 705 (1939).

[2] ALFREY, T. jr., L. AROND u. C. G. OVERBERGER: J. Polym. Sci. **4**, 539 (1949).

[3] ALFREY, T. jr., E. MERZ u. H. MARK: J. Polym. Sci. **1**, 37 (1946).

[4] ALFREY, T. jr., u. H. WECHSELER: J. Amer. chem. Soc. **70**, 4266 (1948).

[5] BEAMAN, R. G.: J. Amer. chem. Soc. **70**, 3115 (1948).

[6] BOLLAND, J. L.: Proc. roy. Soc. Lond. A **178**, 24 (1941).

[7] CHALMERS, W.: Canad. J. Res. B **7**, 464 (1932).

[8] DAINTON, F. S., u. G. B. B. M. SUTHERLAND: J. Polym. Sci. **4**, 37 (1949).

[9] EISTERT, B.: Tautomerie und Mesomerie S. 108, Stuttgart 1938.

[10] ELEY, D. D. u. D. C. PEPPER: Trans. Faraday Soc. **43**, 112 (1947).

[11] ELEY, D. D., u. A. W. RICHARDS: Trans. Faraday Soc. **45**, 425, 436 (1949).

[12] EVANS, A. G.: Nature (Lond.) **156**, 638 (1945).

[13] EVANS, A. G.: Trans. Faraday Soc. **41**, 273 (1945).

[14] EVANS, A. G. et al.: Nature (Lond.) **157**, 102 (1946).

[15] EVANS, A. G., u. G. W. MEADOWS: J. Polym. Sci. **4**, 359 (1949).

[16] EVANS, A. G., u. G. W. MEADOWS: Trans. Faraday Soc. **46**, 327 (1950).

[17] EVANS, A. G., C. W. MEADOWS u. M. POLANYI: Nature (Lond.) **158**, 94 (1946).

[18] EVANS, A. G., G. W. MEADOWS u. M. POLANYI: Nature (Lond.) **160**, 869 (1947).

[19] EVANS, A. G., u. M. POLANYI: Nature (Lond.) **152**, 738 (1943).

[20] EVANS, A. G., u. M. POLANYI: J. chem. Soc. Lond. **1947**, 252.

[21] EVANS, A. G., u. M. A. WEINBERGER: Nature (Lond.) **159**, 437 (1947).

[22] EVANS, M. G., W. C. E. HIGGINSON u. N. S. WOODING: Rec. Trav. chim. Pays-Bas et Belg. (Amsterd.) **68**, 1069 (1949).

[23] FLORIN, R. E.: J. Amer. chem. Soc. **71**, 1867 (1949).

[24] FLORY, P.: J. Amer. chem. Soc. **65**, 372 (1943).

[25] FONTANA, C. M., u. G. A. KIDDER: J. Amer. chem. Soc. **70**, 3745 (1948).

[26] FOSTER, F. C.: J. Polym. Sci. **5**, 369 (1950).

[27] FOSTER, C. F.: J. Amer. chem. Soc. **72**, 1370 (1950).

[28] FULLER, C. S., C. J. FROSCH u. N. R. PAPE: J. Amer. chem. Soc. **62**, 1905 (1940).

[28a] GEORGE, J., H. WECHSLER u. H. MARK: J. Amer. chem. Soc. **72**, 3891, 3896 (1950).

[29] DE HAES, L., u. G. SMITH: Erscheint in Bull. Soc. chim. Belg. (zitiert in [48]).

[30] HART, E. J., u. A. W. MEYER: J. Amer. chem. Soc. **71**, 1980 (1949).

[31] HEILIGMANN, R. G.: J. Polym. Sci. **4**, 183 (1949).

[32] HERSBERGER, A. B., J. C. REID u. R. G. HEILIGMANN: Ind. Eng. Chem. **37**, 1073 (1945).

[33] HICKENBOTTOM, W. J.: Nature (Lond.) **157**, 520 (1946).
[34] HOUTMAN, J.: J. Soc. chem. Ind. **66**, 102 (1947).
[35] HORREX, C., u. F. T. PERKINS: Nature (Lond.) **163**, 486 (1949).
[36] HULBERT, H. M., R. A. HARMAN, A. V. TOBOLSKY u. H. EYRING: Ann. N. Y. Acad. Sci. **44**, 371 (1943).
[37] HUNTER, W., u. R. V. YOHE: J. Amer. chem. Soc. **55**, 1248 (1933).
[38] IPATIEFF, V. N., u. GROSSE: J. Amer. chem. Soc. **58**, 915 (1936).
[39] IPATIEFF, V. N., u. R. SCHAAD: Ing. Eng. Chem. **32**, 762 (1940).
[40] KOLTHOFF, I. M., T. S. LEE u. M. A. MAIRS: J. Polym. Sci. **2**, 220 (1947).
[41] LANDLER, Y.: Rec. Trav. chim. Pays-Bas et Belg. (Amsterd.) **68**, 992 (1949).
[42] LANDLER, Y.: C. r. Acad. Sci. Paris **230**, 539 (1950).
[43] LEWIS, F. M., C. WALLING, W. CUMMINGS, E. R. BRIGGS u. W. J. WENISCH: J. Amer. chem. Soc. **70**, 1527 (1948).
[44] MAMONTOWA, A., A. ABKIN u. S. MEDWEDEW: Acta phys. Chim. URSS **12**, 269 (1940).
[45] MARVEL, C. S., W. J. BAILEY u. G. E. INSKEEP: J. Polym. Sci. **1**, 275 (1946).
[47] MAYO, F. R., u. CH. WALLING: J. Amer. chem. Soc. **71**, 3845 (1949).
[48] MAYO, F. R., u. CH. WALLING: Chem. Reviews **46**, 191 (1950).
[48a] MEIER, R. L.: J. chem. Soc. Lond. **1950**, 3656
[49] MOORE, J. G., R. E. BURK u. H. P. LANKELMA: J. Amer. chem. Soc. **63**, 2954 (1941).
[50] MORTON, A. A., u. Mitarb.: J. Amer. chem. Soc. **68**, 93 (1946); **69**, 160, 161, 167, 172, 950, 969, 1675 (1947); **70**, 3132 (1948); **71**, 481, 487 (1949); **72**, 3785 (1950).
[51] NORRISH, R. G. W., u. K. E. RUSSELL: Nature (Lond.) **160**, 543 (1947).
[52] PEPPER, D. C.: Nature (Lond.) **158**, 789 (1946).
[53] PEPPER, D. C.: Trans. Faraday Soc. **45**, 397, 404 (1949).
[54] PLESCH, P. H.: Nature (Lond.) **160**, 868 (1947).
[55] PLESCH, P. H.: Research **2**, 267 (1949).
[56] PLESCH, P. H.: J. chem. Soc. Lond. **1950**, 543.
[57] PLESCH, P. H., M. POLANYI u. H. A. SKINNER: J. chem. Soc. Lond. **1946**, 257.
[58] POLANYI, M.: Nature (Lond.) **157**, 520 (1946).
[59] PRICE, C. C.: Ann. N. Y. Acad. Sci. **44**, 351 (1943).
[61] ROBERTSON, R. E., u. L. MARION: Canad. J. Res. B **26**, 657 (1948).
[62] ROSS, R. M.: J. Amer. chem. Soc. **71**, 1130 (1949).
[63] SANDERSON, J. J., u. CH. R. HAUSER: J. Amer. chem. Soc. **71**, 1595 (1949).
[64] SCHILDKNECHT, C. E., A. O. ZOSS u. F. GROSSER: Ind. Eng. Chem. **41**, 2891 (1949).
[65] SCHILDKNECHT, C. E., A. O. ZOSS u. C. MCKINLEY: Ind. Eng. Chem. **39**, 180 (1947).
[66] SCHULZ, G. V.: Erg. exakt. Naturwiss. **17**, 367 (1938).
[67] SCHULZ, G. V.: Ber. **74**, 1766 (1941).
[68] SCHULZE, W. A., u. W. W. CROUCH: J. Amer. chem. Soc. **70**, 3891 (1948).
[69] SPARKS, W. J., I. E. LIGHTBOWN, L. B. TURNER u. P. K. FROLICH: Ind. Eng. Chem. **32**, 731 (1940).
[70] THOMAS, R. M. et al.: J. Amer. chem. Soc. **62**, 276 (1940).
[71] THOMAS, R. M., et al.: Ind. Eng. Chem. **32**, 1283 (1940).
[72] WAGNER-JAUREGG, TH.: Ann. **496**, 55 (1932).
[73] WALLING, C.: J. Amer. chem. Soc. **66**, 1602 (1944).
[74] WALLING, C., E. R. BRIGGS, W. CUMMING u. F. R. MAYO: J. Amer. chem. Soc. **72**, 48 (1950).
[75] WELCH, L. M., J. F. NELSON u. H. L. WILSON: Ind. Eng. Chem. **41**, 2834 (1949).
[76] WHITMORE, F.: Ind. Eng. Chem. **26**, 94 (1934).
[77] WILLIAMS, G.: J. chem. Soc. Lond. **1938**, 246.
[78] WILLIAMS, G.: J. chem. Soc. Lond. **1938**, 1046.
[79] WILLIAMS, G.: J. chem. Soc. Lond. **1940**, 775.
[80] ZIEGLER, K., F. DERSCH u. H. WOLLTHAN: Ann. **511**, 13 (1934).
[81] ZIEGLER, K., H. GRIMM u. R. WILLER: Ann. **542**, 90 (1939).
[82] ZIEGLER, K., u. L. JACOB: Ann. **511**, 45 (1934).
[83] ZIEGLER, K., L. JACOB, H. WOLLTHAN u. A. WENZ: Ann. **511**, 68 (1934).

B. Polykondensationsreaktionen.

I. Allgemeine Charakterisierung der Polykondensation.

Polykondensation als Reaktion der funktionellen Gruppen.

Kondensationsreaktionen, bei denen zwei gleich- oder verschiedenartige Moleküle unter Abspaltung von Wasser oder anderen einfachen Molekülen (NH_3, HCl, NaCl) hauptvalenzmäßig verknüpft werden, sind in größerer Zahl aus der organischen Chemie bekannt; die Bildung von Estern, Anhydriden, Äthern, Amiden, u. ä. sind Beispiele. Enthält jedes der beteiligten Moleküle mindestens zwei zur Kondensation fähige Gruppen, so können durch solche Kondensationsreaktionen viele Moleküle zu einem Polymeren verknüpft werden (Beispiele siehe Tab. 2, S. 6). Im Hinblick auf die technische Bedeutung, die den Polykondensationen ebenso wie den Polymerisationen zukommt, ist es erstaunlich, wie gering die Zahl der Untersuchungen noch immer ist, die sich näher mit der *Kinetik* dieser Reaktionen beschäftigen. Während die letzten fünf Jahre eine geradezu stürmische Entwicklung in der Erforschung der Reaktionskinetik von Polymerisationen gebracht haben, ist ein ähnlicher Fortschritt bei den Polykondensationen weder in Bezug auf die Zahl der Arbeiten, noch in Bezug auf das gewonnene Material festzustellen. Daß trotzdem wenigstens die charakteristischen Grundzüge der Polykondensationen in kinetischer Hinsicht als geklärt angesehen werden können, ist weniger einem umfangreichen experimentellen Material als viel eher einigen theoretischen Arbeiten zuzuschreiben, die neben einigen anderen Forschern in erster Linie FLORY* zu verdanken sind. Das Fundament, auf dem diese theoretischen Überlegungen basieren, ist die Annahme, daß es sich bei den Polykondensationen um Stufenreaktionen handelt, bei denen alle einzelnen Schritte, die ja immer durch dieselbe Reaktion zwischen zwei bestimmten funktionellen Gruppen dargestellt sind (z. B. Veresterung einer Hydroxyl- mit einer Carboxyl-Gruppe, Amidbildung zwischen einer Amino- und einer Carboxyl-Gruppe usw.), auch in quantitativer kinetischer Hinsicht gleich sind[8, 18, 25]. Bei einer Polykondensation, z. B. bei der Polyesterbildung aus einer Oxy-Säure, entsteht im ersten Schritt ein Dimeres, das die gleichen Endgruppen hat wie das Monomere:

$$HO-(CH_2)_{10}-COOH + HO-(CH_2)_{10}-COOH \longrightarrow HO(CH_2)_{10}COO(CH_2)_{10}COOH$$

Die Endgruppen dieses Dimeren können nun weiter mit einer entsprechenden Gruppe eines Monomeren oder eines anderen Dimeren reagieren usw. Alle „Zwischenprodukte" sind stabile Moleküle, die durch die gleichen Endgruppen zur gleichen Kondensationsreaktion befähigt sind wie das Monomere. Es treten also alle Reaktionen

$$M_j + M_i \longrightarrow M_{j+i}$$

auf, wobei M_i bzw. M_j Kondensate bedeuten, die bereits i bzw. j monomere Einheiten enthalten. Ein Schema, das alle diese Reaktionen mit

---

* Siehe vor allem die ausgezeichnete zusammenfassende Darstellung[38].

verschiedenen Geschwindigkeitskonstanten k_{ij} und mit den Konzentrationen $[M_i]$ und $[M_j]$ berücksichtigen wollte, wäre außerordentlich kompliziert. Betrachtet man dagegen jeden Reaktionsschritt einfach als eine Reaktion zwischen einer OH- und einer COOH-Gruppe, so wird die kinetische Behandlung sehr vereinfacht; sie stützt sich dann ausschließlich auf die Zahl der *funktionellen Gruppen*, die bereits reagiert haben, bzw. die noch frei sind.

Die Voraussetzung für eine solche Behandlung ist, daß die Reaktionsfähigkeit aller vorhandenen Gruppen einer Art gleich ist, insbesondere, daß die Reaktionsfähigkeit einer Gruppe nicht durch die Größe (den Polymerisationsgrad) des Moleküls, an dem sie sich befindet, beeinflußt wird. Die experimentellen Ergebnisse (vgl. S. 261) bestätigen die Berechtigung dieser Voraussetzung. Die Kinetik des Abbaues von Polykondensaten, auf die hier nicht näher eingegangen werden kann (siehe vor allem [30], ferner z. B. [41, 42, 43, 52, 59, 60, 61, 64, 73, 76, 77, 92]) ergab allgemein, daß die einzelnen Verknüpfungsstellen — abgesehen von etwaigen „Lockerstellen" oder evtl. der Bindung des endständigen Monomeren — völlig statistisch gespalten werden und dabei die Reaktionsgeschwindigkeit nicht von der Größe des Makromoleküls abhängt. Auch dadurch wird also erhärtet, daß die Reaktionsfähigkeit der funktionellen Gruppen nicht vom Polymerisationsgrad abhängig ist.

Bevor überhaupt experimentelle Unterlagen eine Entscheidung dieser Frage ermöglichten, wurde häufig die Ansicht verfochten, daß die Geschwindigkeit der einzelnen Reaktionsstufen mit zunehmender Größe der beteiligten Moleküle abnehmen müsse[2,7,13,21,46,63]. Verschiedene plausible Argumente und theoretische Erwägungen wurden hierfür angeführt: die geringere Beweglichkeit größerer Moleküle in Flüssigkeiten, die Abnahme der Stoßzahlen mit zunehmendem Molgewicht, die Abnahme des sterischen Faktors bei größeren Molekülen (Abschirmung der funktionellen Gruppe im Knäuel eines Makromoleküls); auch (nicht ganz richtige) statistische Überlegungen ergaben, daß die Reaktionsfähigkeit einer Gruppe mit zunehmendem Molgewicht abnehmen sollte. Die experimentellen Ergebnisse lassen demgegenüber keine derartige Änderung der Reaktionsfähigkeit mit der Molekülgröße erkennen (vgl. S. 260). Dies ist auch gar nicht so verwunderlich wie man vielleicht auf Grund der oben erwähnten Argumente erwarten sollte. Zweifellos werden Substituenden, die in unmittelbarer Nachbarschaft einer funktionellen Gruppe eingeführt wurden, einen Einfluß auf die Reaktionsfähigkeit dieser Gruppe ausüben; Beispiele für einen derartigen Einfluß wurden bei der Behandlung der Polymerisationsreaktionen mehrfach erwähnt. Mit zunehmendem Abstand von der funktionellen Gruppe nimmt aber dieser Einfluß von Substituenden sehr rasch ab. Ferner ist eigentlich nicht einzusehen, warum die „Abschirmung" einer Gruppe durch die Kette des eigenen Moleküls sich reaktionskinetisch wesentlich anders auswirken soll als die „Abschirmung" durch andere Moleküle. Die Wirkung der Kondensatketten dürfte vielmehr einer „Verdünnung" entsprechen, kaum anders als die durch Äthylacetat bei der Veresterung von Äthylalkohol mit Essigsäure. Eine geringere Diffusionsgeschwindigkeit (große Moleküle, hohe Viscosität) bewirkt zwar, daß die Begegnungen einer funktionellen Gruppe mit einem geeigneten Reaktionspartner weniger häufig erfolgen, gleichzeitig und in gleichem Maße aber auch eine entsprechend längere Dauer der einzelnen Begegnungen. Eine Herabsetzung der Reaktionsgeschwindigkeit infolge geringerer Beweglichkeit der Moleküle ist daher nur dann zu erwarten, wenn praktisch jede Begegnungen zur Reaktion führt (sehr kleine Aktivierungsenergie), also die Zahl der Begegnungen geschwindigkeitsbestimmend für die Reaktion wird. Das ist aber offenbar bei den Kondensationsreaktionen nicht der Fall. Dazu kommt, daß die Häufigkeit eines Platzwechsels einer funktionellen Gruppe nicht verwechselt werden darf mit der räumlichen Verschiebung des ganzen Makromoleküls innerhalb der Flüssigkeit. Die Schwingungen der funktionellen Gruppe gegen ihre unmittelbaren Nachbarn und der Platzwechsel dieser Gruppe innerhalb eines beschränkten räumlichen Bereichs dürften kaum beeinflußt werden durch die Größe der Kette, an der die funktionelle Gruppe hängt, sofern man nur sehr kleine Moleküle bei diesem Vergleich ausschließt *.

Intermolekulare Kondensation von bifunktionellen Monomeren führt zwangsläufig zur Ausbildung linearer Ketten. Mit jeder neu geschlossenen Bindung verringert sich die Zahl der Moleküle um eins und die Zahl der freien funktionellen Gruppen um zwei. Die analytische Bestimmung der in einer bestimmten Phase der Reaktion noch vorhandenen freien funktionellen Gruppen ist daher eine geeigneteMethode, das Fortschreiten der Reaktion zu verfolgen und den erreichten Polymerisationsgrad zu bestimmen.

Monomere mit mehr als zwei funktionellen Gruppen liefern dreidimensionale, stark verzweigte und (durch intramolekulare Kondensation) vernetzte Makromoleküle. Eine charakteristische Erscheinung bei diesen Kondensationen ist die plötzlich auftretende Gelbildung. Das Reaktionsgemisch wandelt sich bei einem bestimmten Umsatz aus einer zähen Flüssigkeit in ein elastisches Material. Diese Umwandlung, die der Bildung makroskopischer Netzstrukturen oder, anders gesagt, vernetzter Makromoleküle von praktisch unendlicher Größe zugeschrieben wird, erfolgt so scharf, daß man bei der Beschreibung des Reaktionsverlaufs von einem „Gelpunkt" sprechen kann[8]. Unmittelbar nach dem Gelpunkt ist ein geringer Teil des genannten Gemisches unlöslich in sämtlichen Lösungsmitteln, soweit diese nicht einen chemischen Abbau der Makromoleküle bewirken. Der Rest ist löslich und läßt sich aus dem Gemisch extrahieren („Sol"). Bei weiterem Fortschreiten der Kondensation über den Gelpunkt hinaus nimmt der prozentuale Anteil des Gels auf Kosten des Sols ständig zu.

Intramolekulare Kondensation.

Eine eigentliche Kondensation, d. h. eine Verknüpfung verschiedener Moleküle, erfolgt durch *intermolekulare* Reaktion zweier funktioneller Gruppen. Oft reagieren aber auch zwei Gruppen desselben Moleküls miteinander. Beispiele solcher *intramolekularer Kondensationen* bifunktioneller Monomerer, die zur Bildung von monomeren oder dimeren Ringen führen, sind aus der organischen Chemie in großer Zahl bekannt; Laktone von Oxysäuren, Laktame von Aminosäuren, Anhydride zweibasischer Säuren usw. Grundsätzlich tritt bei allen Polykondensationen intermolekulare und intramolekulare Reaktion in Konkurrenz, allerdings mit sehr großen graduellen Unterschieden in Bezug auf das Überwiegen einer der beiden Reaktionen. Bei Polykondensationen, an deren

---

* Das gleiche Problem, nämlich ob und in welchem Maße die Reaktionsfähigkeit einer endständigen Gruppe von der Größe des (Ketten-)Moleküls abhängt, spielte auch bei den Polymerisationsreaktionen eine Rolle (vgl. S. 82) und wurde dort mit den gleichen Argumenten für und wider diskutiert. Auch bei den Polymerisationsreaktionen konnte aber experimentell höchstens bei den ganz kleinen Polymerisationsgraden eine Änderung der Reaktionsfähigkeit mit der Kettenlänge festgestellt werden.

·Aufbau polyfunktionelle Monomere beteiligt sind, führt intramolekulare Kondensation zu einer Vernetzung des Makromoleküls und ist für die kinetische Behandlung primär nur als eine störende Nebenreaktion zu betrachten, durch die ein Teil der funktionellen Gruppen in einer kaum kontrollierbaren Weise verbraucht werden, ohne daß dadurch die eigentliche Polykondensation fortschreitet (vgl. S. 270 und S. 275). Bei bifunktionellen Monomeren tritt intramolekulare Kondensation kaum zwischen den Enden eines Makromoleküls auf (siehe unten), wohl aber oft schon bei Monomeren, so daß monomere oder dimere Ringe anstelle eines Polykondensates gebildet werden. Von den Oxysäuren z. B. bildet γ-Oxybuttersäure ausschließlich das cyklische Lakton:

$$HOCH_2CH_2CH_2COOH \longrightarrow \quad \begin{array}{c} H_2C{-}O{-}C{=}O \\ | \qquad \quad | \\ H_2C{-\!\!-\!\!-}CH_2 \end{array}$$

während z. B. ω-Oxydekansäure praktisch ausschließlich intermolekular unter Bildung langer Ketten kondensiert:

$$HO{-}(CH_2)_9COOH \longrightarrow HO{-}[(CH_2)_9COO]_j{-}H.$$

Andererseits ist es in den meisten Fällen — Ausnahmen bilden vor allem die Fünferringe (siehe unten) — möglich, die durch intramolekulare Kondensation entstandenen cyklischen Verbindungen in lineare Ketten überzuführen[14]. Z. B. wird ε-Caprolaktam bei der Polykondensation von ε-Aminocapronsäure zu 20 bis 30% neben dem Polykondensat gebildet und ist unter den bei der Kondensation angewandten Bedingungen stabil[10]; durch Hydrolyse oder durch Einwirkung von Katalysatoren läßt es sich aber leicht in das Polykondensat überführen[45]:

$$NH(CH_2)_5CO \longrightarrow H{-}[NH(CH_2)_5CO]_j{-}OH.$$

Diese Reaktion ist aber unvollständig, da sich aus dem linearen Polykondensat auch wieder Laktam zurückbildet[64a]. Andere Beispiele dieser Art sind cyklische Anhydride[47,48,49], monomere und dimere cyklische Ester[5,12,36,49], Acetale[50], Polymethylencarbonat[16,49] u. ä.

Systematische Untersuchungen vor allem von CAROTHERS und Mitarbeitern[7,12,14,20,49,50,79,80,87] haben ergeben daß für das Überwiegen der intra- oder der intermolekularen Kondensation die Gliederzahl der Ringe, die gebildet werden können, eine entscheidende Rolle spielt. Drei- oder viergliedrige Ringe werden kaum gebildet; unter den üblichen Kondensationsbedingungen entstehen fast ausschließlich lineare Ketten. Besteht die Möglichkeit zur Bildung eines Fünferringes, dann verläuft die Kondensation sehr leicht und ausschließlich unter Ringbildung. Monomere, die sechs- oder siebengliedrige Ringe bilden können, reagieren teils intra- teils intermolekular, wobei in speziellen Fällen die eine oder andere Reaktionsart bevorzugt ist. Ringe mit acht und mehr Atomen werden nur unter besonderen Bedingungen gebildet, z. B. bei großer Verdünnung, so daß die intermolekulare Kondensation sehr benachteiligt ist[71,87], oder in Gegenwart geeigneter Katalysatoren unter sehr geringem Druck, so daß die relativ leichter flüchtige Ringverbindung rasch aus dem Reaktionsgemisch entfernt wird[49,50,79,80].

Eine analoge Abhängigkeit von der Gliederzahl wird bei der Überführung dieser cyklischen Kondensate in lineare Polykondensate beobachtet. Drei- und viergliedrige Ringe neigen schon unter ziemlich milden Bedingungen zur Aufspaltung und Bildung linearer Ketten. Fünfgliedrige Ringe lassen sich nicht in lineare Ketten überführen. Viele sechsgliedrige Ringe (z. B. die cyklischen Ester) geben mit bemerkenswerter Leichtigkeit lineare Ketten[12]; umgekehrt entstehen aus diesen Polykondensaten bei Vakuumdestillation wieder leicht die cyklischen Monomeren. Ringe mit sieben Atomen verhalten sich ähnlich. Größere Ringe (ausgenommen cyklische Anhydride) sind dagegen viel stabiler; cyklische Ester mit einer größeren Zahl von Atomen im Ring werden z. B. nur bei hohen Temperaturen besonders in Gegenwart von Katalysatoren in Polykondensate umgewandelt[49].

In großen Zügen decken sich in dieser Hinsicht die Beobachtungen bei den verschiedenen Klassen der monomeren Verbindungen (Ester, Anhydride, Amide, Formale, Carbonate)*. Es ist naheliegend, die Erklärung hierfür in folgenden Tatsachen zu sehen: die Bildung drei- und viergliedriger Ringe wird durch die erforderliche Deformation der Valenzwinkel (Ringspannung) erschwert; die Bildung sehr großer Ringe wiederum ist rein statistisch unwahrscheinlich, da die erforderliche besondere Konfiguration des Moleküls viel seltener eintritt als eine Begegnung der funktionellen Gruppen verschiedener Moleküle**; bei Ringen, mit acht bis zwölf Gliedern kommt eine Abstoßung zwischen den ins Innere der Ringe gedrängten H-Atomen hinzu. Es muß aber betont werden, daß eine befriedigende Erklärung für die sehr leichte und ausschließliche Bildung von Fünfer*ringen* und für die leichte Umwandlung von Sechserringen in lineare Ketten und umgekehrt noch nicht gegeben werden kann.

Polykondensation ringförmiger Verbindungen.

Die oben erwähnte Überführung cyclischer Kondensate in größere lineare Ketten ist ein Beispiel für eine besondere Art von Polykondensation, die zweierlei Eigentümlichkeiten aufweist: Erstens erfolgt die Verknüpfung ohne Abspaltung von Wasser oder ähnlichen Verbindungen, daher entspricht auch die analytische Zusammensetzung des Poly-

---

* Abweichendes Verhalten zeigen z. B. Alkylensulfide, Alkylenäthersulfide, bei denen sechsgliedrige Ringe nur schwer entstehen, oder Siloxane, die sehr leicht vielgliedrige Ringe bilden.

** Ringschluß durch Reaktion der beiden Endgruppen wird aus diesem Grund immer unwahrscheinlicher je länger die Kette zwischen den beiden Endgruppen. Deshalb ist auch nicht anzunehmen, daß Polykondensate bifunktioneller Monomerer Ringstruktur haben; eine solche Struktur wurde gelegentlich diskutiert, aber schon früh auf Grund experimenteller Ergebnisse fallen gelassen,[9, 11, 7, 62]. In diesem Zusammenhang sei auch auf zwei kürzlich erschienene Arbeiten von STOCKMAYER u. Mitarb.[53a] hingewiesen, in denen theoretisch und experimentell die relative Häufigkeit von linearen und cyclischen Molekülen und die Molgewichtsverteilung dieser beiden Molekülarten in einem Polykondensat *im Gleichgewicht* (wie es sich z. B. bei längerem Erhitzen eines Polykondensates in Lösung einstellt) behandelt wurde; die cyclischen Kondensate sind danach überwiegend von sehr niedrigem Polymerisationsgrad.

kondensates (abgesehen von den Endgruppen) der des Monomeren. Zweitens erfolgt die Polykondensation nur durch schrittweise Anlagerung des Monomeren:

$$M_j + M \longrightarrow M_{j+1}.$$

In diesen beiden Punkten gleicht die Bildung linearer Ketten aus cyclischen Kondensaten einer Polymerisationsreaktion. Nach der Seite 4 gegebenen *kinetischen* Unterscheidung von Polymerisation und Polykondensation ist sie aber im allgemeinen eindeutig als *Polykondensation* anzusprechen; sie ist keine Kettenreaktion. Die Aufspaltung des Ringes und die Anlagerung erfolgt wahrscheinlich gleichzeitig durch eine Austauschreaktion (z. B. Umesterung) einer funktionellen Gruppe mit der betreffenden Stelle (z. B. Esterbindung) des Ringes. Dementsprechend werden diese Polykondensationen meist durch geringe Mengen von Substanzen, die geeignet sind, durch Aufspaltung der Ringe primär freie funktionelle Gruppen zu schaffen (z. B. Wasser [5, 12, 36, 44]), oder durch solche Katalysatoren, die wie starke Säuren oder Basen Austauschreaktionen beschleunigen [30, 36, 49, 50, 65], bewirkt.

MATTHES[64a] hat kürzlich umfangreiche experimentelle Ergebnisse über die Bildung von Polyamid aus ε-Caprolaktam mit verschiedenen „Katalysatoren" (Benzoesäure, ε-Aminocapronsäure, Benzoyl- und Acetyl-Aminocapronsäure, Oxyundekansäure, adipinsaures Hexamethylendiamin und Wasser) mitgeteilt. Auf eingehendere Behandlung und Diskussion dieser interessanten Ergebnisse muß leider verzichtet werden, da die erst im Februar 1951 erschienene Arbeit nur noch bei der Korrektur berücksichtigt werden konnte. Das Reaktionsgeschehen ist offenbar kompliziert durch verschiedene Reaktionen, an denen die bereits gebildeten Polykondensatketten und der Katalysator beteiligt sind: Austauschreaktionen (vgl. den folgenden Abschnitt), reversible Blockierung der Endgruppen durch den Katalysator und Rückbildung des cyclischen Monomeren aus dem Polykondensat. MATTHES schließt aus seinen Versuchen, daß die Bildung der Makromoleküle durch Anlagerung von geöffneten Laktamradikalen an „Wachstumszentren" erfolgt; wahrscheinlich lassen sich aber die Versuche auch ohne Annahme von radikalartigen Kettenenden, denen MATTHES eine nicht nur „intermediäre" Existenz zuschreibt, deuten, wenn man die genannten Austausch-, Blockierungs- und Rückreaktionen konsequent mitberücksichtigt.

Dieselben beiden Eigentümlichkeiten, die als formale Analogie zu den Polymerisationsreaktionen genannt wurden, weisen auch die Polykondensationen von Äthylenoxyd (die durch Glykole, Alkohole, Phenole, Amine, Merkaptane oder Säuren eingeleitet sind), von Formaldehyd (unter Einwirkung von Spuren Feuchtigkeit) und die technisch wichtigen Kondensationen von Di- oder Poly-Isocyanaten mit Di- oder Poly-Oxy- oder Amino-Verbindungen (Polyurethane [3]) auf. Leider ist die Kinetik aller dieser Reaktionen noch nicht näher untersucht. Wahrscheinlich bilden einige dieser Polykondensationen echte Übergänge zu den Polymerisationsreaktionen. Zum Beispiel addiert sich Äthylenoxyd in den ersten Stufen bimolekular mit etwa gleicher Aktivierungsenergie. Sind mehrere Äthylenoxyde addiert, dann ändert sich der Reaktionscharakter, indem das weitere Wachstum nunmehr mit niedrigerer Aktivierungsenergie und daher viel rascher erfolgt, so daß die einzelnen Zwischenprodukte nicht mehr stufenweise faßbar sind; die ursprüngliche Polykondensation ist offenbar in eine Polymerisation übergegangen.

Austauschreaktion.

Schließlich muß noch kurz auf eine dritte Art von Reaktionen der funktionellen Gruppen eingegangen werden, die, wie experimentell erwiesen, bei Polykondensationen eine Rolle spielen können, nämlich auf die *Austauschreaktionen*. Ein Beispiel aus der organischen Chemie für eine solche Reaktion ist die Umesterung:

$$C_3H_7COOCH_3 + C_2H_5OH \longrightarrow C_3H_7COOC_2H_5 + CH_3OH$$

Derartige Umesterungen wurden auch mit Polyestern bei Einwirkung von Alkoholen (oder Glykolen) beobachtet (Abbau durch Alkoholyse[30]). Das leichte Auftreten der Reaktion der alkoholischen Hydroxyl-Gruppe mit einer Esterbindung eines Makromoleküls läßt vermuten, daß auch die endständigen Hydroxylgruppen eines Polyesters in analoger Weise mit der Esterbindung eines anderen Polyestermoleküls reagieren können, und daß derartige Reaktionen auch im Verlauf der Polykondensation vorkommen. Dadurch würde zwar weder die Zahl der freien funktionellen Gruppen noch die Zahl der Moleküle, also auch nicht der mittlere Polymerisationsgrad geändert. Wohl aber kann in bestimmten Fällen die Verteilungsfunktion und damit der Gewichtsdurchschnitt des Polymerisationsgrades durch Austauschreaktionen eine Änderung erfahren (vgl. S. 269). Der experimentelle Nachweis von Austauschreaktionen zwischen Makromolekülen ist bei Polyestern von Dekamethylenglykol und Adipinsäure erbracht worden[36], indem zwei solche Polyester von verschiedenem mittleren Molgewicht zusammen mit p-Toluolsulfonsäure (als Katalysator) auf 109° erhitzt und Viscositätsänderungen der Schmelze beobachtet wurden (die Viscosität ist ja immer von einem Durchschnitt des Molgewichts abhängig, der gleich dem Gewichtsdurchschnitt ist oder zwischen dem Gewichtsdurchschnitt und dem mittleren Molgewicht liegt)[29].

In analoger Weise reagieren Amine und Säuren mit der Amidbindung in Polyamiden[57] („Aminolyse" und „Acidolyse"); möglicherweise tritt auch eine Austauschreaktion zwischen zwei Amidbindungen auf*:

$$\begin{array}{ccc}
\text{\small$\sim\!\sim\!$NHRNH—COR'CO}\!\sim\!\sim & & \sim\!\sim\!\text{NHRNH} \qquad \text{COR'CO}\!\sim\!\sim \\
+ & \longrightarrow & | \quad + \quad | \\
\sim\!\sim\!\text{COR'CO—NHRNH}\!\sim\!\sim & & \sim\!\sim\!\text{COR'CO} \qquad \text{NHRNH}\!\sim\!\sim
\end{array}$$

Soweit bekannt, kommen Austauschreaktionen auch bei Polysiloxanen[77,78], Polyanhydriden und Sulfidpolykondensaten vor.

II. Lineare Polykondensate.

Kondensationsgeschwindigkeit.

Die kinetische Behandlung der Polykondensationsreaktionen erfährt, wie bereits erwähnt, eine wesentliche Vereinfachung durch die Annahme, daß die einzelnen Reaktionsstufen als eine Reaktion zwischen den beiden in Frage kommenden funktionellen Gruppen betrachtet werden können.

---

* Die analoge Reaktion zwischen zwei Esterbindungen ist, wenn sie überhaupt auftritt, extrem langsam. Schon Carboxyl-Gruppen reagieren viel langsamer mit Esterbindungen als Hydroxylgruppen.

Diese Annahme wird vor allem gestützt durch die weitgehende Analogie zwischen den Polykondensationsreaktionen und entsprechenden Reaktionen von monofunktionellen Verbindungen. Beide verlaufen unter ähnlichen Versuchsbedingungen (Temperatur, Katalysator) nach gleicher formaler Kinetik, mit vergleichbarer Geschwindigkeit und Aktivierungsenergie, wie am Beispiel der Veresterung von mono- und bifunktionellen Säuren und Alkoholen gezeigt werden konnte (siehe unten).

Da auch das Fortschreiten der Polykondensation meist durch analytische Bestimmung der noch freien funktionellen Gruppen ermittelt wird, führt man als Reaktionsvariable zweckmäßig das Ausmaß der Kondensation p ein; p ist definiert als der Bruchteil aller funktionellen Gruppen, der in dem gegebenen Zeitpunkt bereits reagiert hat:

$$p = (N_0 - N)/N_0 , \qquad (152)$$

wenn mit N_0 bzw. N die Zahl der zu Beginn bzw. zu dem gegebenen Zeitpunkt vorhandenen Moleküle, mit $2\,N_0$ bzw. $2\,N$ daher die Zahl der freien funktionellen Gruppen bezeichnet wird.

Als typisches konkretes Beispiel einer linearen Polykondensation sei die Polyesterbildung aus einem Glykol und einer zweibasischen Säure gewählt. Bei der Veresterung eines einwertigen Alkohols mit einer einbasischen Säure, die durch Wasserstoffionen katalysiert wird, ist die Reaktionsgeschwindigkeit proportional dem Produkt der Konzentrationen der beiden Reaktanden und der Konzentration des Katalysators. Der gleiche bimolekulare Ansatz für die Polyesterbildung lautet also:

$$-d\,[OH]/dt = k\,[K][OH][COOH] . \qquad (153)$$

Sind die beiden funktionellen Gruppen in äquivalenten Mengen vorhanden ($[OH] = [COOH] = [F]$), und ist ferner die Konzentration des Katalysators konstant, so folgt durch Integration von Gl. (153)

$$\frac{1}{[F]} - \frac{1}{[F]_0} = k\,[K]\,t .$$

Wenn die Volumänderung durch die Wasserabspaltung vernachlässigt wird, ist $[F] = [F]_0\,(1-p)$ und daher

$$k\,[K][F]_0\,t = \frac{1}{1-p} - 1 . \qquad (154)$$

Zwischen t und $1/(1-p)$ besteht also eine lineare Abhängigkeit. Bei Abwesenheit starker Säuren wirkt die Säure, die verestert wird, selbst als Katalysator, und die Kondensationsgeschwindigkeit ist dann proportional $[COOH]^2$:

$$-d\,[OH]/dt = k'\,[OH]\,[COOH]^2 ,$$

woraus für äquivalente Mengen der beiden funktionellen Gruppen durch Integration folgt:

$$2\,k'\,[F]_0^2\,t = \frac{1}{(1-p)^2} - 1 . \qquad (155)$$

In diesem Fall besteht also eine lineare Abhängigkeit zwischen t und $1/(1-p)^2$.

Abb. 42 zeigt experimentelle Ergebnisse[27] zur Prüfung von Gl. (155). Die Polykondensation äquivalenter Mengen von Diäthylenglykol und Adipinsäure wurde im Schmelzfluß bei 166 und 202° C durchgeführt. Das gebildete Wasser entweicht unter den Versuchsbedingungen rasch und vollständig. Das Fortschreiten der Kondensation wurde durch Titration der noch freien Carboxylgruppen in von Zeit zu Zeit entnommenen Proben verfolgt. Wie ersichtlich, wird Gl. (155) durch die Ergebnisse gut bestätigt, sobald mehr als etwa 80% der Gruppen verestert sind $(1/(1-p)^2 = 25)$. Bei niedrigeren Umsätzen ist der Reaktionsverlauf ein anderer und entspricht eher einer bimolekularen Reaktion nach Gl. (154). Die Ursache hierfür ist nicht völlig geklärt; vielleicht spielt die erhebliche Änderung der Eigenschaften (besonders der dielektrischen) des Reaktionsmediums eine Rolle[27].

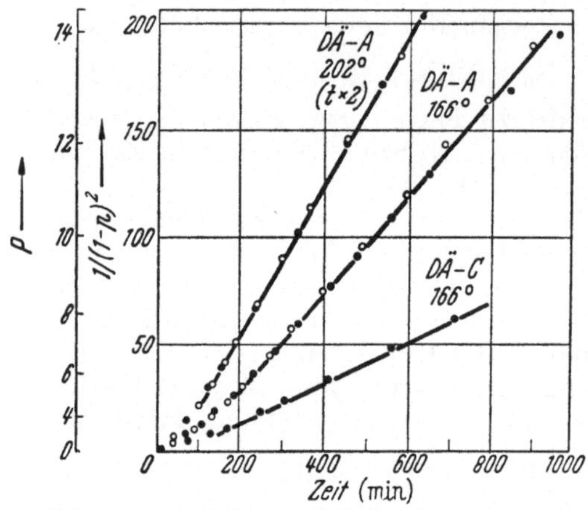

Abb. 42. Kondensation von Diäthylenglykol mit Adipinsäure (DÄ—A) und Capronsäure (DÄ—C). (Nach FLORY[27].) (Für die Reaktion bei 202° C sind die Zeiten verdoppelt.)

Die Veresterung der einbasischen Capronsäure mit demselben Glykol ist ebenfalls in Abb. 42 wiedergegeben. Der völlig analoge Verlauf der Kurven ist evident. Auch bei dieser einfachen Kondensationsreaktion, die nicht zu höhermolekularen Produkten führen kann, wird im späteren Stadium der Reaktion Gl. (155) gut befolgt, während vorher die gleichen Abweichungen auftreten wie bei der Polykondensation. Die Kurven für Capronsäure und Adipinsäure lassen sich durch geeignete proportionale Änderungen des Zeitmaßstabes zur Deckung bringen. Ähnliche Ergebnisse wurden mit Dekamethylenglykol und Adipinsäure, Laurylalkohol und Adipinsäure, Laurylalkohol und Laurinsäure erhalten[27]. Bemerkenswert ist, daß die Viscosität der Schmelze während der Polykondensation um einen Faktor von etwa 20 zunimmt, wogegen sie sich bei den einfachen Veresterungen nur unwesentlich ändert. Ein Einfluß dieser starken Viscositätserhöhung auf die Reaktionsgeschwindigkeit ist aber nicht zu erkennen. Die einfachen Kondensationen sind cet. par. langsamer als die Polykondensationen, offenbar wegen des größeren Äquivalentgewichtes der Carboxylgruppe, was einer größeren Verdünnung der funktionellen Gruppe durch die inerte Kohlenwasserstoffkette gleichkommt.

Die durch p-Toluolsulfonsäure katalysierte Polykondensation von Diäthylenglykol und Dekamethylenglykol mit Adipinsäure verläuft nach Gl. (154), aber ebenfalls erst, wenn etwa 90% aller Gruppen verestert sind. Vorher sind die Abweichungen ähnlich wie bei den unkatalysierten Kondensationen. Diese katalysierten Polykondensationen konnten bis zu Polymerisationsgraden von etwa 90 kinetisch verfolgt werden. Die Viscosität der Schmelze steigt dabei auf das 2000fache an, die Reaktionsgeschwindigkeit wird aber weder durch das große Molgewicht noch durch die hohe Viscosität des Mediums geändert[27,31]. Durch diese Versuche ist experimentell bewiesen, daß Polykondensationen und einfache Kondensationen ganz analog verlaufen, daß vor allem die Reaktionsgeschwindigkeit nicht vom Polymerisationsgrad der beteiligten Moleküle abhängt und *daher auch keine Bedenken bestehen, mit den funktionellen Gruppen kinetisch so zu rechnen wie mit unabhängigen Molekülen.*

Auch an verschiedenen anderen Polyesterbildungen sind kinetische Untersuchungen angestellt worden. Meist wurde hierbei der Reaktionsverlauf durch Titration der unverbrauchten Säure verfolgt. Die Polykondensation von Glykol und Phtalsäure verläuft bei Temperaturen von 190 bis 250° C in der Schmelze des Monomerengemisches im offenen Reaktionsgefäß nach der zweiten Ordnung; aus der Temperaturabhängigkeit der Reaktionsgeschwindigkeit wurde eine Aktivierungsenergie von 22,6 kcal pro Mol berechnet[54]. Die Kondensation von Glykol mit Phtalsäureanhydrid verläuft ebenfalls bis zu einem Umsatz von etwa 80 bis 90% nach der zweiten Ordnung[56]. Eine zweite Ordnung und eine Aktivierungsenergie von 12 kcal/Mol wurde für die Polykondensation von Adipinsäure mit Dekamethylenglykol und mit Äthylenglykol beobachtet[69]. Die Kondensation von Glykol mit Bernsteinsäure wurde in geschlossenen Gefäßen untersucht[24]; die Ergebnisse lassen sich durch einen Reaktionsverlauf nach der dritten Ordnung [Gl. (154)] deuten[26], stehen innerhalb der Versuchsfehler aber auch mit anderen Formeln, die zur Wiedergabe des Kondensationsverlaufs angegeben wurden[24,75], nicht in Widerspruch. Die Kondensation von ω-Oxyundekansäure verläuft in Dekalin als Lösungsmittel bei Temperaturen von 129 bis 189° C bis zu einem Umsatz von 50% recht genau nach der zweiten Ordnung[20]. Hier, wie auch in den oben erwähnten Beispielen ist offenbar nur der Anfang der Reaktion beobachtet worden, der auch bei den früher besprochenen Beispielen (vgl. Abb. 42) eher nach der zweiten als nach der dritten Ordnung verläuft. Bei höherem Umsatz bis zu Polymerisationsgraden von 68 wurde für die Polykondensation von ω-Oxyundekansäure ein Reaktionsverlauf nach der dritten Ordnung festgestellt[1].

Quantitative Angaben über die Kinetik anderer Polykondensationen liegen kaum vor. Polyamidbildung soll nach der zweiten Ordnung verlaufen ebenso wie die Amidbildung zwischen monofunktionellen Verbindungen[38]. Auch für die Kondensation von Diisocyanaten mit Glykolen wurde die zweite Ordnung beobachtet[3].

Polymerisationsgrad.

Die Polykondensation bifunktioneller Monomerer kann schematisch angedeutet werden durch

$$A—B \longrightarrow A—BA—BA—BA— \cdots \tag{I}$$

(z. B. Polykondensation von Oxysäuren oder Aminosäuren) und durch:

$$A—A + B—B \longrightarrow A—AB—BA—AB—BA— \cdots \tag{II}$$

(z. B. Glykole oder Diamine mit zweibasischen Säuren). In beiden Fällen ist der mittlere Polymerisationsgrad* gegeben durch das Verhältnis

---

* Wie ersichtlich, bezieht sich dieser *mittlere* Polymerisationsgrad auf das gesamte Reaktionsgemisch, einschließlich des noch unverbrauchten Monomeren, während bei Polymerisationen $\overline{P}$ immer nur auf das Polymerisat bezogen war. Zur Charakterisierung isolierter Reaktionsprodukte wird gelegentlich auch bei Polykondensaten das Monomere nicht mitberücksichtigt. Der Unterschied dieser beiden Arten von „mittlerem" Polymerisationsgrad ist daher beim Vergleichen von Literaturangaben zu beachten.

der Zahl der ursprünglich vorhandenen Monomeren (N_0) zu der Gesamtzahl der Moleküle in dem betrachteten Stadium der Polykondensation (N); daher ist unter Berücksichtigung von Gl. (152)

$$\overline{P}_n = N_0/N = 1/(1-p).\qquad(156)$$

Verknüpfung von Gl. (156) mit Gl. (154) bzw. (155) ergibt, daß bei
der durch Säuren katalysierten Polykondensation (bimolekulare Reaktion) der Polymerisationsgrad (abgesehen von einer kurzen Zeit zu
Beginn) linear mit der Zeit zunimmt:

$$\overline{P}_n = \text{const} \cdot t + 1,\qquad(157)$$

während er bei der unkatalysierten Polykondensation (trimolekulare
Reaktion) nur mit der Wurzel aus der Zeit ansteigt:

$$\overline{P}_n = (\text{const}' \cdot t + 1)^{\frac{1}{2}}.\qquad(158)$$

Deshalb können hohe Polymerisationsgrade bei der unkatalysierten Reaktion nur nach verhältnismäßig sehr langen Zeiten erzielt werden.
Die höhere Ordnung dieser Reaktion ist der Grund dafür, daß sie sehr
langsam wird, wenn p nahe 1 bzw. wenn $\overline{P}$ verhältnismäßig groß wird.

Die Molgewichte linearer Polykondensate wurden meist durch Endgruppenbestimmung ermittelt (siehe z. B. [1,17,27,74,91]). Kryoskopische und ebullioskopische
Methoden konnten bis zu Molgewichten von etwa 5000 angewandt werden[11,82];
soweit Vergleiche angestellt wurden, stimmten die Ergebnisse dieser Methoden mit
denen der Endgruppenbestimmung überein. Die Viscosität in verdünnter Lösung
oder in der Schmelze wurde ebenfalls häufig zur Molgewichtsbestimmung herangezogen, wobei die Eichung dieser Methode, d. h. die Ermittlung der Beziehung
Molgewicht-Viscosität gewöhnlich durch Endgruppenbestimmung oder auch osmotisch erfolgte[1,1a,27,28,40,81,83,88].

Aus Gl. (156) ist zu ersehen, daß höhere Polymerisationsgrade erst
erreicht werden, wenn die Kondensation bis nahe zur Vollständigkeit
getrieben wird. Zur Erzielung eines mittleren Polymerisationsgrades
von nur 100 ist es schon erforderlich, daß 99% aller ursprünglich vorhandenen funktionellen Gruppen reagiert haben. Einem solch großen
Umsatz stehen aber in der Praxis verschiedene Schwierigkeiten entgegen,
die überwunden werden müssen, wenn hohe Polymerisationsgrade erzielt werden sollen. Zunächst ist es erforderlich, daß die beiden funktionellen Gruppen in recht genau äquivalenten Mengen vorhanden sind
und auch für die Kondensationsreaktion verfügbar bleiben. Bei Kondensationen vom Typ I (S. 261) ist diese Äquivalenz, da jedes Molekül
des Monomeren beide Gruppen enthält, gewährleistet. Bei Kondensationen vom Typ II bewirkt schon ein geringer Überschuß einer der
beiden Komponenten eine Begrenzung des Umsatzes einfach dadurch,
daß nach einem gewissen Umsatz nur noch Gruppen der einen im Überschuß vorhandenen Art frei sind. Auch wenn genau äquivalente Mengen
der beiden Monomeren zur Reaktion gebracht werden, besteht die Gefahr, daß sich durch Verflüchtigung, Nebenreaktionen und dergleichen
ein Überschuß des einen Monomeren herausbildet. Da bei hohen Polymerisationsgraden die Zahl der freien Endgruppen relativ sehr klein
ist, kann schon ein sehr geringer Überschuß einer der beiden Kompo-

nenten die Kondensation aus dem geschilderten Grunde frühzeitig ab-
stoppen. Bei der Herstellung von Polyamiden geht man daher zur Erzielung einer genauen Äquivalenz der beiden Monomeren (zweibasische
Säure und Diamin) häufig von dem Salz dieser beidenVerbindungen aus.
Verluste einer der beiden Komponenten durch Verflüchtigung während
der Kondensation werden vermieden, indem man die Kondensation
zuerst in geschlossenen Autoklaven bei relativ hoher Temperatur und
hohem Druck durchführt; später wird dann die Kondensation unter
vermindertem Druck (zur Austreibung des Wassers) zu Ende geführt[19].

Eine Blockierung der Endgruppen kann auch durch geringe Mengen
einer monofunktionellen Verbindung (z. B. einer einbasischen Säure)
bewirkt werden. Davon wird bei der sog. „*Molgewichtsstabilisierung*"
Gebrauch gemacht. Nach Gl. (156) kann man einen gewünschten Polymerisationsgrad dadurch erreichen, daß die Kondensation bis zu dem
entsprechenden Wert von p getrieben und dann abgebrochen wird. Da
aber das Kondensat dann immer noch freie funktionelle Gruppen beider
Art enthält, wird es bei späterer Erhitzung (bei der Verarbeitung)
weiter kondensiert. Um dies zu vermeiden, stellt man das gewünschte
Molgewicht entweder durch einen genau bestimmten Überschuß einer
der beiden Komponenten oder durch einen bestimmten Zusatz einer
monofunktionellen Verbindung ein[11,19].

Der Zusammenhang zwischen dem Polymerisationsgrad einerseits
und der Menge des Stabilisators und dem Ausmaß der Kondensation
andererseits wurde in einer ganz allgemein anwendbaren Form von FLORY
[25,28] abgeleitet. Das Reaktionsgemisch enthalte außer genau äquivalenten
Mengen von A—A und B—B (das gleiche gilt auch für Kondensationen
vom Typ I, d. h. für eine Substanz A—B), eine bestimmte Menge eines
Stabilisators B—B, der mit dem Monomeren B—B identisch oder auch
von ihm verschieden sein kann. Sind N_A und N_B die Gesamtzahl der ursprünglich vorhandenen funktionellen Gruppen A und B, r deren
Verhältnis ($r = N_A/N_B$), so ist die Gesamtzahl der monomeren Einheiten

$$(N_A + N_B)/2 = N_A (1 + 1/r)/2.$$

Bezieht sich das Ausmaß der Kondensation p auf die A-Gruppen (p=Zahl
der abreagierten A-Gruppen als Bruchteil von N_A), so kann die Gesamtzahl der freien Endgruppen in irgend einem Stadium der Kondensation
ausgedrückt werden durch

$$2\,N_A\,(1-p) + (N_B - N_A) = N_A\,[2\,(1-p) + (1-r)/r].$$

Die Gesamtzahl der vorhandenen Moleküle ist immer halb so groß wie
die Zahl der freien Endgruppen. Für den mittleren Polymerisationsgrad (als Verhältnis der Zahl der monomeren Einheiten zur Zahl der
Moleküle) folgt daraus:

$$\overline{P}_n = \frac{1 + r}{2\,r\,(1-p) + 1 - r}, \tag{159}$$

Haben sämtliche A-Gruppen reagiert (p = 1), so ist

$$\overline{P}_n = (1 + r)/(1 - r).$$
$$= 1 + 2\,N_A/(N_B - N_A), \tag{159a}$$

wobei der neben 1 stehende Bruch nichts anderes ist als das Verhältnis [Mole der bifunktionellen Einheiten außer dem Stabilisator] zu [Mole des Stabilisators] im ursprünglichen Reaktionsgemisch.

Dieselben Gleichungen sind anwendbar, wenn die Stabilisierung durch eine monofunktionelle Verbindung (B—) erfolgt; in diesem Falle ist lediglich für r

$$r = N_A/(N_A + 2\,N_{B-})$$

zu setzen.

Aus Gl. (159) bzw. (159a) geht unmittelbar hervor, wie der theoretisch überhaupt erzielbare mittlere Polymerisationsgrad nach oben begrenzt ist, sobald geringe Abweichungen vom genau äquivalenten Verhältnis der beiden funktionellen Gruppen A und B auftreten. Schon ein Überschuß einer der beiden Gruppen von nur einem Molprozent bewirkt, daß der mittlere Polymerisationsgrad nicht größer als 100 werden kann. Die Schwierigkeit, das stöchiometrische Verhältnis der beiden Reaktanten so genau einzustellen und vor allem auch während des ganzen Reaktionsverlaufs zu erhalten, wie es für die Erzielung von Polymerisationsgraden in der Größenordnung von 10^3 oder 10^4 nach Gl. (159) bzw. (159a) erforderlich wäre, ist evident. Damit allein ist schon die Tatsache erklärt, daß man durch lineare Polykondensation im allgemeinen bei weitem nicht so hohe Molgewichte erreicht wie durch Polymerisation. Wenn man aber durch entsprechende Versuchsbedingungen die Beschränkung des Umsatzes durch Blockierung der Endgruppen und durch das Kondensationsgleichgewicht (siehe unten) und außerdem die thermische Spaltung der bereits gebildeten Makromoleküle vermeidet, so können auch sehr hochmolekulare Polykondensate hergestellt werden [1a].

Ein zweiter Grund für die Begrenzung des erzielbaren Umsatzes und damit des mittleren Polymerisationsgrades kann die Einstellung eines *Kondensationsgleichgewichtes* sein [75]. Einige der in Frage kommenden Kondensationsreaktionen, z. B. die Veresterung, sind unvollständige Reaktionen, d. h. das Gleichgewicht für diese Reaktion und ihre Rückreaktion liegt nicht völlig auf Seiten des Kondensates. Nun werden Polyester im allgemeinen in wasserfreiem Medium hergestellt und unter solchen Reaktionsbedingungen, daß das bei der Esterbildung freiwerdende Wasser rasch dem Reaktionsgemisch entzogen wird. Dadurch wird das Gleichgewicht auf die Seite des Esters verschoben. Bei dem zur Erzielung hoher Polymerisationsgrade notwendigen Ausmaß der Kondensation genügen aber schon sehr geringe Mengen Wasser, um das Gleichgewicht einzustellen und damit eine weitere Kondensation zu unterbinden.

Nach dem Massenwirkungsgesetz gilt für das Gleichgewicht (Äquivalenz der beiden funktionellen Gruppen vorausgesetzt):

$$K = p n_W/(1-p)^2\,,$$

wobei K die Gleichgewichtskonstante und n_W die Molzahl des bei der Kondensation austretenden Produktes (Wasser) bezogen auf je ein Mol der Ausgangsstoffe bedeutet. Auflösen nach p liefert die durch das Gleichgewicht bedingte obere Grenze für p

$$p = \frac{1}{2\,\beta}\,(1 - 2\,\beta - \sqrt{1 + 4\,\beta}) \tag{160}$$

in Abhängigkeit von

$$\beta = K/n_w \, .$$

In Verbindung mit Gl. (156) erhält man daraus die durch das Gleichgewicht bedingte obere Grenze für $\overline{P}_n$

$$\overline{P}_n = \frac{2\,\beta}{\sqrt{1+4\,\beta}-1} \, . \tag{161}$$

Hier interessieren praktisch nur Werte von p, die sehr nahe bei eins liegen. Dann vereinfachen sich Gl. (160) und (161) zu

$$p \cong 1 - \sqrt{1/\beta} \tag{160a}$$

und

$$\overline{P}_n \cong \sqrt{\beta} = \sqrt{K/n_w} \, . \tag{161a}$$

Hat die Gleichgewichtskonstante einen Wert von der Größenordnung zwischen 1 und 10 (MENSCHUTKIN bestimmte für das Estergleichgewicht $K = 4$), so genügen bereits Bruchteile eines Promill von dem insgesamt entstandenen Wasser im Reaktionsgemisch, um die Bildung wirklich hochmolekularer Polykondensate zu verhindern. Daraus ergibt sich, wie wichtig es ist, die niedermolekularen Reaktionsprodukte (H_2O, NH_3, HCl usw.) weitestgehend aus dem Reaktionsgemisch zu entfernen. Je wirkungsvoller die angewandte Trocknungsmethode, um so höher ist der erreichte Polymerisationsgrad bei Polyestern·(siehe z. B.[1a, 17]).

Nähert sich die Kondensationsreaktion dem Gleichgewicht, so tritt auch die Spaltungsreaktion (Verseifung) kinetisch in Erscheinung. Entsprechende Formeln wurden von SCHULZ abgeleitet[75]. Ist das Gleichgewicht erreicht, so ist für die weitere Kondensation nur noch die Entfernung des Wassers aus dem Gemisch geschwindigkeitsbestimmend. Bei den im vorangegangenen Abschnitt besprochenen kinetischen Untersuchungen ist eine so weitgehende Annäherung an das Gleichgewicht aber offenbar nicht erreicht, denn die beobachteten Geschwindigkeitskonstanten und ihre Temperaturabhängigkeit sind so, wie für Esterbildung zu erwarten; die Reaktion wird ferner durch Katalysatoren beschleunigt, nicht aber durch verminderten Druck, der eine raschere Entfernung des Wassers bewirken sollte[27].

Molgewichtsverteilung.

Die Molgewichtsverteilung von Polykondensaten läßt sich am einfachsten statistisch ableiten[25]. Die einzige hierbei notwendige Voraussetzung ist wiederum, daß die Reaktionsfähigkeit der funktionellen Gruppen gleich ist, unabhängig von der Molekülgröße. Für eine Polykondensation vom Typ I, S. 261, kann man folgende einfache Überlegung anstellen: Die Wahrscheinlichkeit, daß eine bestimmte Gruppe verestert wurde, ist gleich dem Bruchteil aller funktionellen Gruppen, die reagiert haben, also gleich p; die Wahrscheinlichkeit, daß eine bestimmte Gruppe noch frei ist, ist dann (1—p). Damit ein Molekül entsteht, das j monomere Einheiten enthält, müssen (j—1) Gruppen verestert sein und eine frei. Die Wahrscheinlichkeit für die Bildung eines solchen Moleküls ist daher

$$W_j = p^{(j-1)}\,(1-p);$$

sie muß außerdem gleich sein dem Molenbruch N_j/N der Moleküle vom

Polymerisationsgrad j. Da $N = N_0 (1-p)$, ist die Häufigkeitsverteilung gegeben durch

$$N_j/N_0 = p^{(j-1)} (1-p)^2;\tag{162}$$

daraus folgt die Massenverteilung, wenn das durch die Endgruppen hinzukommende Gewicht vernachlässigt wird, zu:

$$j\, N_j/N_0 = j\, p^{(j-1)} (1-p)^2.\tag{163}$$

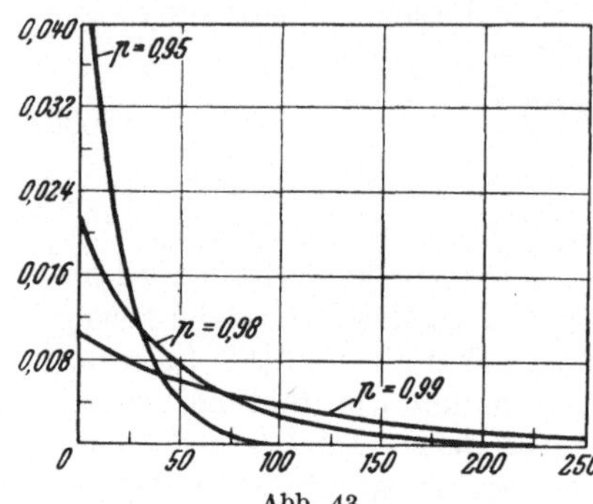

Abb. 43.

Häufigkeitsverteilung linearer Polykondensate bei verschiedenem Ausmaß der Kondensation p. (Nach FLORY [25].) (Molprozente in Abhängigkeit vom Polymerisationsgrad.)

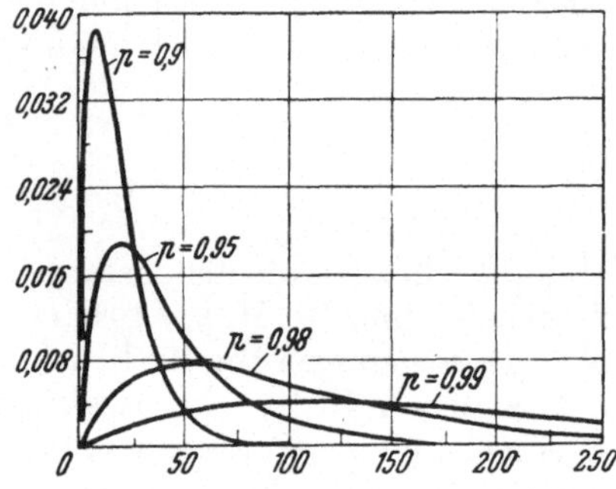

Abb. 44.

Massenverteilung linearer Polykondensate bei verschiedenem Ausmaß der Kondensation p. (Nach FLORY [25].) (Gewichtsprozente in Abhängigkeit vom Polymerisationsgrad.)

Gl. (162) kann auch aus dem kinetischen Ansatz

$$\frac{1}{N_0}\frac{dN_1}{dt} = -2\,k\,N_1 \sum_{i=1}^{\infty} N_i\tag{164a}$$

$$\frac{1}{N_0}\frac{dN_j}{dt} = \frac{2\,k}{2} \sum_{i=1}^{j-1} N_i\,N_{j-i} - 2\,k\,N_j \sum_{i=1}^{\infty} N_i\tag{164b}$$

abgeleitet werden[23,24]; darin bedeutet k die Geschwindigkeitskonstante für die Kondensationsreaktion der beiden funktionellen Gruppen. Gl. (164a) gibt die Abnahme der Zahl der monomeren Moleküle durch Anlagerung an Moleküle aller Größen an; Gl. (164b) beschreibt die Änderung der Zahl der Moleküle vom Polymerisationsgrad j. Die Lösung dieses Systems von Differentialgleichungen ist:

$$N_j/N_0 = p^{(j-1)} (1-p)^2$$
$$p = kt/(1+kt)$$

in Übereinstimmung mit Gl. (162) und auch mit Gl. (154).

Die beiden durch Gl. (162) und (163) gegebenen Funktionen sind in Abb. 43 und 44 für einige Werte von p dargestellt. Wie ersichtlich, sind die Monomeren in allen Stadien der Reaktion die am häufigsten vertretene Sorte von Molekülen; die Häufigkeitsverteilungsfunktion nimmt mit zunehmendem Polymerisationsgrad monoton ab. Die Massenverteilungsfunktion durchläuft ein Maximum, das sehr nahe bei dem mittleren Polymerisationsgrad liegt*. Je mehr sich p dem Wert 1 nähert, desto breiter wird die Verteilungsfunktion.

---

* Solange $p < 0,5$, überwiegt auch gewichtsmäßig der Anteil des Monomeren. Die Lage des Maximums erhält man einfach durch Differentiation von Gl. (163), und zwar ist die Abszisse des Maximums $-1/\ln p$ und die Ordinate $(1-p)/e$.

Die gleichen Verteilungsfunktionen gelten auch für Polykondensate vom Typ II, S. 261, vorausgesetzt, daß die beiden Komponenten in genau äquivalenten Mengen vorhanden sind. Auch auf Polykondensate, die durch monofunktionelle Verbindungen stabilisiert wurden, ist diese Ableitung der Verteilungsfunktion anwendbar, wenn p definiert wird als die Wahrscheinlichkeit, daß eine gegebene funktionelle Gruppe mit einem bifunktionellen Monomeren reagiert hat.

Austauschreaktionen einer freien Endgruppe mit einer Verknüpfungsstelle bewirken keine Änderung der durch Gl. (162) gegebenen Verteilung. Wenn anschließend an die Veresterung Umesterungen stattfinden, so wird sich schließlich ein Gleichgewichtszustand einstellen, in dem Bildung und Verbrauch der Moleküle eines bestimmten Polymerisationsgrades gleich sind. Diese Gleichgewichtsverteilung ist aber, wie sich zeigen läßt, formal identisch mit der für rein statistische Kondensation [Gl. (162)] berechneten[36, 37, 89] (siehe aber S. 269)*.

Ist bei einer Kondensation vom Typ II, S. 261, eine der beiden Komponenten im Überschuß vorhanden, so tritt insofern eine Änderung der Verteilungsfunktion auf, als wegen des Überschusses der einen Komponente die Zahl der polymeren Moleküle, die eine gerade Zahl von Einheiten enthalten:

$$(A\text{—}AB\text{—}B)_{j/2} \, , \qquad\qquad\qquad (II\ AB)$$

stets kleiner ist als die Zahl der Moleküle, die eine ungerade Zahl von Einheiten enthalten:

$$(A\text{—}AB\text{—}B)_{(j-1)/2}\ A\text{—}A \qquad\qquad (II\ AA)$$

$$B\text{—}B\ (A\text{—}AB\text{—}B)_{(j-1)/2} \, . \qquad\qquad (II\ BB)$$

Die Verteilungsfunktion für jede einzelne der drei verschiedenen Arten von polymeren Molekülen kann in grundsätzlich gleicher Weise wie oben berechnet werden[25]. Die Formeln sind komplizierter, die Kurven haben aber im Prinzip den gleichen Charakter wie die in Abb. 43 und 44 wiedergegebenen. Faßt man die Verteilung aller drei Arten von polymeren Molekülen in einer Kurve zusammen, so erhält man keine glatte Kurve, da ja die Zahl der Moleküle mit einem ungeraden j (vor allem II BB, wenn die Komponente B—B im Überschuß vorhanden ist) stets größer ist als die der Moleküle mit den benachbarten geraden $(j+1)$ und $(j-1)$. Mittelt man diese Schwankungen in der Verteilungsfunktion zwischen den jeweils benachbarten j heraus, so ist die glatte Kurve wieder identisch im Charakter mit den in Abb. 43 und 44 gezeichneten Kurven. Bezüglich näherer Einzelheiten sei auf die zitierte Arbeit[25] verwiesen.

Wird die Kondensation bis zur Vollständigkeit getrieben, so sind — bei einem ursprünglichen Überschuß der Komponente B—B — schließlich nur noch polymere Moleküle vom Typ II BB vorhanden, deren Häufigkeitsverteilungsfunktion durch

$$N_j / N_0 = r^{j/2}\,(1\text{—}r)\,r^{-\frac{1}{2}}$$

---

* Die gleichen Verteilungsfunktionen werden übrigens auch erhalten für das Abbauprodukt eines Polykondensates von unendlich großem Polymerisationsgrad, wenn die Spaltung der einzelnen Bindungen statistisch erfolgt[59].

gegeben ist, wobei für j nur die ungeraden Zahlen einzusetzen sind, und r
wieder definiert ist durch $r = N_A/N_B$.

Mit Hilfe der Verteilungsfunktionen und der Definitionsgleichungen
(3) bzw. (4) (S. 8) läßt sich wieder der mittlere Polymerisationsgrad
berechnen. Man erhält

$$\overline{P}_n = \frac{\sum\limits_1^\infty j\, p^{(j-1)}\,(1-p)^2}{\sum\limits_1^\infty p^{(j-1)}\,(1-p)^2} = \frac{1}{1-p}$$

in Übereinstimmung mit Gl. (156) S. 262 und

$$\overline{P}_w = \frac{\sum\limits_1^\infty j^2\, p^{(j-1)}\,(1-p)^2}{\sum\limits_1^\infty j\, p^{(j-1)}\,(1-p)^2} = \frac{1+p}{1-p}\,.$$

Das Verhältnis von Zahlenmitteln zum Gewichtsdurchschnitt des Polymerisationsgrades ist daher

$$\overline{P}_n/\overline{P}_w = 1/(1+p)$$

Für Polykondensate von großem Molgewicht, die nach Seite 262 nur bei
einer nahezu vollständigen Kondensation $(p = 1)$ erhalten werden
können, ist also

$$\overline{P}_n/\overline{P}_w = 1/2\,.$$

Experimentell wurde nur in wenigen Fällen die Verteilungsfunktion genauer
ermittelt; zuerst bei dem Polykondensat von Hexamethylendiamin und Adipinsäure
„NYLON 66" und zwar durch Zerlegen des Polykondensates in 46 Fraktionen und
Bestimmung des Molgewichtes der einzelnen Fraktionen durch Titration der Endgruppen und Messung der Viscosität in verdünnter Lösung[88]. Das Ergebnis ist in
Übereinstimmung mit Gl. (163). Auch die Massenverteilung von Polyestern wurde
in Übereinstimmung mit Gl. (163) gefunden[1a]; die bei zwei Polyestern beobachtete
größere Abweichung von der theoretisch zu erwartenden Massenverteilung beruht wahrscheinlich auf besonderen Bedingungen bei der Herstellung dieser Produkte (Ausfallen der höchstmolekularen Anteile schon während der Polykondensation). Vielleicht sind die von RAFFIKOW u. a.[70] ebenfalls an Polyestern beobachteten ähnlichen Abweichungen von der Verteilung nach Gl. (163) auch auf
derartige Ursachen zurückzuführen. Als eine experimentelle Bestätigung der angegebenen Ableitungen der Verteilungsfunktion kann man aber auch die Tatsache
ansehen, daß sich die Formeln bei Anwendung auf verschiedene Probleme, die
ebenfalls mit der Art der Verteilungsfunktion zusammenhängen, bewährt haben
(siehe z. B.[28, 30, 36]).

Wird das Ausmaß der Kondensation durch ein Kondensationsgleichgewicht begrenzt (vgl. S. 264), so läßt sich die Verteilungsfunktion für
den Zustand, in dem das Gleichgewicht eingestellt ist, durch die S. 265
definierte Größe β beschreiben. Für die Häufigkeitsverteilung gilt

$$N_j/N_0 = \frac{1}{\beta}\left[\frac{1}{2\,\beta}\,(1 + 2\,\beta - \sqrt{1+4\,\beta})\right]^j\,. \tag{165}$$

SCHULZ[74] hat diese Formel durch Ansetzen des Massenwirkungsgesetzes
für jede einzelne Kondensationsstufe abgeleitet. Gl. (165) entspricht
aber ebenfalls genau der Gl. (162), denn man erhält sie auch durch
Einsetzen von Gl. (160) in Gl. (162). Für große β-Werte, also z. B. bei
geringem Wassergehalt, vereinfacht sich Gl. (165) zu

$$N_j/N_0 = \frac{1}{\beta}\,(1 - 1/\sqrt{\beta})^j \ . \tag{165a}$$

Für eine Polykondensation, die ausschließlich durch schrittweise Anlagerung des Monomeren erfolgt (vgl. S. 257), gilt eine andere Verteilungsfunktion als Gl. (162) bzw. (163). Wir betrachten als Beispiel die Polykondensation von Äthylenoxyd, die durch einen Initiator (z. B. einen Alkohol) bewirkt wird. N_s sei die Zahl aller ursprünglich vorhandenen Moleküle des Initiators, N_1, N_2 usw. die Zahlen der Moleküle, die bereits ein, zwei usw. Moleküle Äthylenoxyd angelagert haben. Zur Berechnung der Verteilungsfunktion kann man von den Differentialgleichungen:

$$d\,N_1/dt = -\,\varkappa'\,N_1 \tag{160a}$$

$$d\,N_j/dt = \varkappa'N_{j-1} - \varkappa'\,N_j \tag{166b}$$

ausgehen, die den Gleichungen (164a) bzw. (164b) für den anderen Reaktionsmechanismus entsprechen. $\varkappa'$ muß nicht notwendig eine Konstante sein, sondern kann noch von der Konzentration und auch von anderen Variablen, z. B. von t und N_s abhängen. Die Lösung dieses Systems von Differentialgleichungen ist[29] (siehe auch[22]):

$$\frac{N_j}{N_s} = \frac{e^{-\nu}\,\nu^{j-1}}{(j-1)!}\,, \tag{167}$$

wobei $\nu = \int_0^t \varkappa'\,dt$ ist.

Die durch Gleichung (167) gegebene Verteilung (Poissons Verteilungsformel) ist wesentlich enger als die statistische Verteilung nach Gl. (162). Für den mittleren Polymerisationsgrad gilt:

$$\overline{P}_n = \nu + 1 \tag{168}$$

und

$$\overline{P}_w = 1 + \nu + \nu/(1 + \nu). \tag{169}$$

Eine experimentelle Bestimmung der Molgewichtsverteilung von Polykondensaten dieses Typs ist bisher nicht erfolgt. Es ist übrigens damit zu rechnen, daß eine solche Verteilung nicht erhalten bleibt, wenn Austauschreaktionen stattfinden, denn dann wird eine Verbreiterung der Verteilung eintreten, die bei völliger Einstellung des Austauschgleichgewichtes wieder zu einer Verteilung nach Gl. (162) führt[36].

III. Dreidimensionale Polykondensate.

Lineare Polykondensate enthalten stets *zwei* freie Endgruppen je Makromolekül. Dreidimensionale Polykondensate, an deren Aufbau polyfunktionelle Monomere beteiligt sind, besitzen dagegen um so mehr freie Endgruppen, je größer das Makromolekül ist, d. h. je mehr monomere Einheiten in ihm bereits vereinigt sind. Enthält jedes Monomere f funktionelle Gruppen, so ist die Zahl der freien Endgruppen für ein Molekül vom Polymerisationsgrad j:

$$[j\,f - 2\,(j-1)],$$

denn von den j f funktionellen Gruppen sind 2 (j — 1) zur Herstellung der (j — 1) Verknüpfungsstellen verbraucht, der Rest also noch frei.

Je größer das Makromolekül schon ist, um so größer ist demnach seine Chance, noch weiter zu wachsen — vorausgesetzt, daß die Reaktionsfähigkeit der funktionellen Gruppen ungeändert bleibt. Daraus folgt einmal die Tatsache, daß die Verteilungsfunktion des Molgewichts viel breiter ist als bei linearen Polykondensaten, und zweitens, daß es ein kritisches Ausmaß der Kondensation gibt, von dem an schon ein geringer weiterer Umsatz zur Bildung von Riesenmolekülen makroskopischen Ausmaßes führt. Es wurde bereits Seite 254 erwähnt, daß der experimentell beobachtete Gelpunkt mit dem Entstehen solcher „unendlich" großer Moleküle zusammenhängt.

Hierbei muß allerdings noch berücksichtigt werden, daß auch zwei funktionelle Gruppen desselben Makromoleküls miteinander reagieren können und daher nicht jede Reaktion zweier Gruppen zu einer Vergrößerung des Moleküls führen muß. Die intramolekulare Kondensation ist bei dreidimensionalen Polykondensaten sehr viel eher möglich als bei linearen Ketten, und zwar um so mehr, je größer die Makromoleküle bereits sind. Alle statistischen Berechnungen des Molgewichtes, der Molgewichtsverteilung, des Gelpunktes usw. sind mit dieser Vernachlässigung der intramolekularen Kondensation belastet. Ein Vergleich der abgeleiteten Formeln mit experimentellen Ergebnissen wird zeigen, wie weit diese Vernachlässigung ins Gewicht fällt.

Eine zweite Vernachlässigung, die bei den im Folgenden erwähnten Rechnungen gemacht wird und hier gleich mitangeführt werden soll, besteht darin, daß zunächst für alle funktionellen Gruppen gleiche Reaktionsfähigkeit angenommen wird. Eine Abhängigkeit der Reaktionsfähigkeit vom Polymerisationsgrad ist nach den mit linearen Polykondensaten gewonnenen Ergebnissen auch nicht zu erwarten. In vielen Fällen sind aber die einzelnen Gruppen eines polyfunktionellen Monomeren nicht gleichwertig und haben dementsprechend verschiedene Reaktionsfähigkeit. Bei Glycerin z. B. ist die Reaktionsfähigkeit der sekundären Hydroxylgruppe eine andere als die der beiden primären [44,72], und zwar sind diese Unterschiede auch noch von den Reaktionspartnern der Hydroxylgruppen abhängig. Die primären Hydroxylgruppen reagieren z.B. leichter mit einer Carboxylgruppe der Phtalsäure als mit Carboxylgruppen von Fettsäuren; die sekundären OH-Gruppen verhalten sich in dieser Hinsicht umgekehrt [44]. Dadurch wird die Rechnung komplizierter. Sofern die relativen Reaktionsfähigkeiten der primären und sekundären Hydroxylgruppen für die spezielle Reaktion bekannt sind, genügt es, für die statistischen Rechnungen verschiedene Ausmaße der Kondensation für die beiden verschiedenen OH-Gruppen einzuführen [32]. Schwerwiegender ist der mögliche Einfluß, den die Veresterung einer OH-Gruppe auf die Reaktionsfähigkeit der benachbarten OH-Gruppen ausüben kann.

Aus den gleichen Gründen ist eine quantitative kinetische Auswertung von Messungen des Reaktionsverlaufs bei der Bildung dreidimensionaler Polykondensate schwieriger, als bei der Bildung linearer Ketten. Bei den letzteren wurden erst bei Umsätzen von mehr als 80% der funktionellen Gruppen die erwarteten kinetischen Gesetzmäßigkeiten gefunden (vgl. S. 260). So hohe Umsätze sind bei dreidimensionalen Polykondensaten aber nur zu erzielen, wenn ein nennenswerter oder erheblicher Teil der funktionellen Gruppen intramolekular reagiert hat. Eine wesentliche Schwierigkeit gerade für die kinetische Auswertung kommt ferner durch die verschiedene Reaktionsfähigkeit der funktionellen Gruppen eines Monomeren hinzu. Es ist daher bis jetzt kaum möglich gewesen, Angaben über die Geschwindigkeit der Bildung dreidimensionaler Polykondensate befriedigend auszuwerten. Dies gilt auch von den sehr sorgfältigen experimentellen Untersuchungen, die KIENLE und Mitarbeiter[55] über die Veresterung von Glycerin mit verschiedenen zweibasischen Säuren (Phtalsäure, Bernsteinsäure, Maleinsäure, Adipinsäure und Sebacinsäure) angestellt haben; hierfür wurde sowohl der Verbrauch der Carboxylgruppen als auch die Wasserbildung analytisch verfolgt. Die Reaktion verläuft glatt und qualitativ ähnlich der bei der Bildung linearer Polyester.

Für die Bildung dreidimensionaler Polykondensate gibt es zahlreiche Kombinationsmöglichkeiten von bi- und polyfunktionellen Monomeren, in bezug auf die Zahl der funktionellen Gruppen, die jede der beteiligten Komponenten enthält. Eine völlig allgemeine Behandlung ist kaum möglich. Die wesentlichen Ergebnisse der statistischen Berechnungen[32, 33, 34, 38, 84, 85] lassen sich aber bereits erkennen, wenn man sich auf zwei Grundtypen beschränkt. Diese sind: erstens die Kondensation zweier Monomerer, die beide mehr als zwei funktionelle Gruppen enthalten; als einfachstes Beispiel hierfür die Kondensation zweier trifunktioneller Monomerer:

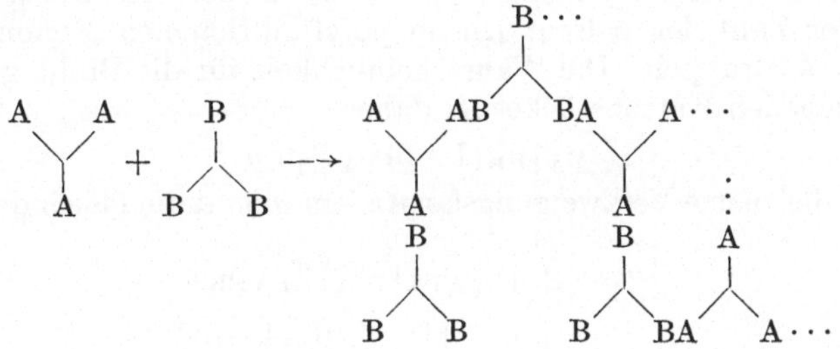

(I)

Der zweite Typ ist die Kondensation zweier bifunktioneller und eines polyfunktionellen Monomeren; z. B.

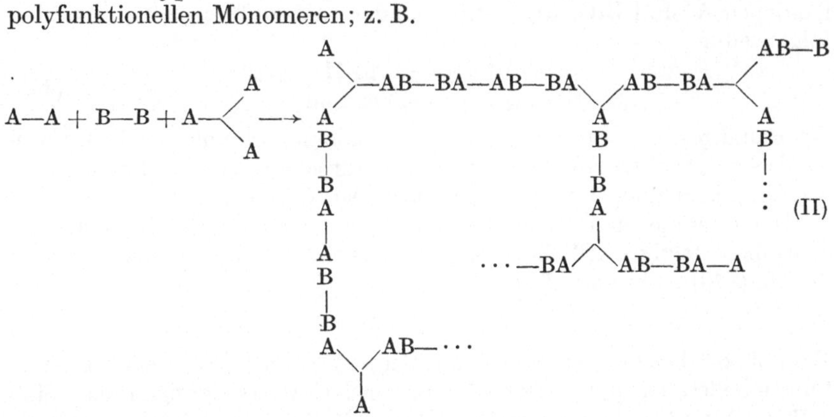

(II)

Ein Makromolekül der zweiten Art besteht also aus verschieden langen Ketten, die durch die polyfunktionellen Einheiten miteinander verknüpft sind. Wie lang diese einzelnen Kettenstücke im Mittel sind, hängt davon ab, wie groß der prozentuale Anteil des polyfunktionellen Monomeren im

Reaktionsgemisch ist. Jedes einzelne Kettenstück kann entweder beiderseits an einer Verzweigungsstelle enden oder aber an einem Ende eine noch freie Endgruppe (eines bifunktionellen Monomeren) haben. In den statistischen Rechnungen wird ein *Verzweigungskoeffizient* α eingeführt, der definiert ist als die Wahrscheinlichkeit dafür, daß ein beliebig herausgegriffenes Kettenstück an beiden Enden eine Verzweigungsstelle hat; $(1-\alpha)$ ist dann die Wahrscheinlichkeit dafür, daß ein beliebiges Kettenstück mit einer freien Endgruppe eines bifunktionellen Monomeren endet.

Der Zusammenhang von α mit dem Ausmaß der Kondensation p (bzw. p_A und p_B für die beiden Arten von funktionellen Gruppen) ergibt sich aus folgender Überlegung[32]. Ein beliebiges Kettenstück zwischen zwei Verzweigungsstellen sei

$$>\!\!-A\,[B\!-\!BA\!-\!A]_i\,B\!-\!BA\!-\!\!<$$

Die Wahrscheinlichkeit dafür, daß eine A-Gruppe reagiert hat, ist p_A; die Wahrscheinlichkeit, daß eine B-Gruppe mit einer A-Gruppe des polyfunktionellen Polymeren reagiert hat, ist $p_B\varrho$, und die Wahrscheinlichkeit, daß eine B-Gruppe mit einer A-Gruppe des bifunktionellen Monomeren reagiert hat, $p_B(1-\varrho)$. Dabei bedeutet ϱ das Verhältnis der Zahl der A-Gruppen an polyfunktionellen Monomeren zur Zahl aller A-Gruppen. Die Wahrscheinlichkeit für die Bildung des oben angeschriebenen Kettenstückes ist daher

$$p_A\,[p_B\,(1-\varrho)\,p_A\,]^i\,p_B\varrho\,.$$

Der oben definierte Verzweigungskoeffizient α ist dann gleich der Summe

$$\alpha = \sum_{i=0}^{\infty} [p_A\,p_B\,(1-\varrho)\,]^i\,p_A\,p_B\,\varrho$$
$$= p_A\,p_B\,\varrho\,/\,[\,1 - p_B\,p_A\,(1-\varrho)\,]\,.$$

p_A und p_B sind durch das Verhältnis r der Zahlen der ursprünglich vorhandenen A- und B-Gruppen miteinander verknüpft ($p_B = r\,p_A$); daher folgt weiter

$$\alpha = r\,p_A^2\,\varrho\,/\,[\,1 - r\,p_A^2\,(1-\varrho)\,] \tag{170}$$
$$= p_B^2\,\varrho\,/\,[\,r - p_B^2\,(1-\varrho)\,]\,.$$

Da r und ϱ durch die ursprüngliche Zusammensetzung des Reaktionsgemisches gegeben sind, erhält man α durch analytische Bestimmung des Umsatzes einer der beiden funktionellen Gruppen.

Wenn keine A-A-Monomere vorhanden sind (z. B. Kondensation eines mehrwertigen Alkohols* mit einer Dicarbonsäure), vereinfacht sich die Gl. (170) wegen $\varrho = 1$ zu

$$\alpha = r\,p_A^2 = p_B^2/r\,. \tag{170a}$$

Bei Polykondensationen vom Typ I, Seite 271, führt jede Reaktion einer funktionellen Gruppe sofort zu einer neuen Verzweigungsstelle. Sind z. B. die A- und B-Gruppen in äquivalenten Mengen vorhanden, so ist $\alpha = p$, denn p ist die Wahrscheinlichkeit, daß eine beliebige Gruppe reagiert hat.

---

* Eine etwas andere Berechnung von α, die für diesen Fall die Berücksichtigung der verschiedenen Reaktionsfähigkeiten von primären und sekundären Hydroxylgruppen ermöglicht, siehe[32].

Molgewicht und Molgewichtsverteilung.

Der mittlere Polymerisationsgrad von dreidimensionalen Polykondensaten vom Typ I, Seite 271, ergibt sich aus folgender Überlegung. Die Gesamtzahl der Bindungen, die geschlossen werden müssen, wenn die Zahl der Moleküle von N_0 auf N absinken soll, ist $(N_0 - N)$. Da für jede Bindung zwei funktionelle Gruppen verbraucht werden und ursprünglich $N_0 f$ funktionelle Gruppen vorhanden waren, ist das Ausmaß der Kondensation entsprechend der Definition Seite 259 gegeben durch

$$p = \frac{2\,(N_0 - N)}{f N_0} = \frac{2}{f} - \frac{2\,N}{f N_0}$$

und daher

$$\overline{P}_n = N_0/N = 1/(1 - fp/2)\,. \tag{171}$$

Gl. (171) kann auch bei Gemischen von Monomeren mit verschiedener Zahl funktioneller Gruppen angewandt werden, sofern für f ein Mittelwert

$$\bar{f}_n = \Sigma\, f_i\, N_i / \Sigma\, N_i$$

eingesetzt wird. (N_i ist die Zahl der Monomeren mit f_i funktionellen Gruppen).

Für Polykondensate vom Typ II, Seite 271, ist der mittlere Polymerisationsgrad gegeben durch[32]:

$$\overline{P}_n = \frac{f\,(1 - \varrho + 1/r) + 2\,\varrho}{f\,(1 - \varrho + 1/r - 2\,p_A) + 2\,\varrho}\,. \tag{172}$$

Sind ursprünglich insgesamt N_A A-Gruppen und N_B B-Gruppen vorhanden, so ist

$$N_0 = N_A\,(1 - \varrho)/2 + N_A\,\varrho/f + N_B/2\,.$$

Die Zahl der bei einem bestimmten Ausmaß der Kondensation geknüpften Bindungen ist $N_A\, p_A$ und daher

$$N = N_0 - N_A\, p_A\,.$$

Einsetzen dieser beiden Ausdrücke in $\overline{P}_n = N_0/N$ ergibt Gl. (172); f bezieht sich hier selbstverständlich nur auf das polyfunktionelle Monomere.

Der Gewichtsdurchschnitt des Polymerisationsgrades läßt sich aus der Massenverteilungsfunktion berechnen. Diese Funktion wurde zuerst von FLORY[33, 34] für Kondensate von trifunktionellen und von tetrafunktionellen Monomeren abgeleitet; später wurden analoge Rechnungen in etwas allgemeinerer Form von STOCKMAYER[84, 85] angegeben. Wir beschränken uns auf die Wiedergabe und kurze Diskussion der wichtigsten diesbezüglichen Formeln.

Die Massenverteilungsfunktion für ein Polykondensat vom Typ I, Seite 271, mit äquivalenten Mengen A- und B-Gruppen ist

$$j \cdot N_j / N_0 = \frac{(fj - j)!\, f}{(j - 1)!\, (fj - 2j + 2)!}\; p^{j-1}\,(1 - p)^{fj - 2j + 2}\,. \tag{173}$$

Den Unterschied dieser Formeln gegenüber Gl. (163), Seite 266, kann man folgendermaßen verstehen. Der Faktor $p^{(j-1)}$ ist unverändert, denn auch hier müssen zur Vereinigung von j Monomeren zu einem Makromolekül $(j-1)$ Bindungen geschlossen werden. Der Exponent von $(1-p)$ ist wiederum die Zahl der freien Endgruppen (vgl. S. 265). Der Bruch, der in Gl. (173) außerdem noch steht [anstelle von j in Gl. (163)] berücksichtigt die isomeren Strukturen, die durch verschiedene Verknüpfungsart der j Monomeren zustande kommen.

Die Verteilung nach Gl. (173) kann auch aus einem kinetischen Ansatz gewonnen werden, nämlich durch Lösen des Systems von Differentialgleichungen, die analog Gl. (164a) und (164b), aber unter Berücksichtigung der größeren Zahl der funktionellen Gruppen aufzustellen sind [84] (siehe dazu auch [4,66]).

Für den Gewichtsdurchschnitt des Polymerisationsgrades erhält man aus Gl. (173) und Gl. (4), Seite 8

$$\bar{P}_\mathrm{w} = \frac{1 + \mathrm{p}}{1 - (\mathrm{f} - 1)\,\mathrm{p}} \; . \tag{174}$$

Bei Anwendung von Gl. (173) und (174) auf Gemische von Monomeren mit verschiedener Zahl funktioneller Gruppen ist für f ein Gewichtsdurchschnitt nach

$$\bar{\mathrm{f}}_\mathrm{w} = \Sigma\, \mathrm{f}_\mathrm{i}^2\, \mathrm{N}_\mathrm{i} \,/\, \Sigma\, \mathrm{f}_\mathrm{i}\, \mathrm{N}_\mathrm{i}$$

einzusetzen.

Für Polykondensate vom Typ II, Seite 271, wurden Formeln abgeleitet, die eine Verteilung in Bezug auf die Zahl der Verzweigungsstellen (d. h. die Zahl der polyfunktionellen Einheiten) pro Molekül ausdrücken; diese Formeln haben ähnliche Gestalt wie Gl. (173). Um daraus die Verteilung in Bezug auf die *Größe* der Moleküle zu erhalten, muß noch die Verteilung der Kettenlängen zwischen zwei Verzweigungsstellen in Rechnung gesetzt werden. Die auf spezielle Fälle angewandte Ausrechnung zeigt dann, wie die Breite der Verteilung mit dem Verzweigungsgrad zunimmt *. Bezüglich dieser Rechnungen sei auf die Originalarbeiten verwiesen [33, 34, 35, 84, 85]. Experimentelle Bestimmungen der Molgewichtsverteilung von dreidimensionalen Polykondensaten liegen bisher nicht vor.

Gelbildung.

Wie bereits erwähnt, tritt bei Polykondensationen, an denen Monomere mit mehr als zwei funktionellen Gruppen beteiligt sind, bei einem bestimmten Umsatz Gelbildung auf. Diese Umwandlung des Reaktionsgemisches von einer Flüssigkeit zu einem elastischen Material ist sehr scharf und für ein bestimmtes Reaktionsgemisch stets bei dem gleichen Ausmaß der Kondensation zu beobachten, unabhängig von Temperatur und anderen die Reaktionsgeschwindigkeit beeinflussenden Faktoren. Es wird angenommen, daß diese Gelbildung zusammenhängt mit der Bildung von Molekülen makroskopischen Ausmaßes, die sich durch das ganze Medium erstrecken [6, 9]. Eine statistische Behandlung dieses Problems wurde zuerst von FLORY [32] gegeben (siehe auch [34, 35, 39, 85, 90]).

Zur Formulierung der kritischen Bedingung für die Bildung makroskopischer Netzstrukturen eignet sich am besten der Seite 272 definierte Verzweigungskoeffizient α. Bei einer Polykondensation vom Typ II, Seite 271, bei der das polyfunktionelle Monomere f funktionelle Gruppen enthält, wird durch Anlagerung eines solchen Monomeren an ein lineares Kettenstück die Möglichkeit zu weiterem Wachstum um den Faktor

---

* Diese Formeln sind auch anwendbar auf vernetzte Polymerisate, also z. B. auf Mischpolymerisation von Mono- und Divinyl-Verbindungen, auf Vulkanisation von Kautschuk u. ä. (siehe z. B. [86, 90]).

(f—1) erhöht. Die Wahrscheinlichkeit, daß ein Kettenstück durch ein polyfunktionelles Monomeres abschließt, ist aber definitionsgemäß α. Daher ist das Produkt $\alpha\,(f-1)$ entscheidend für die Chance, daß durch Verzweigung aus n-Ketten eines Makromoleküls in den nächsten Reaktionsschritten mehr als n-Ketten entstehen*. Ist $\alpha\,(f-1) > 1$, so wird die Verzweigung des Moleküls und damit die Zahl der Endgruppen zunehmen, das Makromolekül wird dann sehr rasch zu praktisch unendlicher Größe anwachsen. Der kritische Wert von α ist also

$$\alpha_c = 1/(f-1)\,. \tag{175}$$

Für trifunktionelle Monomere ist demnach $\alpha_c = \frac{1}{2}$, für tetrafunktionelle $\alpha_c = 1/3$ usw. Der Zusammenhang von α mit dem Ausmaß der Kondensation nach Seite 272 liefert für jeden speziellen Fall auch den kritischen Umsatz, bei dem die Bildung makroskopischer Netzstrukturen einsetzt.

KIENLE und Mitarbeiter haben den Gelpunkt für die Polykondensation von Glycerin mit verschiedenen Dicarbonsäuren bestimmt[55]. (Die Ergebnisse mit Phtalsäureanhydrid zeigt Tab. 30.) Der theoretische Wert für α_c ist $\frac{1}{2}$ und daher für p_c nach Gl. (170a) 0,707, wenn OH und COOH-Gruppen in äquivalenten Mengen vorhanden sind und die Unterschiede der Reaktionsfähigkeit primärer und sekundärer OH-Gruppen vernachlässigt werden. Die experimentellen Werte lagen in allen Fällen höher, nämlich bei einem Umsatz von 0,765 bis 0,795.

Analoge Ergebnisse wurden bei der Polykondensation von Diäthylenglykol mit Adipinsäure oder Bernsteinsäure bei Zusatz von Tricarballylsäure (Tab. 31), sowie von Pentaerythrit mit Adipinsäure erhalten[32]. In allen Fällen lag der experimentell gefundene Wert von α_c etwas höher als nach Gl. (175) zu erwarten. Es ist naheliegend, diese Abweichung als eine Folge intramolekularer Kondensationen anzusehen. Wenn man dies berücksichtigt, können die experimentellen Ergebnisse als eine Bestätigung der eingangs geschilderten Hypothese vom Zusammenhang der Gelbildung mit dem Entstehen makroskopischer Netzstrukturen angesehen werden.

Tabelle 30.
Polykondensation äquivalenter Mengen Glycerin und Pthalsäureanhydrid[55].

T (°C)	Gelbildung	
	t (min)	p
160	860	0,795
185	255	0,796
200	105	0,796
215	50	0,795

Tabelle 31.
Polykondensation von Diäthylenglykol mit Dicarbonsäuren und Tricarballylsäure[32].

Dicarbonsäure	r	ϱ	p (im Gelpunkt) beobachtet	p (im Gelpunkt) berechnet	α_c beobachtet†
Bernsteinsäure	1,000	0,194	0,939	0,916	0,59
Bernsteinsäure	1,002	0,404	0,894	0,843	0,62
Adipinsäure	1,000	0,293	0,911	0,879	0,59
Adipinsäure	0,800	0,375	0,991	0,955	0,58

† Nach Gl. (175) ist $\alpha_c = 0,5$ in allen Fällen.

Um einen Überblick zu gewinnen, wie sich der Polymerisationsgrad und die Verteilungsfunktion beim Erreichen bzw. Überschreiten des Gelpunktes ändert, beschränken wir uns auf den einfachen Fall, für den die Gl. (171), (173) und (174) gelten, d. h. für ein Polykondensat

---

* Man sieht unmittelbar, daß die hier angestellten Überlegungen denen völlig analog sind, die zur Deutung von Gasexplosionen durch Kettenverzweigung herangezogen wurden (vgl. S. 26).

vom Typ I, Seite 271, mit äquivalenten Mengen A- und B-Gruppen. Für diesen Fall gilt $\alpha = p$. Aus Gl. (174) geht hervor, daß der Gewichtsdurchschnitt des Polymerisationsgrades beim kritischen Wert p_c unendlich wird. Der mittlere Polymerisationsgrad $\overline{P}_n$ ist aber bei diesem Ausmaß der Kondensation nach Gl. (171) noch recht niedrig, nämlich $2\,(f-1)/(f-2)$. Tatsächlich wurden auch experimentell so niedrige Werte für den mittleren Polymerisationsgrad beim Gelpunkt beobachtet[55].

Es läßt sich zeigen, daß die Verteilungsfunktion Gl. (173) auch nach Überschreiten des Gelpunktes gilt, und zwar für alle Moleküle mit *endlichem* Polymerisationsgrad j, wobei der Gewichtsanteil auf das Gesamtgewicht aller Moleküle zu beziehen ist. Bildet man die Summe $\Sigma j\, N_j/N_0$ über alle endlichen j, so erhält man nur für $p < p_c$ den Wert 1; für $p > p_c$ ergibt sich ein Bruchteil von 1, der mit steigendem p kleiner und bei $p = 1$ Null wird. Dieser Bruchteil ist, wie leicht einzusehen, der gewichtsmäßige Anteil des Sols, die Differenz gegen 1 der Anteil des Gels. Man hat damit eine Möglichkeit, die Bildung des Gels in Abhängigkeit vom Ausmaß der Kondensation zu berechnen.

Die Rechnung ergibt für den gewichtsmäßigen Anteil des Sols (W_s) nach Überschreiten des Gelpunktes

$$W_s = \frac{(1-p)^2\,p'}{(1-p')^2\,p}\,. \tag{176}$$

Dabei bedeutet p' den „komplementären" Wert zu p, d. h. die kleinere Wurzel der Funktion

$$\beta = p\,(1-p)^{f-2}\,. \tag{177}$$

Diese Funktion hat ein Maximum bei $p = p_c$; für alle anderen zulässigen Werte von β gibt es zwei Werte von p, die Gl. (177) erfüllen, einen Wert $p > p_c$ und einen zweiten $p' < p_c$. Für $f = 3$ ist $p' = (1-p)$ und daher

$$W_s = (1-p)^3/p^3\,.$$

Im Verlauf der Polykondensation werden ständig größere Moleküle auf Kosten der kleineren gebildet. Nach Gl. (173) bleibt zwar, wie bereits erwähnt, auch gewichtsmäßig der Anteil der kleineren Moleküle stets höher als der der größeren, aber die Verteilungskurve wird bis zur Erreichung des Gelpunktes immer flacher. Das Verhältnis $\overline{P}_w/\overline{P}_n$, das man als Maß für die Breite der Verteilung betrachten kann, wird im Gelpunkt unendlich. Durch die Gelbildung werden aber vorwiegend die größten der bereits gebildeten Makromoleküle verbraucht; die relative Verteilung innerhalb des verbleibenden Sols erfährt nun — nach Überschreiten des Gelpunktes — genau die rückläufige Änderung, die sie bis zum Erreichen des Gelpunktes genommen hat. Eine genauere Diskussion, bezüglich der auf die Originalarbeiten verwiesen sei, zeigt, daß die Molgewichtsverteilung *innerhalb des Sols* bei irgend einem Ausmaß der Kondensation $p > p_c$ genau die gleiche ist, wie die Molgewichtsverteilung im gesamten Reaktionsgemisch bei dem komplementären Wert $p' < p_c$ war. Entsprechendes gilt daher auch für den mittleren Polymerisationsgrad, d. h. $\overline{P}_n$ und $\overline{P}_w$ für das Sol nehmen nach Überschreiten des Gelpunktes in analoger Weise ab, wie $\overline{P}_n$ und $\overline{P}_w$ für das gesamte Reaktionsgemisch vor dem Gelpunkt zugenommen haben. Quantitative experimentelle Ergebnisse für diese Änderung der Verteilung und des mittleren Polymerisationsgrades liegen ebenso wenig vor wie für die Zunahme des Gels nach Überschreiten des Gelpunktes.

Literatur.

[1] BAKER, W. O., C. S. FULLER u. J. H. HEISS: J. Amer. chem. Soc. **63**, 2142 (1941).
[1a] BATZER, H.: Makrom. Chem. **5**, 5 (1950).
[2] BAWN, C. E. H.: Trans. Faraday Soc. **32**, 178 (1936).
[3] BAYER, O.: Angew. Chem. A **59**, 257 (1947).
[4] BECHTOLD, B. F.: J. Polym. Sci. **4**, 219 (1949).
[5] BEZZI, S., L. RICOBONI u. C. SULLAM: Mem. Accad. Italia, Cl. sci. fis. mat. nat. **8**, 127 (1937). — BEZZI, S., u. B. ANGELI: Gazz. chim. ital. **68**, 215 (1938)
[6] BOZZA, G.: Giorn. chim. ind. appl. **14**, 294, 400 (1932).
[7] CAROTHERS, W. H.: Chem. Reviews **8**, 353 (1931).
[8] CAROTHERS, W. H.: Trans. Faraday Soc. **32**, 39 (1936).
[9] CAROTHERS, W. H., u. J. A. ARVIN: J. Amer. chem. Soc. **51**, 2560 (1929).
[10] CAROTHERS, W. H., u. G. J. BERCHET: J. Amer. chem. Soc. **52**, 5289 (1930).
[11] CAROTHERS, W. H., u. G. L. DOROUGH: J. Amer. chem. Soc. **52**, 711 (1930).
[12] CAROTHERS, W. H., G. L. DOROUGH u. F. J. VAN NATTA: J. Amer. chem. Soc. **54**, 761 (1932).
[13] CAROTHERS, W. H., u. J. W. HILL: J. Amer. chem. Soc. **54**, 1559, 1566 (1932).
[14] CAROTHERS, W. H., u. J. W. HILL: J. Amer. chem. Soc. **55**, 5043 (1933).
[15] CAROTHERS, W. H., J. W. HILL, J. E. KIRBY u. R. A. JACOBSON: J. Amer. chem. Soc. **52**, 5279 (1930).
[16] CAROTHERS, W. H., u. F. J. VAN NATTA: J. Amer. chem. Soc. **52**, 314 (1930).
[17] CAROTHERS, W. H., u. F. J. VAN NATTA: J. Amer. chem. Soc. **55**, 4714 (1933).
[18] CHALMERS, W.: J. Amer. chem. Soc. **56**, 912 (1934).
[19] COFFMANN, D. D., G. J. BERCHET, W. R. PETERSON u. E. W. SPANAGEL: J. Polym. Sci. **2**, 306 (1947).
[20] DAVIES, M. M.: Trans. Faraday Soc. **34**, 410 (1938).
[21] DOSTAL, H.: Mh. Chem. **70**, 324 (1937).
[22] DOSTAL, H., u. H. MARK: Z. physik. Chem. B **29**, 299 (1935); Trans. Faraday Soc. **32**, 54 (1936).
[23] DOSTAL, H., u. R. RAFF: Z. physik. Chem. B **32**, 117 (1936).
[24] DOSTAL, H., u. R. RAFF: Mh. Chem. **68**, 188 (1936).
[25] FLORY, P. J.: J. Amer. chem. Soc. **58**, 1877 (1936).
[26] FLORY, P. J.: J. Amer. chem. Soc. **59**, 466 (1937).
[27] FLORY, P. J.: J. Amer. chem. Soc. **61**, 3334 (1939).
[28] FLORY, P. J.: J. Amer. chem. Soc. **62**, 1057 (1940).
[29] FLORY, P. J.: J. Amer. chem. Soc. **62**, 1561 (1940).
[30] FLORY, P. J.: J. Amer. chem. Soc. **62**, 2255 (1940).
[31] FLORY, P. J.: J. Amer. chem. Soc. **62**, 2261 (1940).
[32] FLORY, P. J.: J. Amer. chem. Soc. **63**, 3083 (1941)
[33] FLORY, P. J.: J. Amer. chem. Soc. **63**, 3091 (1941).
[34] FLORY, P. J.: J. Amer. chem. Soc. **63**, 3096 (1941).
[35] FLORY, P. J.: J. phys. Chem. **46**, 132 (1942).
[36] FLORY, P. J.: J. Amer. chem. Soc. **64**, 2205 (1942).
[37] FLORY, P. J.: J. chem. Phys. **12**, 425 (1944).
[38] FLORY, P. J.: Chem. Reviews **39**, 137 (1946) u. in Burk-Grummitt „High Molecular Weight Organic Compounds", Interscience, New York 1949.
[39] FLORY, P. J.: J. Amer. chem. Soc. **69**, 30 (1947).
[40] FLORY, P. J., u. P. B. STICKNEY: J. Amer. chem. Soc. **62**, 3032 (1940).
[41] FREUDENBERG, K., u. C. BLOMQVIST: Ber. **68**, 2070 (1935).
[42] FREUDENBERG, K., W. KUHN, W. DÜRR, F. BOLZ u. G. STEINBRUNN: Ber. **63**, 1510 (1930).
[43] FREUDENBERG, K., G. PIAZOLO u. C. KNOEVENAGEL: Ann. **537**, 197 (1939).
[44] GOLDSMITH, H. A.: Ind. Eng. Chem. **40**, 1205 (1948).
[45] HANFORD, W. E., u. R. M. JOYCE: J. Polym. Sci. **3**, 167 (1948).
[46] HERRINGTON, E. E. G., u. A. ROBERTSON: Trans. Faraday Soc. **38**, 490 (1942).

[47] HILL, J. W.: J. Amer. chem. Soc. **52**, 4110 (1930).
[48] HILL, J. W., Z. W. H. CAROTHERS: J. Amer. chem. Soc. **54**, 1569 (1932).
[49] HILL, J. W., Z. W. H. CAROTHERS: J. Amer. chem. Soc. **55**, 5031 (1933).
[50] HILL, J. W., u. W. H. CAROTHERS: J. Amer. chem. Soc. **57**, 925 (1935).
[51] HODGINS, T. S., u. A. G. HOVEY: Ind. Eng. Chem. **30**, 1021 (1938).
[52] HUSEMANN, E., u. Mitarb.: Makrom. Chem. **1**, 140 (1947); **2**, 298 (1948); **4**, 278 (1950).
[53] HYDE, J. R., u. R. C. DeLONG: J. Amer. chem. Soc. **63**, 1194 (1941).
[53a] JACOBSON, H., u. W. H. STOCKMAYER: J. chem. Phys. **18**, 1600 (1950); JACOBSON, H., CH. O. BECKMANN u. W. H. STOCKMAYER: ibid. 1607.
[54] KIENLE, R. H., u. A. G. HOVEY: J. Amer. chem. Soc. **52**, 3636 (1930).
[55] KIENLE, R. H., P. A. VAN DER MEULEN u. F. E. PETKE: J. Amer. chem. Soc. **61**, 2258, 2268 (1939); KIENLE, R. H., u. F. E. PETKE: J. Amer. chem. Soc. **62**, 1053 (1940); **63**, 481 (1941).
[56] KOGAN, A. J.: J. Angew. Chem. (russ.) B **10**, 900 (1937).
[57] KORSCHAK, V., S. RAFFIKOV u. V. ZAMIATINA: Acta phys. Chim. URSS **21**,723 (1946).
[58] KRAEMER, E. O., u. F. J. VAN NATTA: J. phys. Chem. **36**, 3175 (1932).
[59] KUHN, W.: Ber. **63**, 1503 (1930).
[60] KUHN, W.: Z. phys. Chem. A **159**, 368 (1932).
[61] KUHN, W., C. C. MOLSTER u. K. FREUDENBERG: Ber. **65**, 1179 (1932).
[62] LYCAN, W. H., u. R. ADAMS: J. Amer. chem. Soc. **51**, 625, 3450 (1929).
[63] MARK, H., u. R. RAFF: High Polymeric Reactions, S. 139—140, 151—155, 176—177. Interscience, New York 1941.
[64] MATTHES, A.: J. prakt. Chem. **162**, 245 (1943).
[64a] MATTHES, A.: Makrom. Chem. **5**, 197 (1951).
[65] VAN NATTA, F. J., J. W. HILL u. W. H. CAROTHERS: J. Amer. chem. Soc. **56**,455 (1934).
[66] OSTER, G.: J. Coll. Sci. **2**, 291 (1947).
[67] PATNODE, W., u. D. WILCOCK: J. Amer. chem. Soc. **68**, 358 (1946).
[68] PATRICK, J. C.: Trans. Faraday Soc. **32**, 347 (1936); Ind. Eng. Chem. **28** 1144 (1936).
[69] RAFFIKOV, S. R., u. W. W. KORSCHAK: Ber. Acad. Wiss. URSS N. S. **64**, 211 (1949).
[70] RAFFIKOV, S. R., W. W. KORSCHAK u. G. N. TSCHELNOKOWA: Bull. Acad. Sci. URSS, Cl. Sci. chim. **1948**, 642.
[71] RUGGLI, P.: Ann. **392**, 92 (1912).
[72] SAVARD, J., u. S. DINER: Bull. Soc. chim. [4] **51**, 597 (1932).
[73] SCATCHARD, G., J. L. ONCLEY, J. W. WILLIAMS u. A. BROWN: J. Amer. chem. Soc. **66**, 1980 (1944).
[74] SCHNELL, H.: Makrom. Chem. **2**, 172 (1948).
[75] SCHULZ, G. V.: Z. physik. Chem. A **182**, 127 (1938).
[76] SCHULZ, G. V., u. E. HUSEMANN: Z. physik. Chem. B **52**, 1,23 (1942); Z. Naturforsch. **1**, 268 (1946).
[77] SCHULZ, G. V., u. H. J. LÖHMANN: J. prakt. Chem. **157**, 238 (1941).
[78] SCOTT, D. W.: J. Amer. chem. Soc. **68**, 356, 2294 (1946).
[79] SPANAGEL, E. W., u. W. H. CAROTHERS: J. Amer. chem. Soc. **57**, 929 (1935).
[80] SPANAGEL, E. W., u. W. H. CAROTHERS: J. Amer. chem. Soc. **58**, 654 (1936).
[81] STAUDINGER, H., u. F. BERNDT: Makrom. Chem. **1**, 22, 36 (1947).
[82] STAUDINGER, H., u. H. SCHMIDT: J. prakt. Chem. **155**, 129 (1940).
[83] STAUDINGER, H., u. H. SCHNELL: Makrom. Chem. **1**, 44 (1947).
[84] STOCKMAYER, W. H.: J. chem. Phys. **11**, 45 (1943).
[85] STOCKMAYER, W. H.: J. chem. Phys. **12**, 125 (1944).
[86] STOCKMAYER, W. H., u. H. JACOBSON: J. chem. Phys. **11**, 393 (1943).
[87] STOLL, M., u. A. ROUVE: Helvet. chim. Acta **17**, 1283 (1934).
[88] TAYLOR, G. B.: J. Amer. chem. Soc. **69**, 635, 638 (1947).
[89] TOBOLSKY, A. V.: J. chem. Phys. **12**, 402 (1944).
[90] WALLING, CH.: J. Amer. chem. Soc. **67**, 441 (1945).
[91] WALTZ, J. E., u. G. B. TAYLOR: Anal. Chem. **19**, 448 (1947).
[92] WOLFROM, M. L., J. C. SOWDEN u. E. N. LASSETTRE: J. Amer. chem. Soc. **61**, 1072 (1939).

Verzeichnis der verwendeten Symbole*.

a	Konstante; speziell Exponent in der $[\eta] - M$ Beziehung (49)
A	Häufigkeitsfaktor (15)
$A_1, A_2 \ldots$	Häufigkeitsfaktoren der Teilreaktionen 1, 2 …
$A_w, A_a \ldots$	Häufigkeitsfaktoren der Wachstums-, Abbruchsreaktion …
A B C	Reaktionspartner (15)
c	Konzentration
C	Übertragungskonstante
d	Dichte
D	Diffusionskoeffizient
e	Konstante zur Charakterisierung der Reaktionsfähigkeit eines Monomeren bei Mischpolymerisationen nach PRICE (187)
E	Endprodukt einer Reaktion (15)
E	Aktivierungsenergie (17)
$E_1, E_2 \ldots$	Aktivierungsenergie der Teilreaktionen 1, 2 ..
$E_s, E_w \ldots$	Aktivierungsenergie der Start-, Wachstums-Reaktion …
f	Zahl der funktionellen Gruppen im Monomeren
F	molarer Reibungskoeffizient (45)
F	Funktionelle Gruppe (245)
I	Lichtintensität
I_0, I_{abs}, I_Θ	Intensität des einfallenden, absorbierten, im Winkel Θ gestreuten Lichtes
j	Zahl der monomeren Einheiten im Polymeren
k	Geschwindigkeitskonstante (17)
$k_1, k_2 \ldots$	Geschwindigkeitskonstante der Teilreaktionen 1, 2 …
$k_s, k_w, k_a, k_ü, k_L$	Geschwindigkeitskonstante der Start-, Wachstums-, Abbruchs-Übertragungsreaktion und der Reaktion mit Fremdstoffen
k_{wj}, k_{aj}	Geschwindigkeitskonstante der Wachstums- und Abbruchsreaktion für aktive Polymere vom Polymerisationsgrad j (83)
$k_{11}, k_{21} \ldots$	Geschwindigkeitskonstanten der verschiedenen Wachstumsreaktionen bei Mischpolymerisation (162)
k	Boltzmann-Konstante
k	Kopplungsgrad (73)
K	Gleichgewichtskonstante (17)

K	Katalysator (66)
K	Konstante in der $[\eta]$-M-Beziehung
K, K_η, K'_η	Konstante in den Formeln für die Konzentrationsabhängigkeit der Viscosität
L	Lösungsmittel, Fremdstoff (127)
m	Konstante; Reaktionsordnung (15)
m_p	Massenverteilungsfunktion (8)
M	Monomeres
M*	aktives Monomeres (Polymerisationskeim)
M_1, M_2	verschiedene Monomere bei Mischpolymerisation (162)
$M_1{\cdot}$, $M_2{\cdot}$	aktive Polymere (!), deren aktives Ende vom Monomeren 1, bzw. 2 gebildet ist (161)
M	Molgewicht
$\bar{M}$ oder $\bar{M}_{(n)}$	mittleres Molgewicht (Zahlenmittel) (8)
$\bar{M}_{(w)}$	Gewichtsdurchschnitt des Molgewichts (8)
n	Konstante; Reaktionsordnung (15)
n, n_0	Brechungsindex der Lösung, des Lösungsmittels (41)
n_i	Zahl der Moleküle vom Polymerisationsgrad i (8)
n_p	Häufigkeitsverteilungsfunktion (8)
N	Zahl der Moleküle (bei Polykondensationen) (259)
N_A, N_B	Zahl der funktionellen Gruppen A, B (263)
N_j	Zahl der Moleküle vom Polymerisationsgrad j (265)
N_L	Loschmidtsche Zahl
P (P_j)	Polymeres (vom Polymerisationsgrad j)
P* (P_j^*)	aktives, d. h. zum weiteren Wachstum befähigtes Polymeres (vom Polymerisationsgrad j)
P**	Biradikal (80)
P^{0*}	Monoradikal, durch Desaktivierung eines Kettenendes aus einem Biradikal entstanden (80)
P	Polymerisationsgrad (7)
$\bar{P}$, $\bar{P}_{(n)}$, $\bar{P}_{(w)}$	Durchschnittswerte des Polymerisationsgrades wie bei M
$\bar{\bar{P}}$	Durchschnitt des Polymerisationsgrades bei größerem Umsatz (75)
p	Ausmaß der Kondensation (259)
Q	Konstante zur Charakterisierung der Reaktionsfähigkeit eines Monomeren bei Mischpolymerisation nach Price (187)
R	Radikal
R	Gaskonstante
r	Verhältnis von Geschwindigkeitskonstanten (83, 86); besonders Mischpolymerisationsparameter (162)
r	Verhältnis der Zahl der funktionellen Gruppen A und B (263)
s	Sedimentationskonstante (45)
s_j	$= \sqrt{k_{aj}/k_{wj}}$ (83)
t	Zeit
T	absolute Temperatur
v	Reaktionsgeschwindigkeit
v_{Br}	Geschwindigkeit der Bruttoreaktion
v_1, v_2, .. v_8, v_w, ...	Geschwindigkeiten von Teilreaktionen, siehe k_1, k_2 ....

V	partielles spez. Volumen (44)
W	Reaktionswärme (17)
w, W	Wahrscheinlichkeit
$w_1, w_2 \ldots$	Wahrscheinlichkeit von Teilreaktionen
$\left.\begin{array}{l}X\\Y\end{array}\right\}$	beliebige Reaktionspartner
y	Zahl der Polymerisationskeime, die durch ein Molekül eines Fremdstoffes desaktiviert werden (139)
z	Unsymmetriekoeffizient (43)
z	„Eigenzeit" (87)
α	Konstante
α	Wahrscheinlichkeit der Kettenfortpflanzung (26)
α	Verzweigungskoeffizient (272)
α	zweiter Virialkoeffizient des osmotischen Drucks (38)
β	Wahrscheinlichkeit des Kettenabbruchs (26)
β	$= K/n_w$ (265)
δ_1, δ_2	Verhältnis von Geschwindigkeitskonstanten bei Mischpolymerisation (197)
δ	Wahrscheinlichkeit der Kettenverzweigung (26)
ε	Dielektrizitätskonstante
$\varepsilon_{11}, \varepsilon_{22} \ldots$	Verhältnis von Geschwindigkeitskonstanten bei Mischpolymerisation (201)
η	Viscosität
η_c, η_0	Viscosität der Lösung, des Lösungsmittels (48)
η_r	relative Viscosität (48)
η_{sp}	spezifische Viscosität (48)
$[\eta]$	Viscositätszahl (48)
Θ	Streuwinkel (42)
λ	Lichtwellenlänge
ν	kinetische Kettenlänge (26)
ξ	$= 1/\overline{P}$ (70)
π	osmotischer Druck (38)
ϱ	Verhältnis der Zahl der A-Gruppen an polyfunktionellen Monomeren zur Gesamtzahl der A-Gruppen (272)
τ	Trübung (41)
τ^*	mittlere Lebensdauer von Radikalen oder anderen aktiven Zwischenprodukten (55)
Φ	Verhältnis von Geschwindigkeitskonstanten bei Mischpolymerisation (197)
ω	Winkelgeschwindigkeit des Ultrazentrifugenrotors (44)
[ ]	Symbole von Substanzen in eckiger Klammer bedeuten die Konzentration der betreffenden Substanz
$[\ ]_0$	Konzentration zu Beginn der Reaktion
$[\ ]_w$	Konzentration im Zeitpunkt der maximalen Reaktionsgeschwindigkeit
$[\ ]_{st}$	Konzentration im quasistationären Reaktionsverlauf (der Index st ist aber nur dann angegeben, wenn gleichzeitig auch nichtstationäre Konzentrationen auftreten!)

Sachverzeichnis.